SMARTS

THE BOUNDARY-BUSTING STORY
OF INTELLIGENCE

重新定义智能

智能生命与机器之间的界限

〔加拿大〕 伊莲·迪瓦（Elaine Dewar）｜著

刘春容　鲜于静｜译

机械工业出版社
CHINA MACHINE PRESS

本书讲述了杰出的科学家重新定义智能以及智能展现者的故事。通过将达尔文和阿兰·图灵的想法融为一体，他们发现智能无处不在，同时还把它变成了一种方法进行应用。在书中，机器正变得过于聪明，而智能生命正在机械化。书中的人物有神秘的图灵，声名狼藉的优生学家弗朗西斯·高尔顿，动物行为学家弗兰斯 B. M. 德·瓦尔和他的政治性黑猩猩；安妮 E. 鲁森和爱模仿的红猩猩，达里奥弗·罗莱若和他的利他机器人，斯特凡诺·曼科苏和他的有驾驭能力的植物，以及工程师/哲学家克里斯·伊利亚史密斯和他的斯藩——它的普通的大学生一样聪明，很快将变成机器人来到您身边。这里有会计算的黏菌、以自己看不见的颜色为信号的章鱼，以及密探、死亡和失踪。《重新定义智能》一部分是历史，一部分是回忆录，而整本书就是来自前沿的一份报告。在那里，机器正变得过于聪明，而智慧生命正在机械化。

Smarts: the boundary-busting story of intelligence/ by Elaine Dewar / ISBN 9780994051202

Copyright © 2015 by Dewar Productions, Inc.

Published by arrangement with The Rights Factory, Inc., through The Grayhawk Agency.

本书由 The Stuart Agency 授权机械工业出版社在中国境内（不包括香港、澳门特别行政区以及台湾地区）出版与发行。未经许可之出口，视为违反著作权法，将受法律之制裁。

北京市版权局著作权合同登记　图字：01-2015-6957 号。

图书在版编目（CIP）数据

重新定义智能：智能生命与机器之间的界限/（加）
迪瓦（Dewar, E.）著；刘春容，鲜于静译. —北京：
机械工业出版社，2016.5
书名原文：Smarts: the boundary-busting story of intelligence
ISBN 978-7-111-53259-0

Ⅰ. ①重… Ⅱ. ①迪…②刘…③鲜… Ⅲ. ①人工智能-
研究 Ⅳ. ①TP18

中国版本图书馆 CIP 数据核字（2016）第 056369 号

机械工业出版社（北京市百万庄大街 22 号　邮政编码 100037）
策划编辑：坚喜斌　　　　责任编辑：於　薇　杨　冰　刘林澍
责任校对：赵　蕊　　　　责任印制：常天培
涿州市京南印刷厂印刷
2016 年 7 月第 1 版·第 1 次印刷
170mm×242mm·27.25 印张·1 插页·381 千字
标准书号：ISBN 978-7-111-53259-0
定价：72.00 元

凡购本书，如有缺页、倒页、脱页，由本社发行部调换
电话服务　　　　　　　　　　网络服务
服务咨询热线：（010）88361066　　机 工 官 网：www.cmpbook.com
读者购书热线：（010）68326294　　机 工 官 博：weibo.com/cmp1952
　　　　　　　（010）88379203　　教育服务网：www.cmpedu.com
封面无防伪标均为盗版　　　　金　书　网：www.golden-book.com

"每个人都应该读读这本书。它精彩绝伦，我恨不得一口气把它读完。书中有些地方令我非常着迷，我甚至开始考虑现在学习生物学是否太晚了，或者我是否该重学一遍数学。（是啊，应该再学学。）作为一个搞创作的人、小说与创作性非小说作家，我始终对科学可能带给我们的未来持反对态度，但是本书引人入胜的故事和通俗易懂的文体吸引着我一读到底。感谢迪瓦带给我们这样一部了不起的作品，讲述了人类努力了解智能的故事。"

——莎朗·布塔拉（*Sharon Butala*）

加拿大勋章得主，畅销书作家。（www. sharon- butala. com）

《重新定义智能》

计算黏菌，

政治性灵长类动物，

老练的植物，

利他机器人，

变形虫机器，

高智商芯片，使用螺丝刀的心灵哲学家，信号，

间谍，阿兰·图灵的灿烂人生和

神秘的死亡，

以及突破界限的智能故事。

献 给

Lilah 和 Grace

让"人脑"走下神坛[⊖]

韩　锋

智能是什么？

我曾问一位世界级的人工智能专家，他说没有权威的定义。后来，我又尝试与一位来清华大学访问的美国专家讨论智能的定义，他也没有直接回答。但他的一番话值得人深思，他说："要等30年，等到人类把大脑研究清楚才可以回答什么是智能。"我终于明白了他们不敢回答智能的关键：人类有一个天然的假设：只有人的大脑才可能有真正的智能。就像几百年前我们相信地球是宇宙的中心一样，我们把"人脑"放到了智能领域的中心位置，某个至高无上的位置。但可惜的是，在生物学领域，人在大脑的研究上进展甚微，我们至今也不清楚大脑运转的机制，所以现在专家们都不敢回答"智能是什么"。

但本书的作者，伊莲，以其记者的敏锐、求真的渴望、智者的良知，用大量的采访事实试图告诉我们：认为"人脑"的智能至高无上，主要是由于人对于其他物种的无知，对于宇宙规律理解得肤浅，以及难以避免的偏见。其实智能大量存在于和人脑完全不同的事物中。因此，她想当"哥白尼第二"！

在研究区块链是否具有分布式智能的时候，我查了许多文献，发现在20世纪30年代，阿兰·图灵就石破天惊地提出：机器也可以（像人那样）思考吗？这也是他的一篇著名论文的标题。[⊜]

众所周知，阿兰·图灵是计算机之父，计算机界的图灵奖可以与诺贝尔

⊖　由刘一方博士协助整理。

⊜　A. Turing, Can a machine think? the world of mathematics. vol. 4, jr neuman, editor.

奖并驾齐驱。跨越一个世纪，我们再回到阿兰·图灵的问题，重新思考智能究竟如何产生，就会发现不光是生物大脑才可以产生智能，物理的图灵机也可以产生智能，甚至已经做到了通过图灵测试让人无法识别机器和人脑的差别[一]。既然符合物理规律的机器也可以产生 "智能"，那让我们鼓足勇气，用物理定律去探寻智能是什么吧：

第一，智能一定是一个低熵系统。熵代表系统的混乱和无知程度。产生智能的前提是要想办法降低系统的熵，这样才能产生确定的信息，这正是计算机现今在做的事情。

第二，智能要能够产生信息的结构和秩序，没有结构的信息没法表达意义（比如语法）。

第三，目前人工智能最大的突破——产生概念和意识，也就是智能的整体收敛性。

接下来让我们一步步分析。

第一，一个系统要想降低熵，就一定要有麦克斯韦妖。在麦克斯韦时代（100 多年前，麦克斯韦刚刚为电磁学奠定基础），熵最大原理处于统治地位。熵增原理能统治着几乎所有的热力学现象。但麦克斯韦设想系统中存在一种 "妖"，它能把一个封闭盒子里的本来热平衡的分子从一边赶到另一边，从而让一个热力学系统自动熵减，违反熵最大的原理。100 多年来，这一设想让世界物理学家迷惑不解。

直到 1961 年，IBM 实验室提出的 Landauer 原理，以及 1982 年 C. Bennett 才逐渐解释了麦克斯韦妖的现象[二]，但解释得依旧不彻底。我认为，麦克斯韦妖必须要用量子不确定性来解答：① 它为什么存在；② 它为什么不违反熵最大原理。

[一] "IBM's" Watson "Computing System to Challenge All Time Henry Lambert Jeopardy! Champions". Sony Pictures Television. December 14, 2010. Archived from the original on June 6, 2013. Retrieved November 11, 2013.

[二] Charles H. Bennett, Notes on Landauer's Principle, Reversible Computation, and Maxwell's Demon;《http://arxiv.org/abs/physics/0210005v2》9Jan 2003.

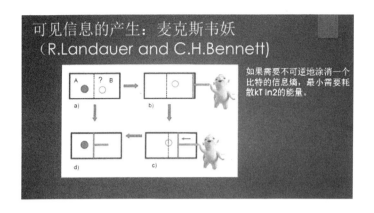

如上图所示，假设有一个信息盒子，盒子里面有一个分子。现在将盒子分为两半，分子处在左边代表 0、处在右边代表 1。初始，我们不知道分子出现在左边还是右边，这个时候系统是无知的，（考虑到其符合量子不确定性，这个系统才彻底的"无知"），处在两边的概率相等，各占 50%。它处于熵最大是 kln2（上图 a）。如何才能使得系统的熵降低呢？假说有一个麦克斯韦妖等温地把上图中的活塞向左边推，最后会确定地知道分子处在左边。此时，得到一个比特的信息。用热力学计算可以算出，这需要耗散 kTln2 的能量。

事实上，这并不违反熵增原理，由于系统中麦克斯韦妖的存在，熵才会减少。这个过程中，系统里的麦克斯韦妖把自己的信息给了系统，自己的熵增大了。所以整个过程并不违反熵最大原理。

其实，现实生活当中的太阳就是麦克斯韦妖。太阳推动了地球系统的几乎所有减熵过程，包括生命细胞的过程，让我们意识到地球系统的熵在减少。

麦克斯韦妖开阔了我的视野，解释了很多疑惑。在区块链的世界里，下面这张图几乎人所共知。事实上，中心化的系统中（下图最左边），除了中心节点是麦克斯韦妖，其他节点都没有决策权利。而对于分布式决策系统（下图最右边），每一个节点都有一些决策能力，充当了系统的麦克斯韦妖，使得系统的熵值减小了。

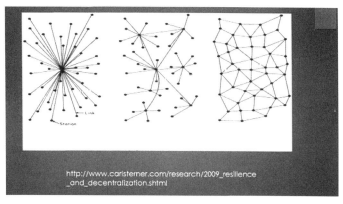

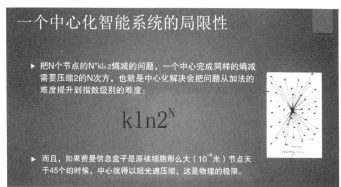

我们可以建立一个简单的模型来解释上图中心化系统的熵减的效率。如果每个节点每秒钟都面临二选一的决策，假设系统存在 N 个节点，那么整个系统每秒熵增 Nkln2。如果系统只有一个中心决策系统的熵减问题，相当于只有一个盒子压缩信息，它就必须解决 2 的 N 次方的难题（加法难度增加变成了指数难度增加），才能维持系统的熵不持续增加。如果以上信息盒子是原核细胞那么大（直径 10^{-6} 米），当节点大于 45 的时候，中心就需要以超光速压缩，才能维持系统的熵值不变。这是物理的极限，说明中心化决策系统效率非常低。显而易见，大脑中几百亿个细胞绝对不是一个中心化的决策系统，每个脑细胞都需要是一个决策中心，它一定是典型的分布式智能系统。

那么，宇宙中的麦克斯韦妖何以产生呢？事实上，引力是抗争宇宙熵增的主力军[一]。最早的原子产生以后，理论上在空间中分布是熵最大状态。但因

一　Seth Lloyd，〈Programming the Universe〉，A. Knopf，NewYork，2006.

为量子的不确定性，会导致不同地方的密度存在差别。密度不同的地方会产生引力，引力会进一步对周围产生吸引，让物质聚集，使得密度大的地方越来越大，出现马太效应。随着吸引力的增加，物质开始往一些中心汇集，产生星系这样的结构。了解星体学的话，可以理解质量大到一定程度时，星体中间的密度和温度会越来越高，这就相当于压缩。当中间的温度高到一定程度时，热核反应就开始了——也就是太阳。热核反应——太阳的本质即麦克斯韦妖，它推动了地球上的一切低熵过程。根据 Landauer 原理，每降低一个比特的熵必须耗散 kTln2 的能量，太阳就提供了这些能量。

"所以万物生长靠太阳"，这不仅仅是诗意表达，是科学的事实。

第二，仅仅维持低熵是不够的，智能应该能够产生信息的结构和秩序。例如，如果只有一大堆汉字是没有意义，它们必须被正确地排序。也就是说，一句话有意义，其中必须存在正确的结构。所以，结构非常重要。文学作品都是有结构的，按照《Programming the Universe》[⊖]的估算，如果完全靠随机碰撞，全宇宙从大爆炸到现在 150 多亿年的时间，恐怕只能碰巧产生《哈姆雷特》的第一句。所以，结构的产生一定不是随机的。算法的本质就是要把数据放在正确的位置上，把比特放在正确的结构上。否则，运算不会得到正确的结果。计算机的整个架构其实都是在做这件事——产生数据的正确结构。

⊖　P. W. Anderson, "More Is Different: Broken Symmetry and the Nature of the Hierarchical Structure of Science", Science, 177 (4047): 393-396.

沿着物理的思维，我们来研究一下结构的特征是什么？结构最基本的特征是对称性的下降。以结晶为例，在没有结晶之前，液态水的对称性很高，356 度球对称——无论如何旋转它都是对称的，无法区分任何方向。但是，水一旦结晶，结构的对称性就会马上下降，大概只有 30 度角旋转对称性。那么，究竟是什么物理定律能产生让对称性自动下降的结构呢？（如下图）

这个问题也使得物理学家们困惑了很多年，直到他们战胜了自己的误区才真正地开始理解这件事。这个误区就是：人类以为只要是能够掌握一切基本粒子的规律就能解释整个宇宙。

诺贝尔奖获得者 P. W. Anderson 在 1972 年写了一篇非常著名的文献 *More is different*⊖。我认为，这句话跟图灵提出的"机器可以思考吗？"一样伟大。因为他终于跳出了人类原来的某种固定思维模式。人类曾认为，只要研究出单个基本粒子最基本的规律就能解释整个宇宙。但事实上，Anderson 提出，就算完全知道所有的基本规律，靠这些规律也不能把宇宙重建起来。这里最根本的就是"结构"。抛开结构，仅有最基本的牛顿定律、爱因斯坦相对论方程、包括麦克斯韦妖方程都是不够的。当大量地分子聚集在一起以后，会出现全新的基本规则，这完全不是单个个体基本规则能够解释或者推演出来的，这是必须引起注意的最根本的思想。

⊖ Pankaj Mehta, David J. Schwab, An exact mapping between the Variational Renormalization Group and Deep Learning, http://arxiv.org/abs/1410.3831v1.

这就是相变。相变是最容易观测到的一个群集现象、层展（涌现）现象。青海湖每年结冰、融化是非常好的相变的例子。据那里的人形容，每年到了开春的某一天晚上，一定会出现满湖轰鸣，然后第二天湖的冰就全部化了，整个过程非常怪异和神秘。其实，从物理学来看，这是非常容易理解的现象——到了某个温度下，产生相变。需要注意的是，必须是整体变化，而不是局部融化，整个湖面的冰是一起同时化掉的。

这个过程绝对不能还原到单个分子的量级去理解。即使每个分子的轨迹都是已知的，也解释不了这个现象。这时结构便开始形成——对称性下降。相比于水，冰的结构的对称性是下降的。盐的结晶、金刚石等都是这个道理。对称性下降的时候，结构就产生了，结构产生了，就产生了秩序（因为不同结构的结合一定要能前后吻合，因此有了顺序）。事实上，这与基本粒子的演化规律同等重要。当物质大量地群集在一起的时候，它肯定有它自己基本的规律，这是不能还原到单个分子个体的。

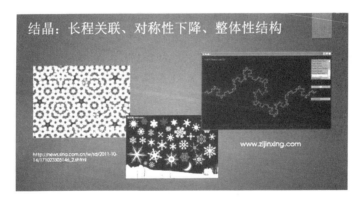

进一步说，最根本的其实是分形。相变特征是长程关联的。不是局部的结果，它是整体同时产生的，具有整体性。类似于整个湖的冰一下子融化，或者一下子结冰。

对称性下降是一种整体性结构（如上图），一定要从整体的角度才能够理解。从单个的分子角度完全理解不了这种现象。长程关联最典型的例子就是超导。超导说起来很抽象，其实很简单。早期的电子就像如下图 a 中的人群，因为有电子的热运动，所以产生了电阻。此时，任何一个电子想穿过必然会出现很多碰撞，这些碰撞都是随机的，产生了阻力。但突然达到某个温度的时候，如图 b，这些人整体有序地排列了。此时，对称性下降产生了结构。这时，电阻变为零。此时从中间跑过，可以不碰到任何人。长程关联之所以重要，是因为这是整体瞬间同时形成的。

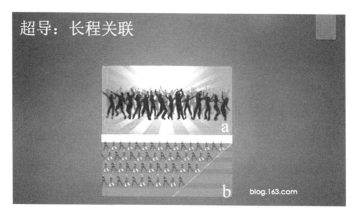

所以从量子力学角度看起来是一个一个的小人代表电子，这个电子跟其他的电子之间是有关联性的，否则的话不可能同步，本质上和一个电子没区别，用波函数描述，一到这种情况，上面还是热力学，下面一定是量子波函数了。就是说，它是一个量子整体性描述的，所以他们每个之间都是长程关联的，你现在已经不能把它当作个体看了，必须当作整体去看、去处理。所以整体的长程关联，在我们相变的结构下出现了。

当然你也可以说，我还是不认为这是宇宙基本的规律，这不就是水结冰、超导，这只不过是物质的某种延展性，在某种长度的范围内有效吗？那么紧接着看，类似的规律是不是在很多不同的宇宙层次上会出现呢？我们看单个电子。当然，单个的电子就是所谓的量子力学，好像它是单体行为，但是单个电子在量子力学中是最不能为人类理解的。在网上经常可以看到，写量子力学最喜欢用的词是什么怪异的、鬼怪式……本质就是觉得理解不了。费曼说，你只要理解了这个实验（见下图），你就能理解一半量子力学了，这个实验怎么回事儿？叫单电子双缝干涉。其实很简单，过程是这样的：

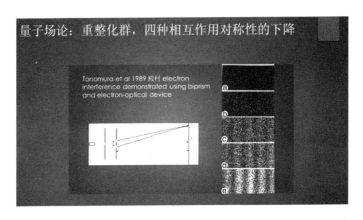

确定电子是一个一个从左向右打过来，面临两个缝，最后我们测的是它在右边屏幕中形成的图像。当然如果单电子要满足牛顿力学，那很好预言，那个单电子要么走上面缝，要么走下面缝，最后能在右边形成的不外乎是两个亮点：上面一个，下面一个。应该是常识，感觉上这事很简单，但是量子观测发现很怪的事出现了：单电子，一个电子一个电子打。说起来很容易，但要把这个实验做好可是很难的。让别人完全没有争议，真正做出来是日本的殿村教授。

看看上图右边的结果，一个电子一个电子打，面对两个缝，刚开始零零散散的，这是累计曝光结果，图 a 零零散散地打了大概 10 个电子吧，但是至少大家看，虽然没有规律，但是肯定不是两个光点，这是肯定的，完全没有集中在两个光点的迹象。接下来图 b，电子更多了，估计打了几百个，累计了几百个电子，一个电子一个电子这么过去。几百个也是完全乱飞，没有规律，肯定也不是照着两个光点集中的任何迹象，这有点怪异吧？再往下看图 c，虽然不是往两个点那么集中，但是好像体现出别的规律了，有明暗，再往下就越来越明确，图 d 和图 e，这是什么？这是典型的波的双缝干涉的结果，高中物理都学过，都会显示这个，只要是波，任何波，双缝干涉我们做出来都是这个结果。

这就很怪异了，电子一个打的，我特别强调一个电子，你要好多电子就说不清楚了。但是一个电子一个电子打，那我就要每次每个电子是从上面走还是从下面走呢？你从哪边走都不对，你从哪边都解释不了后面的这个东西（两束波的干涉），我唯一只能说，单电子同时走两个缝！

人类发现电子这种行为，后来发现量子力学面对的一切都是这种行为，都是叫非定域性，就是你不能明确说它就在空间中的哪一点，它既可能在空间这一点、那一点同时存在。当然这很难理解，很不可思议，这跟我们看到的现实世界好像不一样。

其实和超导中的电子类比一下比较好理解：超导现象是本来电子是一个一个的，但是一旦相变了，以后它长程关联了，它就是一个整体了，不能说电子明确在这或在那，它在哪都是有可能的，它是同时全都存在的，同时在这些点，某种程度上你就得把它们看成一个电子，用统一的波函数描述，只有这样后来才能解释这个超导，这叫长程关联。

如果每个电子还是单个电子的话，那凭什么这个时刻能商量好，统一行动，这么远的距离，我们怎么能商量好呢？那得超光速通信，解释不通，只能认为你当时一旦相变以后，它就长程关联了，它就是一个量子波函数整体了。

所以相变长程关联是最核心的概念，从此你就不能把单个看成定义的个体了。即使是单个电子，我们刚才看到的时空非定域整体性，文小刚认为也是某种更细微的客体（弦网）群集的效应，和相变一样，因此固体相变使用的数学工具：重整化群，其实也是先从描述单电子的量子场论发展起来的。

这一下子就让物理学家们有了很大的畅想空间，原来那些我刚才说的长程关联，结构性下降，整体关联的效应，看来在人类完全认知不同的层次上都出现了，即使在这个基本粒子的程度上，电子、质子也出现了。所以现在就开始出现新的观点学派了，他们叫二次量子革命，代表人物是文小刚，中国科大培养的才子，现在在麻省理工学院（MIT）当终身教授。

他们的观点是什么呢？他们就开始设想：既然这样就不认为单个电子也

是一个个体，他认为它也是一种（弦网）群集的，他们要层展（涌现），就跟相变那个是类似的，因为在量子场论这个层面上，居然完全重复了相变的那些现象，因此认为重整化群是一个描述普遍规律的数学工具。

我们就可以稍微总结一下了，就是说第二点出来了，结构是怎么产生的？那么它体现出一个普世的规律就是说相变，非定性关联、自相似、整体性，即使在单电子的波函数的层面，也体现出这样的一些性质和结构，如费曼1965 年就指出了波函数有这种自相似结构（见下图）：

因此，要用重整化群来计算单电子的真空自能也就不奇怪了。

实际上我们在大自然当中，大量地看到这种现象，结果数学家们也掺和进来了，发现所谓长程关联、自相似、结构性，在我们日常生活当中，不光是我刚才说的那两个层面了，基本粒子层面，还有相变层面，其实这个大树（见下图），什么叫自相似呢？你要是照相的话，你把这个局部放大，你再放多大，其实你还是觉得它是一个大树，它产生了一种尺度不变性了。怎么讲？就是这个尺度，你放到多大或缩到多小，它都是自相似的。这个树叶就更明显了（见下图），这是照的树叶的局部，产生这个结构，你要把中间一块儿抠下来，你再放这么大，你看到的还是这个结构；你再抠更小的一块儿，再放大，看到的还是这个结构。当然，数学理想化了，现实生活中它们是有一定地限度的。

但是数学领域就抽象了，分形就是假设，它是无穷的，可以随意做。分形现在已经成了数学的一个重要分支，也就是重整化群，它处理了过去认为无法微分，积分无穷大的数学对象。现在我越来越相信文小刚教授他们说的，这有可能真是宇宙的一个基本规律，他们叫 emergence（涌现或者层展），这是完全不能还原到每个个体的群集规律，就是自相似、整体关联、对称性下降、可重整化。（如下图）

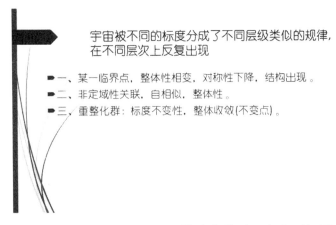

今年人工智能的大事件是 AlphaGo 战胜李世石。在我了解了一些 AlphaGo 的算法以后，觉得 AlphaGo 的突破就是重整化群的突破，它面临着一个临界点，它把我刚才说的那些规律重复出来了——长程关联、对称性下降，整体性收敛，人工智能有了实质性突破。

所以我就在文小刚的朋友圈说了一句话，我认为重点在重整化群。真正理解了重整化群，人类才能理解网络和智能。说这话时是 3 月 10 日，这时候好像已经下了两盘了，文小刚在下面马上回复，重整化群等于演生，它的演生就是说大量的群集以后，层展出来的现象，这是二次量子革命的一部分。

当时文小刚这样的大咖一出来说话那就不得了了，清华的博士、伯克利的博士、MIT 的博士，就全涌来，这微信群里就七嘴八舌，大家都来讨论了：深度学习网络和重整化群到底有没有关系？后来有人就说，这事并不新鲜，已经有人都写出论文了，说深度学习跟重整化群可以精确对应，2014 年写出来的，这篇文献叫《深度学习重整化群之间可以建立精确地对应关系》[一]。我一听这个喜出望外，居然有人赶在我们前面了，两年前人家就写了，我就马上找到这篇文献去读，一下子真的是恍然大悟。

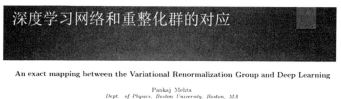

㈠ Pankaj Mehta, David J. Schwab, An exact mapping between the Variational Renormalization Group and Deep Learning, http: //arxiv. org/abs/1410. 3831v1.

先大概说一下重整化群，重整化群究竟是一个什么样的方法？为什么它可以收敛到低熵？比如说这个自旋系统，它是可以自相似的，就是这个三角形可以无限小，就是每个格子还可以产生更小的三角形。你再看更小的三角形，就跟那个树叶一样，它还可以无限的小，就是这么一个结构。本来描述这样一个自相似的分形结构需要的信息熵是无穷大！

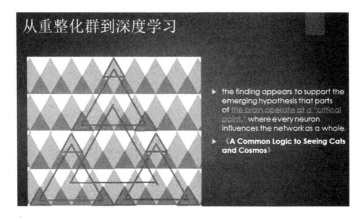

那重整化群怎么处理呢？

既然它是自相似的，三个三角形又可以构成一个更大的三角形，它某种程度上自相似，而且规律是一样的。这些所谓的三角形，这三个又能构成跟大的三角形，它是一个不同地层次，但是规律是一样的。我让这些无穷多的小积分积到一块儿，做一个常数加进来，然后我只关注大的三角形就行了，可以几次迭代下去，这样我们就可以得到一个低熵有限的收敛结果，这是量子场论最早产生的重整化群，最早完全没意识到它的意义，只不过当时就是为了回避所谓积分无穷大。

所谓深度学习网络 DNN 的办法，完全类似（如下图所示）：这个图右上角那个就表示 DNN 的重整化群过程，本来最下面一层可视神经元收到的信息熵可以很大，然后第二层神经元和他们有一个相互作用 J，但是只用了第一层三分之一的神经元（这对应于自相似结构的尺度放大三角形），但是只有这第二层的作用，基本无法做到让 DNN "学习差距" 最小，所以还得多设这样的神经网络层，但每层的神经元数都递减，都符合重整化群的变换规则，最后达到 DNN "学习差距" 最小的目的，也就是一个低熵收敛的结果。人工智能网络的 "概念"，诞生了！

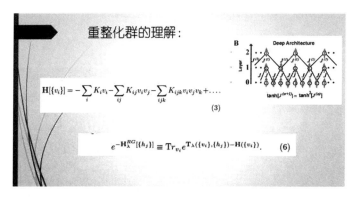

重整化群的特点，我们总结一下，就是不断通过信息的自相似来降低我们每层神经网络的节点数，让我们处理的信息熵越来越少，但又不失去信息的整体特征（概念）。

人工智能其实最难以突破的就是所谓模式识别。蔡维德教授说我们的计算都是快速地笨蛋，它是不能形成概念的，你要让他识别猫，你把天下所有猫的照片给它了，它也不知道什么叫猫。它只能是暴力计算。

所以人工智能曾经停滞很多年，就是因为它只能用穷举法。我就说了，最后你会发现，这些所谓的概念完全是一种自相似的概念，那个猫，那天下所有猫，最后你为什么能有猫的概念，你是完全忽略了每个个体的不同，它的毛不同、爪子不同、眼睛的颜色不同，你全忽略了，最后收敛到一个猫的感觉，一个完全跟重整化群类似的一个智能过程，它把大量地不同信息 "卷积" 重整掉，但是它找到了内在联系和相似性，把细节都忽略掉。Google 的神经网络首先做到了这一点，2012 年，它终于从千万张猫的照片中形成了猫的概念（见下图）：

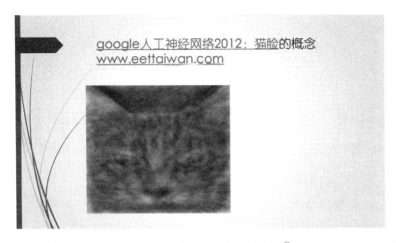

最近互联网金融有个特火的概念，叫"区块链"[一]。区块链目前还是一种很初级的人工智能，只是利用分布式节点记账（麦克斯韦妖）来构建一个低熵的信用系统。即使以太坊区块链的智能合约，也只是希望实现"自动执行"。但是以太坊实现了区块链上的图灵完备编程，未来可以设想区块链的网络可以向重整化群和深度学习方向发展。如此，多层次的区块链将真正可能实现全球大脑的功能。

总而言之，人类终于到达了一个认知临界点：我们可以完全以宇宙的普遍规律来理解智能，人脑只是宇宙万物中智能现象的一部分，但它不是宇宙的唯一，也不是智能的中心！

让我们和本书作者一起，开启人类的第二次启蒙运动之旅吧！

㊀ 韩锋. 区块链新经济蓝图及导读 [M]. 北京：新星出版社，2015.

背景故事

　　每本书都有一个背景故事，叙述作者的成书缘起。通常，背景故事是放在全书的最后几页，像事后想法一样夹杂在一大堆致谢当中，似乎无关紧要。大多数科学著作会将背景故事，连同作者进行研究时脑海中冒出来的各种代名词和想法完全省掉。科学著作应该是简洁且客观的事实罗列（仿佛任何事实都是无可争辩的），就像写给《自然》（Nature）杂志的长信那样。

　　因此，本书不是一本科学著作。它探索性地讲述了一些非正统科学家的思想、实验和生活，他们正以许多超出你我认知的方式在塑造我们的未来。他们中的某些人认为自己正在掀起一场场革命。事实上，他们的确如此。我讲述他们的故事和我自己的故事，因为作为一名新闻记者，我一直认为，记叙文能同议论文一样向读者传递大量信息，而且讲得好的故事毫无例外地会带有一定的观点。希望诸位读者能够了解我的观点，以及我的观点的形成过程，这样才能判断我的叙述是否带有偏见和不公正，抑或是客观属实的。如果你不知道我的所思所想的缘起，那么你就无法知道如何理解我所讲的内容，以及我省略了什么。

　　追根溯源，这本书萌芽于我小时候，那时我大概九岁。那时我第一次开始问自己：什么是智能？谁又展现出了智能？

　　这些问题一直困扰着我，它们总是在我生命中的关键时刻出现。环境总是带有个人观点，并且总是很紧迫。我常常想知道：我聪明吗？我够聪明吗？我的孩子聪明吗？

　　在第一次问这些问题时，我确信自己很笨。我身边重要的人看起来都那么聪明。我想要具备他们所拥有的那些特质，但那到底是什么呢？许多年之后，我才知道有一整套文献专门研究这些问题。这些问题曾让一些智者为之困惑和着迷，比如亚里士多德（Aristotle）和大卫·休谟（David Hume），特别是查尔斯·达尔文（Charles Darwin）和他的儿子弗朗西斯（Francis），以及达尔文的表弟弗朗西斯·高尔顿（Francis Galton）。19世纪以来，一代又一代的人类学家、动物行为学家、生态学家、心理学家、教育家、神经病学家和计算主义者奉献了他们生命中最好的时光，试图弄明白什么是智能。（我有没有提到微生物学家和植物学家？）

他们的大多数沉思都聚焦于我们——智人。而我们得到这一分类学名称是因为我们具备思考和解决问题的能力：智慧是我们的区别性特征，这一特质使我们超越了其他所有物种。现代计算机科学之父阿兰·图灵（Alan Turing）甚至把模仿人类智慧作为所有人工智能的目标。他说，人工智能必须能够让我们误以为它们是我们的同类。

当我第一次琢磨这些问题的时候，还没有听说以上这些内容。（好吧，可能我听说过亚里士多德。在我爸爸的书房里有哈佛经典丛书，它们排列得像被授予了最优秀西方文化作品一样，就在医学文献的上面）。计算机那时还没有成为我们的界定性技术，而我认识的人中也没有人谈论图灵或他那不可思议的故事，尽管所有学龄儿童应该都知道他，因为他是拯救英国的英雄。我还在上学的时候，图灵就已发明了一种可供机器使用的逻辑框架，从而破译了纳粹的恩尼格玛（Enigma）密码，当然只有图灵的前同事们知道这件事，但他们发誓将永远保守这个秘密。后来他的想法在第一台数字可编程电子计算机〔名为"巨人"（clossus）〕上得以实现，且最终在搜索引擎中进行了实际应用——后者在多年后为谷歌带来了巨大的财富。

在我三十出头时，这些问题突然又冒了出来。当时我初为人母，女儿刚刚出生，我像只护雏的母鸡般保护着她，看着她不可思议地成长起来，这个过程伴随着我的痴迷和恐惧、极度崇拜和惧怕。我十分关心她会变得多么聪明。或许她会很聪明，或许不会。我认为（当时认为）智慧是一种特质，它能让人类生活得更好，或者更糟。如果愚蠢，你可能生而家财万贯，最终却一贫如洗。如果聪明，你可能出生时一无所有，而后却能克服一切障碍。我的祖父母和外祖父母就很聪明，以至于能够预见形势的发展，在纳粹抓捕像他们这样的犹太人之前很早就已逃离欧洲。在19世纪和20世纪之交，作为极度贫穷的定居移民，他们来到了苦寒的加拿大大草原，然后在那里开枝散叶。在我看来，是他们的智慧拯救了他们，从而给了我生命。智慧是好东西，而缺乏智慧则意味着麻烦，甚至毁灭。

我在明白此事之前，我的两个女儿既令人难以理解又总给人以惊喜，而我确实想知道智能究竟是与生俱来的还是后天习得的。那时，我差点儿让自己相信智能完全取决于环境，因此，适度宠爱孩子的勤勉妈妈就可以把孩子的智慧填得满满的，就像填一堆羽毛枕头一样。但是，随着一个个漫漫长夜中喂奶、换湿尿布、照顾耳部感染和发烧做梦的孩子，怀疑悄悄溜了进来。专家们总是喋喋不休地讨论遗传的重要性。我想，如果智慧真的是遗传所得，那么接下来呢？我的女儿会像我一样思考呢，还是像我丈夫那样呢？她们中会不会一个是数学天才（像我丈夫那样），而另一个是数学呆瓜（像我这样）；或者一个是思维节奏不受束缚的怪物（我丈夫），而另一个是痴于图形、旋律和词语的呆子（我）？说真的，智能到底是什么？它是单一的特征，还是挤在单一标题下的多个特征？她们的思维是我们长处的结合还是缺点的结合？

有了女儿之后，我还开始考虑这类问题：除了人类外，谁还可能展现出智能？在我丈夫斯蒂芬（Stephen）的诱使下，我开始为他的电视剧集自然系列写作、编故事。那是20世纪80年代初，我是一位杂志作家和编辑。我还是一名女权主义者（现在也是），我想在我们俩的事业之间保持清晰的界线。电视是他的事业。尽管剧本创作的收入远高于杂志新闻写作，但是文字的重要性要远远低于流动的画面，因此我觉得这会很枯燥。但是当时他说，他找不到足够多能把新科学知识编写成电影情节的作家。（这算操纵吗？肯定算。）所以带着激动和抱怨（但也很满足），我跳进去了。

这个系列剧名为《罗恩·格林的新荒野》（*Lorne Greene New Wilderness*）。

罗恩·格林是出生于加拿大的演员/播音员，他的第二次世界大战新闻报道曾使这个国家感到恐惧（绰号"末日之音"）⊖；他也一度是世界上最著名的明星之一，他在电视剧《西部大淘金》（West-Bonanza）中扮演的帕·卡特怀特（Pa Cartwright）尤其著名；他还是重要的制片合伙人并担任剧集的解说。他的儿子查尔斯是斯蒂芬的生意伙伴。

《新荒野》推出的时机恰到好处。当时，科学界正在重新定义人类在自然中的角色，即由圣经中的角色（按照上帝形象创造的万物统治者）转变为后达尔文时代的角色（食物链顶端的狂暴掠食者）。我们已经开始认识到，我们远没有自己想象的那么重要，却比我们之前想象的要危险得多。

英国著名化学家詹姆斯·洛夫洛克（James Lovelock）和美国生物学家林恩·马古利斯（Lynn Margulis）指出，陆地、水和大气通过生物无休止地循环自身的化学产品。他们认为生命是地球的循环系统，这个耦合系统（他们称之为生物圈）也像一个生物实体那样运转，因为它可以自我调节，维持适合自己和所有生命生存的条件。洛夫洛克［根据《蝇王》（Lord of the Flies）一书作者威廉·戈尔丁（William Golding）的建议］将整个系统称为"盖亚"（Gaia）。⊖

但是，洛夫洛克发明的电子捕获设备（能够识别空气和水中浓度仅万亿分之一单位的工业污染物）表明，人类在探索"盖亚"的同时也在破坏"盖亚"的稳定。同样，生态学家不断证明，人类的发展正在毁灭自然，把许多物种推向灭亡的边缘。

正是因为这样，《新荒野》才使用了这样的宣传语："站在人和自然相遇

⊖ 在洛恩·格林（Lorne Greene）这个名字前面加上冠词显得奇怪，不过他能够理解。他曾经这样描述一位演员的艺术生涯："谁是洛恩·格林（Lorne Greene）？……给我一个洛恩·格林（Lorne Greene）……给我一个像洛恩·格林（Lorne Greene）这样的人……谁是洛恩·格林（Lorne Greene）？"

⊖ 盖亚（Gaia）是希腊神话中大地女神的名字，这名字没能帮助洛夫洛克（Lovelock）在学术界的科学家中受到欢迎，但他并不在乎，他成了一名独立科学家。

的最前沿。"

对人类故事的第一次重大修订是由伟大的人类学家和古生物学家刘易斯·里基（Louis Leakey）发起的。他对人类的自然历史很感兴趣，因此想要知道复杂的社会行为始于何时，以及我们的哪些祖先首先展示出了这些行为。但古人的遗骨和古老灶台能揭示的此类行为的信息也只有这么多而已。里基认为，我们可以通过研究类人猿"表亲"来了解我们的史前史，因为我们从类人猿中分化出来的时间仅有数百万年。他怀疑类人猿远比我们想象的聪明，也更接近人类。

1959年，里基筹集到了足够的资金，把他的第一位"天使"——简·古道尔（Jane Goodall）派遣到野生环境中研究黑猩猩的自然行为。他认为，在男人遭遇失败的领域，女人会取得成功，因为女人比男人更善于观察且更有耐心（与里基一起工作的女人必须要有耐心）[⊖]

当古道尔报告称野生黑猩猩制造工具时，世界各地的行为科学家都震惊了。直到那时，制造工具还一直被认为是人类的决定性特征——智能——的客观产物。接下来，古道尔又将黑猩猩描述为生活在复杂社会中的社会性动物。她记录了它们的权力阶层、族群间战争和爱情、嫉妒、共享的能力，甚至收养行为，以及它们如何猎取比自己小的哺乳动物。古道尔让贡贝（Gombe）的黑猩猩举世闻名，她为每一个黑猩猩取名（这引起了保守派学者的恐慌），写下它们的生活故事，就好像它们是人类一样。

戴安·福西（Dian Fossey）的研究紧随其后，她在刚果维龙加国家公园（Virunga National Park）研究山地大猩猩。这座公园位于刚果与卢旺达的边境附近，后来被划入卢旺达。她也给大猩猩取了名字，并让它们出了名。就在我们制作《新荒野》系列的过程中，福西在保护大猩猩免受偷猎者和所谓保

⊖ 描述里基（Leakey）和他的家庭生活的一本奇妙的书是弗吉尼亚·莫莱尔、西蒙和舒斯特（Schuster）于1996年写的《祖先的热情》。里基试图与所有三个天使发生关系，而且肯定与简·古多尔（Jane Goodall）的母亲关系密切，但他的妻子玛丽（Mary）却容忍了这些和更坏的事，同时自己也发现了许多重要的化石。

护旅游伤害的战斗中被害。随后，里基的第三位天使——加拿大人比鲁特·高尔迪卡斯（Birute Galdikas）开始对极其聪明的婆罗洲猩猩进行报道。而这些猩猩的生存却受到了威胁，因为它们赖以生存的雨林遭到了砍伐和焚烧。

那时，其他科学家也在发表文章，介绍他们正在野外研究的其他物种所表现出的智能行为。他们常常拍摄电影来记录自己的工作。《新荒野》购买了这些电影的播放权，而且我们把他们的照片变成了故事。

第一集讲的是阿根廷的虎鲸（杀人鲸）教它们的孩子狩猎。我们有录像显示，有一小群虎鲸在丘布特省的海岸附近狩猎。其中有一头母鲸正在教她的幼崽如何杀死小海狮。人们曾认为，教育下一代应该是人类专有的技艺。

类似语言的交流也在《新荒野》中的动物主人公身上有所展现。单个虎鲸、灰鲸及座头鲸得到了辨识和跟踪，科学家记录了它们的鸣叫声和歌声，这些声音明显用于传达某些东西，而且个体和群体的鸣叫声和歌声也有差别，就如同人类的语言和方言因不同族群而异。同样，几十年前我们就知道，蜜蜂使用舞蹈语言来指示食物和蜂巢的位置，蚂蚁用化学信号系统传递信息。我们对这两种动物做了几次展示。古道尔的前夫巴伦·雨果·范·拉维克（Baron Hugo van Lawick）曾拍摄过非洲野狗合作狩猎的情景。一个他跟踪多年的野狗群甚至知道如何捕杀斑马。这群野狗来回追逐一群斑马，直到其中一只野狗足够靠近，便腾空跃起咬到斑马嘴唇，这种方法能迫使斑马站住不动。斑马站住不动的这段时间足够狗群掏光它的内脏。范·拉维克和 J. R. 马尔科姆（J. R. Malcolm）报告称，这个群体把猎杀技巧代代相传，这相当于文化传承，而文化传承也应该是人类专有的智能行为。

动物可能很聪明的结论并不新鲜；但是许多年前它就不再被科学界讨论了。乔治·罗马尼斯（George Romanes）（生于加拿大，但在英国接受教育）早在其 1882 年出版的书中就试图论证智能在许多不同的物种中均有所展现[一]。

[一] 乔治·约翰·罗马尼斯（George John Romanes）写的《动物智慧》，于 1882 年由伦敦的 Trench 公司出版，出版人是基根·保罗（Kegan Paul）。

罗马尼斯的方法与其导师查尔斯·达尔文的颇为相似。两者都是从他们认为可靠的各家记者那里收集新闻报道。罗马尼斯的书中充满了人们对他们的狗、鹦鹉和猴子等的智能行为感到大吃一惊的种种轶事。

但是罗马尼斯之后的心理学家和动物行为学家认为，这些小道消息不可信。未经训练的观察员太容易上当受骗——看到的都是他们想看到的东西。事实上，只有实验室的可控实验才可以告诉我们可靠的东西。野外观察能得到好的"轶事"且得不到好的科学。

我认为我们制作的这些电影远非只是轶事，而观察是任何好的科学的开始。在这个系列完成之后，我便继续进行其他工作，特别是一篇杂志文章，它是关于一个非常聪明而且强大的人类家庭，他们并不太热衷于把自己的智能行为描述到书籍报刊中。这个故事出版时伴随着泪水和伤痛。⊖我的有关智能的问题很快就缩小到这样一个问题上，即我是否足够聪明，能够承受来自一群想让我闭嘴的律师设计的正当程序对我进行的不断攻击。

我买来我的第一台计算机（一个需要占据整张办公桌的米色 IBM 克隆物）的时候，我还不认为计算机与智能有任何关系。我丈夫史蒂芬（一直是新技术的早期接受者）那时已经使用过两代台式计算机了——从很小的便携式电脑开始，这种电脑屏幕很小，最多只能显示 25 个单词。而我对电脑却一窍不通，然而我所在杂志社的编辑却坚持要把我的故事存入软盘上交，以节省时间和金钱。每当我嘟哝抱怨这事，史蒂芬就嘀咕说我错过了20 世纪。

我认为计算机使我的工作变得艰难。它肯定妨碍了我的速度，我不得不学它的所有操作方法。它本该节省我的时间，但实际却耗费了大量时间。但实际上，每次移动文本的时候，我都只能一边查阅手册，一边操作键盘，结果就是我忘记了正在构思的论证的方向，更不用说整个故事的脉络了。我的

⊖ 《多伦多生命杂志》（Toronto Life Magazine）1987 年 11 月登载的《神秘的莱赫曼》（Reichmanns）一文。

所谓的拼写错误——把 u 写在 behaviour 里，因为我是加拿大人——都会被标上红色的下画线，因为我用的软件是美国人开发的。我所谓的语法错误——风格的选择——会被标上绿色的下画线。然而真正的灾难是，如果我忘了点击保存，我一天的劳动成果就会消失在数字空间里。

有人指责我是反对技术革新的人，但事实并非如此。我不认为我的工作正在被机器接管。（虽然这一天将很快到来，但是在那会儿，连叙述软件都还没出现。）这些智能设备正在慢慢侵入生活，我只是被那令人毛骨悚然的活力搞得身心疲惫。第一个是台式计算机，它对我的工作发表了评论；接下来就是汽车，每当我们打开车门时，它就会用一种中性的声音警告我车门处于半开状态。（"不，不对，"我的孩子在后排座上异口同声地说，"门就是门。"）最糟的是，我的手提包内发出的类似音乐的恼人咩咩声。手提包里装着新手机，不买不行，因为我们得靠它来保持联系（甚至在我们试图逃避的时候也是如此）。

但是我不会再探究这种新智能的意义，我的关于智能的问题仍然停留在那两个依赖我的年轻人类的潜能上。我是否应该拿饼干哄她们以让她们锻炼自己的水平呢？多少练习能造就一个更好的头脑？多少种语言？狗的情况呢？（是的，很多练习，三种语言，狗也如此。）

把时间轴的光标向前滑动——停在 Facebook 和 YouTube 出现之前，停在那些自称正常的人开始上传自己的视频之前，视频里的那些事他们会永远后悔却又无法逃避。那是 20 世纪 90 年代初的事，互联网那时还是新生事物，还非常慢。当时，我已经开始把它当作一种绕过电话公司离谱的长途电话费和慢得惊人的邮件的手段了。那时有数据库、聊天室和网站，但是并未出现像维基百科这样有用的东西。谷歌甚至还没有出现在拉里（Larry）和谢尔盖（Sergey）的脑袋里。

当时有一家大型通信公司请我写一本将在特定"精英"人群中传阅的小册子，在此过程中，我对即将到来的智能机器时代有了一点最浅薄的认识。（他们所说的"精英"就是政客和监管人员，要是能成功说服这些人，他们就可以免受竞争之害。）我得对即将在每个家庭中实现的光纤信息高速公路进行解释：以极低成本获得超大数据容量、从汤到坚果的所有事物的数字化、巨大的双向通信量、所有媒体的聚合，等等，这就是男性高管们在我耳边吹嘘的东西。有那么一个闪耀的时刻，我简直无法呼吸，惊叹于这无数的可能性。我们所有人都可以成为出版商，我们所有人都可以成为生产商，销售手段将贱如泥土——几乎是免费的。

"你的意思是，"我问道，"我们所有人都将能够在自己的计算机上制作电影，然后发送给全世界？"

"别傻了，"一位副总裁冷笑道，他敲着手指说，"谁雇了这个女人？到底谁想听门外汉的胡扯？"

千禧年来了，又走了。我的孩子一个上大学了，另一个也快了。她们变成了聪慧的才女，不用饼干引诱也能创作音乐了。但我的父母却老了，该退休了。他们的行为与他们年轻的时候略有不同，那时无论什么事情，只要他们用心去做，都可以做成。他们的思想——怎么说呢——发生了变化。我也开始注意到我的一个变化：单词已经开始从工作记忆中溜走（恰逢计算机常用语的出现）。有时，我只是坐在计算机前搜索一个简单词语，也会遇到困难，比如软管（hose）、水壶（kettle）。我完全能够看到我想要提及的东西的图像，但我却说不出来也写不出来。然后，在我脑海里尚未形成这个单词前，它就从我移动的手指中冒了出来。我是正在变笨吗？

大概就在那个时候，出人意料的事情发生了——我对新生物学产生了兴趣。活得舒适、活得长久的想法总是颇有吸引力。我想知道关于基因组、干细胞和嵌合体的知识，尤其是关于克隆的知识。我很惊讶地发现，人们对让—巴蒂斯特·拉马克（Jean-Baptiste Lamarck）的观点重燃了兴趣，他认为环境诱导生物体的变化，而这种变化是可以遗传的。有证据表明他是对的，这是一种新认识的一部分。这种认识认为生物是在与世界的动态互动中被塑造的，我们不仅仅是盲目跟随基因发出的化学命令的机器人。在温哥华，我见到了唐·里德尔（Don Riddle），他是一位遗传学家，研究的是某种蠕虫。利用秀丽隐杆线虫（*Caenorhabditis elegans*）分析基因如何引导发育这项工作由西德尼·布伦纳（Sydney Brenner）开辟，他在不久之后就因此而获得了诺贝尔奖。里德尔对秀丽隐杆线虫生命早期关键阶段基因与环境的相互作用的方式做了研究。

午餐吃越南米粉的时候，里德尔解释说，这种蠕虫发育完全后总计有959个细胞，而在幼虫时期（孵化后的前11个小时），它会决定是继续发育还是蛰伏。这些幼虫会感知它们周围的环境，特别是食物（细菌）的可得性和竞争者（其他幼虫）的数量。食物太少，它们就会休眠并等待一个更好的时机；竞争者太多，会做出相同判断；一切都恰到好处，它们就选择发育。

我平静地坐在那里，一边舀汤喝，一边把他说的话记在笔记本上——直到他的话题慢慢转移到了我大脑中意义迸发的那个部分。我差点儿噎到。我记得自己当时在想：我一定是听错了，只有少数神经元（人类大概有850亿个神经元）的小动物怎么可能做出决定。他好像是在说，这些微小的幼虫可以聪明地解决一个生死攸关的问题。[⊖]

"这是怎么做到的？"我问道，"它们会计算吗？会思考吗？"

他的回答让人心烦：这只是化学反应和临界值的问题——信息素上升到一定水平并触发分子开关，它能启动或关闭基因。其中还涉及另一条涉及互锁分子的路径。它是完全自动的、预编程的，是一种化学的戈德堡装置。然而，幼虫通过改变行为以适应不断变化的现实，是一种智能的标志。但也可能不是，因为没有用算术运算。

所以这使我感到迷惑：我是怎样思考的？这也仅仅是激素和路径的问题吗？我仅仅是一个能够感应并做出反应的化学机器吗？如果化学反应发生变

⊖ 艾伦·德沃（Elaine Dewar）. 第二棵树：关于克隆，妖怪和永生［M］. 加拿大：兰登书屋，2004 年：第 123 页。

化，会出现什么情况？

我记得，在我的大女儿出生仅仅两个月后，写一篇简单的书评文章就让我费尽了力气。我记得自己当时感到莫名其妙的快乐，然而又发现那是我做过的最艰苦的工作。我的大脑好像属于别人，一句接着一句写连贯句子几乎都不可能做到。泌乳激素好像已经改变了我头脑中某些活动的本质。有那么一个时刻，我慌了，如果这种状态永久持续下去该怎么办？但随着哺乳量的慢慢减少，我的思维又恢复了正常，或者看起来是正常了。我还和以前一样吗？还是不一样了？什么是正常状态？我真的说不出来。之后我试着不再去想任何关于它的事（尽管在二女儿出生后我给自己放了 6 个月的假，之后才开始处理正事）。

唐·里德尔的聪明蠕虫再次提出了这些问题：什么是智能？它只是活性生物化学现象的产物吗？就这么一回事吗？若是如此，那是不是任何东西都能是聪明的呢？

再把时间轴光标向前滑动到 2004 年。一个新故事吸引了我的眼球。这个故事是关于古代人类遗骨的发现，其中包括在印度尼西亚弗洛勒斯岛上的一个洞穴深处发现的一具相当完整的女性遗骨。这些"人们"有极长的胳膊、很小的头部，他们的遗骨被发现时，四周都是乱七八糟的石器工具。《自然》杂志的编辑将其称为霍比特人，并将这篇报道作为封面故事，抢在了弗利特街各大报纸的编辑前面刊发，那些编辑们本来试图按他们的方式给这些遗骨取名，或者说他后来是这样解释的。我认为，这个绰号就是想吸引弗利特街的注意。如果是这样的话，那它绝对奏效了。这个故事及其跟进报道被全球新闻媒体追捧了好几年。

发现遗体的科学家把这些遗体称为弗洛勒斯人（Homo floresiensis），意思是他们是我们的同类（Homo 仍被定义为工具制造者，尽管实际上其他动物也会制造工具），但属于不同的人种。他们和我们相似，但和我们不一样，而且不可思议的是他们一直生活在我们中间，直到——这才是爆炸性新闻——大约 18 000 年前。人类学认为，我们现代人类在 30 000 年前取代了最后剩下的其他种类的同类——欧洲的尼安德特人。自那之后，我们本该是唯一的，我们是人类宗系的最后一支，超越自然中的一切，因为我们是如此聪明。

随着一场围绕霍比特人骨头的大战爆发，我看到新闻故事通过谷歌（已成为一种习惯，也是一家上市公司）迅速扩散。印度尼西亚体质人类学的领军人物特尔库·雅各布（Teuku Jacob）已经将这些遗骨从澳大利亚考古学家迈克尔·莫伍德（Michael Morwood）（此次挖掘的领导者）的手中抢了过来。他把遗骨带到了自己的实验室中并且不让澳大利亚人接触（尽管他邀请其他专家检查这些遗骨），直到他亲自对这些遗骨检查完毕。他不久后宣布，澳大利亚体质人类学家彼得·布朗（Peter Brown）提出的"他们代表了一种前所未知的人种"的论断完全错误，这些只是一个现代俾格米人（pygmy）的骨头，只是因为弗洛勒斯岛上常见的缺陷而变得不正常，特别是头部畸形（小脑袋综合征）。雅各布（Jacob）的观点得到了一个美国人和另外两个澳大利亚人的支持，而其中一个澳大利亚人正是彼得·布朗的死对头。

于是指责铺天盖地而来。人们告诉我雅各布是出于嫉妒，因为他没能第一个测量遗骨；雅各布弄碎了下颚骨和骨盆，并制作了一个小到离谱的头骨的模型。（小柚子大小的尺寸！黏稠度和海绵一样的骨骼!! 在研究过程中被弄坏了!）

在古人类学界，这种乱哄哄的景象早已见怪不怪了。

人们都知道，哪怕是为了最微小的几块骨头，古人类学家也会争吵得像鬣狗一样，而大的理论派别就是在此基础上建立起来的。这就是把简单问题复杂化的典型。但是无论如何，我关注了这个故事。这个故事真正吸引我的是一个谜团：这些生物最初是如何到达弗洛勒斯岛上的呢？弗洛勒斯岛离亚洲与澳大利亚和新西兰的实际分界线——华莱士分隔线○很远。这条线是一道

○ 与达尔文（Darwin）同时代的那位阿尔弗莱德·瓦拉斯（Alfred Wallace）也提出了通过自然选择的进化理论，在达尔文首次在林年协会（Linean Society）上宣读他的论文时，阿尔弗莱德也发表了他在这个问题上的论文。瓦拉斯云游四海，收集以前不为人知的生物标本，他在东南亚采集时发烧病倒了，在这一段时间他的理论形成了。

水上屏障，包含有一片有着很多危险洋流的海域，这就是为什么澳大利亚地区的许多本土物种在亚洲看不到的原因。在大约 50 000 年前，第一批现代人类从亚洲出发，乘着小船或木筏到达了澳大利亚。但是霍比特人也许在此之前就已经生活在那儿了，他们也许是直立人（Homo erectus）的后代，而在此之后很多年，现代人才在非洲出现，更不用说亚洲了。

然而这个霍比特女性看起来不太像直立人种群的成员。这个女人的小头顶部勉强够 3 英尺[○]，而直立人却高得多。她的头骨体积不足 420 立方厘米，而直立人的头骨体积却有 800～1100 立方厘米。现代成年人类的头骨体积为 1500 立方厘米或更大。一个大脑尺寸与黑猩猩相当的生物可能建造坚固度足以越过华莱士线的小船或木筏吗？大脑这么小的人类可能拥有那样的智慧吗？

在遗骨附近发现的工具表明，霍比特人是聪明的。现场发现了两种工具：在较低一层发现的工具大而粗糙，与在直立人考古现场发现的相似；但还有小工具，是一些细小的刀片，在我看来与在北极圈现场发现的物件相似。我把这篇《自然》杂志上的文章拿给多伦多皇家安大略博物馆的一位亚洲考古方面的专家看。他认为，它们与在中国古代遗址发掘现场发现的，由拥有现代大脑的现代人类制造的微型工具相似。

我认为这里有个故事。如果你看出来了，你可能会发现智能是由什么组成的以及由谁展示出来的。

我上了飞机，飞向伦敦。

一月一个阴郁的下午，在伦敦大学学院的十字大厦地下室，我坐在一个人满为患的演讲厅里，等待关于霍比特人的演讲的开始。当我走下台阶时，我注意到一块纪念碑上的约瑟夫·李斯特（Joseph Lister）简介：约瑟夫·李斯特发明了用来清洁伤口和进行手术器械消毒的办法，拯救了成千上万人的生命。科学是柄双刃剑，可以杀人，也可以救人——这一点确实需要牢记。这一天的上午我都花在观察弗兰西斯·高尔顿前实验室中的测量设

○　1 英尺 =0.3048 米。

备和优生学海报上了，还在伦敦大学学院的一间档案室里读了他写的几封信。我为什么做这些呢？因为我认为故事真正应该从他及他对人类智能的研究开始。

但在看完之后，我真想用肥皂洗我的脑子，以便忘掉他在皇家地理学会的非洲南部（即现在的纳米比亚）地图测绘之行中写给他母亲的东西。高尔顿，这位维多利亚时期杰出的博学大师，参加这次征程时还是一位不到30岁、行为散漫的英国绅士。他的外祖父是伊拉斯谟斯·达尔文（Erasmus Darwin）——跟他表哥查尔斯一样，他上过医学院，却不喜欢学医，于是就去了剑桥大学。他先是学的数学，而后变成了一名旅行家。在去纳米比亚之前，他曾进行过延尼罗河上行到苏丹的探险。他的信中充满了污秽的种族主义语言和观点。他鄙视他所遇到的族群以及亲眼看见的种族内屠杀。他随意地使用着"黑鬼"这个词，但是这绝不是最糟糕的$^{\ominus}$。他假设（和体质人类学家们一样），人类根据能力的层级被分成不同种族——从顶端最聪明、最有道德的人类，一直到底部最可鄙的人类。他认为，最优秀的白种盎格鲁—撒克逊人处于最顶端。在他眼中，非洲黑人都是智力劣等的人类，没有能力建立任何形式的文明。他并没有随着自己的成长抛弃这些观点。

高尔顿的表哥查尔斯·达尔文在1859年发表了《物种起源》一书。在看到达尔文的思想之后，高尔顿极为激动，于是投入到了对智能，尤其是天赋的研究当中。达尔文也对智能很感兴趣，并且做了很多实验来研究不同的物

$\ominus$ 盖尔顿（Galton）在1851年8月15日写给他母亲的信里这样说："我要告诉您一个很长的故事……瓜摩坡人（Guamopo）是一群很有魅力的黑人，但我听说的其他部落都野蛮血腥令人难以置信。奥法里昂那（Ovaliona）是一个很大的部落，有一次他们出于好玩去进攻一个村庄，在杀光那里所有的男人和女人后，他们把孩子们通过脚踝绑在一起，头朝下地倒挂在他们摆放于两树间的一根长竿上，然后他们在底下摆上许多芦苇并点燃，于是孩子们悲惨地死去，半被烧死，半被熏死，他们则围着尸体跳上一天的舞。我觉得这一切都很令人惊讶。安德森（Anderson）特别希望所有人都知道这一切……"[弗兰克·盖尔顿（Frank Galton），盖尔顿档案，伦敦大学]。

种，在此过程中，他的儿子弗朗西斯经常为他提供帮助。但高尔顿关注的是人类的智能。天赋是什么？谁拥有天赋？他问道。天赋是遗传所得还是经验的产物？他创造了"先天与后天"（nature versus nurture）这个短语。他相信人类的天赋来自遗传。

他认为他可以通过对双胞胎的研究来证明这一点。他的问题是：如果双胞胎出生时就被分开了，并在不同的环境中长大，那么他们的智能会有所区别吗？高尔顿假设双胞胎会表现出相同的智能，不受环境影响。他对于开发智能代理测试也很感兴趣。他认为反应时间的速度意义重大，相信反应最快的人应该也是最聪明的。他还就头发颜色和肢体尺寸如何预示着某些行为、疾病，甚至犯罪行为而提出了一些理论。他的研究物品包括一些测量设备和他收集的头发颜色样本。他积累了大量有关人体结构的数据，并且，作为一名优秀的数学家，他还发明了从中提取有价值信息的新方法。他引入了相关性、标准差和趋均数回归这些概念，这些成为现代统计学的基础。

虽然高尔顿喜欢达尔文的理论，但他不喜欢这个理论对英国社会的影射。高尔顿不想把人类繁衍结果交给随机性和看不见的选择之手，而是想把它控制在自己手中。（必须指出的是，尽管高尔顿结了婚，但是他没有子女。）他发明了一种新的科学——优生学，来拯救这个国家。优生学的目的是让最聪明和最优秀的人生更多的孩子，高尔顿发现，这些人的子女没有最愚蠢和最差的人的子女那么多。他认为，如果这种情况继续得不到控制，最差的人的数量就会超过最优秀的人，从而降低种族的整体素质（尽管达尔文的预言与此相反）。高尔顿认为，较小种群最终遭受的苦难是残酷的，也是无谓的。科学可以找出通向更好结果的办法。避免智障儿出生比把他们带到这个世界来受苦要明智得多。有充足数量的与人生经历相关的适当测量考虑到了预测。这种测量可以把小麦和糠区别开来，把具有智慧潜力的父母和低能者区分开来。他想让所有的人接受测量，但是不得不只对志愿者进行测量。（他对大约9 000人进行了测量，这些人主要来自中产阶级，他们付钱来享受这份特权。）

他的计划意在说服那些不符合生孩子标准的人避免生孩子。

但是追随高尔顿的优生学主义者并不满足于说服别人。他们游说英国、加拿大、美国和德国的政治家，试图说服他们通过法律来对心智不健全者进行强制绝育。在他们的作品中，"卫生"这个词频繁出现，好像智慧是干净而道德的，而愚蠢就是肮脏且邪恶的。美国的许多州和加拿大的一些省份通过了这样的法律——违背人们的意愿对其实施绝育。德国优生学家把这些想法推向了新的高度。希特勒的计划就是清洗日耳曼世界中不受欢迎的人（包括犹太人、吉普赛人、斯拉夫人、精神疾病患者、心智不全者、发育不良者），以此来保护雅利安人的纯正血统不被污染。这个计划牢固植根于高尔顿的优生学中。换句话说，高尔顿关于人类智能的科学铺就了通向奥斯威辛的道路。

体质人类学家彼得·布朗（Peter Brown）在演讲大厅开始了他有关霍比特人的演讲。

我曾在伦敦自然历史博物馆采访过布朗，他正在那里研究来自南亚的古代遗骨。我想知道他是否会把悄悄告诉我的事情告诉听众。他说，弗洛瑞斯人的胳膊和肩膀遗骨让他更多地想到了南方古猿（australopithecines），而不是人类。霍比特人可能是小脑袋南方古猿这一看法过于激进，他甚至都不敢暗示这一点，直到他研究过更多来自南亚的古老遗骨之后（存放在像自然历史博物馆这类地方的遗骨）。很久以来就有一种假设，南方古猿（例如在埃塞俄比亚发掘的"露西"）最后一次在非洲陆地上行走是在100多万年前。他们的大脑很小（大概是380~600立方厘米）。如果霍比特人是南方古猿的后代的话，他们是如何找到去弗洛勒斯岛的路的呢？他们是如何制造出那两种工具中的任何一种呢？早期的人类学家相信，智能是大脑尺寸的函数。（这就是一些19世纪的美国人类学家测量原住民骨头周长的原因——试图证明他们的头骨较小，因而是劣等人。）而这种尺寸意义重大的观点仍然很流行。

布朗（Brown）向听众提及了骨架的微小尺寸、肢体的长度和形状，但话锋一转，回到了更安全的讨论范围，他提出：霍比特人可能是直立人的早期形态，他们在弗洛勒斯岛上变成了侏儒。他并没有谈及有关智能的问题，而是说已经用头骨制作了颅腔模型，这些模型可以告诉我们霍比特人大脑的构造。这项工作尚未得到公开。

因此，我登上了另一架飞机，这一次是去密尔沃基。在一次体质人类学会议上，我与一位名叫迪恩·法尔克（Dean Falk）的女士共进午餐，她研究过霍比特人头骨的颅腔模型。在旁边的桌子上，有关现代人类的产生，有两种相互竞争的理论，二者的拥趸者彼此对立，在他们滔滔不绝地对信徒宣扬自己的理论的时候，忽视了对方的存在。○

法尔克研究了大脑在这些古代头骨上留下的印记，这里曾经是它们的摇篮。她从这些痕迹推断大脑的必然形状和构造。在对霍比特人的颅腔模型做了各种计算机分析并将其与俾格米人、头小畸形人、现代人类的颅腔模型以及灵长类的头骨进行对比后，她得出了一些结论。首先，与特尔库·雅各布观点相反，这个霍比特人的遗骨不属于受头小畸形影响的现代俾格米人。它可能是某类人中的侏儒，但并非现代人类。○是的，弗洛勒斯人的大脑较小，其构造也不同于其他灵长类或现代人类的大脑。虽然其尺寸不大，但有清楚的迹象表明，其具有更高级的认知功能。○

○ 第一种理论：我们在 45 000 年前从非洲一涌而出，穿过地中海地区来到欧洲，消灭了尼安德人（Neanderthals），因为我们能够交谈、使用符号，而且非常聪明，所以能够超越其他人种。当然我们的后代不会带有落后人种的印记。第二种理论：各种智人的后代在世界上行走发展出丰富多彩的形态，而且他们相互通婚。按其拥护者的说法即是出现了现代人类。比较尼安德人和现代人类的全部基因，按最新的结论，出乎比较者的意料之外，第二种理论更加接近真相。第四种类人物种丹尼索瓦人（Denisovans），最近在西伯利亚的洞穴里发现了他们的骨头，也是我们现代人类杂交的产物。

○ 把动物孤立在一个小岛上，它们的身形就有变小的趋势，这种最小化的模式是可以预测的。在与霍比特人（Hobbit）一起发现的骨头中，有现在已经灭绝的叫做翼龙的恐龙遗骨，它已经缩小到只有小凤凰那么大了。法尔克（Falk）和同事发现，这块头骨和身躯在某种程度上相似于"南方古猿"（Australopithicine），在另一方面则相似于"直立人"（Homo Erectus）。

○ Dean Falk, et al, "The Brain of LB1, *Homo floresiensis*," *Science*, Vol. 308, 8 April, 2005, pp. 242-245

她说，智能不仅跟尺寸有关，构造也很重要。

我记得自己当时在想：只要神经元排列正确，一个人只需很少的神经元就能拥有智能。这不仅是化学反应的问题，还是布置方式的问题。

但是我把霍比特的故事搁置在了一旁，我认为这对我了解我想要知道的东西没有什么帮助。争执太多，灼见太少。

把时间光标向前滑动到 2007 年的初夏。那时，"智能"（smart）这个词已经像商标一样贴到了汽车上，这种汽车能够感应危险并发出尖利的警报声；也贴到了家用设备上，这些设备能够随着拍手的声音打开或关闭。有传言说，谷歌有一个秘密工程，就是制造一种可以自己行驶的智能车。谷歌已经能记录我的搜索历史并开始提供智能更正了，就像"您要搜索的是不是……?"好像谷歌服务器比我更清楚我想知道什么。他们对我和我的兴趣的了解使我紧张，但还不足以让我停止使用谷歌搜索。智能和智慧的含义似乎在不断变化，以包含人与机器之间的这种动态的意见交换。

有一天，我正在办公室慢条斯理地做着啥，具体做的什么我已经忘了，忽然我的台式计算机发出了吞咽声，告诉我来邮件了。是我的出版商转达的询问：有两位女士声称认识我，问我是否愿意与她们联系。

2007 年，"有空还是没空"仍然是一个正经的问题，至少对于大多数成年人来说是这样。对于记者来说，这从来不是问题。接每一个电话是我们的责任，更重要的是这样做有用。要是我们的电话号码不在白页电话簿上公布，举报人怎么能把充斥着可以公之于世的丑闻的棕色信封寄给我们？然而到了 2007 年夏天，像 Facebook 这样的智能设备和事物开始改变我这一行的基本原则。不久之后，得益于除了做饭什么都会的新型手机，警察打人和战争暴行的视频，以此类形式曝光的丑闻将迅速传播至整个网络，而其中并没有记者的参与。我年轻时学到的大多数报道技巧都要被淘汰了。

我曾为自己调查他人的能力感到自豪。调查是种乐趣，但也是一项艰苦的工作，需要知识和手段，而不仅仅是基本认知（当前指代思维的术语）。但是到 2007 年，正当我们发电子邮件、浏览 Facebook、打电话、搜索、阅读、购买、出售时，正当我们走在大街上口袋里除了一个锁了屏的手机什么都没有时，奔涌的数据已经开始向我们所有人倾泻而来。我们每个人都在变得知名，在智能机器那里尤其如此，它们能预知我们想要什么，并用"数字托盘"端到我们面前。对于年轻人来说，这似乎既永恒又美好。但在我小时候，即使是科幻小说家也没想象出这种情形。

想要和我联系的那两位女士原来是我的老朋友凯茜（Kathy）和玛丽安（Marion），我已经多年没见过她们或听到她们的消息了。她俩第一次出现在我的生活中是在我上五年级的第一天，那是在某个草原城市的某个公立学校的某个班，凯茜追着马的香气满教室跑，因为她是名骑手。我上一次见她是很多年以前，当时我正在卡尔加里（Calgary）写故事，她身穿剪裁考究的淡黄色外套出现在我所住的宾馆大厅，身材高挑、深色皮肤，时髦得令我惊讶不已。而玛丽安是班上最活跃、最甜美和最爱运动的女生。我上一次见她时我们刚刚成年，当时我还用着父姓。玛丽安当时飘然出现在我位于多伦多的无电梯公寓的五楼门口，她的一双赤脚被街道上的污垢弄得很脏，她浓密的棕色头发在腰间摆动。她当时就是个嬉皮士，单纯却不简单。

随后就是来来回回的电话和邮件联系。玛丽安在大草原的一所大学教非母语英语课程。她有 5 个孩子。她曾经开车拉着他们从她前夫所在的第一民族保护区出发，一路开到伯利兹，然后再返回。凯茜仍然在卡尔加里，也是一名远途旅行者，但旅行只是为了快乐并非生计。尽管她开始也是从事新闻业，但她已经成了油气行业里的老手，并且有了一个儿子。

她们中的一个说，我们都打算在 2008 年一起过一个大生日。要是我们这一整帮人重聚一次会怎么样呢？

我很清楚她们所说的"这帮人"指的是谁。她们说的是我们公立学校的那个班，尽管我们三个后来也去了同一所高中。我们公立学校的那个班级很特别，我们也挺特别的，或者别人是这样告诉我们的。那个班正是让在我还很小的时候就会困惑于这些问题（什么是智能？谁展现出了智能？）的原因所在。

我们的电话和电子邮件打开了记忆的闸门。这些问题卷土重来。它们牵着我的鼻子从蒙特利尔走到了佛罗伦萨，到了洛桑、伦敦、刘易斯、爱丁堡、佛罗里达、格尔夫波特、芝加哥、温哥华，然后到了多伦多附近一个叫滑铁卢的小城市。我研究过章鱼的才智、鱿鱼如何用它们的皮肤"说话"，以及黏菌如何走迷宫。我见过那些教植物区分恼人和危险，并让它们记牢的人，那些创造机器人并让机器人模仿生物的人，以及那些正在把生物变成机器人的人。我了解到那些"进化了的"无脑机器人能够做出利他行为并进行交流，更不用说能够用一把螺丝刀进行心灵哲学研究了。有人甚至介绍给我一台智能机器，它的智力测试分数与大学生不相上下。

我的所见所闻已经改变了我思考世界的方式和我在这个世界上生活的方式。但是别把我放在心上。更重要的是：有些非常聪明的人已经学会了如何用机器制造智能。

这将改变所有人的所有一切。

目 录

Contents

第一部分

第二次哥白尼革命

1

特别班级

我正站在大学教工之家的石头阳台上，就在我长大的那座大草原城市里。那是一个晚春的黄昏，阳光透过松树和云杉照了进来，为一切画上了斑马线。玛丽安、凯茜和我还有其他几个老同学聚集于此，来参加重聚的第一阶段活动。我们并未全员到齐，有些同学杳无音信，有些同学有其他的安排，有些同学明天才能到，有个同学说他不想在这样的活动上出洋相。有两个同学如果还活着的话可能会来参加聚会，但是他们在八年前的这个时候死了。这两位女士——我的朋友凯茜和桑迪——在我来多伦多上学后没几年也都来到了这里学习，然后像我一样定居了下来。她们成了律师，结了婚，有了孩子，做了许多对社区有益的工作，然后突然就走了。

我们谈论计划的时候，蚊子在我耳边嗡嗡作响。我们计划一起吃晚餐，明天集体徒步去一个同学家吃午餐，然后去市中心吃晚餐。饮料传来传去，有个同学斜靠在墙上抽着什么好玩的东西，他斜着眼儿，眼睛都红了。我觉得我能闻到河水的味道，这条河从桥下打着旋儿地流过，然后越过大坝。

参加聚会的每一个人都曾被证明过很聪明。这和被证明神志正常类似，而且同样很有意义。在三四年级时，我们在各自学校都接受了智商测试，目的是评估我们的智力。这种把人类儿童区分为非常聪明和非常愚蠢两类的优生学理论，至今仍为世界上大多数国家和地区的学校和心理学诊所采用。在这个城镇里，测试中表现优异的人会被标记为"特别"（现在也会这样），并被邀请加入隔离班，这种班级教授的是与你的光明前景相称的丰富课程。测试结果太糟的人（现在仍会这样）会被标记为"特别"，并被邀请就读隔离学校。进入这些学校前景暗淡，一切都颠倒了过来。多年以来，在阿尔伯塔省（Alberta）和美国，测试结果极为糟糕的人还可能面对监禁和非自愿绝育。

在安大略省,任何"低能儿"都会被送到隔离的寄宿制"培训学校",而在那里,他们几乎得不到教育。相反,他们要像奴隶一样工作,报酬很少或根本没有,遭受虐待,生病也得不到治疗。许多人死后,墓地上连个标记都没有。这些"学校"直到 2009 年才最终全部关闭。集体诉讼官司的风暴开始席卷整个安大略省的所有法庭。我认识负责这些诉讼的律师。

从 5 年级到 8 年级,我们都在一所很好的公立学校的同一间教室里一起读书,(*因为我们的智商测试结果表明我们天资聪颖*)。我在这用了斜体字,因为我想表达我对智商测试(有好几种类型)作为评估方式的怀疑。这些测试评估的是与智力价值相关的遗传的、先天的、不可教授的特质,这也是他们所声称要做的。他们确实衡量了学校看重的能力,这是智能的一种形式,但这些能力是先天的还是遗传的呢?

那时,我懂得不多,还做不到持怀疑态度。被划归为聪明人对我很重要。在那之前,我一直坚信我很笨。

我难以相信这次聚会变得这么不可思议。公立学校的那些同学盯着我看,他们满脸皱纹、皮肉松弛。我好像看到了两个我们自己——以前的我们和现在的我们。玛丽安现在留着短发,和我一样胖,然而她的雀斑和明亮的眼睛仍和我记忆中的一样。凯茜原先的黑头发现在变成了《穿普拉达的女魔头》(*The Devil Wore Prada*)中的女魔头那样的白色。这一组人的行事风格也和以前一样,某个人说些有趣的事情,其他人都赶紧凑过来,围在他身边。我们过去常常在操场上做这样的事:我们通过某种心照不宣的程序选择一个方向,然后向这个方向同步迈进。我们独立的自我融入了某种超越我们总和的东西,某种自身就是智能的东西。

我一直在阅读关于这一现象的知识:蜜蜂的这种行为被称为群游现象(swarming)。但是,很显然,这样的情形在生命的王国里(甚至在植物的根部)同样随处可见。群体根据简单的规则行事。个体彼此之间前后、上下、左右保持相同的距离。一起工作的所有个体组成一个实体,这种实体一直维持到个体聚集的目的完成为止,之后群体解散。学校和鱼群是更松散的形式。

人类的群游行为可能会很愚蠢（比方说乱民）或很聪明。群体可以表现出集体智慧，在解决问题方面要比单个专家更好。（弗朗西斯·高尔顿是第一个证明这一点的人。）⊖我们运用自己同步的能力去创造艺术，这体现在交响乐、军乐队、芭蕾、合唱团、唱诗班等方面。在微观上，我们每个人也是一个群体。每个活着的多细胞实体都是由不同种类的细胞构成的，而这些细胞必须协调配合。我们还和其他群游物种合作：我们中的每个人的体内和皮肤上都携带着大量细菌，这些细菌能够帮助我们维持生命。

我运用自己的新闻记者的智慧，向每个人提出以下常见的问题：你从事什么职业？你学习过什么？你的家庭状况如何？你幸福吗？几乎所有人都有一个学位，有的甚至有三个。然而我却感觉很受打击——我们都平凡得很，没有一个人获得惊世的名气和财富。我们中许多人是传媒工作者，一个制作电视纪录片，一个写小说，一个写非小说类文学，一个搞公关，还有几个曾当过记者；还有一个老师，一个医疗管理员，一个经营由残疾人运营的废品回收业务，还有一个是音乐家兼教授。一个家伙吹嘘自己很早就进入了域名游戏领域，还展示了他的男孩玩具的照片。另一个是房地产开发商，他提到了自己的前妻们。我本希望能多几个医生和律师。看来我们中没有人竞选过公职，尽管有一个人与一位政治家结了婚；另一个自称党仆的人曾给阿尔伯塔省的自由党出谋划策（这让他更像桑丘·潘沙）。然后是亚历山大，他为原住民写了家谱；还有，别忘了杰克，他是高级公务员。杰克是最大的惊喜，我们都猜想他应该是个刻板的科学家，身穿白大褂，衬衫口袋里装着几支笔（因为第一天上课他出现时就把笔放在衬衫口袋里），并自始至终放在那里。然而，出现在我们面前的是一位受过训练的历史学家，可以看作是电影《诺丁山》（Notting Hill）里休·格兰特更瘦长、更年长的替身。每一位女士都同时看呆了。

⊖ Jens Krause, Graeme D. Ruxton and Stefan Krause, "Swarm intelligence in animals and humans," Trends in Ecology and Evolution, Vol. 25, No. 1, 6 September 2009 pp. 28-34

开始上一年级时，我既害怕又兴奋，因为一年级学习的中心任务是阅读。我确信我学不会阅读的方法。我不知道为什么我认为自己学不会，可能是因为我身边的每个人都爱读书——找妈妈、我姐姐，还有我们的女管家，她是一位十分虔诚的基督徒，每天早晨都读《圣经》，但是她太严肃了。当我还是个漂亮的犹太小女孩时，每当我爬到她的床上和她一起睡觉，她就只给我读《旧约》。我担心她好像是在试图改变我的宗教信仰。我爸爸边吃夜宵边读连环漫画（特别是唐老鸭），但是他也会花好几个小时看厚重的医学书籍，里边有恐怖十足的外科手术技巧插图和照片。看到某些地方的时候，他还会记住许多文学段落，然后在适当的场合把它们喊出来。"一匹马"，他在朝车走去的时候大喊，"用我的王国换一匹马!"

尽管我马上就学会了如何阅读（多亏了读音法），但我仍然确信我的愚蠢只是藏了起来，它还会回来。我说对了，因为我二年级的老师把这一点看得一清二楚。证明完毕，我蠢得毫不冤枉。

三年级时，我的新老师善良、美丽，还怀了孕，而且给了我一长串 A。我走到她的书桌旁边，告诉她她把别人的成绩单给了我。她奇怪地看着我说没弄错。但是我知道她弄错了。那时我正在上钢琴课，而音乐理论对我来说毫无意义。我的音乐老师会像女王审阅猥琐信件一样匆匆翻阅我的乐理作业。她会说："你到底怎么了，这些只是分数而已，你在学校学过的，你难道是傻瓜吗?"

"我是傻，但不一直是。"我想喊。

三年级的老师把我们领到大厅，对我们进行了一些测试——要读一些东西，还要回答一些问题，同时还要计时。没有人问为什么。然而我还记得第二年秋天我上四年级时的测试。当时老师把我单独带到一间闲置的教室，教室里有一个陌生的男人负责进行测试，测试包括积木、图案和迷宫。我问："这到底是要测什么?"他没有说。

所以让我们回到 1958 年那特殊的一天。

世界在残冬危险的明亮和草原之春的甜美柔和之间徘徊。鸟儿无处不在，发狂似的飞着，发出刺耳的叫声。阳光照在我脸上，很烫。我跑过一个个排水沟——烂泥堵住了下水道，形成了一个个小湖。

我回到家时，父母正在厨房里忙活。那肯定是个周末，因为平时父亲很少在我们睡觉前回家。他正在摆弄一封信。他们俩脸上都是一种表情，非常沉重，好像我做了什么坏事，惩罚马上降临一样。我在父亲脸上看到过那种表情，他为病人做手术查看病情，却发现因病人的癌细胞扩散面积太大而无法手术时，脸上就是那种表情。那是宣布死刑判决的面容。

我坐了下来。

"要组建一个新班级了，"妈妈说，"是为你这样的孩子准备的。"

我很确定她的意思是像我这样的笨孩子。我知道我四年级的老师看到我做的长除法就怀疑我的智商了。我的希伯来语学校的老师威胁要让我留级。我经常拿哮喘当挡箭牌，这种哮喘可能是由过敏引起的，因此我家的猫米滕斯（Mittens）被送进了毒气室。在上二年级时，作为预防措施，我的扁桃体被切除了。但是切除扁桃体并没有预防到什么，至少我还是会呼哧呼哧地喘。我已经学会了如何让自己喘，这样我就可以待在家里读完任何我正在读的故事，而不用去上学做长除法了。

"这是个实验，"爸爸说，"你不想去就不用去。"

"实验"这个词是聪明的诱饵。我知道实验中要处理的是科学，而且我还热衷于科学。这就是为什么虽然我很确定自己很笨，却仍然执意成为爸爸那样的医生。那时我已经能飞快说出医院急诊部需要诊治指令时，他经常安排病人进行的检查的名字了。我有一个小显微镜，用来观察微小的东西；还有一个带有试管的化学设备、一个假的煤气喷灯和一些结晶状化学品（都让我烧成了棕色的烟渍）。我可不想被送到某个可怕的地方与其他愚蠢的孩子待在一起。然而，我还不至于直接对他们喊不，需要采用巧妙的方式。我爸爸喜欢运动，他希望我喜欢运动。

"去哪儿？"我问，"那校队怎么办？"

"学校不变。"妈妈说。我能看出来她急切地渴望我答应。"所以你还能留在校队里，还能和朋友们在一起，"她说，"他们之中总有人去这个新班级的。我们去开过会了，我们知道新班级里有谁。"

"你不一定非得去。"我爸爸说。这意味着他们一直在为这个争吵。"这是一个实验性的强化课程。不许跳级，我觉得不能让孩子跳级。"他说。

他正在说什么呢？聪明的孩子才可以跳级。我的朋友里已经有三个跳级了。他们很聪明，可我不行。

"但是我不聪明啊"我说。心想，啊哈，明白了。

"智商测试说你很聪明。"我爸爸说。我震惊了。

"测试肯定不会错，我认为。不是吗？"于是我说，"我会努力的。"

我把我们班六年级的合影钉在了我办公室的软木公告板上。我长得最高，我差不多跟老师 N. 凯西（N. Kathy）先生一样高。玛丽安正和玛莉安（Marian）还有另一个伊莱恩（Elaine）在一起，还有害羞的海伦（Helen）（现在不害羞了），更害羞的桑迪（Sandy）不久之后得了糖尿病，必须接受胰岛素注射，所以我们叫她"科学爱好者"（the crank）。另一个凯茜个头仅次于我，从玩泥巴那时开始她就是我的朋友。她的表弟就住在我家那条街的另一头，是我最好的朋友。照片里的男孩比女孩多。迈克尔（Michael）和艾伦（Alan）是我在希伯来语学校认识的。一个我叫他卡梅隆（Cameron）的男孩和大卫（David）从一年级起就是我的好朋友了。

当我们把从自己父母那里收集的零散信息汇集到一起后，产生了更多的问题而不是答案。没有人知道智商是什么东西，只知道智商是"智力商数"的缩写。我们中的大多数人相信，搞这样一个班是某种实验（50 年之后我们仍然相信这一点）。几个男孩认为我们会有一个全新的实验室来做这个实验，但实验室并没有落实。我们的强化课程需要一位法语口语老师、一位音乐老师以及校长用自己干瘪的嘴唇讲授的语法课。大学的教授偶尔来展示一下他们的专长。更重要的是，我们的四个老师中有三个是男的。

那时候"性别歧视"就像空气和水，无处不在而且无可非议。公立学校的老师几乎总是女性，薪水很少。毕竟，为什么要真给女人付薪水呢？任何男性一旦成为公立学校的老师，很快就能升到管理阶层，那样他便挣得更多，因为他是男人。而前两年教我们的是男性教师，由此可见我们是很重要的。实际上他们是这么说的，比如，已经为你们投入了那么多，所以对你们的期望也是很高的，也许有一天你们其中一人会成为总理。但是真的，他们是在跟男孩们说。埃伦·费尔克拉夫（Ellen Fairclough）刚刚进入联邦内阁，她是第一位获此殊荣的女性。女首相的概念真是可笑。

我们知道每个人都有智力商数，这只是一个数字而已，据说这个数字代表了我们的聪明程度。我们相信我们的智力商数不会改变，而且能够决定我们的未来。这本是不能向我们透露的秘密，但是有人听说智商得超过 130 才能进入这个班。起码这样是准确的：天资仍被界定为高出标准值（100）两个标准差的测试分数（一个标准差等于 15 个智商点）。有些学校把 125 作为最低值，而我们的最低值是 130。现在，在我的家乡，实际的最低值是 120，因为在一个不受欢迎的社区搞特别班级，吸引到的孩子会太少。[⊖]

既然每个人有一个数字，就得有一个聪明度等级，因此我们之中肯定就有一个最聪明的人。我们听说有人的智商超过了 180。每个人都知道著名的天才行为怪异，例如阿尔伯特·爱因斯坦不穿袜子在公共场所四处走动。因此，我们学校最聪明的学生肯定是亚历山大，来自德国的那个孩子。就像爱因斯坦，他说话也有口音；他也在午餐时吃蛋糕；他还坐在自己的书桌旁画风景，画上满是圆圆的山丘，渲染着火一般的颜色，就好像他的想象力宣告画上永远是秋天，有时这些山丘上还会遍布身着战甲的罗马士兵。亚历山大只想画画，他唯一所做的就是画画，没人能让他做任何他不想做的事，甚至按时上学都不行。

我确信我是这个班级中智商最低的人：否则怎么解释我始终是愚蠢的时候比聪明的时候多呢？夏末，我的希伯来语学校的老师不得不来我家给我辅

⊖　萨默尔 R. 莱科克（Samuel R. Laycock）. 天才儿童［M］. 多伦多：阔普克拉克（Copp Clark）出版有限公司，1957 年：第 11 页.

导。我之前的钢琴老师曾让我参加基瓦尼斯音乐节（Kiwanis Music Festival），并计划安排我在她的同事面前演奏，而我当时说我要去打垒球不能演奏时，她愤怒地举起了双手，然后她把我开除了。我的新钢琴老师，一位"赛季"期间的音乐会钢琴手，一边大声吹嘘另一个名叫玛蒂娜的学生的才华，一边把戴着手套的手放到了腋下，生怕手套有褶皱或刮痕。看到我弹得这么好，他十分震惊。

之后，并不意外，在那间教室里，关于智能本质的问题活生生地摆在了我的眼前。

好心的读者，您可能会感到困惑，因为我还没有给智能下定义。那是因为从亚里士多德时代至今，它的意义就一直在变化。您可能会认为，那些利用智商测试对孩子的潜能作出判断的人至少能够定义他们测的到底是什么，但是正如您将看到的那样，事实并非如此。如果您必须有一个定义才能开展工作，这有一些从《韦氏新世界词典》（*Webster's New World Dictionary*）里摘录的内容——选择这本是因为它在我手边，而不是因为它能给我们任何启发：

智能（intelligence）

1. 1）从经验中学习和理解的能力；获得和记住知识的能力；心智能力。

   2）快速及成功地对新环境做出反应的能力；有效运用推理解决问题、指导行动等的能力。

   3）心理学术语（Pschol），在运用这些能力做特定任务方面所取得的可衡量的成绩。

   4）一般来说，任何程度的意识敏锐度、机敏度、精明等。

2. 新闻或信息

3. 1）出于军事或治安目的搜集机密信息。

   2）受雇从事上述工作的个人或机构。

4. 拟人化的智能；一个具有智慧的灵魂或实体

智力商数

表明一个人智力水平的数字；是心智年龄（按智力测试所示）乘以 100 再除以实际年龄。

智力测试

标准化的问题系列，难度逐级上升，用于测试个人的相对智力水平。⊖

实际上，最后两个定义是循环论证。智商测试宣称测量智力，而智力是通过人们在智商测试中的表现好坏定义的。注意，"意识"这个词并没有出现。

另一个问题尽管相关，但却没有讲清楚，那就是谁展示了智慧。字典中的定义似乎是中立的，尽管并没有提到除人类以外的其他动物。1958 年时，只有人类被认为是聪明的。

主要的战争罪行审讯工作在纽伦堡国际军事法庭开庭之前就已经结束了。12 年之后，我们班级成立。被告——第三帝国的领袖们，运气实在不好而被逮捕，他们在审讯开始之前做了智商测试。被告席上的 21 人中有 9 人能进我们班。⊜他们自己在心里拿高尔顿的优生学理论为自己的罪恶行径辩护，而同一科学理论衍生出的测试证明我和我的同学是聪明的。

你可能会认为，在纽伦堡审判之后，任何想对个人和种族的智慧进行排名的人至少不会若无其事地继续这么做——把这些思想弄得声名狼藉。然而在加拿大，就在我和同学们在智商测试中获得高分的同一年，一个对原住民儿童进行智商测试的人类学家发现他们得分很低。这些孩子（在他们 5 岁时就被加拿大皇家骑警队从父母身边带走并送进寄宿学校，禁止说自己的语言，

⊖ 韦伯斯特（Webster）新世界大辞典学院版第二版（1980）。克利夫兰：威廉科林斯出版有限公司。

⊜ 维基百科上有关纽伦堡审判的智能测试和心理测验。

禁止提到祖先的信仰，经常因违抗命令而遭毒打，有时遭到性侵，甚至挨饿，这都是科学实验的一部分）英语说得不是很好。但是对他们的测试却是用英语进行的。这位人类学家担心，那些迷信智力测试的人（"这种人很多"，他说）会据此断定原住民是"劣等种族"。⊖

他的担心是对的。最初设计智力测试的人总体上都是种族主义者，他们坚信一些种族比另一些种族更聪明。教育心理学领域的早期领路人大部分都接受了高尔顿的基本理念，并把这套理论传给了他们的学生。

查尔斯·斯皮尔曼（Charles Spearman）教授在 20 世纪早期是该领域的领军人物，曾在德国莱比锡学习心理学。在莱比锡攻读博士学位期间，他迷上了高尔顿关于天赋的著作。斯皮尔曼最终成了伦敦大学学院心理学系的主任，他在那里发明并应用了测量人类智能变化的统计学方法，也教过很多届研究生，还成为伦敦优生学会（后来更名为高尔顿学会）的成员。斯皮尔曼因他的这种观点而闻名，即他认为存在基本的、稳定的某种事物，这种事物在接受反复智力测试评估的情况下不发生变化，并且可以通过被称为因子分析的数学手段进行识别。斯皮尔曼相信，这个特殊的流动因子可应用于所有形式的人类解决问题的能力和艺术能力上，并且能够遗传。他称其为"g"。⊖正如阿瑟·詹森（Arthur Jensen）在高尔顿研究所网站上发布的斯皮尔曼传记当中所写的，斯皮尔曼是一个冷硬的优生学家。他认为应该强制人们进行测试，如果分数低就不允许参加选举投票或"繁衍后代"。他在 82 岁时从伦敦大学医院（现在叫十字大厦）顶层跳楼自杀。

刘易斯·特尔曼（Lewis Terman）比斯皮尔曼晚一代。他接受了斯皮尔曼的存在普遍智力水平（即所谓的"g"）的推论，也认为智商测试可以对其进行测算。特尔曼在美国长大并接受教育，其学术生涯的大部分时间都是在斯

⊖ 莫纳·格里森（Mona Gleason）. 心理学理想的正常化——战后加拿大的学习与家庭 [M]. 多伦多：多伦多大学出版社，1999 年，第 130 页。

⊖ 参看阿瑟·詹森（Arthur Jensen），"查尔斯·斯皮尔曼（Charles Spearman）：伦敦学派的创始人"，网址为 www. galtoninstitute. Org/uk/Newsletter/Charles _ spearman. Html.

坦福大学教书。特尔曼帮助将最初的比奈-西蒙（Binet-Simon）智商测试（用于识别智力障碍儿童）转化为斯坦福-比奈智商测试，该测试至今仍被广泛采用。他还协助开发了智商式测试（一个用于识字者，一个用于文盲）。第一次世界大战期间美国军队采用这些测试来剔除不适合的新兵，并根据它决定谁应该成为军官。在学生时代，特尔曼和斯皮尔曼一样，为高尔顿关于天才的著作以及高尔顿本人所深深吸引。众所周知，高尔顿经历过类似精神崩溃的情况，并说天才可能接近于精神错乱。有人认为天才难以相处、不快乐、古怪、体弱多病、接近疯狂，而特尔曼研究了与这种看法有关的事实，发现情况恰恰相反。他研究的天才一般具有快乐、善交际、健康、情绪稳定等特点。

早先，特尔曼曾发表过一篇论文，估测了弗朗西斯·高尔顿的智商。他依据的是高尔顿传记作者的调查。高尔顿在 5 岁前可以阅读、写字、拼写、做基本的算术运算，并已经学了一点拉丁语和法语。特尔曼确定这意味着高尔顿的能力与比他年纪大一倍的人相当，所以他计算高尔顿的智商大约是200。到那时为止，他已经对加利福尼亚的几千名孩子进行了测试，没有发现一个孩子的智商超过 170。[一]

像高尔顿和斯皮尔曼一样，特尔曼认为智能——那种称为 g 的模糊且神秘的特质——主要是通过遗传获得的，并且可以通过测试测得。他指出，智能似乎是由两种能力组成的，一种与学习和适应能力有关，另一种与抽象推理有关。在 1916 年出版的一本书中，他认为每个人都展示了第一种智慧，但是黑人以及"西班牙-印第安混血人种和西南部的墨西哥人"不具备抽象推理能力。他认为这是优生学上的"严重问题，因为这些人的生育能力过强"。根据维基百科上有关他的条目[二]，他对说西班牙语的人进行了英语智商测试，对黑人文盲进行了书面测试，之后得出了这些结论。

[一] 刘易斯 M 特尔曼（Lewis M. Terman）. 法兰西斯·盖尔顿在儿童时期的智商［J］. 《美国心理学杂志》，第二卷，第二号，1917 年 4 月，209-215 页。

[二] http：//www.enwikipedia.org/wiki/Lewis_ Terman。

换句话说，特尔曼也是一位暴烈的优生学家。他支持美国立法对那些被认为危险的劣等人实施强制绝育。

他还制订了加利福尼亚州的天才计划。他启动了一项著名的纵向研究，跟踪记录该州的天才学生——外号"白蚁"的一群人。他相信天才学生应该接受与其他孩子不同的教育，但是老师往往看不出哪些孩子是天才。他认为智商测试能够以客观方式将聪明人与普通人区分开来。他想把天才孩子从普通教室的枯燥中拯救出来，这样他们才能充分发挥自身潜能。这对他们个人来说很重要，对他们的国家来说亦是如此。北方的教育心理学家认同了这些理念。

塞缪尔·莱科克（Samuel Laycock）是一位在20世纪四分之三的时间里都堪称一流的加拿大教育心理学家。他出生在安大略省，求学于多伦多大学和阿尔伯塔大学，并在伦敦大学学院跟随斯皮尔曼学习。在他刚刚获得博士学位时，约翰·迪芬贝克（John Diefenbaker）（萨斯喀彻温省的一位著名律师，最后成了加拿大总理）邀请他去给一个17岁的男孩测智商。这个男孩被控犯有谋杀罪，有可能会被处以绞刑。莱科克认定这个男孩的智商属于高度痴呆，因此不能追究其刑事责任。在这场法庭风波之后不久，莱科克受萨斯喀彻温大学聘请去教授教育心理学，并最终成为系主任，培养了几代老师。

和特尔曼一样，莱科克也热衷于推行天才计划。他监督了萨斯卡通的公立学校在20世纪30年代早期引入了天才班。他还主张让公众熟悉公共教育，在学术生涯晚期，他致力于为全国各地的家庭及学校群体提供咨询。他与人合著了一本面向教师的有关"心理卫生"的小册子。他是著名的教育及心理学演说家，频繁出现在加拿大广播公司的节目中，并为多家杂志和报纸撰写专栏。○

像他的老师和他的老师的老师一样，他是个精英主义者。他对消除聪明者和不太聪明者、幸运者和不太幸运者之间的差异不感兴趣。加拿大的高中

○ 莫纳·格里森（Mona Gleason）. 心理学理想的正常化——战后加拿大的学习与家庭 [M]. 多伦多：多伦多大学出版社，1991年，第30页。

入学要求太低，以至于资质平平的学生也能得到文凭，对此他非常担忧。在鼓励天才儿童方面，他主张效仿苏联，因为"在东西方的较量中，一场培养天才的竞赛正在进行……"他认为苏联人很聪明地引导天才儿童进入工程和科学领域，这些儿童在整个职业生涯中获得的奖励、津贴和薪水一直比其同龄人多。而在西方，如果没能获得大学学位，那么天才的天赋往往就会被浪费掉。他坚持认为教育天才最重要的事情之一，就是科学的方法。

"老师，"他给老师写道，"必须帮助天才理解并使用科学的方法，将其作为解决人类问题的普遍工具。"㊀

退休后，莱科克写了一本关于教导天才儿童的手册。这本手册于 1957 年出版，1 年后我们的班级成立。㊁他依靠斯皮尔曼把智能——g，代表"代（generation）"——界定为所有创造性成就中那个难以被定义的基本要素。㊂像斯皮尔曼、特尔曼和高尔顿一样，莱科克深信智慧是遗传所得，是不可改变的，而且科学研究已经证实了这一点。他在手册中如此直白地写道：

"……然而生物学家告诉我们，孩子出生时大脑能力的上限是由内部调节器——基因决定的，而基因来自其父母。以我们现在的知识，基本没有办法改善这些基因。对于两个能力不同的孩子，良好的教育无疑会增大，而不是减小他们之间的差距。"㊃

在同一卷中，莱科克描述了这样一种科学家：在自己从事的领域里一丝不苟，然而却"轻信甚至迷信"别的一切。他引述了一位经济学家对他做的断言："我知道在天才儿童身上发生了什么。他们都发疯啦。"尽管莱科克指出，证据表明事实恰恰相反，㊄但是他似乎没有察觉到自己已经犯了同样的错误。莱科克撰写这本手册时，人类对基因还几乎一无所知。沃森和克里克

㊀ 《莱科克 UBC 自传》，第 118 页。
㊁ 《莱科克 UBC 自传》。
㊂ 《莱科克 UBC 自传》，第 10 页。
㊃ 《莱科克 UBC 自传》，第 3 页。
㊄ 《莱科克 UBC 自传》，第 27 页。

（Watson and Crick）1953 年刚刚发表了那篇关于 DNA 分子构成方式的论文。在论文里，他们提出 DNA 的双螺旋结构在细胞分裂过程中进行基因信息传递时可能有用，但是他们仅知道这些。在 1957 年，还没有生物学家知道基因在 DNA 分子的哪个位置上，或是基因采用了哪种代码来指引蛋白质的装配或细胞发育。而且没有人识别出任何负责智能的基因。数十年过去了，他们仍没有发现。

莱科克本应该坚持自己的领域，并读读唐纳德·赫布（Don Hebb）的著作。1949 年，加拿大麦吉尔大学的神经心理学家赫布出版了影响深远的《行为的组织》(The Organization of Behavior) 一书。赫布在书中努力解释了他在无数旨在展现大脑思考方式的实验中观察到的情况，解释说哺乳动物的大脑在适应损害的能力上是大体相似的，尽管"更高级"的灵长类动物在幼时的学习速度比老鼠幼崽要慢。他认为，大脑能够适应特定发育节点后发生的损伤具有非常重要的意义。赫布在老鼠身上做实验，使一些老鼠在刚出生时失明，一些在成年后失明，然后比较它们的能力。他发现，幼年时暂时失明的老鼠学习视觉图形的速度比在成年后失明的同胞慢。赫布还发现，被带回家当宠物养的老鼠，由于在这种"含有许多刺激物"的环境中成长，在他称之为鼠类智商测试中的成绩比在笼子里饲养的老鼠要好得多。更准确地说，家养老鼠吸收知识的速度随着时间的推移越来越快，然而关在笼子里的老鼠的学习能力则没有提高。

虽然莱科克可能不会对受到更多刺激的老鼠感兴趣，但他却对赫布关于成年人类在切除前额叶或一半大脑皮层后仍能保持智商测试成绩（或有所改善）的论述给予了密切注意。当时的主流观点是，人类的抽象思维发生在前额叶。但是，赫布在与著名神经外科医生怀尔德·潘菲尔德（Wilder Penfield）共事一段时间后认为，如果额叶切除对智商没有影响，那么这种观点就是不正确的。赫布还证明，如果婴儿大脑的相同部位受到了损伤，那么其心理机能就无法正常发育。这些研究从最低限度上表明，成熟的大脑有能力对自身进行重新组织，而智能可以由经验塑造。这样的话，如果智能可能在发育早期受到损害或脱离正常轨道，但是在损害发生后又可以得到维持甚至改善，那怎么能说智能是先天的呢？

赫布观察了各类动物的智能的运作。和意识一样，他没有在任何特殊细胞群中为智慧找到特定位置。他将智能视为分布于大脑各个区域的适应性过程，与环境呈现的任何挑战都能产生互动。赫布提醒读者，其他人已经证明了，虽然双胞胎研究（由高尔顿提出）意在证明智能是严格遗传而来的，而且不受环境影响，但是研究开展的方法却是不恰当的。$^{\ominus}$赫布总结说，虽然智能的某些先天形式肯定是遗传得来的，但是无法直接测定。婴儿不能进行智商测试。幼年（5 岁）时进行的智商测试所预测的成年后表现的准确性只能比随机事件高 20%。无论智商测试测的是什么，经过多年的发育和文化浸淫，都已经为环境所塑造了。由于没有哪两个人能够拥有完全相同的环境，所以任何人的智商都不能与另外一个人直接比较。种族排名也是毫无依据的，因为智商测试必须反映经验的影响，而北美白人和黑人（或白人和原住民）的经验明显是不相同的。

赫布的书本应让莱科克这样的优生学家永远失业，但是当然没有。观点无论好坏，都是充满活力的，它们依附于生命可能没有什么好的理由，除了某些重要人物不断重复这些观点以外。一旦这些观点得到接受和传承，消灭它们就几乎不可能了。按智商进行种族排名、智能是先天遗传的观点、按智商对儿童进行比较排名，尽管赫布已经用外科手术般的精度严厉批评了这些想法，但之后它们仍继续存在了很久，而且至今仍有市场。

当我看着我们班六年级时的照片时，我可以看到某些黑暗的东西在涌动，尽管我们所有人都白得像雪，一个亚洲孩子、黑人孩子或是原住民孩子都没有。艾伦沉着脸，有一种不快的紧张感，好像他正试图将自己从自己身上撕下来一样。迈克尔差不多算是在笑，但是他注视照相机的方式却有一种咄咄

⊖ D. O. 赫布（Hebb）. 行为的组织［M］. 纽约：约翰·威利（John Wiley）父子公司，1949：第 302 页。

逼人的感觉。卡梅伦夹在他俩中间，看上去似乎是在缩紧自己的肩膀，好像要让自己变得小一点。肯的个子很高（但是还没有像我一样高），看上去有一点忧伤，有一点愤世嫉俗。我侧向一边看着照相机，好像我不愿正面面对它。

我们的老师 N. 先生看上去信心十足、兴高采烈，好像知道自己马上要当校长然后获得博士学位似的。他开始教我们的时候才 23 岁，口袋里装着新印出来的文学学士／教育学士证书，有一个妻子，还有一个即将出世的孩子。

在七年级开学时，我们发现 N. 先生已经被一位行为古怪的中年女士取代了。她走到哪都会从腰袋上或袖子里拽出一块布手帕来，轻轻擦拭她微张的鼻孔，她似乎把这看成是淑女般文雅。我们已经享受了两年的智慧贵族待遇了——教我们的是男老师！为什么他们安排这位女士来给我们上课？她讲的故事我们自己会读！男孩们把头埋在书桌上，几乎因为无聊而落泪。以艾伦为首的一小帮人抗议、悲叹、抱怨，甚至咒骂。

其他老师讨厌我们，把我们当作聪明的笨蛋对待。我们中有些人竞相阅读最无耻的东西，看看谁能超出他们的最坏预期。我读了艾茵·兰德的《阿特拉斯耸耸肩》（Atlas Shrugged）。她写了这么厚的一本书，书的内容多糟都没关系，我对自己费力阅读这本书的印象很深。我喜欢这种想法：抽离少数聪明有用的人的工作后，社会就会崩溃。就像我们这样的人吗？但是艾伦赢了，他当时读的是《我的奋斗》（Mein Kampf）。

我的朋友卡梅伦曾是六年级时最受欢迎的男孩，却突然之间变成了恶意玩笑的嘲弄对象。一小群男孩埋伏起来等着他、嘲笑他、找他麻烦，七年级这一年里天天都是如此。我告诉自己他们总会对此厌倦，他们会自己停下来的。

一天，我参加了一场比赛，很晚才离开学校。我发现那一小群男孩都在那里，在靠近街角的糖店后面。这群男孩正在暴打卡梅伦。他们真的，真的是伤害了他。但是我做了什么呢？

我继续走我的路。

如果我站出来帮助他，事情可能会发生改变。

就在那时我突然明白了一点，正如道德卫生心理学家所抱怨的，我们所谓的智能与道德行为毫无关系。

卡梅伦的父亲要讨个说法。最终，校长、副校长和那些坏孩子一起开了个会。其中一个男孩咆哮着说，如果他被惩罚的话，马上就会有一大堆诉讼材料送到校长的办公桌上，所以校长告诉卡梅伦的父亲应该让卡梅伦转学。卡梅伦的爸爸——我有没有提到他是著名记者？——很清楚地表示他无法容忍这个处理。他去找了学校监督人，但在那里也没有得到满意的答复，直到他说他要去见教育部长。

最终决定，我们这个特别班级将分裂。

就像玛丽安所说的一样，这打破了权力的结构。凯茜彻底离开了学校——她无法忍受跟那个女老师再学一年。

我的新老师，男的，一直在高中教书。有人告诉他这个班存在一些关系问题，有些孩子被送去了其他班，一些新学生又加入了进来——他们虽没有天赋，能力却很强。（他后来告诉我，他能立刻分辨出每个人来。）他不了解天才班，所以他读了一些听起来疑似莱科克的手册中的东西，说天才学生的辍学率很高。他决心制止这种天才被浪费的潮流。他仔细研读了古希腊和古罗马著作，然后制定了一个与课程毫无关系的古代史学习项目，还有一张长长的必读书目清单——我们要就这些书写读书报告。他教不同的计数系统，为我们布置了初级代数的题目。没人向他提过有关该班是实验班的任何事情（实际上，就没有实验）。

在他第一次开家长会时，他完全被吓到了——因为家长的身份。许多家长都是教授，一个学生的父亲是教育学教授。他的古代史学习计划受到了一些学生的赞扬，也受到了一些人的憎恶，但是确实激励了我们中的一些人——直到今天我都对考古非常着迷。他还用另一种方式激励了我。

在八年级上到一半的时候，在对他的课的兴奋劲儿过了之后，我发现我上不上学并没有什么关系，我可以在家里读他要求读的所有书。除此之外，我的哮喘已经变得很严重了——我喘息着问自己到底想不想上学。难得有一天下午我到学校上课，他要我放学后等一会儿再走。我遇到麻烦了吗？不可能吧。我的分数很高，作业也按时交了。高分意味着任何事情都能得到谅解，几乎是任何事情。

"伊莲，"他说，"你离我有点太近了。伊莲，你落下了很多功课。你知道吗，如果你落下太多，智商就会下降，很可能已经开始下降了。"

我的心怦怦直跳。我的天啊，我想。他说的是真的吗？如果智商开始下降了，我自己能不能分辨出来呢？"你正在失去它，"我对自己说，"你正在滑落回愚蠢。"

但是这时问题出现了，问题总会冒出，现在也仍是这样。我们已经学过格雷戈尔·孟德尔（Gregor Mendel）的概率系统了。智商被认为是遗传特性，因此是一成不变的。眼睛的颜色也是遗传的，如果你不再上学，眼睛的颜色会改变吗？不会。也许如果我长了一个脑瘤，或用一个巨大的葡萄榨汁机压扁我的脑袋，大量脑细胞死亡，这样我也许会变得愚蠢一些，但是仅仅是落下一些功课，而我的智商怎么会下降呢？然而，如果他是对的又如何呢？那将意味着智商能够上升，因为能下降的东西也能上升。要是智商能够上升，那为什么没有人来测试我们的智商，看一看强化课程的效果如何呢？

我确定，要么这是他编出来的，要么智商降低这整件事都只是一派胡言。我赌前一个，因为我喜欢自己被证明是聪明的。

"这是你编的"我说，然后开始了一个长长的控诉过程。

"当然不是，"他说，"许多研究已经证明了这一点。如果我是你，我就不会逃学。好好想想吧。"

他很有把握，我能感觉到。所以，如果我想找到这些研究，那么至少是存在这些研究。但是重点是什么呢？我想我知道了真相：智商是一个骗局。

所以，当四年后我的高中辅导员决定将我们的智商数透露给我们时，我没有按他要求约个时间私下见他。这个男人教授优生学，但是却称之为遗传学，而且他好像不知道二者的区别，那么他说的每件事为什么都会有意思呢？一天他在礼堂里找到了我，提醒我必须为这次大揭秘做个预约。我告诉他我不需要，我不想知道自己的智商数。

"什么叫你不想知道，"他说，"你已经足够成熟了，能够自己应对了。为什么不呢?"

"因为它什么都不能代表，"我说。

他脸上的表情让我想跳着舞穿过学校。

我已经决定了，如果我聪明的话，那是因为我很幸运地出生在了一个能给予我所需要的一切的家庭，家人教给我如何学习，以及如何通过认真做事获得新技能。既然我不相信智商，那么它对我就没有像对别人那样有意义。另外，我确信我会很聪明，因为我总会认真做事。我还认为，我因为没能为卡梅伦挺身而出所背负的内疚感现在也许会消失了，只是因为我已经为自己挺身而出了。

我特此原谅了自己。

我们中的大多数人找了个时间一起去市中心的一家希腊小酒馆吃晚餐。我们围着一张长桌而坐。迈克尔坐在我对面。卡梅伦就在我左边，看上去已经原谅我了。他拿来了一张漂亮的黑白照片。这张照片是 1956 年他爸爸为他、我和我们最好的朋友照的，当时我们 8 岁，那时我们的班级还没组建。我们在高地上齐腰高的草丛中俯瞰河流。我们的头抬得高高的，好像我们刚刚听到警告信号，就像塞伦盖蒂平原上胆小的小羚羊一样。我们与那些第一次在没有父母的陪伴（但是有朋友的帮助）下进入森林的幼年猩猩年龄相同。

照片轻声对我说：如果你真的想知道智能是由什么构成的，就回到你的《新荒野》岁月吧，从你中断的地方继续读吧。

2

狩猎野生高尔迪卡斯

在《新荒野》运营的第一年，剧组向剧集的一位投资者借了几间昏暗的办公室和编辑工作间，这些房间位于多伦多国王街的一栋大楼里。在加拿大电视台（CTV）买下 26 集系列剧（每集半小时）的播放权后，史蒂芬、查尔斯（Charles）（也就是查克）、洛恩（Lorne）和其他合伙人努力筹集到了一年的制作经费。那时，试播的剧集还吸引了一个重要的赞助商——爱宝（Alpo），宠物食品制造商，并在一个重要的电视剧展销会（全美电视节目专业协会，NATPE）上引起了关注。该剧集后来赢得了 3 项艾美奖。

查克总是满面忧虑地走来走去，尽力追踪和了解混乱情况。史蒂芬的办公室堆满了纸张，看上去就好像头顶上刚刮过一场飓风。如果他没把自己锁在编辑室里努力制作剧集，也没在现场拍摄洛恩的个人讲解，那么就一定是正遭到《新荒野》的所谓的娱乐会计师斥责（"你的资金短缺已经达到 100 万了，你马上要关门大吉了！""但是，你忘了算上加拿大电视台的许可证费用了……""哦……"），或者正被惊慌失措的执行制片人痛骂（"史蒂芬，你要是再说一次'我要做的只是……'，我就宰了你……"）。制作人员在他的办公室外排队等待他的决定，这些决定经常改变，尽管交付成片的最后期限正在逼近。因为这事，有了一件运动衫，上面印着这样一句话：

迪瓦法则：

对于每个观点，都有一个相等且相反的反思。

那一年，他每天回家睡觉的时间也就是两三个小时，这就意味着我什么事情都得自己解决。

让我编辑和撰写的第一期剧集是关于红毛猩猩的。我在一间不通风的编辑室里放映罗德·布林达穆尔（Rod Brindamour）拍摄的脚本。脚本讲述的是布林达穆尔的前妻比鲁特·高尔迪卡斯（Birute Galdikas）和她在自己称为"李基营"（Camp Leakey）中的工作。这个边远基地不过是几座东倒西歪的木屋而已，坐落在热带沼泽、泥炭森林中的一处空地上，边上是一条河，这里位于加里曼丹岛（婆罗洲）上的丹绒·普汀保护区（Tanjung Putting Reserve）（现已成为国家公园），野生红毛猩猩就生活在那片森林里。除了研究它们的行为外，高尔迪卡斯还试图让幼年红毛猩猩重新回到野外，它们有的母亲遭到偷猎者或林务工人的杀害，有的被当成宠物卖掉（在它们长到足够大能真正带来危险前）。这些准备恢复正常生活的猩猩和高尔迪卡斯一起生活在营地中。

高尔迪卡斯——李基的最后一个天使，于1971年来到婆罗洲，那时距古道尔获得其关于黑猩猩的首批发现之后已有十年。和古道尔一样，高尔迪卡斯也是灵长类动物学的外行，这也可能是李基决定支持她的原因。她在其他许多方面也都是外行。她的父母是立陶宛难民，第二次世界大战后为躲避俄国人而逃难到了德国，他们在一个难民营相遇并结婚。而高尔迪卡斯出生于美国占领区中的另一个难民营中。[⊖]和她们一起逃难的一位姨妈在美国出生，但是在战争开始前来到了立陶宛生活。战争结束后，她移居洛杉矶。高尔迪卡斯的父母也因此拿到了前往加拿大的签证。

高尔迪卡斯在安大略省的埃利奥特湖（Elliott Lake）和多伦多长大成人。她在英属哥伦比亚大学学习生物学，然后随家人一起迁到了洛杉矶。1965年，她获得了加州大学洛杉矶分校（UCLA）和英属哥伦比亚大学（UBC）的心理学学位。她曾看到一张雄性红毛猩猩的照片，感到自己被它那凝视中蕴含的深邃智能深深吸引，当时她是加州大学洛杉矶分校的研究生，专业为人类学。[⊜]她询问自己的教授如何才能去婆罗洲野外研究红毛猩猩，但一些教授认为此类

⊖ 比鲁特 M. 高尔迪卡斯（Birute M. Galdikas）. *伊甸园的反思*［M］. 利特布朗公司（Little, Brown Company），1995：第38页。

⊜ 出处同上，高尔迪卡斯，第43页。

研究是不可能进行的。尽管受到劝阻，她还是向马来西亚政府递交了研究许可申请。当路易斯·李基来到洛杉矶做讲座的时候，她站在密密麻麻的崇拜者当中，直到最终引起了他的注意，然后告诉他自己想要去研究红毛猩猩，就像简·古道尔研究黑猩猩那样。

李基又花了三年时间才相信高尔迪卡斯能够做这项工作，并找到了把她派遣到野外去的资金。与此同时，她遇到了布林达穆尔并嫁给了他。尽管她已获得文学硕士学位（李基派出古道尔和福西时，她们连文学学士学位都没有）⊖，但她的早期研究没有获得哪怕是一家科研资助机构的支持。毕竟高尔迪卡斯从未在野外研究过猿类，而且几乎也没有别人曾这样做过。和给其他天使的任务一样，李基给她的任务也不在主流科学范围内。

当 10 年后布林达穆尔把他拍摄的镜头卖给《新荒野》时，他和高尔迪卡斯已经离婚了。毫无疑问，第三者就是红毛猩猩，因为她很多时间里都把幼年红毛猩猩抱在身上。而她也指责布林达穆尔爱上了一个她带到营地照顾儿子的年轻的印度尼西亚女人。在他们离婚后不久，高尔迪卡斯爱上了一个名叫博哈普（Bohap）的男人，这个人是迪雅克人（Dayak）（一个信奉万物有灵论的婆罗洲丛林人），家世显赫，是保护区的追踪人员。在与布林达穆尔离婚后，她和博哈普结婚了。这给了她接触迪雅克世界和印度尼西亚政界高层的机会。

让我惊奇的是，她能搞定任何一件事，更不用说全部事情了。白天，她在野外跟随着野生红毛猩猩，看着它们在沼泽雨林地面上方 20 米高空结果的树上飞来荡去。从清晨到黄昏，等到它们最终回到自己复杂的睡巢安顿下来后，她继续紧跟每只她试图记录的特殊的野生猩猩，艰难地穿过沼泽或像石头一样站着一动不动，伸长脖子，因酷热和潮湿而大汗淋漓，忍受着蚊虫和水蛭的叮咬，身上沾满红毛猩猩向她扔来的排泄物，因为它们会恼于被人盯着看。她观察它们做的每一件事，从进食、抚养幼崽到打斗，从强奸到双方

⊖ 比鲁特 M. 高尔迪卡斯（Birute M. Galdikas）. 伊甸园的反思［M］. 利特布朗公司（Little Brown Company），1995：43

同意的性行为以及年轻雌性勾引年长雄性的无耻尝试。回到李基营后，她一边照顾自己的小儿子宾迪（后来还有弗雷德和简），一边把最小的回到野外栖居的红毛猩猩幼崽带在自己身上。在获得博士学位后，她还要指导研究生。

红毛猩猩会一直待在妈妈身边好几年。她努力用巧妙的方式让这些孤儿回到它们一无所知的森林生活中去，并努力成为它们的替代妈妈。她把食物放在外面，这是为喜欢白天待在树上的大一点的红毛猩猩准备的。但是有些红毛猩猩更喜欢一直待在营地里，它们很狡猾，甚至还挺危险。

即使像我这样的新手也能在布林达穆尔的录像中看出来，她这种复杂的生活里几乎没有足够制作半小时片子的素材。但是我们还是设法捕捉到了一些。高尔迪卡斯的长着毛皮的被监护人不会游泳（至少它们那时还不会游泳），但是我们有录像显示它们偷了营地的船穿过一条小溪。显然，没有哪道门能挡住它们偷偷摸摸的决心，没有哪个研究员的衣服它们不想穿，没有哪种化妆品它们不想尝试，也没有什么藏起来的食物是它们找不到的。根据由简·古道尔建立并由迪安·福西传承下来的传统，所有这些红毛猩猩都取了名字。同一家庭的成员的名字首字母相同，这样就能更好地跟踪它们之间的关系。其中一只红毛猩猩叫公主。它是我们故事的主角。

正如高尔迪卡斯后来在她略带神秘感的自传《伊甸园的回忆》（Reflections of Eden）⊖中解释的那样，她不久后就发现，红毛猩猩和人类智慧之间最鲜明的差别出现在语言和社交领域，这在她两岁的儿子宾迪和他的红毛猩猩玩伴之间体现得尤为明显。宾迪和这些年幼的红毛猩猩像兄弟姐妹一样玩耍。宾迪试图像它们那样移动。尽管他不能跟着它们爬到高高的树上，但他还是很快就学会了它们的社交信号、面部表情和它们用来交流情感的声音。他还毫不费力学会了单词和句子，而比他大三岁左右的公主，学习美国

⊖ 她在一次讲座中描述第一次听到简·古道尔在贡贝（Gombe）与大猩猩共处工作时的情景。她说就好像听到了一声钟响，她知道这钟声对她来说意味着什么。

手语（ASL）却非常吃力，它的手语学习要由研究员加里·夏皮罗（Gary Shapiro）为它进行正式授课。宾迪则完全不用教就学会了手语。

但在我们制作《新荒野》剧集那会儿，搜寻者几乎找不到由高尔迪卡斯所撰写的关于这些动物的出版物。她只在同行评审期刊上发表了几篇文章。（还有几篇在第二年发表。）研究员发现了人类学家彼得·罗德曼（Peter Rodman）的一篇论文和约翰·麦金农（John Mackinnon）的另一篇论文（他把自己研究区域内的红毛猩猩描述为迁徙类动物）。两篇文章都对红毛猩猩吃什么、在哪吃和什么时候吃进行了研究。当我们把搜集到的信息都放到一起后，我们认为，我们可以说红毛猩猩并不是社会性动物，或者至少雄性在青春期后是独居的。成年雄性把时间花在以下活动中：寻找食物，休息，有时寻找年纪大些的雌性进行交配，用浑厚有力的长吼和像扔火柴棍一样把枯树扔到一边的轰隆声来吓退竞争对手。

高尔迪卡斯发现成年雌性红毛猩猩的社会性比雄性更强，至少在加里曼丹岛是这样的，它们不迁移。雌性红毛猩猩整天都是在带孩子、寻找食物、休息，有时候陪伴雄性伴侣几天。雌性红毛猩猩在对交配感兴趣时不发出身体信号，雄性必须分析它们的社交信号并追求它们。红毛猩猩幼崽一直和妈妈生活到大概八岁，之后才四处游荡并与其他处于青春期的红毛猩猩进行交流。雌性红毛猩猩至少到 15 岁才生育后代。尽管可以活到 60 多岁，但大多数雌性红毛猩猩一生中所生的幼崽不会超过 5 只。

年幼的红毛猩猩之所以和母亲一起生活这么多年，是因为它们有太多知识需要学习，尤其是数以百计的可食用果树的生命周期，如何打开并吃到森林中异常坚硬的果实；同时在头脑中形成复杂的地图，知道在一个不断变化的森林里从哪儿能找到好的食物。它们还必须学会在没有果实的时期如何寻找次要的食物，如何吃蚂蚁和白蚁，以及在必要情况下如何吃树皮。它们穿过森林的活动反过来又塑造了森林——它们吃果实时散落的种子或从消化道排出的种子会长成树，而这些树在猩猩孩子的成长过程中会用得到。雄性猩猩将枯树枝到处乱扔，就打开了遮蔽森林的林冠，为新树的生长创造了机会。

高尔迪卡斯可以看见猩猩姐妹们和女儿们通力合作，它们的活动路径在最喜欢的树之间纵横交错。但是到了青春期的儿子会被驱逐出去。外来者也不会被接纳，这使让它们恢复正常生活的整个工作变得更加棘手。

这就是我们所知道的。而正如我后来认识到的，其中大部分内容颠覆了大多数关于动物能否学习、它们的智慧是否与人类相似的一些正统理论。高尔迪卡斯所给出的有限信息令我担心，我们能否权威地评价她的工作。那时，科学家说的什么都不能当作事实，直到他们所说的被发表在同行审阅期刊上或写进由适当人员组成的委员会指导下写出的论文中。[○]虽然我们有布林达穆尔的影片，但是还需要由知道这些画面的含义或能解释遗漏内容的人来对其进行解读。我们不能给雨林中的高尔迪卡斯打电话来核实我想让洛恩·格林（Lorne Greene）说的话。然而布林达穆尔已经让人知道了她是个极难对付的人。所以我必须躲闪绕行。

节目播出后，我焦急地等待着来自婆罗洲的尖叫和愤慨。但是我们从未听到高尔迪卡斯的回应。

即使我们有地方弄错了，高尔迪卡斯也不可能会反对的。为了拯救红毛猩猩和丹绒·普丁国家公园的森林，她需要获得慈善捐款。为此，她需要通过《新荒野》这样的剧集来让西方公众理解：红毛猩猩是有趣的动物，几乎和人一样具有智慧，然而却受到人类活动的严重威胁。这是宣传，不是科学，然而打科学擦边球正是李基把科学放在第一位的方法。

自19世纪80年代以来，大多数解剖学家都已经接受了人类和其他灵长类动物是近亲的观点，但是谈到智慧，就界限分明了。为什么？部分原因是犹太教—基督教关于人类唯一性的观点——按上帝的形象创造，被授予统治一切的权力——仍然留存在科学家的思想中。在那之前，亚里士多德已经根据运行的复杂性把世界分成了若干类别，从行星开始一直到人类、动物、植

○ 这一规则一直没有投入使用，因为使用公费的人类基因项目研究者害怕私人公司的研究者会抢先申请专利，所以坚持要求所有成果在从实验室出来后必须公布于网上，这样就建立了一种全新的出版模式，其中的修改也就成了家常便饭。

物和最终的惰性矿物。亚里士多德的层次体系，拉丁语称 scala naturae（自然梯级），已被修改以适应基督教教义了。基督徒把上帝放到了阶梯的顶端，然后是天使，接着是堕落天使，接着是人类中的国王、贵族、农民，最后是动物处在最底层。人类被按种族划分开来，最后被发现的种族——美洲土著，被放在底部。每个人都有合适的、不可改变的位置。在达尔文提出自然选择物种起源理论并取代了亚里士多德成为自然科学的先师圣人很长时间后，生物专家仍然在讲授这样的理论：人类占据了达尔文进化树的最高枝，在顶点孑然一身。

1958 年，在我的天才班中，人类例外论的证据被以"只有人类可以做的事"的列表形式展示了出来。我们被告知，只有人类可以：

发明、制造和使用工具；

发明并使用语言和其他符号以向彼此传递信息，并传给下一代；

创作艺术表达难以言表的东西；

有是非道德感；有数字和时间感；

由于具有为他人着想的能力和理性，因此能够生活在有序的社会中；

发动战争；

敬畏逝者，因为我们知道我们将会死去（去见上帝或者下地狱），等等。

我们的智慧定义了我们，而这些能力证明了我们的智慧。所以，在古道尔到贡贝之前，几乎没有对我们的近亲在自然状态下的行为进行长期的科学观察也就不足为奇了。

为了这项在科学界引发了革命的工作，高尔迪卡斯接受的主要实践培训中包括动物跟踪课程，这是她在担任路易斯·李基秘书时从他那里学到的。但是她的心灵和思想非常开放。她所看到的（当她把眼光移到手上看时，像我妈妈说的那样）是黑猩猩显示出了许多据称是人类独有的智慧行为（像上面一样）。迪安·福西（Dian Fossey）看到大猩猩具有同样复杂的智慧行为，而高尔迪卡斯说红毛猩猩是最聪明的。高尔迪卡斯说它们不只是像动物那样通过摸索和错误学习，而是经常通过沉思和领悟，通过包括记忆、预见和判断在内的心象操作来学习的。换句话说，它们像我们一样学习，这一观念被高尔迪卡斯起初的研究领域——心理学——所厌恶。

在20世纪大部分时间里，大多数的北美心理学家将对思考和智慧的好奇限定在重新制定智商测试，或观看人类和动物在实验室中的行为上。到20世纪70年代早期，被称为行为主义的思想体系在心理学界占有统治地位，而有关智慧的问题正是该领域的研究内容。行为学家坚持认为，没有心理学家能够解决人类是如何思考这一问题，因为我们的大脑太复杂了，根本无法研究。神经科学正处于初创阶段，无法说明大脑活动是如何引起任何精神疾病或正常运作的，也无法说明如何定位称为意识的指示灯（尽管有许多药可以熄灭它）。

所以心理学家把大脑视为不可测知的黑箱。他们只局限于通过提供刺激和观察反应来研究人类和动物的行为。有些人更为极端，甚至说一切都只是刺激/反应而已，甚至最智慧的人类行为——例如使用语言——也只是产生必然反应的刺激的副产品。只有在实验室里才能以受控方式对刺激和反应进行研究。

在欧洲，情况就不同了。动物的行为主要由动物行为学家（通常是在动物园和在野外工作的动物学家）进行研究。但是动物行为学家也没有提出关于智慧性质的直接问题。动物行为学家想了解行为——自然状态下动物的行为，而不是实验室测试诱发的反应。他们关注的是行为随着时间推移而进化的历史，是某些行为跨越拥有亲近甚至遥远共同祖先物种而存在的方式。

动物行为学家坚持认为动物有与生俱来的本能——与生俱来的应对世界的现成行为。他们认为，在超过40亿年的进化中，许多物种一再出现同样的成功行为，其方式与在进化树上距离很远的动物身上出现的可比较结构（例如人类和章鱼有相似的眼睛）一样。他们坚持认为，行为不是通过教授，而是通过组织和神经的实体组织（仿佛是基因命令的）传给下一代的。随着新的计算机语言开始渗透到他们的作品中，他们把这类行为称为"硬连接"（hardwired）。

卡尔·冯·弗里希（Karl Von Frisch）、康拉德·洛伦兹（Konrad Lorenz）和尼古拉斯·廷伯根（Nikolaas Tinbergen）等动物行为学家试图证明，许多动物行为是一成不变的。冯·弗里希描述了复杂的、信息丰富的蜜蜂交流舞，并从蜜蜂非凡的感官器官方面对其进行了解释，特别是能看到人类看不到的偏振光的能力。廷伯根和洛伦兹探讨了灰雁无意识地将雁蛋（甚至是看起来像雁蛋的物体）滚动回巢穴的方式。但是洛伦兹说情绪也是行为，他说大雁像人一样，坠入爱河后也会表现出妒忌。他坚持认为，如果远亲物种共同拥有某种行为时，那肯定是因为这种行为有助于适应环境，因此这种行为是物种生存所必需的，并且就此而言仅仅是可变的。

行为主义心理学家反对洛伦兹将大雁的情感和人类的情感进行比较，嘲笑他的工作属于同形同性论。"同形同性（anthropomorphic）"这个表述早已经变成了一种诋毁，所有学习动物行为的学生即使在研究通过共有行为表达的进化关系时也都要避免。仍必须有一根牢固的线把人和其他万物区别开来。

洛伦兹回答道（括号里的话是我加上去的）：

> "心理学家提出抗议，认为在说到动物时，使用坠入爱河、结婚或妒忌之类的词属于误导……因为我们知道大雁和人的行为模式不可能同源（意思是类似，因为都是由相似的生存压力产生的）——鸟类和哺乳动物最后的共同祖先是最低级的爬行动物，长着微小的大脑，当然没有能力做出任何复杂的社会行为——而且因为我们知道巧合相似的不可能性只能以天文数字表达，所以我们可以确定是或多或少相同的生存价值造成了嫉妒行为在鸟类和人类中的进化。"[一]

[一] 康拉德 Z. 洛伦茨（Konrad Z. Lorenz），"作为知识来源的模仿"，诺贝尔获奖演说，1973 年 12 月 12 日。

到了 20 世纪 60 年代晚期，就在高尔迪卡斯去婆罗洲前不久，罗伯特·阿特里（Robert Ardrey）和德斯蒙德·莫里斯（Desmond Morris）出版了讲述古生物学家和动物行为学家研究成果的畅销书。阿特里认为，人类非常特殊的大脑和社会复杂性是狩猎这种人类行为直接的进化结果，这种复杂的专长根植于某个古代灵长类祖先的攻击行为中。他说，我们是"杀手猿"。莫里斯看到了人类与猿之间的许多相似之处，包括黑猩猩制作艺术品的能力，但是这种屏障还存在着。他的书《裸猿：一个动物学家对人类作为一个革命性的动物的研究》（*The Naked Ape：A Zoologist's Study of the Human as a Revolutionized Animal*）在 1967 年取得了巨大成功。但是所有动物行为学家的工作——坚持有些行为是天生的、不可改变的，是由进化塑造的，而且是生存所必需的——遭到了激烈的反驳。

平等主义者，尤其是新的第二波女性主义者，坚持认为所有的人类行为（包括性别角色行为）都是习得的，不是遗传的，而且性别歧视的行为是为了维持男性的统治地位而专门教授的。

女权主义者和动物行为学家之间、心理学家和动物行为学家之间的争论（在美国有些被称为社会生物学家）代表着高尔顿先天与后天二分法的新版本。

在对黑猩猩使用工具的情况进行报道之后，古道尔被李基送到了剑桥大学，并在那里获得了博士学位。

在她准备写她所目睹的贡贝黑猩猩之间的故事（包括战争、强奸、谋杀、用尖棍子猎取并杀死丛猴、收养、爱、奉献）的过程中，有些同事求她隐瞒所有她知晓的关于它们的攻击行为的信息。为什么？这会为动物行为学理论的论点提供支持：侵略已深深地嵌入了进化史中，因此人类的战争将永远不可避免，无论我们比其他动物聪明多少。换句话说，动物行为学和心理学陷入了政治的泥潭中。

1973 年，康拉德·洛伦兹、尼古拉斯·廷伯根和卡尔·冯·弗里希获得了诺贝尔生理学或医学奖。洛伦兹的演讲暗示性地提到了一些刚刚开始横扫生物学界的新的激进观点，包括对动态互动（由一般系统理论所描述并由动物行为学家观察到）的新的理解、自然系统的不可预测性（后来被称为混沌理论）、信息理论，以及计算机技术的快速发展。洛伦兹抓住这些来自其他学科的观点不放，好像它们是救命稻草一样。他迫切需要这些观点来解释他工作中的核心问题——像行为这样短暂的东西如何能够存储在物理结构中并传递下去：

> "对于从细菌到培养菌所有生命系统的生存，存在同样不可或缺的其他功能。在任何生命系统中，适应都是通过上面已经提到过的进程实现的，这种进程取决于通过基因改变和自然选择实现的信息获取，还取决于基因组中链分子代码中的信息存储。
>
> 和所有信息保留方式一样，这种知识储存是通过结构的形成实现的。不仅在小双螺旋中，在人类大脑编程中、在书写中或在其他任何形式的'记忆体'中，知识都是储藏在结构中的。
>
> 这种不可或缺的对结构功能的支持和保留总是要付出代价的，即'僵化（stiffening）'，换句话说，就是牺牲一定的自由度……所有生命系统的适应性都是基于储藏在结构中的知识；结构指静态适应性，与动态适应过程相反。"⊖

高尔迪卡斯在这次大骚动中来到了婆罗洲。我想知道《新荒野》播出之后这 30 年里她学到了什么。我认为，既然她作为一名心理学家被对红毛猩猩的研究深深吸引，那她就是个合适的人选，但是是去实地而不是实验室。几乎可以说，好像她已经把自己变成了行为学家和动物行为学家之间的桥梁。

我知道她每年会在加拿大不列颠哥伦比亚省的西门菲沙大学教一个学期的课，她在那里拥有学术职位已有很长时间了。大多数学者会把他们发表的所有东西列在他们的网站上，通常还会提供 PDF 文件。我在高尔迪卡斯的网

⊖ 康拉德 Z. 洛伦茨（Konrad Z. Lorenz），"作为知识来源的模仿"，诺贝尔获奖演说，1973 年 12 月 12 日。

站上也找到了一段，说在丹绒·普丁，人们正在对灵长类的行为、生态和进化进行研究，研究重点放在红毛猩猩的社会性和认知潜能上。这看起来很有前途，但她的出版物列表显示，她只在多年前出版过两本书，还有两本关于她的书。

我认为她是在野外太忙了，没有时间上传论文。因此我在谷歌学术中搜索她的作品，同样也没有什么近期的作品，那里几乎没有她的名字，无论是作为主创还是第二作者。顶尖科学家通常有很多的出版记录。从另一方面说，她又与大多数科学家不一样，她帮助打开了一个完整的领域。

那好吧，我想，我就去拜访拜访她吧。她是加拿大的一位公众人物，加拿大勋章得主，多部电影的描绘对象，包括 2011 年上映的一部 IMAX 电影。她不会害羞的。

但是我打电话给她位于西门菲沙大学的办公室时，没人接听，而且在她任职的考古系里也没有人知道她什么时候回国。因此我给她几年前在洛杉矶建立的红毛猩猩基金会（OFI）打了电话。我打了很多次才有人接电话，我问我在哪里能够赶上高尔迪卡斯博士，我认为她在不教课的时候很可能往返奔波于整个大陆以争取捐款。（古道尔一年中有 300 天在路上。）但是基金会只为高尔迪卡斯其秋季日程中规划了两个短小的活动，还都不确定。与我说话的那位女士建议我发一封电子邮件，列出我想做的事，并承诺会转发给高尔迪卡斯博士。至于高尔迪卡斯博士何时会读这封邮件，她无法保证。

我发了邮件。时光流逝。没有回应。我又给考古系打了电话。是的，她秋天会在那教课，有人告诉我说。但是至于我是否该给她的办公室电话留言，其实也起不到什么作用。

这是挖苦我吗？

又过了几周。我又试着联系红毛猩猩基金会，他们又要求我再发一封电子邮件，于是我又发了一封。我一直等待着，直到开学前一周又给基金会打了一次电话。"高尔迪卡斯回加拿大了吗？""是的，"那位女士在电话里说。"可是，"我说，"我发了电子邮件，又在她的办公室留了信息，但是还是没有回复。您有她在温哥华的电话号码吗?"她给了我高尔迪卡斯的手机号和她未入册的家里的座机号码。

我试着拨打了她的手机号。高尔迪卡斯接了电话。她说正在路上,让我明天早上打座机。

我在约定的时间给她打了座机。没人接。我又打了一次,没人接。我试着拨打了她的手机号。她接了电话就开始嚷:"我从没听说过你。我也没看到过什么电子邮件,你是怎么得到我的电话号码的?"我进行了解释,并告诉她我想去她那里,听她的课,然后花一天时间和她在一起跟她谈谈她的工作,这时她嚷道我要求的比她朋友要求的还多。

我发现事情有点奇怪,因为她会领导游团游览李基营,那些人付钱享受这份特权。更令我感到不安的是,她似乎被我的电话吓到了。

我给红毛猩猩基金会打了电话。"高尔迪卡斯博士不知道我是谁或者为什么您给我她的电话号码,"我说,"请向她解释一下,我是一名记者。她非常心烦。"

"您为什么不发一封电子邮件转送给她呢?"这位女士跟我说。

这下我终于弄明白了,不会有来自比鲁特·高尔迪卡斯的现场更新了。我必须得想想别的办法了。

3

找寻聪明的鲁森

在科学界，30 年是一段很长的时间。自从高尔迪卡斯（Galdikas）建立李基营（Camp Leakey）以来，科学界已有很多人研究红毛猩猩了。琳达·斯波尔丁（Linda Spalding）是一位小说家，然而她却写了一部非常不错的写实作品《丛林黑暗地》（*A Dark Place inthe Jungle*），书中描述了她尝试"追随"高尔迪卡斯。琳达建议我跟一位名叫安妮·鲁森（Anne Russon）的心理学学者交谈。网上搜寻一番、通了一通电话之后，我已走在了多伦多约克大学格兰登校区的草坪上，来见鲁森。

空气很潮湿，仿佛刚下过雨。尽管刚过午后，但松柏掩映后的房屋已闪着微微灯光了。除了建于 20 世纪 80 年代的矗立在入口处的高耸的公寓楼，整个校园让人平静舒心，与我第一次来这里的感觉不同。

曾经，我父亲履行诺言被迫送我去大学读书，前提是我拿到奖学金。我拿到了——约克大学奖学金。父母亲把我送上飞机，艾达阿姨要去多伦多和蒙特利尔进行年中采购、给女装店进货，我在她的护送下从东部大草原飞到了多伦多。我带着两个行李箱（有后备箱），一小部分现金以及一个大大的梦想，希望约克大学把我变成新一代的西蒙·德·波伏瓦（Simone de Beauvoir）。那时，她是我唯一听说过的女权主义哲学家。

艾达阿姨送我上出租车，告诉司机把我载到约克大学。司机问，去哪个校区。我的一封录取通知上写着格兰登，另一封上写着瓦尼耶大学。我说去格兰登。宣传册上称格兰登是北部的双语哈佛。它是双语的，却不是哈佛。

那时那里没有此地，只有纤纤的细树和围绕在一片长草的空地周围的砖房子。我的脑海里描绘过角楼、石墙，想象过这个大城市市中心应该有的兼具美式和法式风格的一切引领潮流的事物。然而，若想去好玩的地方，你得先坐汽车去地铁站，更糟糕的是我住在格兰登，课程却注册在城市那头的另一个校区瓦尼耶大学（Vanier College）。每天，我不得不花 40 分钟坐我们的小红校车去上课，穿行到一片点缀着几座野兽派高楼、被风吹拂的草地。这片草地让我产生了汽车工厂的即视感。可在工厂里我怎么能成为西蒙·德·波伏瓦呢？

40 年前，我在格兰登食堂吃了差劲的最后一餐；40 年后我又站在了这里，望着仍然悬挂在天花板的彩旗。我好像在咖啡馆看到了安妮·鲁森。她的网站主页上有她的照片，但这个女人现实中看起来瘦小得多，在一头浓密的深色头发间，银色发丝依稀可见，更显苍老。她看起来像是在婆罗洲（Borneo）观察红毛猩猩，一待就是半年的人吗？那种人看起来应该是什么样子呢？

我跟着她来到她的办公室。她体型小，走得很快。在她开门时，我做了自我介绍。跨过一个开着的抽屉，她拍了拍她容易感知的穿了鞋的脚，并开始解释她是如何到了婆罗洲。方式和原因转变成一个通过研究智慧、心理学和行为学如何融合的小型历史。

原来，我们有许多共同点。她也是一个草原姑娘，来自里贾纳，她的父亲也是一名医生，虽然他专门从事精神病学，而我的父亲是一名家庭医生兼全科医生，他常说精神科医生是巫医。起初，她的父亲曾在监狱中工作。然后，他转向处理问题少年。期间，她爱上了自然，因为她和她的兄弟姐妹在电视上观看到了迪斯尼秀。（她仍记得一队小小熊从雪山上翻滚而下。后面的事把她吓坏了，因为知道了在一个关于自然秀的纪录片中，为了得到这个镜头，那个幼仔已被导演扔下了山。）她的父亲做了一辆拖车。每个夏天，他都会载着全家人，包括她的祖母去温尼伯东部的伍兹湖，在那里度过三个星期。在那里，她学会了扎营，这在多年后证明是非常有用的。

她曾与一个非常聪明的孩子交谈，这个孩子的说话速度很快。因此，我不得不问：天才班？她说在里贾纳（Regina）没有这样的班级，但她在七年级的时候跳级了，主要是因为她很擅长数学。她申请到了她听过的一所东部大学——麦吉尔大学（McGill），在那里，她被授予了学士学位和数学专业理学硕士学位（心理学课程由唐·赫布授课）。20 世纪 60 年代末，加拿大原子能公司（AECL）开发出了重水堆（CANDU）核反应堆，在安大略省的乔克河实验站，该公司招募了数学和物理的毕业生。他们还聘请了鲁森。但她讨厌乔克河（Chalk River），18 个月后，她又回到了蒙特利尔，在数据控制公司（Control Data Corporation）工作。

后来，她和男友前往澳大利亚，并在墨尔本大学的数据控制找到了另外一份工作。五年后，她离开了学校，她觉得与计算机工作的生活不适合她，她真的想更像她的父亲一样，做与孩子有关的工作。于是，她接受了在纽约做毕业心理学的工作，后来赢得了来自加拿大议会的奖学金。但她男友的工作却在其他地方。当他告诉她，在他们共同生活中，一个人的职业生涯总是会比另一个的更重要……

"好吧，"她说，给了我一个嘲讽的神情，"长时间的沉默……"

她甩了男友，于 1973 年秋来到纽约，那年，动物行为学家冯·弗里希（Von Frisch）、丁伯根（Tinbergen）和洛伦茨（Lorenz）正好赢得了诺贝尔奖。她对行为学一无所知：她正在学习动机心理学，但她很快就意识到她选错了课题。不管怎样，她还是做了实验，"一个愚蠢的实验。"她说，并于 1975 年获得硕士学位。在此期间，通过一个关于灵长类动物的课程，她发现了她想要的轨道，在那期间，她阅读了罗伯特·欣德（Robert Hinde）的书。罗伯特·欣德是简·古道尔（Jane Goodall）在剑桥的导师。他曾出版了一本书，叫《人类社会行为的生物学基础》（*Biological Bases of Human SocialBehavior*）。这不是一本心理学的书，这一点她是知道的。

"北美心理学是基于扁形虫、鼠、猫。"她说。而且，她说，为了使自己看起来像真正的科学家，如物理学家或化学家，一些心理学家都穿着白色实验服，这是"荒谬的"。在麦吉尔，在她的心理学课程上，"没有提到人类，没有关于人类的研究，有人不赞成，"也没有提到进化。"20 世纪 20 年代，心理学抛弃了达尔文理论。"她说。这有不同的分支，"主流和其他分支，"她如是说。"耶基斯和科勒确实是很酷的东西，展示黑猩猩和大猩猩以及红毛猩猩在实验室或动物园会做什么，但他们被行为主义者埋没了。大部分关于智慧的心理学是有关学习和记忆的，还有低水平的刺激和回应各种程序——试错，奖惩，巴甫洛夫的东西，让狗根据铃声分泌唾液，两种刺激的联系。直到 20 世纪 60 年代，这是基本的重点。心理学必须是实验性的和还要有所谓的目标"。

欣德的著作在这样的风潮里逆风而上，也引起了女权主义者的反驳，而鲁森也是女权主义者。鲁森说 20 世纪 70 年代的女权主义者坚信"那些是后天习得的，而非生物本性"。

"即使是性取向也是后天的吗？"我问道。这句话脱口而出的一瞬，我想起了几个激进的女权主义朋友，她们坚定地跟彼此生活，因为她们相信被男性吸引是后天习得的，可以抛却。性取向也是构建父权社会的一部分，是另一种控制女性的方式。

然而鲁森发觉欣德的书激起了自己的兴趣。她要选一种灵长类动物来研究这个课题，最后"出于一些不太方便透露的原因"她选择了大猩猩。教这个课程的人——那个"合同男"，去了魁北克工作。由于她称之为"默许和学术攀升"的双重原因，他成了蒙特利尔大学一个研究皮亚杰发展论组织的合作者。他们计划把四只黑猩猩幼崽放在养殖场里喂养，这样他们就能够追踪它们的认知发展历程，得到数据后与皮亚杰理论进行对比。"他问我是否愿意跟他研究黑猩猩作为我的博士项目，我想我愿意做。"

资金从来不是问题。鲁森的资助足够支撑三年，她还可以申请延伸一年。她也不用担心丈夫的问题。"我从没结过婚。这儿没人结婚，我几乎没参加过婚礼。"

我想说我结婚了，但还是选择了闭嘴。

她回到蒙特利尔，向黑猩猩实验室汇报。实验室事实上是校园里的一个拖车式移动房屋，里面有一间浴室、几间卧室、一个厨房和装有一面单面镜子的放映室。前两只黑猩猩刚来这里时只有两个月大，它们是从俄克拉荷马一个庄园买的，这个庄园专门饲养实验室用黑猩猩，名声很差。有人给鲁森形容庄园主看起来像一个穿着狩猎服的牛仔。她负责这两个黑猩猩宝宝，一个叫斯波克，另一个叫苏菲。"他们的'妈妈'是两个大学生，每天从早晨八点到下午五点照顾它们。我们其他人值夜班。我每周负责两晚。"

她热爱这个工作。当黑猩猩起来活动时，她根本没时间坐一下，"它们分分钟能把脏的纸尿裤撕碎"她笑着说。她研究这两个宝宝之间的社交互动，也就是那时她对智力产生了兴趣。

"为什么？"

"因为它们太聪明了。"

"比如？"

"我带了一个朋友去游戏室，房门上有一个防止儿童触碰的钩锁，离地面很高。苏菲那天出奇的友好，把我们带到离门最远的角落玩耍，然后跑回去，打开了门，当我赶上它时，它已经打开厨房的门，在电冰箱那个位置了……直到那时，我才开始考虑它的智力问题。它们跟狗或猫不同，某个地方不同。它们盯着你的眼睛，你感觉得到他们在盘算着，在动脑筋。这仅是一岁的时候，它们就赢了我。"

她花了很长的时间完成她的博士论文，这是在她又回到纽约教学后完成的。于是，她决定她应该学习一些"严肃的"的东西，在这一点上仍然意味着人类的智慧。她启动了一个学习9~18个月大的婴儿的项目。

"小家伙太可爱了，像15岁一样。研究它们的模仿能力。这还好，但黑猩猩很无聊。更换黑猩猩的尿布花了四只手加上牙齿……我更喜欢类人猿。"

因此，1985年她开始参加有关灵长类动物的会议，看看他们是做什么的，以便弄清楚她可能适合的领域。她想走出实验室，但她能在这个领域中生存吗？她会喜欢吗？她和一个朋友去了非洲，所以她能近距离观看弗西的山地大猩猩。她把这次旅行看作一种测试。如果她喜欢远足和艰苦的生活，那么她认为自己可以在任何地方做研究。

在她到那里不久前，弗西被害了。大猩猩旅游业正旺（正好是弗西被害之前，她试图去阻止的事情之一）。鲁森加入了一个旅行团。她和其他 16 人坐着改造过的军川车在坑坑洼洼的道路上颠荡起伏，来到大猩猩的领地。在那里，他们行走了一整天才到山里，在高海拔处睡了一整夜，所有这一切只为观看大猩猩一小时。

她决定她要这样做，现在她得找个地方来做。她知道自己想和实验大猩猩工作，而不是从远处跟随野生灵长类动物的行为。"我是一个心理学家。因为自己所想研究的东西，我需要零距离接触，"她解释说。她知道曾有过对实验黑猩猩的研究，以及在利比里亚工具的使用。但是，一个朋友，他是多伦多动物园的一名饲养员，去过婆罗洲的李基营。鲁森发现了该联系的人，然后就和另一位朋友前往婆罗洲。

"要是没有那个朋友的陪伴，我会临阵退缩……我写信给高尔迪卡斯，看看我是否能来，她说可以。"

当她于 1988 年来到李基营时，这里关于红毛猩猩行为的文献相对较少，关于它们的智慧的文献更少。荷兰人一直在婆罗洲东北部的一个站点研究它们。她读过赫曼·瑞克森（Herman Rijksen）的一篇论文。彼得·罗德曼（Peter Rodman）的工作地点与她以后要扎根的地方相距约一公里。但是，他们的工作没有解答她的问题。

"人们没有在那里寻找关于智慧的东西，"她解释说，"即使他们一直在寻找，他们也许会错过重要的东西。作为一名心理学家，我看到的东西是生物学和人类学研究人员看不到的，"她说，"他们的眼睛与它不对焦。"

在李基营环视四天后，她确定在这里做研究行得通。他们一天两次给游船码头上的红毛猩猩喂食物。有时多达三四十只红毛猩猩会来这里吃，有野生的，也有实验的。还有一个托儿所，这里有十个四五岁以下的幼崽。鲁森对研究红毛猩猩的模仿能力很感兴趣——也许可能从三岁到三岁以上。一些实验猩猩拥有适龄的子女，足够研究。她主要担心的是自己可能不会对红毛猩猩产生兴趣，可能会觉得无聊，因为它们不像黑猩猩那样行动迅速。

"因为污泥，红毛猩猩走得很慢，"她说，"一只红毛猩猩要花上两个小时才能从 200 米的桥上走下来。它们更会反思，它们在思考，它们只是在酝酿。"

1989 年，她回到李基营做第一次实地考察。她感兴趣的是通过模仿进行学习，这是一个据说只有人类才有的特征。她最终花了两个半月专注于实验猩猩中的妈妈，结果发现它们比三四岁的猩猩更具模仿力。高尔迪卡斯"在一段时间里帮助很大。"（高尔迪卡斯在鲁森的关于这个问题的几篇早期论文中被列为一名合著者。）

鲁森看着她的脸。所以我告诉了她我试图采访高尔迪卡斯的经验。

"她有偏执症，"她平淡地说，但她说她那样也是情有可原，"她用了 20 年来建造这个基地，而别人却要坐享其成。这的确会让人变得奇怪。"

鲁森所做研究的框架是基于皮亚杰发展论，并早已把这个理论运用在了幼年黑猩猩身上。"他的理论是说，智力是渐成的。"她说，她的意思是大脑会根据它所遭遇的经历相应地发育。"成年人的大脑由生物部分和经验获得的部分构成。它的发育随你做的事情的不同而变化。那时的问题是，人们宣称只有人类能通过模仿学习，只通过观察而不是练习来学习某一行为，其他物种做不到。这种思想是说，你可以复制，但只能复制已为人所知的事物。小到一个月大的新生儿，大至 18 个月大的婴儿都可以模仿他人的行为，但只是他们已经知道的行为。"

结果，鲁森发现模仿行为在李基营的红毛猩猩间随处可见。她最终发现红毛猩猩在模仿对象方面是有所选择的，其中必然涉及某种情感依赖。年轻的成年雄性猩猩不是谁都模仿，他们只对彼此或者年长一点的雄性感兴趣。年老的雌性模仿重要的同龄伙伴，除非是等同于人类的实验猩猩。鲁森有很多故事可以解释她所看到的。她觉得无论他们多么努力地把红毛猩猩的行为统计成表格和数据，人们都只会记得她研究里的故事。

"我最喜欢的是苏碧娜（Supinah）点火的故事。"她说。

她从一摞书底下抽出一本相册给我看苏碧娜的照片。

"有一天，"她说，"苏碧娜决定模仿营地厨师生火做饭的方式。"

在李基营，一般是上午的中段时间在露天炉火上慢慢做饭。红毛猩猩不准靠得太近，以防学会点火，更不会有机会点火。但有一天，鲁森和一个学生看着苏碧娜慢悠悠地走到了早上煮饭剩下的还在冒烟的柴火旁，然后开始做厨师做早饭时点火的那一套动作。

"它来到做饭区，拿起一个顶部盖有蒸笼盖的金属罐，再拿起一个塑料杯。把方罐子里的液体滴到塑料杯里，这些液体就是厨师用来引火的煤油。它捡起一根还有火星的棍子，对着棍子底部吹气。拿起盛有液体的杯子，把棍子插到里面。我说它是在把火灭掉，我学生说'不，在点火'。它看了一眼棍子。火灭了。它拿起塑料杯，把里面原有的液体倒回罐子里，然后把杯子浸在罐子里，重新盛了一些煤油，又把棍子重新放进去，然后拿了另一根还有火星的棍子，用嘴吹气……"

这个过程持续了 20 分钟。苏碧娜甚至尝试过用蒸笼盖来给没点燃的棍子扇风。"这也是厨师用过的扇风方式，"鲁森说，"它像厨师一样从侧面扇风……黑猩猩是我见过的最有趣的动物。"

然后她讲了一只名叫公主的猩猩模仿的故事，公主就是那只早前在《新荒野》秀中闪亮全场的雌猩猩。公主曾跟它要热咖啡。

"我把咖啡放在瓶子里，"鲁森说，"我说小心点，烫。但它还是喝了一大口，烫到了嘴。又拿了另一瓶酱油，是凉的。它试着把冷酱油倒到热咖啡瓶子里，但瓶子上有盖子，所以它把瓶子上端咬掉了。它拿起热咖啡瓶子，倒进冷酱油瓶子里。你能听见它倒进去了。然后它就开始喝酱油瓶里的凉一点的咖啡。它做到了，一点都不笨拙。它清楚地知道如何在两个瓶子间倒液体，也知道怎么冷却它的咖啡。"

苏碧娜支吊床的经典故事怎么样？模仿支吊床确实是件有技术含量的事，但苏碧娜做到了。"有一段包裹好的垂下来的绳结。吊床得高高地悬在空中。它拿着绳子，绕树缠了两圈。用手扯一扯吊床的悬带试了试，又拉得更紧了些。这就是智能思维，'阿基米德·红毛猩猩'。"

换言之，鲁森记录了红毛猩猩与人类共通的学习方式。"都是在调整中学习，只不过人类的层次更高，"她说，"层次之间是有界限的……但据我所知，目前的界限位置错了。"

1991 年，鲁森出版了关于模仿的研究，尽管是在《实验心理学》杂志（*The Journal of Experimental Psychology*）刊登，但一些实验心理学家还是对她嗤之以鼻。"有人说是随机的，"她说，"或者这什么都说明不了，这个领域就是这样。但这个杂志不错，在这里刊登能增加可信度。"

1996 年，她参与编辑了一部书《深入思想：类人猿的思维》（*Reaching Into Thought：The Mind of the Great Apes*）。她和其他编辑从各类人猿研究主流学者那儿搜集关于智力研究的章节，包括自 20 世纪七八十年代之后被划出研究范围的语言的习得。从哥伦比亚大学的赫布·泰瑞斯（Herb Terrace）、汤姆·毕弗（Tom Bever）和他们的同事试图教一只黑猩猩幼崽手语开始，研究就陷入了困境。他们给黑猩猩取名尼姆·齐姆斯基（Nim Chimsky），以此取笑麻省理工学院的语言学家诺姆·乔姆斯基（Noam Chomsky），因为他的理论是语言学习太复杂，不可能仅靠环境输入就实现，这些是行为学理论；他还坚称语言仅是人类大脑线路系统的产物。杜安·艾尔·鲁姆博夫（Duane R. Rumbaugh）以及他妻子之后都试过教黑猩猩语言，但他们使用黑白符号，而不是美国手语（ASL）。后来泰瑞斯宣布，尼姆·齐姆斯基除了在索要食物或想挠痒痒的时候会打手势，什么手势都没学会，更没发展成任何语法。他说他之前的报告结果都是在自欺欺人。

然而某些界限从未降低。

目前为止，正如鲁森所见，那些界限的位置，一边是人类，其他一切则在另一边。来来回回的周期，一代人会忘记他们祖先的工作，然后又会重新发现它，或直接去偷出来。总有一些事情是动物不应该能做到的，那是某些人正在重新检查的。

"模仿——本世纪之初就有许多这种工作。但它被丢弃了，30 年后它再一次出现了……我看到了利基带来的新的信息表。"

因此，她除了做红毛猩猩模仿的工作外，还学习创新，学习新的发明是如何在群组里传播的。她和她的学生遍寻其他学者关于灵长类动物行为的创新的资料库。她发现许多新工具或新做法首先出现在未成年或青少年灵长类动物中，它们往往具有高度的好奇心。然而，对于它们更大的社会群组采用的新事物或新做法，首先得由一个地位高的个体采用。

鲁森描述了由一组日本猕猴展示的这个模式的一部分：

> "鱼是最先被周围的、低级的成年雄性单独吃掉；其他的都不感兴趣。后来被高级雌性吃掉，然后就从上至下遍布整个群组。第一条鱼被吃掉后大约过了 20 年，几乎所有的食鱼者都始于食鱼系。"[一]

鲁森注意到，在实验红毛猩猩和野外红毛猩猩之间，创新的速率有明显的不同。实验红毛猩猩会尝试更多新的东西。成功的创新在它们之间会迅速传播。例如：实验红毛猩猩可以自由地在婆罗洲东北的两江岛上漫步。鱼经常会冲上岸，然后死在岸边，人类渔民能看见鱼在拉他们的钓鱼线。鲁森的同事记录了在其中一个岛屿上的实验红毛猩猩快速获取了钓鱼技能。首先，其中一只猩猩尝试吃了死鱼，然后几只发展到捡那些被困在浅水区、干池塘或卡在钓鱼线上的鱼，然后它们开始用工具抓住那些鱼。

虽然古生物学家早就推测鱼类可能已经被我们大脑发达的祖先吃掉了，但这种复杂的技能一直被认为要花上不是上百万年也得有上千年的时间来完善和广泛传播。而这位同事观察到，不成熟的实验红毛猩猩的脑袋较小，仅仅有 300～400 立方厘米，但它们在短短六年时间里就发现了鱼很好吃并且掌握了钓鱼的艺术。

该实验猩猩也观察游泳，虽然早已认定红毛猩猩因为无法浮在水面，所以会避开水，但有些猩猩会把自己淹没在池中，包括它们的头，这样它们就

（一）Anne E. Russon, Alain Compost, Purwo Kuncoro, Agnes Ferisa "Orangutan fish eating, primate acquatic fauna eating and their implications for the origins of ancestral hominin fish eating," *Journal of Human Evolution*, July 2014, online at DOI：10. 1016/j. hevol. 2014. 06. 007.

可以看到水下面的情况。它们不会浮起，那些淌过深水区的猩猩向前猛冲，并抓住另一边的植物胡乱挥动着前进。鲁森认为，它们可能会建立它们曾使用过的通过用树冠来移动，以实现身体运动的新的游泳技能。为了通过树之间的间隙，它们利用自身的重量使树弯曲到足够远，直到它们能抓到另一棵树，并把自己拉过去。

鲁森观察到的红毛猩猩之间的创新会让人想起这个的工作原理是在人类之间，特别是在科学领域。常常处于权力结构的局外人，通常也是具有创新精神的年轻人。爱因斯坦是在他十分年轻的时候在瑞士专利局的板凳上完成了他最重要的工作，而不是在名牌大学的高级座椅上完成的。达尔文很早就让自己从伦敦的科学沙龙的激烈竞争中脱身，以便他能听到自己的想法。图灵在他二十出头的时候就提出了计算机的想法。但为了让他们的观点得到广泛的认可，他们都要说服杰出的名人接受他们激进的全新观点。一旦该领域的领跑者接受了这些观点，这些观点就会转变成教科书教给年轻人。

涉及动物智力的研究时，鲁森仍然无法相信从心理实验室里蹦出来的理论。

"在实验室中，"她说，"人能让类人猿变美或变丑，这取决于实验。"人们给智力设定了一个标准，比如"错误信念测试"，该测试用来表示被研究的动物是否有"心理理论"。心理理论的意思是，动物明白测试者可以拥有与其本身不同的世界观。

她描述了一个与儿童一起完成的典型心理理论测试。一个小孩跟着一名实验者进入房间，房内的桌子上放着两个箱子。实验者把一个玩偶放在一个箱子里，盖上它，离开房间。助手推门而入。助手把玩偶从一个箱子搬到另一个箱子中，然后离开房间。实验者回来。测试：小孩知道实验者手中关于玩偶位置的信息是错误的吗？

这样的实验是用来展示或反驳孩子或动物有另一种无形的精神状态的知识的那种观点。

　　鲁森写的一本书中的一个章节提供了一长串红毛猩猩在该领域取得的成就。她描述了红毛猩猩使用的工具，包括树叶、棍子和草，这些东西被用于多种用途，比如刺、撬、锤、拭、擦，以及制作防备刺蚁的手套，敷伤口的膏药和情趣用品。[○]是的，红毛猩猩也有性玩具。

　　以下是他们的故事，讲述着另一条界限将人类从大自然的其余部分中分隔开来。鲁森近期的两三篇论文是跟巨类人猿的打手势有关。她和她的同事们观察到红毛猩猩在对口型。于是，他们结合巨类人猿的文献，想看看其他猿类是否也能做到这一点。他们发现多篇论文都描述了手势。有些语言理论家认为，有意义的手势是人类向口头语言发展的第一步。要成为一种典型的语言，手势必须足够一致，且足够灵活，才能携带新的信息。而且得有一个顺序，这就形成了句法。有了句法，你就可以构建一个故事。

　　批评家们声明，其他灵长类动物的肢体语言所表达的意思只存在旁观者的思想里，在某种程度上鲁森承认这一观点。因为，正如她所说的，这对任何交流系统来说必然是对的。打手势需要一个共享的环境来传达意思。

　　在所有的手势例子中，鲁森选取的是，在泰（Tai）森林里的一只幼年的雌性黑猩猩在用一把石锤砸开坚果的时候遇到了困难。它的妈妈看出了它的问题，走了过来，从它女儿手里夺过石锤，慢慢地把锤子翻转过来，女儿注视着，直到妈妈正确地握住石锤。通过重复数次，猩猩妈妈慢慢地、有意识地向年幼的猩猩展示了如何用石锤砸开坚果，然后它把石锤放了回去。这时，它的女儿再次把石锤捡起来，正如它妈妈展示的那样，用那样的方式砸坚果，最后成功地砸开了坚果。

○ Anne E. Russon, Carel P. van Schaik, Purwo Kuncoro, Agnes Ferisa, Dwi P. Handayani and Maria A. van Noordwijk, "lnnovation and intelligence in orangutans," in *Orangutans*: *Variation in Behavioral Ecology and Conservation*, S. A Wich, S. S. Utami, T. Mitra Setia and C. P. van Schaik (eds.), Oxford University Press, 2009, pp. 279-298.

鲁森解释说，这件事和灵长类动物手势类似的例子体现了对语言的必然要求：一致性、灵活性，以及顺序性：

> "甚至这些关于巨类人猿手势的有限数据也体现了这些性质……它们交流使用何种工具、执行何种任务，以及针对何种对象和应当由谁来执行等复杂信息……这些复杂的手势暗示着它们理解所表达的语义关系，所以也意味着它们具有相应的认知能力：这与有关类人猿语言和认知的其他证据是一致的。"⊖

红毛猩猩通过手势进行交流的能力包括建立基本的叙述。鲁森描述一只叫基卡（Kikan）的红毛猩猩的脚被碎片划伤了。它的护理员把碎片抽离开，然后从一块无花果树叶中挤出乳胶来擦拭基卡的脚，直到伤口愈合。

> "一个星期后，在护理员的照顾下，基卡挑选了一片叶子和用叶子的茎以类似的方式戳它的（现在痊愈的）脚……这个案例反驳了认为叙述是人类独有的能力这一普遍观点，还显示了情节记忆（及时重构自己过去的经历）的一些组成部分，因为基卡重构了就个人而言十分重要的经历的关键部分。她只是一个婴儿（三岁），所以年长的红毛猩猩可能会更老练。"⊖

而且，鲁森还解释说，已经观察到红毛猩猩会跟自己打手势，这种作为一种一般的"解释驱动"的一部分，是人类的孩子会做的事，而这种事情先前也被认为位于人类与类人猿之间的错误一面。⊜

最后，我问鲁森："什么是智慧?"我以为她可以告诉我，因为自苏菲和

⊖ 安 E 鲁森（Anne E. Russon）和克里斯丁·安德鲁斯（Kristin Andrews）. 大猩猩间的哑剧表演［J］.《交流性和整体性生物学》，第四卷，第三期，五六月刊，2011：1-3。

⊖ 出处同上。

⊜ 出处同上。

斯波克突出的计算能力激起她的联想之后的 20 年里，她一直在研究这件事。秀丽隐杆线虫能够计算的方式和原因也一直困扰着我。我开始读一些书，关于一种线形、单细胞、由一群尾状游泳细胞临时组成的有机体的书。在其复杂的生命周期的一个阶段中，多头绒泡菌（又称黏菌）基本上就像一个内含成千上万个持续分裂的细胞核的果汁过滤袋。

在任何一个潮湿的温带森林中的下层林木上你都能找到黏菌，不用显微镜就看得到。曝光时，它的子实体到处发散袍子，就像真菌，但它不是一个个体。几年前，黏菌在生物课上被当做有机体展示。后来，它被人们当做模式生物用于新型计算中。

中垣俊之（Toshiyuki Nakagaki）是日本北海道大学电子科学研究所和创新研究中心的导师，从 20 世纪 90 年代起着手研究黏菌。他对于生物如何解决网络问题以及其方法经改良后是否能用于电气工程感兴趣。中垣俊之和他的同事广安山田（Hiroyasu Yamada）、阿戈塔托特（Agota Toth）发现，在果冻状变形体阶段，黏菌总是能在迷宫中两处食物奖励之间的最短路径上慢慢移动。不知为何，这些无脑生物总是能高效地解决复杂的迷宫问题。他们于 2000 年发表在《自然》杂志上的报告这样写道："细胞运算这一非凡的过程表明，细胞物质也能表现原始智慧。"[一]

说黏菌有智慧听起来几近疯狂，但对老鼠也曾进行过迷宫测试，它们学得越快，人们就觉得它们越聪明。中垣俊之在 2008 年获得搞笑诺贝尔（与诺贝尔奖相反，授予那些乍看之下奇怪甚至愚蠢的研究）认知学奖。

受中垣俊之小组的启发，由安德鲁·亚达马特兹基（Andrew Adamatzky）指导的英国布里斯托尔市西英格兰大学的非传统计算中心也开始用迷宫来测试黏菌。他们仿照英国主要高速公路系统建造了迷宫，发现黏菌选择的路线跟高速公路建造者所计划的路线十分相似。黏菌慢慢穿行于连接主要特征的

[一] 中垣俊之，山本吉文，阿哥塔·托斯（Agota Toth）. 变形虫有机体解决迷宫问题 [J]. 《自然》杂志，407 卷，2000 年 9 月 28 日：470。

最佳路线上，总能找到"迷宫中选出的两点之间的最短距离。"中垣俊之如是说。[一]

"如果黏菌能重现高速路系统的路线，那它是有智能思维的生物吗?"我问鲁森。

"我不知道。"她沮丧地说。但她对这个问题考虑时间越久，在我看来她的答案就越是否定的，或者说这种智慧至少不是引起她兴趣的那种。

"智慧应与你学习的速度、水平和灵活性相匹配。它必须是一种可修饰的灵活的行为……如果它是硬连接的，"她说，"那这不是我感兴趣的智慧的形式。"

黏菌能产生一种可扩张、可收缩、可连接、可游离的管，因此它能够在发现食物的地方吸收食物。黏菌成千上万的核互相合作，震荡收缩，产生摇摆运动，因此它果冻状的身体得以移动。但它的组成部分最初是如何决定融合到一起的? 它怎样感知食物的方位或食物是否存在? 以及它怎样决定合作的方式? 为了更好觅食，它会与另一个变形体合并，然后解散。看看这个: 它本身没有神经元，如果你周期性地电击它，它会预期电击，所以它有某种形式的记忆、时间和预知。这足以让它成为"一个有用的研究行为智慧的模式生物。"[二]中垣俊之认为，黏菌对网络几何结构的正确计算表明它:

> "……符合一个智能网络的要求: 管子总长度短、机构件紧密联系……以及对管之间偶尔分离的可接受性。这些发现预示着比起斯坦纳的最小树最短连接，这种变体能为网络结构问题提供更好的解决方案。"[三]

[一] 中垣俊之，山田广文，阿哥塔·托斯 (Agota Toth). 变形虫有机体利用微管内的形态发生来寻找路径 [J].《生物物理化学》，第 92 卷，2001 年: 47-52。

[二] 三枝哲 (Tetsu Saigusa)，手老笃史 (Asushi Tero)，中垣俊之 (Toshiyuki Nakagaki)，花明吉喜 (Yoshiki Kuramoto). 变形虫预测到周期性事件 [J].《物理评论报》，第 100 卷. 2008 年 1 月 3 日。

[三] 中垣俊之，山田广文 (Hiroyasu Yamada)，樱桥杉子 (Masahioko Hara). 变形虫有机体中解决问题的智能网络 [J].《生物物理化学》。

在欧几里得几何中，斯坦纳最小树代表平面中连接点之间的最短线段。斯坦纳最小树被运用于电气工程，用于寻找网络线路的最佳铺设路径。这样一来，在解决铺设问题时，黏菌方案比电气工程师的正常方案更有效，在计算艰难的网络问题甚至机器人学的问题时都行得通。黏菌根据迷宫中食物位置的不同改变行为，它运用某种方式计算出最短距离，伸出正确的管来够到食物，挽救计算失误所带来的能量损失。

红毛猩猩也尽量减少觅食过程中的能量损耗。鲁森想知道猩猩是如何做到的，所以她给一名研究生派了一项任务——绘制出猩猩在森林里觅食的路径图。结果显示，它们不是只延续老路线——追随它们的母亲或群体其他成员的脚步，它们也不会只沿着习惯的路线——有时它们会在附近游荡觅食。此外，虽然时有发生，但它们也不会因到达目的地别无他选而被迫走某些路线。当它们的 GPS 定位与森林里某个果树的位置之间绘制路线时，跟觅食的黏菌一样，它们选的无疑是得到资源的最便捷的路线。

"太让人吃惊了！"鲁森说。

并且，跟电击过的黏菌一样，森林中的红毛猩猩对时间的感知也很精确。

"那些认为它们不懂时间的人，还能再愚蠢点儿吗？"鲁森笑着说，"我知道在这儿（多伦多）你可以 9 月 25 日一整天随便摘到某个品种的苹果。"但在婆罗洲你不能指望着靠四季的变化预测果实的成熟。"有些种类的树的结果期并不同步，所以通过时间预测？靠季节来预测是不可行的。红毛猩猩是水果大师，所以假若它们不会使用这些时间线索，将难以生存。"

总之，红毛猩猩有智能思维，因为它们会调整行为，从经验中学习。

"它们非常聪明。"鲁森补充道。

但黏菌也调整和学习啊！

4

界限问题

我曾在《麦克琳新闻周刊》（*Macleans. ca*）中读到，多伦多动物园的红毛猩猩很快就会使用 iPad 和其他地方的红毛猩猩进行交流了。之后不久，我就开车前往约克大学的主校区（这里曾经是我每天乘坐红色小校车的目的地），与为大猩猩打造应用（Apps for Apes）项目的其中一位学者进行了交谈。这些年，校园里的建筑不断演变。现在，它简直成了过去半个世纪每种建筑风尚的展览馆。所有树木都是同一高度，已经占据了原先视野开阔的平地。

我去了苏珊娜. E. 麦克唐纳（Suzanne E. MacDonald）的办公室。她当时是约克大学心理学系主任，并在生物学系交叉任职。她反对鲁森，正在实验室和多伦多动物园进行比较认知实验。认知是一个科学术语，指感知、学习、了解和判断，换句话说，它是指智能行为的方式和手段。麦克唐纳对各种不同物种进行测试，来比较它们的行为方式。她在职业生涯之初主要是研究鸽子，不过，现在她的时间都花在了大猩猩和红毛猩猩身上。她在位于多伦多动物园的小型幕后房间里对它们进行测试，大猩猩和红毛猩猩整个寒冷的冬季都被关在那里。只有当动物管理员觉得方便、动物们愿意且全都很健康的时候，她才在这里做自己的实验。这意味着，如果你能让一只成年红毛猩猩安全地待在一个实验室里，即使这些研究可以在正规的实验室中用几个小时做完，也要耗时数月。据她说，大猩猩和红毛猩猩喜欢做她设计的测试。这能让它们觉得不会太无聊。

不让动物园里的动物感到很无聊，这是她的一项专长，这项专长是 20 世纪 80 年代末她在英属哥伦比亚大学进行博士后科研期间发展的。在她参观完温哥华斯坦利公园动物园（现已关闭），目睹了整个动物园围场内枯燥乏味的荒芜景象之后，她向动物园园长表达了她的愤怒；而为了园内的动物，园长请求她帮忙让这个地方变得更加有趣。从那以后，她一直甘当志愿者来丰富动物园的生活。

麦克唐纳解释说，如果有适当的奖励（比如巧克力豆），那么红毛猩猩们只需4秒就能学会如何操作触摸屏。红毛猩猩们不会直接用手指触摸屏幕，它们只用棍子（并且它们对棍子的种类非常挑剔，会关心棍子的形状和气味）。大多数红毛猩猩知道，出现在电脑屏幕上的事物与它们并不在同一个房间里，那些只是描绘的虚像。有些大猩猩能够理解，但并非所有的大猩猩都能理解——当杂志上出现一张香蕉的图片时，有些大猩猩会试图吃掉那一页杂志。倭黑猩猩（黑猩猩的近亲）似乎能够理解描绘的虚像，或至少大多数倭黑猩猩能够理解，就像有些黑猩猩能够理解那样，但同样地，不是所有的黑猩猩都能理解。

红毛猩猩有区别实物和图像的能力，这就引发了一个想法：北美洲动物园里的所有红毛猩猩应该都可以玩iPad。通过这种方式，他们可以看到对方，这也许很刺激。而且谁知道呢，这或许能够让它们相爱（以及更成功的动物园繁殖计划）。

这当然需要良好的公关。为大猩猩打造的应用的故事似乎出现在了在线平台的每一个页面中。遗憾的是，多伦多动物园里没有人回复过我的电话，这就是为什么我要努力找到麦克唐纳。

麦克唐纳坐在桌边，身形高挑，一头红发，魅力四射，精力充沛且富有想法。关于红毛猩猩对音乐的喜好，她刚刚与一位研究生提出了一个非常有趣的问题。她们决定为红毛猩猩们创建一个音乐应用。为什么？她是一位钢琴演奏者，认为音乐是人类社会的本质。正如她所说，音乐的深层情感共鸣是我们能够记得25年前听过的歌曲里的歌词的原因。而她的问题是，红毛猩猩们喜欢听什么音乐？

我曾经在过去某一周，花一晚上的时间待在一位邻居的客厅里，听她的儿子为即将到来的演奏会进行弦乐四重奏的排练。我们"所有人"（朋友、家人和猫）在弦与弦第一次碰击时就沉浸在排练中。我们和莫扎特、贝多芬、韩德尔一起出发，去往一个结构鲜明的故事里或一个交织着大提琴、小提琴和中提琴声音的世界里。物质感官升华为精神享受，情感和理智融为一体。我们猜测下一个乐句会带我们去往何处，并因惊喜而欢欣鼓舞。演奏者们为彼此调谐，手指轻轻敲打，脚趾随意移动，脑袋肆意摇摆，而声音变得充实。这种充实不能归纳为话语，但它就在那里，被众人分享。

这是使音乐成为我们所说的智慧的能力吗？音乐使我们无需语言就能彼此同步，但不止于此，这些有组织的声音表达出悲伤、快乐、愉悦，并且在讲述一个故事。音乐是由音调、音质和节拍创造的关系构建出来的，但这些关系就像文学或绘画中的主旨一样，是所有传承或重新组合的约定俗成。因此，音乐自始至终是一种变形的文化构建。但它是否如达尔文所说，提升了我们的整体素质呢？还是说它只是人类做的无关紧要的一件事而已？它对于其他动物又是怎么样的呢？

麦克唐纳解释，音乐一直在多伦多动物园的每个角落进行播放，主要是为了让管理员开心。她认为，音乐应用也可以让红毛猩猩开心，尽管她相信它们没有必要听自己不喜欢的东西。她和她的学生已经设置了一项测试，使红毛猩猩们通过触摸电脑屏幕上不同的颜色区域，从各种各样的音乐种类（儿童音乐、乡村音乐、流行音乐和古典音乐）中选择它们喜欢的音乐。儿童音乐是红色的，古典音乐是蓝色的，等等。作为对照，她插入一块灰色区域来表示无声，如果它们选择这个颜色，可以为它们解除声音的负担。

让她惊讶的是，她测试的第一个雌性红毛猩猩总是选择灰色（代表无声的颜色），它甚至做出一个推拒的姿势，好像是说"让音乐走开"。事实上，她测试的所有6只红毛猩猩都选择了无声。麦克唐纳从未想过它们可能真的不喜欢任何音乐，而更喜欢安静，但它们就是这样的。她想要知道，它们的世界和我们的世界为什么有这么大的差别？对我们而言，音乐非常重要；而对它们而言，音乐可能是不受欢迎的或令人讨厌的。

物种之间的差异是她真正感兴趣的地方。人类（和鸟类）创造音乐并歌唱。但没有其他灵长类动物会歌唱，尽管有些动物可以发出声音，有些还可以发出击鼓声。甚至，"你可以训练一只海豚区分贝多芬和莫扎特。"麦克唐纳说。但从未有人测试过黑猩猩或大猩猩的音乐亲和性，麦克唐纳也没有想到它们没有任何音乐亲和性。为什么？她解释道："你没有见过类人猿创造出音乐。（黑猩猩的）尖叫不是一种音符，也不是愉悦。这是一种交流的姿势。"

她还表示，我们对于自己做的所有事情都是带有偏见性的，我们总是认为自己站在复杂阶梯的顶端。这就是为什么她总是询问自己的本科学生是否存在只有人类可以做的事，班上有人总会说是的，并且给出一个示例：只有人类是有道德的。但最近，麦克唐纳很快就能指出事实并非如此，至少根据弗朗斯 B. M. 德·瓦尔（Frans B. M. de Waal）（以及其他人）的著作来看并非如此。这些答案总是能够带领她找到真正的问题所在。真正的问题是找出其他物种会做哪些人类甚至都不会注意的东西。

"海豚可以测定方向，它们甚至可以以我无法想象的复杂方式通过一个物体听出方向。"她说。

我问她我是否可以去多伦多动物园看看红毛猩猩们使用 iPad 的情况。

她说："不行，不可能。"

"为什么不行？"

"因为它们住在离那里非常近的区域，我们必须小心谨慎，避免将它们暴露在人类疾病中，因此答案是不行。"（数月后，动物园里有人允许一位科学记者为加拿大广播公司进行报道，而园内没有人回复过我的电话。她的答案可能对于你而言是不行吧。）

"我还可以去其他什么地方近距离看到灵长类动物吗？比如耶基斯（Yerkes）？"我问。

耶基斯国家灵长类动物研究中心（The Yerkes National Primate Research Center）位于美国佐治亚州的亚特兰大，（附近的另一个小镇有一个野外观测站）是一个臭名昭著的地方，非人类灵长类动物世代在这里被用于研究，但并不仅仅是为了了解它们的智力［尽管罗伯特·耶基斯（Robert Yerkes）第二次世界大战前在佛罗里达建立其前身机构确实是对这个方面感兴趣］。在耶基斯（和其他一些研究中心），这些非人类灵长类动物被当做人类的替身（被称为模型），用在需要开刀和痛苦的生物医学研究中。其中一些研究对象最近被带到了'庇护所'，如靠近魁北克的尚布利动物基金会，这里也可以找到[一]鲁森的朋友苏菲和斯波克。（新闻很快就会报道，另一个安大略省的庇护所会作为一只名为达尔文的猴子的新家，这只穿着一件定制羊皮夹克衫的猴子，在多伦多的停车场四处徘徊时被发现。）美国国家卫生研究院按照医学研究所的建议，在 2011 年 12 月宣布不再为利用黑猩猩（"与我们最接近的亲属"）进行新的生物医学或行为研究提供资金，除非有必要推进人类健康或有充分的科学价值去抵消"道德代价"。此外，该研究所还要求所有用于此类研究的黑猩猩必须待在正确的动物行为学的环境中（不管这意味着什么）或自然环境中。[二]美国远远落后于其他国家：2010 年，欧盟宣布禁止使用类人猿进行实验，并严格限制使用所有其他灵长类动物。哲学家彼得·辛格，和简·古道尔一样，长期以来一直提出类人猿应当被当做人并应拥有权利。我与麦克唐纳谈论得越多，似乎就越觉得辛格和古道尔是对的。

"耶基斯是一个令人伤心的地方。"她摇着头说。她说我应该去爱荷华州（Iowa）的得梅因（Des Moines）的类人猿基金会。[三]如果可以的话，她想在那里休假。那里有用玻璃观察墙特别设计的房间，可以对灵长类动物进行观察，而且我们的细菌不会危害它们。此外，还有很多灵长类动物会离开这里观察。四只曾经住在这里的红毛猩猩被一位名为罗博·沙马科（Rob Shumaker）的

[一] 安德鲁·威斯托尔（Andrew Westoll）. 种群圈养地中的类人猿［J］. 《哈帕半年刊》，2012。

[二] 国家健康学院，2011 年 12 月 15 日的新发刊，法兰西斯·柯林斯博士（Dr. Francis Collins）的声明。

[三] 该机构最近更名为爱荷华州灵长类动物学习中心（大猩猩希望乐园，简称 IPLS）。

人转移了。他在这里发生一些麻烦后，从基金会辞职，并和红毛猩猩们一起搬到了印第安纳波利斯动物园（Indianapolis Zoo）。现在这里主要是倭黑猩猩，例如坎兹和它的妹妹潘班尼莎（Panbanisha），以及一个叫泰科（Teco）的猩猩宝宝。

她飞快地瞥了我一眼，然后移开。她问："你能听明白我真正说的是什么吗？"

但是我不聪明，所以一开始没能接收到她的信号。我一直在想，一个动物园的研究人员可以像带着私人行李一样，带着4只聪明的红毛猩猩从一个工作换到另一个工作，这是多么奇怪的事。对于这些聪明到可以直接在4秒内学会使用触摸屏的动物，他是如何得到有效的所有权的？为什么所有聪明的动物要被锁起来并在动物园中展览？当谈论到她在动物园的工作时，她说大象不应该生活在有冬季的地方，但相较于没有大象能够存活下来，它们更应该生活在动物园里，因为人类正在改变一切来满足自己的利益。这样，当人类最终离开的时候，大象就可以取而代之了。"我觉得我们是一个糟糕的物种。"她告诉我。

当我问到一个人是如何把四只红毛猩猩搬运到印第安纳波利斯的，她说，"这可能是类人猿基金会的部分事务。接触到坎兹这个小家伙，生活会变得很开心。"接着她又快速眨了一下眼睛。

她说了关于麻烦的事吗？麻烦预示着精彩的故事。

"什么麻烦？"我最终还是问了出来。

"嗯，你知道坎兹吧，那个灵长类动物世界里的爱因斯坦。"她问。

"我不知道。"我说。我曾经听说过那个智商是80的大猩猩科科。还是说智商是30或40？

她说："哦，那是佩妮·帕特森（Penny Patterson）。"佩妮·帕特森拥有博士学位，是一位大猩猩交流的积极倡导者。我应该知道，只有当智商是与一个群体里其他年龄相同的个体进行测量时才有意义。你不能把智商作为一个单独提出的命题。"不，坎兹是那个标签。"她重复道。然后她指着挂在沙发上方的一张彩色的三联图画，画上是排成几行的奇怪的符号。"这是坎兹的符号字。"她说。她的桌上还有一本关于坎兹的书。

坎兹是一只雄性倭黑猩猩。倭黑猩猩（学名 pan paniscus）与黑猩猩（学名 pan troglodytes）的行为举止有很大的不同，但它们是近亲，可以进行异种交配。与黑猩猩通过打架争夺统治地位不同，倭黑猩猩通过不断的示爱来解决争执，不管是什么年龄和性别。根据麦克唐纳所说，坎兹还学会了如何使用人类设计的符号（被称为符号字）进行交流，但它并没有直接接受过教育。坎兹生活在得梅因的类人猿基金会，由休·萨瓦尔—鲁姆博夫博士（Dr. Sue Savage-Rumbaugh）照顾。

安妮·鲁森（Anne Russon）曾提到，杜安·鲁姆博夫（Duane Rumbaugh）和他的妻子休·萨瓦尔—鲁姆博夫曾试图教会黑猩猩用计算符号"交谈"，而不是美国手语。他们想要使用从类人猿处学到的语言为"严重精神智障"儿童开发语言技能。很显然，休·萨瓦尔—鲁姆博夫开始相信，人类能够轻易地学会语言，是因为我们还在胚胎中时就开始沉浸在人类语言文化中。她认为，如果她让倭黑猩猩也沉浸在人类语言文化中，它们也能学会使用语言。

我想，这是个奇妙的想法。如果是语言推动了我们智力的发展，那么同样的事情会发生在倭黑猩猩身上吗？如果它们可以学会使用符号并能用于交流想法，那为什么它们不会像我们一样结束呢？

麦克唐纳说："有了坎兹，萨瓦尔—鲁姆博夫获得了成功，并得出了有关坎兹能力的惊人结论。"

2005 年，萨瓦尔—鲁姆博夫离开了她的丈夫杜安·鲁姆博夫，离开了她工作 23 年的佐治亚州立大学，前往类人猿基金会工作。

类人猿基金会由特德·汤森（Ted Townsend）创建，他是汤森工程公司的继承人，汤森工程公司是一家肉类加工设备设计公司，总部设在得梅因。萨瓦尔—鲁姆博夫带着她之前在乔佐亚州研究的倭黑猩猩，到特德·汤森专门建造的、充满艺术气息的设施，周围环绕着大片大片的宽阔田地和田园般的树木森林，散列在池塘周边。然而，事情发生了错误的转折。

麦克唐纳为我打印出最近刊登在《得梅因纪事报》（*Des Moines Register*）中的一则故事。报道称，在前员工的一系列投诉之后，董事会开始调查针对萨瓦尔—鲁姆博夫的指控，而她已被护送离开工作场所。有线索显示，这些动物正处于危险中，而萨瓦尔—鲁姆博夫超过界限了。

"她真的这样做了吗？"我问。

"传出了关于她和界限的流言。"麦克唐纳说。

高尔迪卡斯（Galdikas）也被指控在界限方面存在问题。我们在出品《新荒野》时听到流言，说戴安·弗西（Dian Fossey）也存在界限问题。书中说，弗西喝了太多酒，然后和某只大猩猩（雄性大猩猩）睡在一起。

"什么类型的流言？"我问麦克唐纳。

"例如，在它（倭黑猩猩）怀孕的时候，萨瓦尔—鲁姆博夫和它睡在同一个笼子里长达 3 个月的时间。"麦克唐纳说。[萨瓦尔—鲁姆博夫汇报称，由于坎兹的养母马塔塔（Matata）因繁殖被转移，所以她只是暂时和坎兹一起睡。]

空气中弥漫着沉默。

"还有其他关于男性灵长类动物学家的流言吗？"我问。

她摇了摇头，但她指出，几乎所有的灵长类动物学家都不是男性。"雄性的灵长类动物不喜欢男性，他们太有攻击性了。女性知道如何微笑和表现顺从。"她永远都不会忘记，第一次看到一只雄性黑猩猩表现出攻击性时自己是多么害怕。

她说："我完全被吓到了，撞在甲板上。"

麦克唐纳认为，弗朗斯 B. M. 德·瓦尔（Frans de Waal）关于黑猩猩有顺从的能力的主张是正确的，但她认为，休·萨瓦尔—鲁姆博夫并未科学地证明，通过像孩子一样教导倭黑猩猩学习人类语言和符号就能重塑它们的大脑。

麦克唐纳发出噪声来表示她必须离开去上课。我再一次询问是否可以去多伦多动物园的幕后房间看看这些大猩猩。

"房间又小又黑，你不能在那里拍摄。"

"但我不需要拍摄，我只是想要看看。"我说。

她说："得梅因是最好的，去那里吧，然后告诉我你在那里发现了什么。"

接着她从一个碗里拿出糖果给我，作为我的奖励。

我吃下糖果，回到家直奔我的计算机。

有很多关于基金会的故事，在《得梅因纪事报》中有时还被简称为爱荷华州灵长类动物学习圣地（Iowa Primate LearningSanctuary）或 IPLS——通常感觉友好的人会认为报纸喜欢写写动物，但还会有一些其他文章报道领域内的麻烦。休·萨瓦尔—鲁姆博夫在 2011 年就曾被迫离开了基金会。这次（2012 年），几乎所有在上一次风波后辞职的基金会前员工（除了一位家属和一位全职动物管理员）都在抗议书上签了字并寄送给了董事会。他们的投诉归纳起来是：休·萨瓦尔—鲁姆博夫对于动物和她自身而言都是一个危险。

基金会的董事会强制让萨瓦尔—鲁姆博夫休假，但因前员工的指控不能被证实，于是又在几周内发布声明，恢复其驻地科学家的身份。董事会表示，设施内动物的健康由一位兽医（他非常了解怎样科学地饲养猫狗）进行监督。不久之后，两位德高望重的学者从董事会辞职，其中包括知名的比较认知领域的专家爱德华·沃瑟曼博士（Dr. Ed Wasserman）。

网上流传着一条消息，是关于创始人特德·汤森在 2002 年创立基金会之初的预想。这将会是一个关于"语言、工具制造、文化和智慧的起源与未来"的科学调查的世界中心。但是，网上找不到太多关于基金会运营期间进行的科学研究。我只找到几本（3 本）2008 年至 2013 年间由休·萨瓦尔—鲁姆博夫创作或合著的著作，同年，《时代》杂志称她为世界上 100 位最有影响力的人物之一（引自弗朗斯 B. M. 德·瓦尔）。我还找到了一些最近写着她名字的报纸，主要是关于语言和工具的使用。其中大多数是与别人合著，包括一位加利福尼亚大学洛杉矶分校的心理学家帕特里夏·格林菲尔德（Patricia Greenfield）、威廉·菲尔兹（William Field）、伊泰·罗夫曼（Itai Roffman）、威·霍普金（W. Hopkins），以及一位名为海蒂·林恩（Heidi Lyn）的女性。

基金会没有人接电话或回复邮件。

接着我无意中发现了一篇名为《黑猩猩训练师的女儿》（*Chimp Trainer's Daughter*）的博客。这是一位名为道恩·弗西斯（Dawn Forsythe）的女性写的，她是一名美国公务员，在父亲的管教下长大，她的父亲曾在底特律动物园训练黑猩猩去取悦游客。在别人的网站里（亲密的类人猿博客），她将她父亲描述成一个醉鬼，他虐待自己的妻子和子女，以及由他照顾的黑猩猩，直到动物园解雇他。弗西斯的博客是一篇篇引人入胜的文章，包括个人故事、调查和倡议，她以犀利的目光关注着人类使用类人猿来达到自己利益的方式。

类人猿基金会的前员工递交给董事会的抗议信和各种匿名捐款，也出现在她的博客里。前员工声称，她允许类人猿亲属发生乱伦关系，导致"非法"受孕；她曾指控员工故意切割猩猩宝宝泰科的脚；她曾开车带泰科出去兜风并去到公共场所，让它暴露在人类细菌及更糟的状况里；坎兹曾变成病态的肥胖，并且像狗一样被拴着一根皮带。他们提出警告，由于基金会没有足够的员工来照顾这些动物，有的动物很快就会死去。

弗西斯曾在伍德沃德（Woodward）和博恩斯坦（Bernstein）上课，通过基金会向美国国内税务局的报告，她追踪到基金会的花费记录。任何美国的501（C）–3慈善会都要提交年报文件，包括接收的捐款和消费的金额。但弗西斯没有找到2010年后基金会贴出的任何报告。同年，汤森（Townsend）发布通知，表示他无法再继续支持基金会了。截止到当时，基金会已经挥霍了至少150万美元，而这其中大多数都是汤森的钱。在此期间，基金会未能获得新的重大支持。然而，2011年董事会恢复休·萨瓦尔—鲁姆博夫的职位的其中一个理由就是她的筹资能力。

据说，基金会的调研人员已经申请了联邦调研经费，但在2009年之后也无人得此授权。因此，基金会已向美国农业部申请权限，向愿意付费参观的公众进行动物展览。让弗西斯愤怒的是，这个权限已获得通过。

2012 年 11 月，坎兹的妹妹潘班尼莎死于肺炎型感染。潘班尼莎也擅长使用符号字进行交流。一些曾经与潘班尼莎交流过的科学家发布的悼词让人联想到的是一位亲密朋友的逝去，而不是一个研究对象。甚至有一个人的悼词带上了些许的神秘色彩，因为他是写给死去的潘班尼莎的，他这样写道："我知道你会照顾我们，就像你曾在生活中做过的一样……我们会做任何事让你得到你应得的人格……"⊖

这让我想到：如果坎兹非常聪明，可以自学用符号字进行交流，它就像我们一样聪明。那么，为什么他要被拴着一根皮带？它不能像我们其他人一样获得同样的权利吗？权利难道不是从自由开始的吗？那些曾经证明倭黑猩猩是多么聪明的人，怎么会认为有权展览它们呢？

⊖ 参见：伊塔·洛夫曼（Itai Roffman）在倭黑猩猩潘班尼莎葬礼上的悼词，网页是 http：//www. Panbanisha. org/itai-roffman-euology-for-panbanisha.

5

进入政治领域

将时间标尺移回到 1983 年和 1984 年，以及《新荒野》的第三个制片季。斯蒂芬、查克、洛恩及其投资者都被卷入了这种小规模的战争中，而这些战争在所有电视剧的制片过程中都可以并且确实爆发了。人们开始察觉到问题的严重性。麻烦接踵而至。第一个小冲突是关于谁应该去戛纳的问题。这导致了与一块手表有关的结婚购物战。

我们曾在圣塔莫妮卡（Santa Monica）的餐馆庆祝《新荒野》的融资。这个餐馆非常独特，它的大门上没有名字。如果你知道这个地方，那你就是重要人士，所以才能在这里吃饭。但是很快，事情变成了现实。《新荒野》的制片室必须搬到一个新场地，它是由一个半废弃的住宅改造成的办公楼，位于多伦多的皇后街和闪高街的拐角处。楼里墙皮脱落，散热器漏水，楼梯咯吱作响，卫生间也非常脏乱；正门旁的大房间有面带窗的墙对着街角；这里发生过很多事故，靠窗的办公桌被称为"死亡之座"。

加拿大电视台对这部剧集非常满意，因为在黄金时段之前的时段，它每周能吸引多达两百万的观众。它还在美国这个被称为辛迪加市场的地方进行销售。理清债权债务关系是非常复杂的。惠姆在加利福尼亚这个起诉费非常高的地方惹上官司，他被一个已解约的发行商控告。洛杉矶的辩护律师这样说："辩解不要超过十点，法官会搞不明白。"

因此直到第二年年底，除非太阳从西边出来，否则他们都没有足够的资金来完成这个约定好的节目。斯蒂芬、查克和洛恩延后了他们的酬金。而我不得不做大量的故事编辑和脚本写作，否则迪瓦家族里的每个人都会大哭，就好像我们破产了一样。我本来更喜欢写杂志文章，不拿一分报酬也愿意去写，所以我很不开心。任何对经济决策的不合理性感兴趣的人应该都研究过我们。

在某一时刻，斯蒂芬说，"嘿，亲爱的，我们有一个黑猩猩纪录片想要找你来做。"

"这黑猩猩纪录片是关于什么的？"我大吼道。当你不开心的时候，你就会这样说话。

他喋喋不休地讲着，这群黑猩猩生活在荷兰阿纳姆（Arnhem）的布尔格尔斯动物园（Burgers Zoo）里，他称之为"群落"。夏季，它们会在大型的户外圈养区四处游荡；冬季，白天它们会被安置在大厅内，晚上会按照性别分开关在笼子里。"它们的政治很有趣。"他说。

我愿意相信黑猩猩是非常聪明的。我曾经读过很多古道尔的著作，知道在自然环境下黑猩猩会按等级分类，每一个都会服从一位雄性首领；所有雌性则会为一位雌性统治者让路。但是政治呢？

政治活动需要非凡的智慧。斯蒂芬专门研究过政治理论，我也曾做过研究。在所有人中，我们最尊重政治哲学家。自由主义者和艾茵·兰德（Ayn Rand）的追随者们认为，国家应该为释放被压抑的个人创造力而受到严厉批评，因为他们像成群的土拨鼠一样在公众场合肆意乱窜。但是离开了社会，人类存活不了多久，而社会需要像政府一样的运作机构来调解利益冲突。如果一个自由主义者并不出格地胡言乱语，那就可以指望我们中的任何一个人高举亚里士多德的旗帜并高呼：离开了政治，人要么是野兽，要么是上帝！

下面是亚里士多德在《政治学》（*The Politics*）中的"城邦"这一部分所写的，关于政治和国家起源的一个节选（可在福特汉姆大学的网站上查到）：

> "……如果一个人不是因为意外，生来就没有国家，那他要么是一个坏人，要么凌驾于人类之上；他就像是一个'没有家庭的、不受法律约束的、残酷无情的人'。荷马谴责这种人，认为一个天生的无家可归者绝对是一个喜好战争的人，他可以被比作一个孤立的国际跳棋……"

亚里士多德承认一些动物具有社会性，但他也认为人类和野兽的社会性之间存在差异。他将界限准确定位在政治上，特别是话语权上。他认为，只有人类拥有话语权，话语权具有政治目的。对亚里士多德而言，一切都是由其目的来定义的，也就是指其发展终点，被称为目的（telos）。

他阐明：

> "……语言是用来表达什么是有利的、什么是不利的，并且用来表达什么是公平和不公平。与其他动物相比，它是人类的特征，人类可以单独拥有一个对善与恶、公平与不公平以及其他拥有类似特性的事物的看法；而这些事物中的联系构成了家庭和城邦。"[一]

换句话说，相比较一个人生活（如果一个个体可以生活的话），人类会为了更好地生活而合作，由此产生了政治。而语言则使之成为可能。

但是别在意亚里士多德的话：政治是我界定智慧的人类和其他物种的一条分界线。

《新荒野》的一位研究员交给我一篇弗朗斯 B. M. 德·瓦尔（Frans B. M. de Waal）写的文章，讲述的是阿纳姆动物园里的黑猩猩之间的联盟。在那时，德·瓦尔，这位年轻的荷兰动物行为学家仅发表过几篇论文，尽管拥有良好资质，但并没有得到极高的声望，当然无法与古道尔、弗西，甚至是高尔迪卡斯（Galdikas）相匹敌。然而，两年前，他在美国出版了一本名为《黑猩猩的政治：猿类社会中的权力与性》（*Chimpanzee Politics*: *Power and Sex Among Apes*）一书，讲述这些阿纳姆动物园中的黑猩猩之间的关系。我们得到了一份副本。

在第四页，德·瓦尔阐述："马基雅维利（Machiavelli）的理论似乎都能直接适用于黑猩猩的行为。"尤其是他们赢得权力和掌控权力的欲望。这是一个惊人的言论。

一 Ernest Barker, Ed. The Politics of Aristotle, Oxford University Press, 1962, p. 6.

作为一名久经世故的佛罗伦萨人，尼科洛·马基雅维利（Niccolo Machiavelli）在其《君主论》（*The Prince*）中讨论政治策略和技巧时，还是一名失业的前公务员。他的这本书直指美第奇家族。在共和党的过渡期后，美第奇家族恰巧再度获得了佛罗伦萨的执政权。他们逮捕了马基雅维利，并且折磨他，后又将他释放。然后马基雅维利回到家，白天在农场辛苦工作，晚上和大人物们进行密切交流，写出了在当时比《君主论》更受欢迎的各类著作。

但《君主论》一直保持其影响力。500 年来，人们一直在阅读它，而且可能之后的 500 年人们仍旧会阅读它。这完全归功于他在政治权力的方式、手段和运用方面的深刻见解。

最开始，用"不择手段的"一词来形容黑猩猩的行为举止，在我看来是荒谬的。但德·瓦尔坚持认为黑猩猩展现出了聪明的策略和技巧，这让我不得不严肃对待。一边为公众写书，一边还要警惕自己的同事，德·瓦尔所做的绝不仅仅是描述他在布尔格尔斯动物园里看到的黑猩猩的举动。他的书同样也是对复杂的人类政治行为的进化和生物本质的论证。他指出，黑猩猩能做我们做的事，有时甚至能做得更好。他说，黑猩猩抑制自己的暴力，并且为维护和平而妥协，我们可以从中学习。

阅读事实和观点是一回事，观看黑猩猩的举动肯定是另外一回事。我坐在没有光线的编辑室里，观看由彼得·费拉（Peter Fera）、伯特·汉斯特拉（Bert Haanstra）、克里斯·普勒格（Chris Ploeger）和迪迪埃·范·科肯赫特（Didier van Koekenhert）四位电影摄影师在动物园中拍摄的原始镜头，听到黑猩猩们的咆哮和喘息，看到它们互相殴打，将对方紧紧抱住，成年雄性互相亲吻对方（以及幼崽），它们挥动双手做出恳求的姿势，它们的牙齿在焦躁中显露出来，它们的毛发在愤怒和示威时会竖起来。

我们利用这些镜头制作出了第一部黑猩猩纪录片。它探索了群落成员之间的关系。黑猩猩们也会演戏，也会和解，也会悲伤，也会欺瞒犯错。黑猩猩们希望雄性首领保护弱者免受强者的伤害；作为回报，它可以得到主持公正的奖励（性）。在雄性首领得到地位的同时，还必须威慑它的竞争者，但它不得不与失败者结盟来保住自己的地位。它必须在通往高位的路上恃强凌弱，通过分享特权去讨好别人以保住自己的地位。这看起来太熟悉了。

每只黑猩猩，像我们每个人一样，都有自己完全独一无二的面孔。[○]我越看这些镜头，将黑猩猩的脸和名字相匹配，将这些名字和德·瓦尔书中具体的事件相匹配，就越发开始将它们看成是一个个角色，看成是一个个人。它们生活在艰难而又拥挤的空间里，被几个强壮的雄性和三个或暴躁或温柔（视环境而定）的雌性统治着。青少年期的黑猩猩就像普通的人类青少年一样令人讨厌，总是叛逆胡闹，它们惹长辈生气，恐吓幼年猩猩。成年雄性黑猩猩似乎会花时间管教那些青少年期的黑猩猩，并推翻雄性首领，因为它们想要和所有发情的雌性黑猩猩发生性关系。它们躲避雄性首领，也躲避彼此；它们还会屈服于雄性首领，然后又联合起来反抗它。这种屈服几乎与人类曾屈从于封建君主的方式如出一辙。雌性也一样，它们偷偷摸摸地发生性关系，互相争吵，然后又重归于好，它们会保护自己的孩子免受其他雌性黑猩猩、青少年期的黑猩猩以及强壮雄性的伤害，会根据利害关系，审时度势。

莎士比亚可能会喜欢这种素材。这些黑猩猩狡猾精明、工于心计、鬼鬼祟祟、丑陋邪恶、小气吝啬，同时又仁慈宽容、会安慰人、好色、无情，时而天真，时而世故，迷人可爱，滑稽可悲。

最年长的雄性黑猩猩叫耶罗恩（Yeroen），一只较年轻的雄性黑猩猩叫鲁伊特（Luit），还有一只更年轻强壮的新来者叫尼基（Nikkie），以及年幼的丹迪（Dandy）。根据德·瓦尔所说，这是"所有发展背后的推动力"。最年长的雌性黑猩猩玛玛（Mama）在早期没有强壮的雄性黑猩猩时，曾是群落的首位首领，但后来耶罗恩加入了这个群体，并最终取代了玛玛，直到尼基和鲁

○ 此事的证据是黑猩猩能够通过图画确认家庭成员关系。参见《大猩猩以视觉认识亲属》，丽莎 A. 帕尔，弗朗士·德瓦尔，《自然》，第 399 卷，1999 年 6 月 27 日，第 647 页。

伊特的出现。耶罗恩被尼基废黜，而鲁伊特成为下一任首领。但是耶罗恩不会善罢甘休，它在很长一段时间里都不屈从于鲁伊特，很快尼基也开始对鲁伊特发起挑战。被降级的耶罗恩很快实施了一个聪明的策略。它假意与它们分别联盟，挑拨离间。鲁伊特的权威摇摇欲坠，所以它开始和雌性黑猩猩结交，特别是玛玛，她开始支持鲁伊特担任首领。然后，由于耶罗恩想让鲁伊特远离它所喜欢的雌性黑猩猩，而尼基没有支援耶罗恩，联盟便土崩瓦解。暴怒、争斗，撕咬也随之发生。一段时间内，群体里没人说了算。最终，在一段不稳定期后，发生了另一场大型的争斗，尼基成为绝对的赢家——成为新的部落首领。

实际上，鲁伊特在痛失权力后变得畏畏缩缩。尼基竖起毛发变得得意洋洋，但它也变得骄傲自大了。当耶罗恩还是首领的时候，它想要多少交配就进行了多少。在鲁伊特掌权期间，耶罗恩也有过很多交配，但并不足以满足它，交配是它的头等大事。当尼基掌权时，如果它没有看到，它似乎已经忘了这件事，也可能被推翻。尼基表现得好像权力跟公平一样，都是强者的利益。然而，耶罗恩可以肯定鲁伊特能够再次被重用，或者，如果这并不奏效，还有另一只年轻的雄性黑猩猩（丹迪）在后方等待耶罗恩处理。这个三角关系可以转变成四角关系，这涉及与权力有关的无言而又微妙的重新协商。

对于接下来发生的事情，镜头没有再清晰地记录。鲁伊特好像退出了画面。为什么鲁伊特没有与耶罗恩进行新的联盟，以重夺它对于雌性黑猩猩的权利呢？（事实证明它那样做了，但并未长久。）仔细想想，鲁伊特在哪儿？首先，它在镜头里，而且它也在书里，然后它就……消失了。作为一名记者，我认为：如果这是《麦克白》或《哈姆雷特》，鲁伊特可能已经死了。"你必须杀死国王，绝不要仅仅是伤害他。"一位我认识的公司蓄意收购者如是说。这句话一直在我脑海里回荡。

我托一个研究员给布尔格尔斯动物园的管理员打电话，询问鲁伊特的下落。

管理员说："哦，鲁伊特死了。"

"什么？为什么？"研究员问，我站在他旁边大叫："什么时候死的？怎么死的？"

事实证明，在1980年夏末的一个晚上，鲁伊特在睡笼中被谋杀身亡。第二天早上，管理员发现笼子里溅满鲜血。鲁伊特身上满是很深的裂口和创伤，它的一些脚趾也不见了。更重要的是，鲁伊特的阴囊也被尼基和/或耶罗恩咬掉了。它的睾丸（和不见了的脚趾）也在地板上被发现了。它们可能在它睡着的时候攻击了他。丹迪一定是已经意识到了会发生什么糟糕的事，因为它在一段时间内清楚地表示，它要单独一个人睡在笼子里。尽管管理员发现鲁伊特的时候它已经浑身是血遍体鳞伤，但它仍然想要靠近自己的友敌，想要与尼基、耶罗恩待在一起。虽然兽医们全力抢救，但它还是死了。在那之后不久，当黑猩猩们都被放在一个大厅里时，尼基受到了普伊斯特（Puist）的攻击。普伊斯特是雌性黑猩猩的首领之一，她与耶罗恩尤为亲近。[一]很快出现了一个新三角关系：尼基、耶罗恩和丹迪。

令我惊讶的是，关于这场弑君之举和它的结果，在德·瓦尔1982年出版的书中只字未提，书里吹捧了这些极其聪明且极其狡诈的黑猩猩缔造和平的能力。根据德·瓦尔所说，这些黑猩猩可以密谋和策划、欺诈和攻击，还可以计算出能在多大程度上逼迫对方，以及可以在多大程度上获得原谅。一开始我以为，谋杀发生的时候，手稿离德·瓦尔太远，他来不及改写。但是后来我意识到，这场谋杀在此书出版的两年前就已经发生。新闻界有一个规则：你绝不能隐藏重要事实，你肯定也不能完全将其略去。

"我们会原原本本地讲述，而且我们还会拍摄第二部。"当我将这个消息告诉斯蒂芬时，他这样说。因此，我写了一个分镜头剧本，我们还雇用了一位摄影师前往阿纳姆。他的任务是，当黑猩猩们从它们的区域出现，他要在

[一] 弗朗士·德瓦尔（Frans B. M. de Waal）. 被捉的雄性猩猩残酷地除掉对手 [J].《个体生态学和社会生物学》，1986年7月：237-251.

那里进行拍摄并观察尼基、丹迪和耶罗恩之间的动态。

同时，我为系列剧的第一集写了剧本。我还描述了这场谋杀，以及可能导致尼基垮台的耶罗恩和丹迪之间的新出现的联盟。但是当研究员与管理员核实这些事实时，我们听说尼基的统治早已经结束了，丹迪赢了，而尼基输了。但事实上，尼基已经死了。不久前的一天，尼基跑出来，其他黑猩猩跟在它后面大声尖叫，它径直冲向护河，然后淹死了。它表现得好像知道如果被这些雄性黑猩猩同伴抓到会遭到何种对待一样。尼基之前也曾跑到护河里，但因为结了一层薄冰而幸免于难。可是这次，护河没有结冰。这是自杀还是失误而亡？我们认为这可能是一场自杀，其他人也这样认为。[⊖]

因此这个也被写进脚本里，包括这个结局：丹迪已经成为新首领。我们系列剧的第二集是关于耶罗恩是否会利用另一只正在成长中的年轻雄性黑猩猩乌特（Wouter）来制约丹迪。

我越琢磨这件事，越觉得德·瓦尔在他的书中略去这场谋杀是因为这与他的论点相矛盾。另一方面，我认为他出版的这本书值得称赞。在他之前没有人对于黑猩猩如何控制它们的群体能有如此深刻的见解。没有其他人曾如此明确地表明，不能在黑猩猩的社会智力和我们的社会智力之间划清界限。但德·瓦尔还是我们的系列剧的一位科学顾问。我担心如果我们打电话向他核实实情，可能会发生一场激烈的争吵。我希望负责此事的制片人能够听到当时说的话。

我们到查克的办公室，并和德·瓦尔通上了话。斯蒂芬告诉德·瓦尔，如果他对脚本中的任何一方面有异议，他可以将他的名字从剧集中去掉，但罗恩·格林会说无论如何我们认为的都是真的。事实是，我们是按照报道政治暗杀及其后果的方式报道了布尔格尔斯动物园里的黑猩猩的政治。我们讲

⊖ 弗朗士·德瓦尔（Frans B. M. de Waal），《猩猩政治学：猿类中的权力和性》，约翰霍普金斯简装 2007 年 214 页。"报纸把这叫做'自杀'，但更可能是一次惊慌中的攻击带来了致命的后果"，德瓦尔在他 2007 年再版书的结语中这么说。

述的是一个关于政治、性、嫉妒、谋杀和绝望的极其"人类"的故事。在那时，我已经完全忘记了我曾经认为的政治是区别人类和所有其他动物的界限。查克记着笔记，而我将罗恩说的话一句一句地读给德·瓦尔听。

他挺不高兴的，想知道我们从哪里获取到的我写出来的东西，但他还是确认了这些事实。他也没有将自己的名字从纪录片中去掉。然后我们挂断了电话。

将标尺向后猛推 30 年，到里根时代（Reagan Eighties）的对立面。奥巴马，这位善用修辞的总统，不管讨论什么，都会在坐满自由主义茶党成员的众议院里遭到驳斥。银行家已经变成了恶棍，而社区也被贴上了待售标志。爱德华·斯诺登（Edward Snowden）想要告诉我们，硅谷（Silicon Valley）里吹嘘自由的"新媒体"巨头，几乎没有一丝抗拒，便已经与美国情报界分享了我们所有的秘密。斯诺登将会变成新的盖柯。而我将与弗朗斯 B. M. 德·瓦尔在亚特兰大有一场会面。

德·瓦尔的著作让我认识到，亚里士多德的观点是错误的。人类的政治行为既不是我们这个物种所独有的，也不依赖于口头语言。它植根于生物学中，但并非由生物学定义。这一想法让右翼感到兴奋，就像老一辈的攻击观点一样。黑猩猩的政治甚至已经开始影响人类。《黑猩猩的政治》（*Chimpanzee Politics*）的最新版出版于 2007 年，在其扉页上引用了《商业周刊》（*Business Week*）的报道，大意是前众议院共和党发言人纽特·金瑞奇（Newt Gingrich）多年来一直很喜欢这本书。在书里面，德·瓦尔还提到，这本书变成国会议员新手的必读书目。

更重要的是，他的早期著作已经改变了我思考人类是否是唯一有智慧的物种这一问题的方式。在阿纳姆的黑猩猩身上，我看到了我和我的朋友们，看到了许多目空一切、自我膨胀的政客。德·瓦尔甚至改变了我在孩子面前的行为方式。因为他，我明白了不管父母做什么，男孩和女孩都会向着某种趋势并以不同的速度发展。他让我知道，作为一名女权主义者，我的任务不是再度将生物归结为命运，而是确保这个起点不会是终点。

在《新荒野》问世后的这些年里，德·瓦尔仍在领域内继续开拓，他创造新技术，将动物行为学带进实验室并把实验室的研究带回动物行为学。他已经转向对倭黑猩猩、黑猩猩和猕猴的智力进行了对比研究。他甚至对大象进行测试。他得出的结论如此有趣，以致改变了什么是智力、什么是文化，以及他们之间相互作用的本质等问题。

拉索已明确表示，"文化"一词在心理学中已经获得了非常广泛的意义。它所涵盖的远远比艺术创作、讲故事、唱歌和跳舞更多。文化意味着用某种棍子、以某种方式敲开一粒坚果。它是社会性的副产品和辅助工具，就像一个无形的、外在的、共享的大脑，增强了从灵长类到鲸类等许多不同物种的个体的记忆和学习能力。换句话说，文化是群体智力。

德·瓦尔的最新实验证实了拉索发现的关于新想法如何在灵长类动物之间传播的模式。他表明，在一个封闭圈养的黑猩猩社群里，如果黑猩猩从另一只黑猩猩（而不是人类）那里学习使用新的工具，那么新工具的使用将会更快被学会。[⊖]他还曾表示，黑猩猩可以同步自己的行为，共同合作以确保每个人都能饱餐一顿。另一篇论文将黑猩猩和倭黑猩猩的手势和面部表情描述成人类语言的起源，就像是它们自己的一种语言一样。物种之间的面部表情是一样的，但手势却是不一样的。倭黑猩猩的手势比黑猩猩更加细微和灵活，但对二者而言，[⊜]这些手势都传达意义。

这项研究与多年前宾夕法尼亚大学的心理学家多萝西·切尼（Dorothy Cheney）及其搭档罗伯特·赛法思（Robert Seyfarth）开启的研究轨迹类似。与试图教会动物人类语言不同，他们曾观察动物如何自然地进行交流。他们还录下了某些猴子面临具体危险时发出的具体呼叫声。[⊜]当他们向另一群猴子

⊖ Andrew Witten, Victoria Horner, & Frans B. M. de Waal, "Conformity to cultural norms of tool use in chimpanzees," Nature, Vol. 437/29 September, 2005, p. 737.

⊜ Amy S. Pollick and Frans B. M. de Waal, "Ape gestures and language evolution," *PNAS*, vol. 104, no. 19, pp. 8184-8189.

⊜ Seyfarth, R., Cheney D., Marler P. "Monkey responses to three different alarm calls: evidence of predator classification and semantic communication," Science, 210：801, 1980.

重新播放这些呼叫时，正确的逃跑行为随之发生。在2011年，另一个团队将赛法思和切尼的想法更深入了一步。他们利用倭黑猩猩来测试单一呼叫或呼叫序列（call sequences）是否传达意义。他们发现，呼叫序列才是起作用的东西。⊖

但我并不期待这次会面。德·瓦尔在其职业生涯之初隐瞒重要信息的行为，仍然让我难以释怀。为了公正对待他，我曾仔细检查过他的出版记录，以确定他什么时候第一次报道了鲁伊特的谋杀。1984年4月，他向美国《动物行为学与社会生物学》（*Ethology and Sociobiology*）期刊投过一篇关于阿纳姆群落的文章。文章中描述，雄性黑猩猩之间的联盟与和解，与雌性黑猩猩表现出的有所不同。文章明确表明是基于"1980年夏季的上半季"所收集的数据。换句话说，即在鲁伊特被谋杀前收集的数据。文章中没有提到鲁伊特的死亡。⊜同年9月，他向同一本期刊投了一篇描述鲁伊特之死的文章。然而，直到1986年文章最终出版了，他才修改了这篇文章。换句话说，虽然我们的纪录片向数以百万的观众播出，并且他的名字也附加在了影片后，但他向科学世界隐瞒鲁伊特的故事长达6年的时间。即使在1986年发表的文章里，他也没有提到1984年尼基死于护河的事。

因此，我有很多问题。

我曾经给德·瓦尔发过邮件，希望能够与他见一面，在那时，他已是埃默里大学（Emory University）心理学系的C. H. 坎德勒（C. H. Candler）教授以及耶基斯国家灵长类动物研究中心生命联系研究中心的主任了。在电话里，我解释自己正在从事一个与智力有关的项目。我是诚实的，但我没有告诉他全部的事实。我没有提到《新荒野》，也没提到我曾参与了这个剧集的制作。

我能够感觉到他的警惕。他刚刚［与珍妮弗·波科尔尼（Jennifer

⊖　Zanna Clay, Klaus Zuberbuhler, "Bonobos Extract Meaning from Call Sequences," PLOS One/Vol. 6, Issue 4, April2011.

⊜　Frans de Waal, "Sex Differences in the Formation of Coalitions Among Chimpanzees," *Ethology and Sociobiology*5（239-255）1984.

Pokorny）一同〕获得了 2012 年度搞笑诺贝尔解剖学奖（Ig Nobel Prize in Anatnomy），获奖理由是他们证明黑猩猩们能够识别出同伴屁股的照片，所以他可能对此有些敏感。

"为什么不在明尼阿波利斯见呢？"他提议道，他即将到这个城市进行新书《猩猩和无神论者：在灵长类动物中寻找人性》（*The Bonobo andThe Atheist：In Search of Humanism Among the Primates*）的巡回宣传。在这本 2013 年出版的书里，他将道德的起源深深地定位在灵长类动物的秩序中。

"我还想要看看耶基斯野外测站的黑猩猩们。"我告诉他。

他的行程安排使之不能成行。

"那么，我们去埃默里的耶基斯看看，怎么样？"

他表示不行。这需要太多的繁琐程序和官僚机构批准，还必须要有监督，而且公关部门也必须参与进来。最好能在埃默里大学他的办公室里谈话。

因此，在某个晴朗而又寒冷的周一早晨，我步行穿过埃默里大学的校园。我发现，心理学系的大楼就建在一条两排都是女生联谊会和大学生联谊会会馆的道路的尽头。德·瓦尔在他的办公室里等我，他穿着衬衣和深色毛衣，深色裤子以及一双舒适的皮鞋。他那一头曾经蓬松的黑色卷发，已经变成了稀疏的银发。在窗户中间的墙上，他在自己看得到的地方挂了一幅阿纳姆黑猩猩圈养区的图画。在椅子旁边的墙上展示着他的研究对象的头部特写。

我坐在 U 型桌的末端，开始提问与他的个人历史有关的问题——我想要知道是什么塑造了他，但我还是退缩了。你永远不知道这种难以回答的问题该在何时提出。太早的话，你不会得到太多你想要的答案，因为人家已经示意你离开了；太晚的话，在你说出来之前，就已经被请出门外了。

他说，他 1948 年出生于荷兰的登波士镇（Den Bosch），南部是国家天主教的区域。他的父母有 6 个孩子，全都是男孩。他的父亲是一家小银行的主任，他的母亲是一位家庭主妇。

"富裕吗？"我问。

"一点也不富裕。"他说。他们住在战争末期被遗弃的临时住房。这是避难所，但数量并不多。在他四岁的时候，他们搬到了一处真正的房子里。

他过去一直对动物很感兴趣，还在后院建造了一个小型的水生动物园，养满了鳗鱼和很多其他鱼类。荷兰的高中更像是一个具备早期专业性的学士学位。他学习的是生物学，但是因为老师乏味无趣，所以他一度对生物学心生厌恶。他曾考虑过学习数学或物理学，但他的母亲坚持认为，既然他总是喜欢养小动物，他应该更喜欢生物学。1966 年，他入读内梅亨大学生物系。虽然在四年后他获得了学位，但是他还有很多疑惑未解。

生物学已经开始走向分子研究阶段，并将注意力集中在病毒遗传学和细菌遗传学，以及 DNA 密码的破解上。很快，有些生物学家通过将另一种细菌的 DNA 片段移到某种细菌当中，而成功地改变了这种细菌的特征。但这并不是他喜欢做的事情。作为一名大学本科生，他最想要的是找到一份能够赚钱的兼职工作。他曾在心理学实验室工作，对两只年幼的雄性黑猩猩进行认知测试。但是要研究灵长类动物，他就不能待在他原来的地方不动（在欧洲，人们进一步深造时，一般不会从一所大学换到另一所大学）。"我的大学专门研究生态学、生理学和有机化学。"

另一方面，格罗宁根大学教的是动物行为。因此，他去了这里。在格罗宁根大学，研究重点是鸟类和鼠类，是基于廷伯根传统的动物行为学。然而，他很快就听说乌得勒支大学的简·范·霍夫（Jan van Hooff）正在研究灵长类动物的面部表情。因此，他离开这里前往乌得勒支大学，进行与猕猴之间的攻击行为有关的博士学位研究。这就是他如何被推荐到阿纳姆的黑猩猩园区的故事。范·霍夫的哥哥管理着布尔格尔斯动物园，这座动物园是属于范·霍夫家族的。

"它有着世界上第一个大型黑猩猩的群落，"德·瓦尔说。尽管大多数动物园都饲养黑猩猩，但他们太具有攻击性，因此不适合在大的群体中进行饲养。但是阿纳姆有宽敞的区域饲养他们，方圆两英亩[⊖]的区域中生长着可供攀

⊖　1 英亩 = 4046.856 平方米。

爬的树木和可随意仰躺的草地，并被一条护河所环绕。大多数的成年期和青少年期的黑猩猩都来自其他动物园，有 4 只黑猩猩是从动物交易商手里买来的，其他黑猩猩多是在阿纳姆出生的。[⊖]当他在范·霍夫指导下在阿纳姆开始博士后研究时，他才 25 岁。他在这里待了 6 年。1982 年，当他出版《黑猩猩的政治》（*Chimpanzee Politics*）一书时，园内居住着 25 只黑猩猩。

那时"每个人都有过攻击行为，"他说，"洛伦兹（Lorenz）认为这是本能，并且人类总会有战争。他曾在德国军队服过兵役。而很多美国和加拿大的犹太心理学家认为，这是在粉饰战争。因此，斯坦利·米尔格拉姆（Stanley Milgram）进行这个实验，以表明攻击可以被当局所操纵……"

当他开始写与猕猴有关的博士论文时，他仍然"受到这篇论文的影响"。但是，"很快，我就发现猕猴偶尔会表现出攻击性，但大多数情况下都是在嬉笑打闹和梳理打扮。"在阿纳姆，他也在黑猩猩身上看到了同样的情况。

"我发现，他们会在打斗后和解。"他说。

他认为，他注意到和解是因为童年时期的经历能够让他用不同的方式思考攻击。他出生在一个养育了 6 个男孩的家庭里，并且"从未将攻击当成问题，在一天结束的时候，我们仍然能够一起玩耍"。

"我注意到，在黑猩猩中，打斗能够让群体团结起来，我们可以对此进行测量。结果是它们在打斗后比打斗前更团结。"

他还注意到，打斗本身大部分都是无事生非。"如果对它们造成伤害，打斗就是恶劣的，而这只是偶有发生。大多数情况下都是尖叫和大吼，但也不过如此而已。"

尽管他的教授非常了解这些黑猩猩，但他也非常关心德·瓦尔关于它们战略行为的观点。当他写出《黑猩猩的政治》一书时，他的教授"有点退缩。我写过计划和战略，但他想让我在这方面放慢脚步"。

他的教授认为，他之所以能够得出这些结论，是因为他是一位自由思想

⊖ 德瓦尔（Frans B. M. de Wall）。

者并且易受这些观点的影响。然而最终，他还是帮助德·瓦尔出版了这本书。德·瓦尔以为，他会因为"非正统"而在欧洲遭受重创。他一点也不关心美国的行为学家的反应。"对我而言，美国几乎是不存在的……"但他原以为他会因极端的同形同性论而受到欧洲同事的指责，他们曾对黑猩猩行为中马基雅维利式的政治模式的概念而感到不快。有的人还建议他使用科学术语，而不是通俗的普通语言。

"一位科学家说，我应该将和解称为冲突后接触（post-conflict contace）。我说，如果这与人类在同样的情况下作出的反应一样，那么应该给以相同的标签。"

他还认为，相同的行为来自于相同的起源。在他看来，人类和类人猿在生物进化上过于相似，以至于无法进行讨论。"对于鱼类，你可以认为，行为可以以一种不同的方式实现目标。"

他写这本书时使用的是荷兰语，但它被英国乔纳森·卡普（Jonathan Cape）出版社翻译成了英语。我不得不承认，我一直很好奇这位只发表过几篇文章的年轻研究员是如何与这样一家著名的出版社签订出版合约的。（Harper & Row 出版社在美国出版了这本书。）

"这是戴斯蒙德·莫里斯（Desmond Morris）的出版商（英国），"他解释说，"简·范·霍夫是莫里斯的一个朋友。莫里斯向出版社推荐了这本书，然后出版社决定出版。"

让他惊讶的是，当这本书出版时，几乎没有批评声。

"大体上看，灵长类动物学家没有太多抱怨，他们说他们自己也在按照这种思路考虑问题。整体上而言，这本书很受欢迎。唐·格里芬（Don Griffin）曾在 1976 年出版过一本名为《动物意识的问题》（*The Question of Animal Awareness*）的书，书中反驳了行为学家的胡扯，并将动物视为会思考的动物。在美国，人们都已经准备好了。很多人都曾读过那本书，它扎根在了肥沃的土壤里。"

其他人还在一直研究社会行为，并且产生了一个被称为社会智力或社会大脑的概念。很多人对社会性如何使动物变得更聪明很感兴趣。一个日本团队曾在野外观测站中对雄性黑猩猩之间的三角权力关系进行过极其相似的观察。但 1975 年至 1981 年在阿纳姆工作的期间，德·瓦尔并没有紧密跟随其他人的研究。他走着自己的研究之路。

我问他，他是如何对马基雅维利及其最有名的著作《君主论》产生兴趣的。他没有学过政治，他只学过生物学，是吧？

"我不知道我为什么会读《君主论》。"他说。这与黑猩猩使用自己的智力去统治的方式有些关系。而且他对洛伦兹和阿德里的攻击假说不满，因为他们认为我们大多数人的智力都"被支配他人所占据"。在他看来，这是一个关于智力的非常狭隘的观点，并且没有反映出他看到的东西。"女性调解两个青少年之间打架也需要智力，以便保证用正确的方式去调解。这缩小了我们拥有的所有其他智力的范围。"但在阅读《君主论》时，他意识到，自己曾在雄性黑猩猩争取统治权的斗争中、后来的和解中，以及雌性黑猩猩平息青少年猩猩之间的争吵的过程中，看到过相同的行为模式。

因为《君主论》详细论述了欺骗手段的使用，这看起来是提出那个最难回答的问题的最佳时刻。"为什么没有在《黑猩猩的政治》中写出鲁伊特之死呢？"我问。

他坐回到椅子，眼睛看向别处，他的手交叉着，然后又松开。他的身体在说他不喜欢这个问题，但他给了我一个完美而圆滑的答案，与我在《黑猩猩的政治》（2007 版）的后记中读到过的一样。

"我不认为《黑猩猩的政治》应该以这种方式结束，"他说，"一个坏的结局，这会造成另一个坏的结局……我必须重新思考这本书的进程，"他补充说，"这本书在进行翻译的时候，大约就是他死去的时候。"

这个答案看起来实在是太无懈可击了。另一个不同的可能性开始浮现在我的脑海里。他的教授是动物园经营人的哥哥。动物园开业之初受到著名的戴斯蒙德·莫里斯的大力宣传，他是德·瓦尔的教授的一位朋友，也是一位名人，曾将德·瓦尔的书推荐给他自己的英国出版商。或许德·瓦尔不想使他的教授和戴斯蒙德·莫里斯因这些已经更改的事实陷入麻烦。或者可能是他的教授让他不要公布鲁伊特之死,因为这可能会对动物园造成损害。

"有人要求你别写进书里吗?"我问,我想原因就在这儿,他是在帮助动物园。

他没有受到任何约束,他表示,尽管这样的事可能发生过并确实曾发生在别人身上。"确实有很多地方,如果发生了糟糕的事,是不会允许你发表的。"他说。⊖

"那么在阿纳姆呢?"我问,"你签过一份保密协议吗?"

"我没有签过合同,"他摆摆手说,然后耸耸肩,"……它是发生了。但是我认为,冲突的解决才是当时所发生的最重要的事。"而且,他补充说,当他开始考虑把这件事写进书里的时候,"我把它作为一个中心论题,而不是附加的话题。"

"尼基怎么样了?"我问。

他说尼基在他离开阿纳姆之后就死了。

相比第一个答案,我不知道该如何理解这个答案,所以我就把它放在了一边。

"回到您的故事。"我说。

1981 年,他到了美国,正是他的书出版的前一年。在一次会议上,他遇见鲍勃·盖伊(Bob Goy),一名心理学家,对性激素如何"组织"婴儿发育

⊖ 在这一点上他当然是正确的。印第安纳波利斯动物园的罗布·舒梅克(Rob Shumaker)在那时已拒绝向我透露大猩猩基金会的情况了,讲一讲猿猴还行;讲猩猩基金会的运作?没门。在 2013 年 10 月,多伦多动物园将三头大象装箱连行五天送到加利福尼亚。当有柳条箱、火车、轿车组成的队伍来到美国边境时,组织此事的公司要求陪同前来的多伦多动物园的大象管理员签署一份保密协议,承诺不会向任何人透露越过边境线进入美国后看到的任何情况,也不许拍照,不许向人描述。如果他们不签此协议,就请回到多伦多去。(加拿大广播公司当地新闻,2013 年 10 月 7 日。)

中的神经系统感兴趣。（盖伊展示了在发育期间引入性激素是如何改变性别特征的，不管这个动物的染色体认为其性别是什么。）盖伊是威斯康星地区灵长类动物研究中心的主任。"他说你必须来威斯康星州……"

这非常幸运，因为德·瓦尔需要一份工作。在那个时候，想要在荷兰找到好的学术性工作很难。他在麦迪逊（Madison）待了一年，想看看这里是什么样子。他发现，他可以接触到很多的灵长类动物；这里还有旅游资金，而且麦迪逊和荷兰文化差异不算太大。他当时有一段恋情，但没有结婚，也没有孩子，是尝试新事物的一个理想时间。后来他结了婚，并且和妻子一起来到了美国。

在麦迪逊，他研究的是普通猕猴和僧帽猴。他还可以与圣地亚哥动物园的倭黑猩猩和耶基斯的黑猩猩一起工作。换句话说，他可以接触四个物种。他第一次能够比较每个物种是如何创造和平、分享食物和解决冲突的。

然而，他并不完全满意。他不是威斯康星大学（University of Wisconsin）的教授，他有助理，但是没有博士生。他认为自己有一个明确的方法，并且"想要继续做下去"，正因为如此，他需要博士生。他得到一个在麦迪逊校区教授生物学的职位，但是随后他获得了埃默里大学的邀请函，希望他加入心理学系并成为耶基斯的员工。

直到那个时候，他还从未完成过认知实验。他之前一直像动物行为学家一样，观察和研究被关在动物园的动物们"几乎"不受妨碍的行为。他计算着这种表现方式，并且把这些数据拿去做统计分析，然后做进一步的推论。但是他想要更好地理解认知。换句话说，他想要成为一位认知动物行为学家。

"我的所有工作都与社会认知有关，但是如果想要测试，你就需要进行控制实验。"他附和苏珊娜·麦克唐纳道。他认为难以再把他自己有关类人猿的社会/政治智力的观点向前推一步，直到他做了其他人都可以复制的实验。

因此，他在威斯康星大学待了10年后，于1992年来到埃默里大学。在那个时候，耶基斯灵长类动物研究中心有200只被圈养的黑猩猩，其中一些黑猩猩被放置在亚特兰大附近的野外观测站里。站内有两个大型户外圈养区，每个都足以容纳20只黑猩猩。"我也带来了自己的僧帽猴群落。"他说。他很高兴地告诉我，圣迭戈动物园最近已经"收养"了所有这些僧帽猴，所以它们不再"和"他在一起了。

"它们非常好相处。它们很小，你可以进入它们的群体中，把它们放在试验室里，它们很友好也非常配合。第一天可以完成6个或7个试验。但如果对象是黑猩猩，进度就会非常缓慢。根据它们的智力，为了让它们进去，你打开大门，然后招呼它们，希望不要有太多黑猩猩一起都进去了……它们需要适应室内的环境。它们非常不稳定……但当它们做事时，它们又非常聪明。"

他关于道德的生物学起源的想法出自他对同理心的兴趣。他参加过一个会议，会上有人描述他们是如何在人类儿童中测试同理心的，于是他开始对同理心感兴趣。很快，他和他的学生完成了一系列有关黑猩猩之间的同理心、互惠、合作和模仿的论文，其中一些发表在最著名的普通科学期刊《自然》与《科学》中。它们很受欢迎，"因为人们相信它"。

他的大多数实验是将黑猩猩与黑猩猩进行对比，或让一只黑猩猩教授另一只黑猩猩。与鲁森所做的猩猩模仿行为的研究工作不同，他的实验也许能够被其他人复制——也许不能。

"迈克尔·托马塞洛（Michael Tomasello）（马克斯·普朗克进化人类学研究所联席主任，发展与比较心理学家）和丹尼尔·波维内利（Daniel Povinelli）［在拉法叶（Lafayette）的路易斯安那大学（University of Louisiana）教授生物学］一直得到的是负面的实验结果，一长串的负面结果。然后他们得出结论，认为模仿并不存在于灵长类动物中，甚至不存在于类人猿中。我们认为，如果一个类人猿不模仿，那么至少有5个原因，比如它们的积极性没有被调动起来，思想不集中等，而你不能推断它们没有这种能力。但是他们又说，我们人类拥有类人猿所没有的思维理论。琼·西尔克（Joan Silk）（亚利桑那州立大学人类进化与社会变化学院教授）写道，人类血统中发生过一些特别的事情。我不知道可能发生过什么奇迹，但我们主要争论的是不同的试验领域。我们在不同的状况下对人类儿童进行测试，例如坐在它们母亲的膝盖上，进行交谈时以及与他们的同类交往时。他们说他们以完全相同的方式测试黑猩猩。但是，黑猩猩并没有坐在母亲的膝盖上，没有进行交谈，并且没有和另一个不同的物种（即我们）进行交往。"

例如，曾有一个眼球追踪的研究表明，黑猩猩很少会追随人类的目光。但是，黑猩猩会追随另一只黑猩猩的目光。因此，实验者的物种是至关重要的。

"在很长一段时间里，他们声称，类人猿的模仿并不是真正的模仿，因为它们不理解实验者的目的和方式。"他说。

因此，他和他的博士后学生制订出一个新的对比测试方案。他们给黑猩猩一个机会学习在人类从难题箱里拿出食物后，自己应该如何也拿出好吃的食物。"它们并不擅长学习人类。"他说。接着他们让一只黑猩猩来当其他黑猩猩的老师。

"我的博士后学生薇琪·霍纳（Vicky Horner）让黑猩猩教黑猩猩，接着我们得到了非常成功的模仿。整个关于模仿的辩论现在已经结束了，"他说，"在我们做了这个实验之后，我们再也没听到过有人争论它。"

但是，这场辩论持续了长达 10 年的时间。当它烟消云散时，人类智力和别的灵长类动物智力之间的其他方面的界限再次被提出来。"只要你对此进行论证，那些本来被认为是人类独有的特质就不再是了。"他说，"……人类不断地提出这些论断。我忽视了很多论断，例如心智理论。它什么也没有说，因为它是一组能力，而不是单一一种能力。我更相信同理心的存在——你能感受到别人的感受，你把他们感受的变成自己的——而不是心智理论。"

他示意我看他的电脑屏幕，这样他便可以给我展示实验录像。在他找到第一个录像时，我站到他的身后。这个实验是在耶基斯认知实验室的玻璃窗后完成的。有一个盒子，上面盖着一个透明的盖子。人们向黑猩猩母亲展示如何拿起盖子，伸进去一根棍子，然后拿出一片甜瓜，而她的女儿在一旁观看。"天真的黑猩猩甚至都没理解要打开盖子。"他说。黑猩猩女儿看着自己的母亲拿出并吃掉甜瓜。它闻了闻自己母亲的嘴。"这与我自己向关着的黑猩猩做示范很不一样。这里有模特示范，有同一个盒子，她还闻过自己母亲吃过的东西。然后她的母亲被送了出去。而她已经不耐烦地等着盒子里的食物了。"

这是真的。当测试人员一将食物从箱子另一边放进去，这只年轻的黑猩猩就拿起盖子，猛击这个盒子，不耐烦地等着食物出现，然后拿出甜瓜并放到自己嘴里。

他播放另一个录像，展示的是黑猩猩老手教新手两种获取巧克力豆的方法。他将这些技巧的传承描述为"文化"。"我们正在创造不同的文化传统，"他说，"升降机对扑克牌。"这篇论文 2005 年发表于《自然》杂志中。⊖

我又坐回原位。"那么这一切到底意味着什么？"我问，"黑猩猩和人类智力之间没有一点差异吗？"

他肯定两者之间是有差异的。"黑猩猩不会飞。"他指出，意思是它们不会制造飞机。"语言习得方面的差异也可以成立。"他说，"但总是很难推断出它们缺乏这种能力。"

"那么，回到进化时间方面，我们的能力可以走多远？"我问。我想起学校所教导的人类的独特属性清单，尤其是我们对于死亡的理解和我们需要给死亡举行一个仪式。我记得他描述过阿纳姆笼子里的黑猩猩在鲁伊特死后的反应。它们完全沉默，直到鲁伊特的身体被搬离这个地方。

他坐回椅子。就他知道的而言，工具的使用可以追溯到很久很久之前。"我觉得这比我们想的还要久远。甚至连章鱼都使用工具……你看的一切事物都绝对更久远……同理心也是。我在 20 世纪 90 年代中期最具争议的声明是，

⊖ 安德鲁·维顿，维克多利亚·霍那，弗朗士·德瓦尔. 黑猩猩使用工具时对文化模式的遵循［J］.《自然》，第 437/29 卷，2005 年 9 月：737-740。

同理心存在于哺乳动物中。心理学家认定，这是认知性的。就好像是你决定要移情似的。"他讽刺地说。"在人类文学中，我们知道有很多自动移情的描写。20世纪90年代做过测试，在这些测试里，他们每100毫秒就会向测试对象展示人类的面部表情，因此测试对象在意识里不会察觉到这一点。你以为你是在看风景，但是里边有脸部的图像。如果你看到皱眉，你会皱得更厉害。所以这是一个你意识不到的情绪传播。杰夫·摩泽尔（Jeff Mogil）［麦吉尔大学的加拿大疼痛研究所主席，以及E. P. 泰勒（E. P. Taylor）（疼痛研究教授）］在老鼠身上进行移情的研究，显示出了情绪感染……当我表示这在黑猩猩身上也有所体现时，人们感到不安。后来的研究表明，这还出现在狗、乌鸦、老鼠和大象身上。我不认为昆虫身上也有移情，但它们可以回应危险时刻的信息素，有时还可以互相解救对方……"

"所以，你的意思是，大脑对于智力行为而言可能并不是必不可少的？"我问他。我在想，线虫身上只有极少数的神经元，而黏菌则完全没有相同的神经元。"那么，智力究竟是什么呢？"我问。

"我不确定认知行为是否只与大脑有关，"他缓慢地说。"不知道什么原因，动物为了妥善处理好现状必须进行选择……这就体现了智力，它有选择最佳行为方案的能力。你会认为，经验需要发挥作用。"

"好吧。"我说，心想：很好，思维总归还是一个有用的定义。"因此，工具可以不予考虑了。"我说。但是例如，我们需要在进化的丛林中行进多远才能找到计算能力的起源呢？对于线虫拥有根据食物供应计算出竞争者，并决定是否休眠的能力，应如何看待呢？

一开始，他以为这与计算能力无关，而可能只与饱腹感有关。

我解释说，幼虫评估的是两个变量，即竞争者的数量和周围细菌的数量。我也培育过黏菌，它能预估出后果，并总是能沿着最短路径得到食物来解决困境，却看不出任何智力的参与。

"要是涉及经验和学习，"他说，"那这是智力。如果他们从第一天开始就会做，我也不确定这是不是智力。"

我想知道他对林恩·马吉利斯（Lynn Margulis）的进化理论知道多少。马吉利斯认为，合并和获得可以一直追溯到最早期的细胞中。她让细胞听上去很聪明。

摩泽尔说他曾经见过她和她的女儿，但是他并不太了解她的著作。

"那么，一个细胞可以很聪明吗?"我问。

"将智力归结于一个细胞上，"他认真想了想，"……那么人类的大脑就是一堆细胞……"

他耸了耸肩。

接着是一个停顿，一阵短暂的平静。我不知道为什么，但我决定必须再问他一次未能及时发表鲁伊特之死的原因。

他说，鲁伊特的死亡只是改变了他大脑里的一些想法。正是在那个时候，他才真正地将解决冲突视为极其重要的事，因为"没有它，有人可能会死亡。"而且自从他将这种黑猩猩的行为命名为和解，并且出版了这本书后，大约有200项研究出现在了这个领域，研究的都是之前没人关注的一些事。

算是一次辩解，我想，但并不是一个解释。

他想要解释他是如何继续研究合作的。他的一名学生刚好要在第二天进行论文答辩，而论文就是关于这个课题的。

这名学生的研究并没有像通常的研究那样，对两只动物的合作或不合作进行研究，而是设计了一个合作实验，需要耶基斯的整个黑猩猩群落参与。这意味着黑猩猩必须应付"白吃白喝者"——不参与获取食物但却受到款待，它们还必须与首领之位的争夺者打交道——它们既不想帮忙，也不会分享食物。

他播放了一段录像，三只黑猩猩一起坐在一个围栏前。如果它们一起将一根绳子拉住，就可以得到食物。"它们需要互相看着对方，而且它们做到了，"德·瓦尔说，"它们得到了食物。"

"看到那个雄性首领和雌性统治者试图偷食物了吗?"他说。我看到了。

就在它们失去兴趣并走开的时候，这三只黑猩猩开始重新拉起这根绳子。

接着他播放了一个他与约书亚·普罗特尼克（Joshua Plotnik）[名为（思考大象（Think Elephant）"的非政府组织的理事和主席，该组织致力于通过弄清楚大象如何思考来帮助保护它们] 在泰国进行的大象实验的录像。在这个实验中，两只大象必须相互合作地拖运一个平台，平台上放着几桶花生。一根绳子的两端缠绕在这个平板的轮子上。如果只有其中一只拉起绳子，绳子会脱开，但平板不会移动。"它们了解到自己的搭档需要在那边行动起来。然后它们做起来就快了。"

为了让这个实验难度更大，他们将一只大象带到有绳子的高处，并且让他的搭档留在原地。"我们想要看看他会不会等待着他的搭档，"他说，"它们等在原地。这是第一次。它们都在思考合作。最近在泰国我们还做了镜子试验。"

镜子实验据称能够确定一个动物是否有自我意识。当它看到镜子里反射出的图像时，它是否可以识别出自己？大象能够识别出镜子里的自己（就像海豚一样）。

"研究鸦科（乌鸦、松鸦等）的人无法理解。"他说。

"为什么？"

"因为渡鸦、乌鸦和鹦鹉不能识别出镜子里的自己，"他解释说，"但是它们在其他方面是非常聪明的。"它们可以制造工具。它们能够识别出打扰它们的人类的脸，并且能记很多年。那么为什么它们不能识别出自己呢？相反地，为什么喜鹊就能识别出自己呢？

"自我识别与很多别的能力有关。"他说，"它们可以从其他人的视角思考。狗就做不到。"

"但是当我沮丧的时候，我的狗知道，"我说，"而且会试图安慰我。"它们还知道现在是几点，这当然比在镜子里识别出自己的脸更抽象。我女儿的狗贝拉（Bella），每天都在12:30准时推我，提醒我午饭的时间到了。还有我们的第一只狗杭基（Honky），它非常聪明，总是每天在高峰的时候从我们旧的无电梯公寓跑到地铁站。它非常擅长假装自己很饿，尽管他的肚子都快要拖到地上了，因为这样人们会穿过大街去肉店给他买香肠。

镜子中的自我识别真的能够定义一个有意义的智力界限吗？我的孙女必须会识别出镜子里的自己，但很久之前她就会对自己的名字被叫而作出应答，还能让别人知道自己的需求。我想知道这种能力要在进化的丛林中行进多远，一个人才能知道自己实际走到了哪里。为了更快地获得食物，两只无脑的黏菌在变形虫阶段会以某种方式决定合并和分离。它们怎么能够弄清楚谁是谁呢？

"很多动物需要知道现在是几点。"他回答说。黑猩猩和倭黑猩猩每晚都要筑巢。给任何黑猩猩筑巢的材料，它们都能造出一个。英国有人发现了睡在巢穴里的优势：一个是能睡得更安全，一个是能睡得更舒服。而且，巢穴里的壁虱和寄生虫更少。

"那么，巢穴是一个发明、一个文化塑造出来的工具或是某种与生俱来的能力吗？"我问。

他认为这一定是与生俱来的，因为所有的黑猩猩都会做，但它需要某种经验。此时，他说他要去卫生间，然后离开了。

我坐在那里静静思考。在我看来，他的工作表明了什么是文化与什么不是文化的界限，以及什么是学到的与什么是准备由经验塑造的之间的界限。大黄蜂是学会建筑复杂的巢穴的，还是因为程序驱使而使它们一上来就会筑巢的？要是真有这么个程序，这很要紧吗？那难道不是文化给予我们的东西吗？许许多多的程序，许多做事的方式，我们无需思考它们，因为别人会进行思考，并在我们出现之前很久就说服其他人去尝试。最终，如果生来就准备好对环境做出反应，难道不算是智力？如果不算，那它是什么呢？

他回来后，给我播放了大象测试的第二部分录像。毫无疑问，大象等着它们的搭档，这样每只都可以抓住绳子的一端，然后一起拉。它们把花生拉了起来。

时间到了，我身体里的狗叫了起来。到中午了。斯蒂芬可能已经把车装满等我出发了。我们需要开近 1000 公里到佛罗里达，参加一个对比认知的会议。

"您要去吗？"我问德·瓦尔。

他给了我一个十分困惑的表情，好像是说，"我究竟为什么要去？"

"主要是去见见那些鸟类研究者。"他说。

我收起笔记本。我问过他关于隐瞒信息的问题，但我仍然不知道如何理解德·瓦尔的回答，以及就此而言如何理解整个领域的伦理道德。他和他的同事写出了深深植根于灵长类动物秩序中的道德的演进，写出了移情存在于类人猿中并能很好地体现，并且他们有力地证明了人类、倭黑猩猩、黑猩猩和红毛猩猩在思考和感觉的能力方面几乎是一样的。然而，他们主要是通过研究终身囚禁的类人猿来收集他们的见解的，不会有人想给我展示它们被囚禁的地方。

我离开了，并没有告诉他我们之前已经在《新荒野》制作期通过电话。虽然一直等待在这里，在这几页中告诉他实情在道德上是模糊难断的，但我确信他会理解这一点。

6

在沙滩上

参加一次会议总是值得的。我咬紧牙关对自己说，此时我们被困在佛罗里达一个偏僻荒凉的高速公路上。所有最亟待解决的问题都将会在这一以对比认知为主题的会议上得到解答。近几年，鸟类研究者频繁成为报纸头条，他们表示，一些鸟类物种可以制造工具，可以认识并记得不友好的人类。按洛伦兹（Lorenz）说，在行为方面，他们不仅仅是刻板固定的。希区柯克（Hitchkock）的《群鸟》（*TheBirds*）的开头像是一部纪录片，就像原住民关于聪明的会骗人的乌鸦的故事。然而我严重怀疑，关于如何在此情况下做出最佳选择（即德·瓦尔关于智能的定义），他们能够告诉我们什么。类人猿研究者还在继续旧战：实验室与田野调查，模仿和学习与程序指令。鸟之人（德·瓦尔这么称呼）更能给人启发吗？没关系，我对自己说，你有一个重要任务要做，就是找到更多关于类人猿基金会的信息。

海蒂·林恩（Heidi Lyn）（并非鸟类研究者）鼓励我来到这次会议。我在看到她的名字出现在了与休·萨瓦尔—鲁姆博夫（Sue Savage-Rumbaugh）合著的论文中，以及类人猿基金会/爱荷华灵长类动物研究/倭黑猩猩希望庇护所的网站列表上。

她甚至还在这个地方管理过一段时间，所以我曾搜索过她。我发现她在南密西西比大学教授心理学，让我惊讶的是，她还在附近的格尔夫波特（Gulfport）担任海洋哺乳动物研究所（Marine Mammal Studies）的兼职顾问。她专门研究类人猿和海洋哺乳动物（特别是海豚）的语言、交流能力和智力。这好得让人难以置信。

《新荒野》的第一部纪录片讲的是杀人鲸，从那时起，我就对鲸类动物的头脑产生了兴趣。我最近重读了约翰·利利（John Lilly）的早期论文，他是第一个系统地研究海豚智力和交流能力的人。利利是毕业于加州理工学院（Caltech）的一名医学博士，他在毫无结果地寻找意识本身位置的过程中完成了人类大脑生理学的早期研究，接着他转移到了人类感知领域（他的研究方式是在黑暗中在盛满温水的水箱里漂浮，使自己没有了刺激）。到了20世纪50年代，利利被大脑发达的宽吻海豚（*Tursiops truncatus*）吸引，这种海豚的大脑身体比例和我们相似。他找到一种方法来记录它们在水中的呼叫声和拍打声，并分析这些声音的物理性质。它们可以利用高于人耳能够分辨的频率。他计算得出，海豚接收和处理信息的能力大约是人类的两倍。

无论是当时还是现在，利利都和大多数医学博士不同，他可以适应他的时代里新颖的和快速发展的计算机科学和信息理论。他将智力描写成处理信息，他还谈到比特率、处理能力和随机存取存储器。他的海豚被教会发出与它们的人类训练师一样的声音，以及模仿英语口语，他还证明了海豚的计算能力。

但后来他过于极端了：他宣称可以教海豚说英语，并且得出了它们比我们人类更聪明，也更好的结论。⊖他的报告称，对海豚使用LSD致幻剂并对自己使用LSD和克他命，并且他用一种非常与众不同的方式研究了海豚的交配。⊖因为这些和其他的越轨行为（比如他和外星人的交流），利利被硬生生地踢出了主流科学圈。但在此之前，放走了这些海豚，他辩称，从道德上看，把他的这些聪明的"朋友"关在相当于集中营的地方不符合伦理。

一代人之后，夏威夷大学的路易斯·赫尔曼（Louis Herman）成为研究座头鲸行为、海豚智力和交流的领军人物。和休·萨瓦尔—鲁姆博夫（Sue

---

⊖ 奈斯对海豚在族群内和族群间的行为具有暴力性，像战争一样的说法深感怀疑。年轻的雄性海豚的确像年轻的人类小伙子一样喜欢群体暴力，但雌性海豚却愿意抚养彼此的孩子。

⊖ John C. Lilly, "Dolphin Human Relation and LSD25" first published in *The Use of LSD in Psychotherapy and Alcoholism*, edited by Harold Al Abramson, M. C. Bobbs-Merrill, 1967, pp. 47-52.

Savage-Rumbaugh）教倭黑猩猩用符号字进行交流一样，赫尔曼教海豚回应人造的和计算机生成的标识和信号。在赫尔曼工作的早期，他的两只海豚被其前实验室工作人员从研究工作站偷走了，并在太平洋放生。他们和利利一样，相信海豚就是人。赫尔曼勃然大怒，因为他觉得这两只海豚不具备应对太平洋里种种危险的能力，它们很可能已经恐怖地丧命了。然后他很快得到了其他海豚实验对象。然而，这些海豚早已年老并相继死亡，而赫尔曼也已退休。因此，我不知道该找谁去查询海洋哺乳动物的智力。海蒂·林恩是我找到的第一个人，他不仅研究海豚和类人猿的智力，而且还试图将它们进行比较。

在电话里，她告诉我她正在试图制定灵长类动物的成套认知测试的新版本，这样她就可以用这个来管理海豚了。

"这是什么？"我问。

她向我推荐了一篇 2007 年发表在《科学》杂志上的文章[○]，它是由莱比锡的马克斯·普朗克进化人类学研究所的埃丝特·赫尔曼（Esther Herrmann）和迈克尔·托马塞洛（Michael Tomasello）合著的。这里的托马塞洛和不能复制德·瓦尔的模仿实验的是同一个人。赫尔曼、托马塞洛和另外三名同事创建了生理智力和社会智力的测试，该测试可以将不会使用文字的儿童、黑猩猩以及红毛猩猩进行直接对比。据说，他们的测试测量出了对空间、数量、因果、社会学习、交流和"心智理论（theory of mind）"的理解。[○]根据作者所言，这些认知技能是社会性动物寻找食物所需要的。

他们测试的红毛猩猩和黑猩猩的年龄跨度从年少到年老（黑猩猩的平均年龄是 10 岁），而红毛猩猩的则是 6 岁。人类儿童大约两岁半时便完全具有说话能力了，但还不会阅读。他们发现，在生理智力的测试方面，儿童和黑猩猩一样，但在社会任务方面，儿童比这两种类人猿都做得更好。在涉及如

○ Esther Herrmann, Josep Call, Maria Victoria Hernandez-Lloreda, Brian Hare, Michael Tomasello, "Humans Have Evolved Specialized Skills of Social Cognition: The Cultural Intelligence Hypothesis," *Science* Vol 3177 September, 2007.

○ 这一理论认为，动物明白试验人员对世界的看法与它们不同。

工具使用和对数量进行判断的因果关系方面,黑猩猩比红毛猩猩和儿童都要做得好。但在包括对测试者的凝视进行跟随的心智理论测试方面,黑猩猩和红毛猩猩都没有儿童做得好。"我们发现,在应对物理世界时,儿童和黑猩猩有着相似的认知技能,但在应对社会世界方面,儿童的认知技能比任一类人猿都更熟练。"他们写道。

他们认为,人类在从与类人猿一样的共同祖先中分离出来之后,发展出了专门和独特的社会/思维技能,这使得我们能够在群体中生活,而且能促进我们的学习,使我们成为我们今天的样子。换句话说,他们创造出了另一个围栏,将人类与其他物种区别开来。这就是德·瓦尔抱怨的事。

林恩曾是威廉 B. 霍普金斯(William B. Hopkins)在耶基斯(Yerkes)领导的团队中的一员,霍普金斯认为这些结果会产生误导。他们像德·瓦尔一样,认为在赫尔曼/托马塞洛研究中的儿童之所以更擅长社会测试,是因为他们由人类在人类的环境中抚养并接受测试,"而类人猿则是在标准的庇护场景中饲养的。"他们打算对人类抚养的类人猿使用本质上相同的测试,并将他们与动物园和庇护所中喂养的类人猿以及人类儿童进行对比。"已适应文化的类人猿"——作者这样称呼由人类抚养的,并在"丰富的社会交往型"环境中成长的类人猿[⊖]。

研究小组将生活在得梅因(Des Moines)类人猿基金会的倭黑猩猩坎兹(Kanzi)和潘班尼莎(Panbanisha),以及乔治亚州立大学语言研究中心的四只黑猩猩纳入了研究。所有的猩猩都受到休·萨瓦尔—鲁姆博夫和她的丈夫兼同事杜安·鲁姆博夫(Duane Rumbaugh)的人类文化渗透的实践。有一些(但不是所有)类人猿是"语言能力者",这意味着并不是所有的黑猩猩都能学会用符号字进行交流,但是所有的黑猩猩都已经熟悉了测试。其他 79 只类人猿,包括 7 只生活在杰克逊维尔动物花园(Jacksonville Zoo and Gardens)的倭黑猩猩

⊖ 杰米·鲁塞尔,海蒂·林,珍妮弗·夏菲儿,威廉·霍普金斯. 社会交往培养条件在猿猴社会和物理认知发展中的作用 [J].《发展科学》,2011 年:1459-1470.

和生活在实验室或野外测站的耶基斯国家灵长类动物研究中心的黑猩猩。这些类人猿的平均年龄约 20 岁，可以直接与这些随机选择的儿童进行比较。

结果令人大吃一惊！

在物理和社会认知测试中，已适应文化的类人猿比生活在动物园或实验室里的类人猿做得好。在 8 项任务中有 6 项任务，它们做得和人类儿童一样好，而且在相对数和注意力的测试中，它们比人类儿童做得更好，尽管在这个研究中，人类儿童在因果关系测试中比黑猩猩做得更好。林恩的团队认为，已适应文化的类人猿在人类环境里抚养发育期间，它们的智力已经得到了"调整"。"我们的数据表明，是的，沉浸在富有社会学习机会的高度社会化的环境里，确实能够提高智力。"

在我看来，这个灵长类动物的成套认知测试的缺陷，与人类智商测试的缺陷类似。它测试的是参加测试评估人类青睐的才能的能力。人类抚养的类人猿已经学会了如何做正确的事，但这能使它们比那些用不同的方式饲养的类人猿更聪明吗？

"……我们的共同结果表明，人类和类人猿在这个研究中表现出的在认知技能方面的差异，并不像物种之间生物差异的真实反映，而在很大程度上是社会交往型文化环境（在这个环境里，每个物种都是经过抚养的）的结果。很显然，类人猿和人类的认知能力存在物种差异。但是，在得出物种差异的结论时必须小心谨慎……"⊖

林恩希望能创建一个成套测试的新版本来比较人类、类人猿和海豚。"就像智商测试一样。"她说。

"好吧，"我说，"我真的很想看看那是怎么工作的。我可以到那儿去吗？我们可以谈谈类人猿基金会吗？"

电话那头传来一阵长长的叹息声。

⊖ 杰米·鲁塞尔，海蒂·林，珍妮弗·夏菲尔，威廉·霍普金斯. 社会交往培养条件在猿猴社会和物理认知发展中的作用 [J].《发展科学》，2011 年：1459-1470。

"这是一个噩梦。"她说。

但是她同意在佛罗里达州的墨尔本举行的对比认知会议上和我见面，在这段时间里，她希望能对生活在位于密西西比格尔夫波特的海洋哺乳动物研究所的海豚进行测试，我也可以参观这里。黛比·凯莉（Debbie Kelly）是会议的组织者，也是曼尼托巴大学（University of Manitoba）的教授，她说我当然可以参加会议并待几天，因此我就报名登记了。

然后，我收到一封爱荷华大学实验心理学系教授艾德·沃瑟曼（Ed Wasserman）发来的邮件。他听说我要来参加会议，表示非常乐意和我谈谈。

我习惯了礼貌地请求资深科学家抽出宝贵的时间和我见面，而不是像现在这样被请求。而且他的名字里有些东西在我的记忆细胞中叫嚣着。对了！有个名字叫沃瑟曼的人曾经在类人猿基金会的董事会工作过，但自2012年萨瓦尔—鲁姆博夫复职之后他就辞职了。我回复邮件，询问他是否就是那个人，以及他有没有在那里发表过任何论文？

沃瑟曼说他就是那个沃瑟曼，曾经是基金会的一名合作科学家，也曾是董事会成员。他发给我一篇在基金会工作时写的论文，因为这是在那里的所有论文了。$^{\ominus}$我们约定在会议上见面。我猜想，我们可能谈的就是我想要谈的东西——类人猿基金会。那里没有人回复过我的邮件或电话，这真的开始困扰我了。谁在照顾这些类人猿？一只认识符号字的类人猿死了，而活着的类人猿不得不通过取悦大众来获得它们的食物和非自愿选择的住处。这让我想起那些被关在安大略'训练学校'里的所谓"心智不健全"的儿童，他们被囚禁起来，还被迫为特权人士工作。

会议酒店坐落在佛罗里达的墨尔本东部的金色沙滩上，海滩边就是大西洋。当我找到主会议室时，当天的讲座已经开始了。一群年长的男性坐在第一排，许多年轻的女性坐在后面较远的地方，而一些中年女性则分散坐在会

⊖ 丹尼尔·布鲁克斯（Dennis Brooks），中坂安男，爱德华·瓦瑟曼. 倭黑猩猩的模态完成［J］.《学习与动机》2010年41期：174-186。

议室里。我的笔记本记录了这些 7 分钟的讲座并未飞逝而过。它记录了我一个接一个越来越不耐烦的评论，因为一直在介绍自己工作的研究员没有讲明那些从未有人提过的而他们正在提的问题是什么，他们反驳的是先前的什么声明，抑或他们的工作是如何促进对思维工作方式的理解的。

这些方式看起来都是过时的。测量、统计而又廉价的数字录像。还有很多关于狗的研究：有一个人甚至问狗是否在意骨头的相对大小；还有人问狗是否会像狼一样积极勇敢地探索周边环境。

当轮到海蒂·林恩发言时，我听得很认真。她戴着时尚的方形眼镜，穿着时髦的衣服，头发扎在脑后，一身适合当终身研究员的打扮。她感兴趣的是坎皮海龟如何寻找食物——它们在开阔海域进行导航的方法还不得而知。因此，她建造了一个大型的六柱迷宫，并将食物放在迷宫里，然后观察海龟在迷宫里寻找食物。但她还是不能确定它们使用过任何特殊的策略。

我当时很难时刻保持注意。而这时，太棒了，一位年长的日本学者出现了，他来自日本理化学研究所（RIKEN）脑科学研究所自适应智能实验室。像德·瓦尔用黑猩猩进行研究工作一样，他发现，猴子可以使行动与同伴同步一致。他让这两只猴子面对面地站在一个按钮可按的装置前，它们几乎立即同时按下按钮。当他们其中一个增速一倍或将速度减半时，另一个也会跟着做。他认定，这种"激动同步（motor synchronization）"的现象与我们看到人类在人群中自动匹配自己行动的现象一样（他播放了有趣的录像进行了举例说明）。他认为，这在猴群里也并非有意为之，所以这是一个旧现象，因此这种群体级别的行为有了进化意义。"为什么他们——我们——会这样做呢？"他问。

没有答案。

当一位中年女性谈论蚂蚁互相将对方从危险中解救出来时，我在与睡意做斗争。德·瓦尔也提到过这一点。140 年来大家都知道，当一群地中海的蚂蚁落入被称为"蚁狮"的捕食性昆虫的陷阱里时，它们试图救出对方（如果它们是有关系的）。这是一种信息素，即化学求救信号，它提醒救援者注意其同伴的危险。曼荷莲学院（Mount Holyoke College）的心理学和教育学教授凯伦·霍丽斯（Karen Hollis）和一位巴黎的同事在 2009 年报道过这种行为[○]，并且引起了媒体极大的兴趣。在他们看来，因为蚂蚁和蚁狮之间的军备竞赛，所以这种聪明的蚂蚁救援行为已经进化了。霍丽斯告诉我们，她决定去看看这种救援行为是否也出现在在美国的蚂蚁中。她在马萨诸塞州南哈德利（South Hadley）的办公室窗外正好发现了一些蚂蚁，并对它们进行了测试。她再一次发现，蚂蚁的家庭成员会互相救援，当某只蚂蚁姐妹被困在沙子里时，它们会做出某种行为；当它掉进蚁狮的陷阱里时，它们会做出另一种行动；它们甚至还会直接用下巴和刺攻击蚁狮。我觉得我听她说过，蚂蚁像老鼠一样，也可能有同理心。这是她的意思吗？还是说她的意思是敌人促使这种聪明行为出现？如果她指的是后面这个意思，那蚁狮为什么不改变自己的行为来应对蚂蚁的做法呢？

在下一次休息时，我发现她坐在圆桌旁和一位同事说话。"对不起，打扰一下。"我说，"您将蚂蚁的同理心和老鼠的进行比较时，您的意思是这两者都是无私的？还是这两者都不是呢？"

她说她的意思是，她并不认为某一老鼠研究声称发现了老鼠的无私是富有成效的，她并不认为蚂蚁有无私的感情。

一开始，我以为她一定是把蚂蚁想成了有机机器人，而它们的行为是受到即将到来的化学信号的触发。但是我错了——她认为蚂蚁是在学习。但是，她并不认为它们是有意识地决定牺牲自己，就像我们在遇到危险时做的那样，或者是甚至为了别人牺牲自己。"那是无私，而这是认知功能。"她说。

德·瓦尔说过截然相反的观点。

我想：就像德·瓦尔所说，如果将一张皱眉的脸在录像中展示几毫秒时间可以触发一次皱眉，那人类的无私可能也不是"认知性的"了。而且，我

○ http：//mtholyoke. edu/acad/facultyprofiles/karen-hollis。

一直在阅读关于无脑的机器人无私地来解决问题的故事。我问她这是否知道可行。

不，她不知道。她伸手抓住我的名牌，想要看看我从哪里来。然后她吸了吸鼻子，又放下了。

艾德·沃瑟曼在约定好的时间走进酒店大堂，然后一屁股坐在我右手边的大吧椅上。他有一张像灵缇犬一样的又长又窄的脸，他的身材也纤细修长，穿着一件白色的棉布衬衫和一条绿色的工装短裤。

我问他，我们是否可以先谈谈他在类人猿基金会董事会时期的事。他没有理会。

"我有一个议程表。"他说。

"那是什么？"我问。

原来他希望我能向世界宣扬比较认知科学的优点。关于这个主题的第 20 届会议将在墨尔本（佛罗里达）举行。1999 年，他和一些同事创建了比较认知协会，当时只有 31 位成员，然后协会发展迅速。250 位与会人员已经是相当多的人数了，但是什么样的未来在等待着这些把自己奉献给这门科学的年轻毕业生呢？黑暗，黯淡。因为美国的科学资助机构将不再为他和协会的很多其他美国创始人提供资金。

"为什么会这样？"我问。

"总是会有一些钱的问题，"他说，"但都不是像这样。"威斯康星州的民主党人、前美国参议院议员威廉·普罗克斯迈尔（William Proxmire）在每月的新闻稿里搞出了另一项事业，他为公务员或某些机构的一些很蠢的研究颁发"金羊毛奖"，在他看来，这些研究工作就是无谓地浪费纳税人的钱。科学家经常出现在那个名单上。但这就很尴尬了。几年前，美国资助科学研究的学术机构国家科学基金会（NSF）中断了对沃瑟曼和他的同事的资助（在普罗克斯迈尔退休后，支持《常识》的纳税人接过了指挥棒，颁发给他们金羊毛奖）。接着，另一个原来资助他们研究的可靠的资助机构——国家心理健康研究所（NIMH）也中断了资助。现在，除非他们的项目可以直接应用于人类和

（或）人类的心理健康，否则他们还是现在就停手为好，因为可能拿不到一分钱。[○]

然而，沃瑟曼认为大众对这项研究十分着迷，所以为什么他和他的科学家同事会被中断资助呢？他们的研究表明，人类还有更多尚未表现出来的智慧，世界上还有很多用他们自己的方式思考和决策的不同物种。他们召开了对比认知协会的常务会议来讨论他们的困境。他提议邀请甚至是付钱请媒体人士参加这次会议，这样他们的故事就能传播出去，大众就可以看到他们正在从事的工作，这样他们就可以获得资助继续研究了。碰巧的是，我正在这个时候联系了黛比·凯莉，问她我是否可以参加这次会议。因此，沃瑟曼做了一个决定：他硬要和我谈谈。

我建议他去联系一些报纸。他咆哮着表示，大多数媒体根本不会为后续的工作费心，更不用说著名的《纽约时报》了，他可以告诉我一些事……

我说："迄今为止发表过论文的加拿大人都已经获得了加拿大联邦政府的研究支持。为什么到了美国会出现问题？"

"我不想谈任何负面的事。"他坚定地说。

我挥了挥手。

他解释因为他有其他一些关于如何进行接下来的采访的想法，他想告诉媒体好的消息：他研究的科学正在开启"第二次哥白尼革命，人类最终将不再是地球上的万物灵长"。

这是一次革命？感觉并不像。自达尔文时代后，科学家们一直提出而又忽视关于动物智力的各种证明和趣闻。更重要的是，大多数对比认知的研究人员似乎仍然将动物行为与人类的标准进行比较，就像人类一直占据着智慧的顶尖一样。另一方面，革命会伴随着各种派系出现，这里也出现了很多的

○ NSF 的网页说，研究认知课题确实有补贴，但前提是对人类的思想、行为和认知的基本面有直接帮助。行为学系统经费也资助比较动物行为的研究，前提是含有基因和生态系统的生物学研究。进化过程的研究经费似乎集中于从宏观和微观角度进化的分子生物机制。

派系。

资助机构就是不明白，他继续说。"我很震惊，竟然连国家科学基金会都坚持社会（即人类）相关性……这是为了去迎合国会。"

国会陷入僵局，政府开支通过某种被称为"自动减支"（Sequester）的政策而缩减。但缺钱并不是真正的问题，他说："过去常常对动物认知和学习给予资助的国家科学基金会的投资顾问团消失了。"它的文件被搬到与进化有关的顾问团里了，"而且以动物认知为主流的顾问团也不再批准任何科学经费。"他宣称说，"我们不抱怨，因为我们从来没有成功过，"他说。"我们有着长期运营的实验室，然后就听到'我们不能再继续资助您的科学研究了'……"

国家心理健康研究所的问题发生在 2001 年，医学博士富勒·托利（E. Fuller Torrey）在《华盛顿月刊》（*Washington Monthly*）发表了一篇文章，质疑为什么国家心理健康研究所会资助对鸽子知觉的研究，但是在其本职领域"人类心理健康"，特别是帮助患有精神分裂症或双相障碍综合征等病症的人类进行药物研究等方面花费很少。沃瑟曼研究的是鸽子和其他动物的知觉和学习。这个问题受到众议院"红脖子"成员兰迪·诺伊格鲍尔（Randy Neugebauer）的关注，这个得克萨斯人被一个杂志评为"最保守的众议院成员"，他在 2003 年首次当选为议员，2010 年进入茶党核心会议。"我的资助金被撤销了。"沃瑟曼告诉我说。

然后就是一场争斗，这是"令人痛苦的和烦恼的。"然而，他的资助金最终被保留了下来。

"但是……动物解放阵线（Animal Liberation Front）蓄意破坏了我的实验室。"他说。

我想，他应该把他的名字改成 Job。

"你指的是善待动物组织（PETA）吗?"我问。

"不是这个组织。"他解释说。1974 年动物解放阵线在英国成立，更为极端地反对动物园和动物实验。他们会做非常可怕的事情去阻止他们不赞成的东西。他们甚至还"挖出为医学实验室提供物品的一位女性的尸体。"（实际上，她的农场提供动物给实验室。这个组织告诉她的家人，如果想要回她的尸体，就必须停止这项业务。）"他们闯入别人的房子，纵火……2004 年他们攻击了我的实验室。实际上，他们摧毁了这个实验室，有一个在线视频显示他们不停地打砸我的计算机。"

后来，我在动物解放阵线的网站上发现了那个视频：他们的发言人声称对整件事负责，她的脸在视频中清晰可见，任何想调查此事的警察都可以据此找到她。视频一打开，就看到两个脸上带着黑头巾的人，他们穿着高过头的黑色连帽衫，背着黑色的背包。他们刷卡进入爱荷华大学锁着的心理学系大楼。镜头跟着他们摆弄手推车上成堆的塑料盒。他们像谢尔曼（Sherman）横扫佐治亚一样横扫了整个实验室。（动物解放阵线的网站上说，他们试图摧毁爱荷华大学的整个心理学系大楼，但是漏掉了一楼的实验室。）他们撬开锁、打开门，把老鼠从各种笼子里放出来，放进塑料外带盒里。他们把因头部缝合着电子端口而不断扭动的老鼠正放在镜头前，好像是在说：看到没？残忍的家伙才在这里工作。然后他们拿着锤子猛击一排计算机，那些是沃瑟曼的计算机。

"所以你最好解释清楚为什么你的科学研究这么重要。"我说。我想如果听他说完这件事，可能就会告诉我关于基金会的事了。

"我们已经问出所有问题了，"他坐回大吧椅里，挥了挥他的手说，"成为人类意味着什么？我们如何适应环境？我们高尚吗？独一无二吗？比较认知科学有两个非常重要的方面，"他继续说，"一方面是空想的，另一方面是实用的。空想的一面与大问题有关：其他物种是有智力的吗？那么智力到底是什么？实用的一面与了解视觉或学习是如何运作的有关，因此我们可以帮助受损的、自闭的或多动症儿童。"

但是之后他遇到了像吸附式水雷一样紧随这项研究的道德问题——囚禁这些智慧生物并对他们进行测试是否正确？他们糟破坏的生命能够被由此产

生的科学所支持吗？（或由他们提供过的娱乐所支持？[⊖]）

"我们了解动物越多，就越欣赏这些像我们一样智慧的和适应性强的物种。"沃瑟曼说，"那么，如果这是真的，有些人会认为没有任何理由和道德借口再对他们继续进行研究了。实际上，我们推动了对我们与动物接近度的理解，这是事实，所以阻碍出现了——我们不应该研究它们。"

"这并不是一个很舒服的地方。"他说。

那么为什么类人猿基金会没有进行更多的科学研究呢？我问。（后来休·萨瓦尔—鲁姆博夫发给我一张列表，上边列着科学家们在 2004 年—2013 年间利用基金会的资源写出的论文和书籍章节，我数了数只有 31 篇论文。）

"它肯定没有像我的实验室一样运作。"这是他关于基金会说的所有的话，尽管根据他的说法，2500 万美元，而不只是 1500 万美元，被扔进了那个地方。"你和海蒂聊这个吧。"他说。他肯定说了有 15 遍"跟海蒂聊"。

后来的一些演讲都是为了祝贺内布拉斯加州立大学林肯分校（University of Nebraska-Lincoln）的艾伦·卡米勒（Alan C. Kamil），他是会议的主发言人。其中一个演讲特别吸引了我的注意，尽管它不是关于鸟类的，事实上，它甚至都不是关于脊椎动物的。纽约城市大学（City University of New Yor）的詹妮弗·巴兹尔（Jennifer Basil）谈到了一个被称为鹦鹉螺的软体动物，以及她是如何在水迷宫里测试它的智力的。她描述了它们如何快速找到出口，化多长时间记住路线以及如何利用迷宫箱周围的空间几何图形来确定自己的方向。"它们没有一点社会性，"她说，"然而，它们非常非常聪明，以致这个物

⊖ 此事登上了《多伦多星报》的头条。报纸调查了对"水上世界"虐待动物的指控，这是安大略省南部的一家大型受欢迎的主题公园，有一头杀人鲸和几头白鲸供人们取乐。按照《星报》的说法，"水上世界"对其用水管理不善，使水生动物受到威胁。雇员们抱怨说，水生动物视力减退，有的甚至眼睛发炎，而陆上动物也生活在拥挤的空间里。《星报》随后报道说发现了堆积动物尸体的坟墓。安大略省最后进行了调查。结果是水上世界基本遵循了反对残害动物的法则，但也说没有法律来规范动物园该如何圈养它们的动物。

种在三次生物大灭绝中都存活了下来。"

但是我很好奇它们是如何学会的呢？这是不是意味着文化和智力相互之间没有任何关系呢？

最后，艾伦·卡米勒站起来发表演讲。他是一个体型魁梧健硕的光头男人，留着灰胡子，不是那种你认为会花费职业生涯的很多时间去观察鸟类，探索蜂鸟、松鸦和星鸦如何学习、记忆和解决生活问题的人。卡米勒震惊了所有人，他发现了某种松鸦（属鸦科）的智慧，发现他们几乎和恒河猴（*Rhesus* macaques）一样的聪明，并且具有社会性。这让他提出一个问题：它们的环境有何相似点？或者这是否是一个趋同进化的案例？

在《进化生物学中的行为机制》（*Behavior Mechanisms in Evolutionary Biology*）[⊖]一书中，他讲述了自己职业生涯早期的一个故事，当时他在观察野外雄性安氏蜂鸟的占地行为，这让他的心理学同事感到惊讶。他去了夏威夷，那里是这些蜂鸟生活的地方，然后建了一个网状陷阱。他观察到，一只雄性蜂鸟成功认出了这个陷阱，避开了它，然后把这个陷阱当成一个工具，诱使它的对手进入这个陷阱，继而让出地盘。一只蜂鸟可以使用工具！然而，他没有把这件事写在书里。他把它称为一个趣闻，用来与古道尔的观察进行对比。古道尔曾看到一只年轻的雌性黑猩猩把自己与一只大型年长雄性黑猩猩的关系当成"社交工具"，用于管束另一只年长的雌性黑猩猩。很显然，卡米勒仍然相信，对同一物种的自然状态下的行为的观察不如剥离野外条件的实验室中进行的测试有价值。他把将野外条件带到实验室里的行为称为验证（*validation*）。在 20 世纪 70 年代，在心理学和生物学还存在明显界限的年代，这是一个激进的想法。"心理学家说实验室外进行的研究不算心理学，而生物学家说学习并不重要。"他解释道。

⊖ 阿兰·卡米尔，"对动物智能研究的综合分析"，《进化生物学中的行为机制》，芝加哥大学，1994 年。

因此，他在实验室和野外都对克拉克的星鸦（Clark's nutcrackers）进行了研究。星鸦到处存放自己的贮藏物，即使它们都被一层积雪覆盖，星鸦也能以某种方法再次将它们找出来。他观察到，星鸦是具有社会性的，但也是自私的。它们贮藏东西时会避开自己的同伴，如果它们觉得自己在藏东西的时候被看到了，就会把东西搬来搬去。这些事听起来挺有趣，让人着迷，甚至有些滑稽，但是我想听听他对于它们如何记忆有何观点。他参考了自己写的几篇关于星鸦啄食打猎技巧中的几何学的论文。然后他回到了他的主要论点上——这与智力本身无关。他想要谈谈研究对比认知的人——大体而言就是心理学家——如何可能从另一门学科的工具中受益。

他说，他曾经有幸领导生物系多年，但他自己只修过一门生物学本科课程。因此，他通过参加同事的讲座、听他们在休息时交谈和阅读他们的论文来让自己熟悉他们的研究工作。这就是他发现生物学家工作价值的过程，特别是在分子研究、基因组序列对比和最重要的表观遗传学方面。表观遗传学研究的是，一旦基因表达被弃之如敝屣，它是如何受基因组区域（即控制区）管理和调整的。这些控制区受环境的影响，然后会对基因起作用——管理、重写以及重新排列基因，并在一代一代中传递下来。

他引用了被称为慈鲷（cichlids）的鱼类来作为表观遗传学相互作用的样例。慈鲷的繁殖行为是受社会调节的，意思是，领域内占优势的雄性可以改变颜色，并进行展示以吸引雌性。优势由率先达到领域内的雄性获得。[一]

"你可以选一只动物，让它拥有某种优势，你会看到一种叫做早期生长反应因子（EGR1）的基因的生成有所增加，"他说，"这引发了一连串相互作用，改变了雄性慈鲷的生理机能，从而产生优势炫耀的行为。这种环境、基

[一] 棘鳍类淡水鱼是很大的一个门类，包括几千个品种，许多不为人知。它们显得十分社会化，以集体形式生活，照顾鱼苗和抚养下一代。棘鳍类包括热带鱼，还有许多常见的养在水族箱中的鱼类。

因表达和行为之间的相互作用意味着"不要再把先天和后天当成单独的事物讨论了。"

我在想，我们人类像慈鲷吗？难道理性和智慧的决策只是我们讲给自己的故事，即使我们的基因按照我们所处的情形将我们的行为改为一致？这是另一种表明行为主义正确的方式吗？

卡米勒鼓励房间内的学生了解生物学。他像是在说，生物学家有我们可以用来回答问题的方法。实际上，他承认对比认知研究所使用的方法需要认真更新一遍。我对自己说这可能会是第二次哥白尼革命，但是卡米勒认为这会在别处发生。

海蒂·林恩答应和我在酒店的酒吧见面，而其他与会者在餐厅为艾伦·卡米勒庆祝。她出现的时候，我几乎没认出来。这位海蒂·林恩穿着牛仔裤和卫衣，一头棕色的长发自然垂下，化妆遮盖了脸上的雀斑。

她坐上一把摇椅，扭动并拉伸四肢，试图减轻背部的一阵肌肉痉挛。她患有自闭症的儿子一直靠着她好几个小时了，她说。她把头发拨到精灵般的耳朵后面，然后叹了口气。她说，她的海豚成套认知测试出现了一个问题，对没能准备好给我展示感到抱歉。

"没关系，"我说，"反正我会去密西西比的。那你能给我讲讲基金会的事吗？"

听到我的问题，林恩的眼睛转了一下。她说休·萨瓦尔—鲁姆博夫是她的导师，她做出了巨大的贡献。这就是之前她没有公诸于众的原因。但是她在想要变得善良忠实和找到保护这些类人猿的方法之间左右为难。

这也是我没能放弃这个故事的原因。1985年，美国通过了一项联邦法律，要求任何联邦资金支持的或者获得联邦资金在机构中开展的脊椎动物研究，在开始之前，都必须得到道德委员会的批准。加拿大和美国的每一所大学都有这样的委员会（尽管2012年的一项对比研究表明，这些委员会通常都是由很多进行评审的科学家组成，而不是独立的个人）。我发现一份基金会在2012

年归档的递交给美国农业部（USDA）的在线报告，这是一个关于基金会进行的各项实验的基本表格。报告中说，2 只动物被繁殖，13 只被研究，但研究方式不会带来疼痛或造成伤害。这就是报告的所有内容。但是伤害是一个相对的概念：美国农业部是否问过，把坎兹的生命作为研究对象，会给它带来伤害或疼痛吗？还有猩猩宝宝泰科（Teco）呢？

她讲述了一个奇闻的细枝末节。在她讲述的时候，她的头一次又一次地向前倾，好像敲击吧台桌可以让她的担心和沮丧消失一样。

"我的丈夫说我应该写一本书。"她叹了口气。

在那个酒吧里，我从海蒂·林恩的故事里获取了很多不连贯的片段。但是我需要等回到密西西比才能将它们串连成一个故事。

7

杜利特尔博士与海豚

去往格尔夫波特（Gulfport）的路上，我和斯蒂芬（Stephen）在车上展开了热烈的讨论。智慧是由外在的环境形成的，还是由我们天生的大脑决定的？智慧是完全可塑的，还是文化特定的？它是一个聚居群体的共同财产，还是由不同个体行为的演变促成的？到达朗博特岛的时候，我们还在争辩。我们将在这里和朋友们一起度过周末。

到达第一天的黄昏，我们就去了萨拉索塔湾的红树林，观看群鸟聚集并在此栖息过夜的景象。格尔夫岛的岸边，伴随着夕阳西沉，一道粉红色的波浪从水面滑过，远处的海湾早已染成一片靛蓝。成百上千只鸟儿叫着、喊着、拍打着翅膀、盘旋着，然后双脚着地降落下来。最大的鸟——鹈鹕——占据了一棵巨大的红树的顶端，大树枝都被它们压弯了，它们将头埋进翅膀里。再往下一层的树枝上栖息着比鹈鹕小一点儿的灰鸥。接着是白鹭，艳丽的粉红色羽毛沿着它们的翅膀边缘蔓延开。最底部左边的红树枝没有大树枝那么受欢迎，停着更小的鸟儿和几只鹈鹕。一层一层往上的树干，每一种鸟都会给其他同伴留出足够的空间，或者发出警告让同伴挪出一点空隙。鸟儿们在红树林的相互合作似乎与白天的竞争毫无关系。它们在同一片水域抓鱼，但在此却又相互合作、彼此宽容，睡在一起，又相互防御。

此时就像历史重演，跟我之前在佛罗里达州墨尔本（Melbourne）海滩边所看见的场景一样。当时是我到酒店的第一个早上，我没有穿暖和的外套，走在寒冷的、寒风呼啸的海滩边，那条路或许只有一个被冬天折磨的、被阳光抛弃的加拿大人曾经走过。太阳正缓缓升起。刺骨的寒风让我想卧倒在沙滩上，像前方的鸟儿一样，无需为醒来去捕鱼而困扰。它们排列成松散的方阵，依偎在海滩的中央，不是在近水的低岸，也不是人们经常会走的高处，而是选择中间的位置。在它们上方几码的地方，是一片凹凸不平的海草地和撒了盐的灌木丛，边上还竖着一块木制公告牌，上面写着：此处可以不给狗栓链。

至少有三种不同种类的鸟儿依偎在一起。有大只的海鸥，它们将头埋在翅膀里，躺在方阵的中央。小点的鸟儿和更小的鸟儿排列在方阵的外围。为什么鸟儿们要在有人和狗出没的沙滩栖息？在那灌木丛里，不是正好有只猫缩成一团，伺机出击吗？一开始，我想不明白，接着——嘭！——说时迟那时快，方阵骚动了起来。外围的鸟飞得最快，而那些在中间的大鸟们则需要一股清风或助跑才能起飞。

"天哪！"我大声地叫了出来，这是海鸟版的罗马军队方阵——它们能够安详地睡觉，同时又能及时警觉，对危险做出反应。太聪明了。

一种集体的智慧。

就像大自然朝着我大喊：智慧是动态的，并非来自竞争，并非来自掠食，并非来自对社会的融入，也并非来自孤独，而是诞生于所有这些情形中。仅仅当其他动物和我们有一样的行为，或者试着将它们的智慧改变为更像人类的智慧时，我们才会去识别它们的智慧，这对于我们认识到真正的智慧毫无帮助。正如苏珊娜·麦克唐纳（Suzanne MacDonald）曾经说过的，我们需要去了解他人的生活方式，再把所有的边界重新深刻反思一遍。

第二天早上，收音机在播放美国国家公共电台（NPR）频道，一个声音吸引了我。我将音量调大了点。是休·萨瓦戈—鲁姆博夫（Sue Savage-Rumbaugh）。她正在向记者讲述许多年以前，她是如何渐渐理解文化的重要性以及由文化衍生的边界的。她曾经尝试过让一只由人饲养长大的黑猩猩露西和一只因此项实验而进园的陌生雄性黑猩猩交配。但是露西是如此人性化，以致她会对着杂志上的人物自慰。萨瓦戈—鲁姆博夫看得出露西很害怕这只雄性黑猩猩，特别是当他向她招手，对她做出"来吧"的姿势的时候。萨瓦戈—鲁姆博夫表示，露西被困在人和动物两个世界之间，却不属于任何一边，就像虚构出来的生物一样。

萨瓦戈—鲁姆博夫所说的听起来是理智的、感同身受的，也是智慧的，但是为什么一个懂得感同身受的人，会让一只聪明的猿猴——一只她明知道已经把自己当成人类的猿猴——与另一只没有这种想法的猿猴进行交配呢？是为了研究更多的猿猴吗？

我和斯蒂芬正在去往海洋哺乳动物研究所的路上。该研究所位于格尔夫波特的一个工业/住宅郊区，正好在一条工业运河边上。运河的水是黑色的，满是淤泥，谁知道还会有其他什么东西。在运河的另一边，一辆牵引机守着高高堆砌的混凝土碎块和圆形钢管。研究所前方的草地上有三只破烂的木制海豚雕像，尾巴朝下，嘴巴朝上，像是搁浅在一大片玫瑰花丛中的美人鱼。研究所是一个巨大的棚式建筑，里面有很多办公室和一个大型展览室。一群学生正在里面参观，他们将自己的手探进一个浅浅的水泥料槽中，触碰游来游去的护士鲨，对着每一样东西都发出"噢"或"啊"的感叹声。在两座大楼间带有遮蔽物的走道上，笼子里的鹦鹉吵个不停。远处，有一片围绕在海豚池边的草地，以及供人们观看海豚的低矮的看台。

海蒂·林恩（Heidi Lyn）走过来，她穿着蓬松的羽绒马甲、牛仔裤、木底鞋，披着头发。她带我们参观。

我在期待什么？不是这样的旅途。这个研究所的名字暗示着它是一个私人智库。当在研究所做研究的时候，它更像一个迷你版的海洋公园，虽然它几乎还没有曾经位于小镇海滩附近的大型海洋娱乐场穹顶那么大，而后者已经被飓风卡特里娜（Hurricane Katrina）摧毁了。这个娱乐穹顶的总监莫比·索朗基博士（Dr. Moby Solangi）于1984年创建了这个研究所。之后，他加入了被飓风困在格尔夫波特的海豚解救行动。但是，在那之前的30年，他曾经捕捉野生海豚，并把它们卖给游乐园。他之后告诉我，当时他突然出现在林恩的办公室帮我结账，他说他曾将动物卖给加拿大仙境乐园（Canada's Wonderland）。他还说，不管《多伦多星报》（*Toronto Star*）怎么报道，海洋公园在任何地方总是最好的做生意的地方之一。

游泳场馆里住着四只海豚。我以前从来没有离海豚如此之近。它们真是优美——游得出奇地快，那么流畅，那么灵活，那么有力，对我们又是那么好奇。观看它们飞跃出水面，我非常兴奋。但是，那些水！那些水是人造游泳池用水，不是海洋里生物密集的水，也不是那些野生海豚生活的河口的污浊之水。当我问起的时候，林恩告诉我，他们本来想用荷兰哈尔德维克（Harderwijk）的一家海豚馆的真正的海水，但是因人们觉得脏而被投诉了。人行木板被隔开，连接着一个大的主矩形池和两个更小的水池。另一个游泳池被掩盖在一块 20 英尺⊖高的蓝色油布后面。一只名叫阿波罗的海豚待在里面（它进研究所时带着传染病，直到康复之前都必须与其他海豚隔离。）

两只成年海豚在主池里相互追逐着，在水面下畅游的速度让人眼花缭乱。等我们靠得足够近的时候，它们重重地拍击着水面，巨大的水花朝我们扑来。这可一点也不好玩，看来它们很生气。海蒂解释说，它们想吃鱼了。在最小的泳池里，一只孤单的海豚探着头，然后扭动着身子往上冲，以便能更清楚地看到我们。它身体往后倒时，溅起了大大的水花；接着再跳起来，再倒下去。一堆玩具漂浮在水面（一个泡沫字母 H、一个橄榄球、许多个圆环、一个足球），但是显然看着我们比玩具更加有趣。

斯蒂芬一直没有离开，直到他向海蒂问出了一个从《新荒野》时代就开始困扰他的问题——为什么没有人继续约翰·利利（John Lilly）早期海豚交流的研究工作？他的意思是，为什么今天的任何研究员都没有试图破解海豚之间的语言，而是试图教海豚像我们一样交流？

海蒂看着斯蒂芬，像看一个傻瓜一样。她说，首先，自 20 世纪 40 年代开始，已经有许多研究人员研究过了海豚的交流，而且这项工作从来没有间断过。有一位名叫文森特·雅尼克（Vincent Janik）的人在研究海豚的标志性哨声方面，已经做了无数工作。他表示，这些哨声相当于一个独特的个体标志。在萨拉索塔（Sarasota）所做的研究还表明，有血缘关系的海豚比没有血缘关系的海豚有更多的交流。而彼得·特亚克（Peter Tyack）自 20 世纪 70

⊖　1 英里 = 0.3048 米。

年代开始，也做了相当多这方面的研究。

斯蒂芬继续追问，但是利利所做的研究可不仅仅是标志性哨声。利利表示，海豚之间会交换大量的信息。他想知道这些声音是否可以组成一种语言，甚至试着破解它。

虽然林恩肯定利利的早期工作是史无前例的，但是她还是觉得他不值得信任。"他给他的海豚吃致幻药 LSD。"她强有力地说道⊖。

这时候，我们站在主泳池边上。但是小泳池里的小海豚却不停地往上跳，跳得越来越高。它让我想起我们家上次养的一条狗，一只叫洛基的卷毛比熊犬。每次有人敲门，它总是会跳五英尺高，以便自己能看到门外的人，也希望那人能看到自己。这只海豚非常想引起我们的注意。

她说："那只海豚叫强斯（Chance）。"2012 年，强斯在阿拉巴马州（Alabama）搁浅了。飓风卡特里娜杀死了许多海洋哺乳动物，但是到现在为止，2010 年英国石油公司（BP）在墨西哥湾的深水地平线钻油平台漏油事件杀死了更多的海洋哺乳动物，而且这种情况还在持续。在展览室里，布告板上列着每年主要的新生海豚被发现死亡的数目。年复一年，死亡数量持续增长。强斯今年约 4 岁，不知什么原因搁浅了（虽然可能是因为英国石油公司泄漏事件）。发现它的时候，它的身体有很大的疮口，人们将它的椎间盘抬起，以防它不适宜地乱动，而且当时它的胸鳍也有损伤。虽然它能够在水里不断地发出哨声，但是似乎一点都不能进行定位了。3 岁的阿波罗可能当时与群体走散了，然后迷路了，它也是因为搁浅才被发现的。

研究所的训练员试着教强斯和阿波罗如何游过水底狭窄的门，这些门连接着各个游泳池。这是项艰难的任务。海豚不喜欢在狭窄的地方游泳，它们必须学着信任这些向它们展示怎么做的人类训练员。然而，训练员们经常会

⊖ 约翰·莉莉（John Lily）的硕士论文《海豚与人类的关系和麦角酸二乙胺（LSD）》首次发表于《在心理治疗和戒酒中使用 LSD》上，由鲍勃—梅瑞尔公司的希罗德·阿伯莱森于 1967 年编纂，第 47-52 页，可以在 www. Psymon. Com/psychedelia/articles/lilly. Htm 中找到。

发现强斯在大游泳池里，它可能是自己跳上走道的，再通过扭动自己的肚子翻过走道的。

保和巴斯特是主泳池里的两只成年海豚，大约 33 岁，当它们很小的时候，就在野外被抓了，所以它们的一生几乎都在人类的饲养中度过。

林恩曾计划对其中一些海豚使用一组她改良的灵长类动物认知测试的版本。但是，即使她弄明白了要测试什么，她也要先弄明白该怎么测试。她是否要在水池里放一个漂浮的平板，并且给他们提供一个他们可以用嘴巴推动来回答问题的装置？不管制作什么样的装置，这些海豚都要通过训练才会使用。要花大量时间让这些个体融合成群体，还要花大量的时间让成年海豚去适应年轻的加入者。而在所有这些假设之前，要先让它们学会在被叫到名字时游过来。

我在笔记本上记下所有这些东西，但是我的脑海里却在想着：如此狭小的生活空间里却住着这些大型的、聪明的动物，与充满无尽可能的格尔夫海湾比起来，这潭洁净的、毫无特色的水，该是多么无聊啊。我想象着它们从水池里跳出来，用它们的肚皮划过草地，一直滑到运河里，自由地游着，自由地发出哨声。天啊，它们 30 年来就好像在浴缸里度过一样。

海蒂像读懂了我的心思一样，对我解释说，若把这些老年的海豚放生野外，它们是生存不下去的。那两只年轻的海豚被发现时已生命垂危，海豚们会一直带着生病的伙伴。而强斯不仅仅是生病了，它还患有脊柱畸形。虽然它的名字叫强斯，但那是因为它被发现时恰恰连一点生存的机会也没有。

斯蒂芬离开了，我和海蒂走进她的办公室。办公室很小，很空，几乎没有什么东西，只有一张桌子和几把椅子。

她坐在其中一张椅子上，用手把头发拨到耳朵后面。也正是那时，我才意识到，她有点像我在天才班的朋友玛丽安（Marion）。不仅仅是因为她鼻头上散落的雀斑和因被头发压着而向下耷拉的耳朵，更重要的是她脆弱又坚韧的个性，以及发掘新事物的意愿。

1970 年，海蒂在得克萨斯州达拉斯市（Dallas）出生。她的父母都是南方卫理公会大学的音乐家和老师。但是当她2岁、姐姐3岁时，她的妈妈因受够了婚姻的束缚而决定逃离。她把海蒂和她的姐姐放在车里，9个月风餐露宿，穿过整个国家一路去往旧金山。她妈妈在那儿认识了一个来自菲律宾的男人。随后，她们都到菲律宾居住，直到她的妈妈和那个男人的关系破裂。当她们回到美国的时候，她们跟外公外婆一起住在威斯康星州格林湾（Green Bay），但是后来又搬到了密歇根州索格图克（Saugatuck）。索格图克是为芝加哥人提供的一个艺术家聚居和度假的小镇。在那里，林恩的妈妈在一栋房子的底楼开了家餐馆。她们住在楼上。当时海蒂10岁，她的姐姐11岁：她们很快成了好学生。她的姐姐去了密歇根大学（University of Michigan）学习经济学，而她去了宾夕法尼亚州大学（University of Pennsylvania）学习计算机科学和语言学。

在林恩大三的时候，林恩她的妈妈打电话给她，告诉林恩，她将要送她姐姐去夏威夷参加为期两周的地球观察之旅作为毕业礼物，问海蒂愿不愿意第二个星期去。

"这改变了我们两个人的生活。"林恩说。那次旅行之后，姐姐决定要做与动物有关的工作，而不是与钱有关的。"我姐姐工作得并不开心（她在一家薪酬丰厚的保险公司工作），后来她申请了一份在芝加哥谢德水族馆（Chicago's Shedd Aquarium）的工作和另一份在布鲁克菲尔德动物园（Brookfield Zoo）的工作，工资差不多每小时6美元。动物园录用了她，她在那里工作了10年。现在，她和我的许多朋友一样，是一名驯犬师。"

林恩在夏威夷参加鲸鱼观察之旅时，路易斯·赫尔曼（Louis Herman）带领的一个博士后亚当·弗兰克尔（Adam Frankel）是旅游的组织人。他问林恩正在学习什么专业。当林恩回答语言学和计算机科学的时候，亚当告诉林恩她应该去一趟赫曼的海豚实验室。赫曼于1970年在火奴鲁鲁（Honolulu）建立了科瓦罗盆地海洋哺乳动物实验室（Kewalo Basin Marine Mammal Laboratory）。后来证明她和实验室非常有缘。她刚好在为她的毕业论文寻找一个项目，而实验室也很愿意让她在那里工作。

"他们是需要你的语言学背景吗？"我问道。我理所当然地认为那似乎是吸引赫曼的因素。"如果你想解密海豚的语言，那么一个语言学家肯定很有帮助。但是赫曼教海豚的是一种人造的语言。"林恩解释道。[一]

和萨瓦戈—鲁姆博夫一样，赫曼的研究也是让海豚融入人类的世界，让它们学习人类的沟通方式。他将它们的训练过程描述成类似在人类文化中的孩子受到的 15 年的教育。[二]在 20 世纪 80 年代，赫曼研究了两只海豚的遵从指令能力。他们发明了两种语言——可以组成新句子的语言，然后让这两只海豚根据这两种语言做指示。一只海豚学会了将计算机发出的声音和某些特定的物体或动作联系起来，另一只学会了视觉信号编成的语言。它们能够在训练员使用这些编制语言的情况下几乎准确无误地作出反应。[三]但是，这项工作受到了名叫罗恩·舒斯特曼（Ron Schusterman）的同事的反对。赫曼作出了回应，舒斯特曼也进行了反击，写了一系列论文和驳斥的文章。林恩把这次争论称为"网络论战"。

林恩说："罗恩声称路易斯的东西（一系列符号）根本不是句子，只是一种排序。"

在林恩到达火奴鲁鲁的时候，赫曼已经不再从事语言研究了，而是进行更广阔的智力探索。他将智力定义为"灵活的行为"。[四]

（一）一些学者利用信息理论研究动物的"语言"。不需知道其含义，信息理论允许科学家分析动物信号的内容。参见《使用自组织的地图和超空间模仿分析语言模态》，作者考夫曼（Kauffman）、阿利森（Alison）等，"比较心理学的国际期刊"，2012 年第 25 期，237-275 页。

（二）Louis M. Herman, "Cognition and Language Competencies of Bottlenosed Dolphins," in Dolphin Cognition and Behavior: A Comparative Approach. Ronald J. Schusterman, Jeannette A. Thomas, Forrest G. Wood, eds., Lawrence Erlbaum Associates Inc. Publishers, 1984, pp. 129-219.

（三）Louis M. Herman, Douglas Richards, James P. Wolz, "Comprehension of sentences by bottlenosed dolphins," Cognition, Vol. 16, Issue two, March 1984, pp. 129-219.

（四）Louis M. Herman, "Exploring the Cognitive Word of the Bottlenosed Dolphin," in The Cognitive Animal: Empirical and Theoretical Perspectives on Animal Cognition, Mark Beloff, Colin Allen, Gordon Burghardt ets., A Bradford Book, 2002.

"这里所说的灵活性，我指的是组织和执行行为的能力，这些行
为是指与新形势、新环境、新事件相适应的行为，并不一定是受基
因约束或者是该物种自然发生的常规行为。灵活性在动物身上表现
为逾越其自然发生行为的界限或者逾越其自然世界的环境。"

我想，这是个有趣的定义。它并没有否认黏菌解决了实验室迷宫的问题
或预测令人震惊的事实——即使秀丽隐杆线虫和许多人类可能都做不到这
一点。

赫曼转向研究海豚的物质记忆：海豚是否能发明并且执行若干行为，然
后重复这些行为？它们可以。其中一只海豚发明并完成了一系列的 36 种不同
的行为，然后完美地进行了重复。⊖根据林恩的说法，在某种程度上，这样的
行为需要有一定的实践考虑。由于当时对于动物语言研究的资金有限，因此
在那个艰难的时期，许多语言研究论文在任何地方都没办法发表。"远离了语
言学之后，事情会变得更容易，"林恩说，"当你离开语言学领域后，你的科
学家生涯会更成功。"

按照林恩的说法，这一切是由于赫布·泰瑞斯（Herb Terrace）公开宣称
自己没有教会黑猩猩尼姆·齐姆斯基（Nim Chimpsky）任何句法。⊖

林恩于 1995 年在赫曼的海豚实验室里工作。跟大多数在那儿的同事不一
样的是，她当时不是以志愿者的身份工作。她不用支付"地球观察之旅
（Earthwatch）"的费用，相反，还被准许在赫曼的实验室工作，因为这样，在
赫曼实验室里工作的地球观察的志愿者们就能够脱身了。赫曼用自己的预算

⊖ Eduardo Mercado Ⅲ, Scott O. Murray, Robert K. Uyeama, Adam A. Pack, and Louis
M. Herman, "Memory for recent actions in the bottlenosed dolphin (Tursiops truncates):
Repetition of arbitrary behaviors using an abstract rule," Animal Learning and Behavior,
26 (2) 210-218, 1998

⊖ 20 世纪 70 年代当特拉斯（Terrace）得出结论，猿猴只不过是学会了所需食物的信
号而不是词义后，他又写了论文和在电视节目上错误使用词汇，表明猿猴是不可能
掌握语言的。由于他在同事中是佼佼者，所以人们尊重他的意见。

给林恩发工资。但是，当时的环境真的很艰难。"实验室里根本没有做了很长时间的员工。"

林恩爱上了赫曼的海豚，而且为了不与赫曼发生冲突，她以志愿者的身份继续留在实验室。赫曼劝她回去继续深造。但是那时她看了一段休·萨瓦戈—鲁姆博夫和她的两只倭猩猩坎兹（Kanzi）和潘班尼莎（Panbanisha）一起工作的视频。"对着坎兹说英语，它会以符号文字回应，我震惊得脑袋都要炸了。这段视频展示了所做的测试，它们走在森林里……"坎兹会被要求去一个指定的地方，接着实验者会让它带领团队过来，它都做得到。林恩说："所有的这些东西都明确地具有参考意义。"

"我曾在一家日间托儿所工作，目睹了语言的发展。"林恩继续说，"很奇怪。不像学习其他事物，学习语言是在 18 个月里，从什么也没有到完全熟练地运用。太神奇了。我想成为杜利特尔博士，她现在正在做这份工作。我想弄明白她正在做什么，然后将其用到海豚身上。"

林恩申请了在休·萨瓦戈—鲁姆博夫那儿做毕业工作。虽然从未谋面，但是林恩听到过很多她的故事。

林恩以研究生的身份被录取了。休·萨瓦戈—鲁姆博夫和她那时的丈夫杜安·鲁姆博夫（Duane Rumbaugh）还有许多研究经费。"他们的语言研究中心接了一个大型的国立卫生研究院的项目。他们说，已经有足够的资金用于做研究，可以拿出一部分付津贴……当时我的津贴是每月 600 美元。"但是谁能靠那点微薄的收入过活呢？"他们说只要努力地干下去，我们总会找到解决办法的。"作为回报，林恩在他们的实验室兼职，并且帮他们照顾猿猴。他们将林恩安顿在研究中心里的一辆拖车上，和他们的程序员赖恩（Ryan）一起工作。林恩觉得自己的世界让赖恩以及他的狗分成了两半——她的办公室一半，赖恩一半。

"坎兹和潘班尼莎会经过那儿，还跟我们打招呼。倭黑猩猩被安置在拖车旁的一栋新建筑中。"

"那你当时是怎么找到休·萨瓦戈—鲁姆博夫的？"我问道。

林恩往后坐了一下，思考着。

"当我第一次见她的时候……她和卢一样，是位很难搞的老师。一样的态度……很明显，我从来不知道会从她那获得什么样的回应。更糟糕的是，我好像习惯性地变得很敏感。我在那里待了四年或四年半。在我完成博士学位之前，我离开了那里。"

"为什么?"

"事情的发展让我越来越不安，很多事情都让我觉得不自在。"

"比如说?"

"我们有一笔来自 NIH〔美国国家卫生研究院（National Institutes of Health）〕的基金，还有比尔·菲尔兹（Bill Fields）作为我们的 PI。〔PI 就是课题负责人（principal investigator），主要负责监督实验、报告结果和管理基金。〕比尔没有学士学位。"（比尔于 1999 年拿到了学位。）

"嗯，那有什么问题吗?"

"我的名字被移除了，因为我还没拿到博士学位。我是'abd'——万事俱备，只欠论文……"

林恩和休·萨瓦戈—鲁姆博夫有过一次很激烈的争吵。为什么？主要原因在于，林恩担心萨瓦戈—鲁姆博夫的研究偏离了方向，而这会威胁到她的研究基金。林恩听到传闻，在 HIN 的人想让萨瓦戈—鲁姆博夫改变她的研究方法。而关于下一个实验主题设置，萨瓦戈—鲁姆博夫想要研究爱在猿猴身上的影响。她的想法是自己和比尔·菲尔兹将扮演潘班尼莎儿子的父母。但是林恩觉得他们并没有找到一个合适的科学的研究方法。这与萨瓦戈—鲁姆博夫想要研究艺术及音乐对猿猴影响的想法是一样的。

"没有计划，除非改变研究方法。我会唱歌，我出生于音乐世家。潘班尼莎能够跟着音乐一起唱《天堂里的芝士汉堡》（*Cheese Burger in Paradise*）〔吉米·巴菲特（Jimmy Buffett）所作〕，这是极好的。"潘班尼莎并不是真的在唱歌，她只是随着音乐的演奏在图形板上指出正确的与歌词对应的符号。那时还没有任何与猿猴有关的音乐研究，分析潘班尼莎在做什么本应该有一定的研究价值。"但是，休禁止流行音乐，只放传统音乐。我们问过为什么不用儿童的歌曲？她还教猿猴吹竖笛，但猿猴不会控制自己的呼吸，因此让它们吹气是一件很难的事，但是坎兹和潘班尼莎成功地吹响了笛子。彼得·加布里埃尔（Peter Gabriel）来过，和它们一起吹笛子。但是分析并没有完成……从那开始，也没有任何关于这方面的论文发表过。"

"所以我退出了，在佛罗里达州照顾我的奶奶。"（林恩的奶奶五个月之后去世了。）

杜安·蓝保告诉林恩，他担心如果她离开的话，会完成不了她的论文。"我说，我保证我会完成。但是如果我继续留在这儿，有些事情会发生，而且会变得糟糕。"

林恩离开乔治亚州时，本来已经想好了一个论文计划，但是一到达佛罗里达州，她就改了。她和另一个研究生同学讨论了关于那些猿猴在被要求在图板上指出详细的文字时犯下的一些词汇错误。她觉得这些错误不是随机的。她曾经要求猿猴指出柠檬，猿猴指了柠檬水——错了，但是是有联系的。佐治亚州的语言研究中心积攒了 15～20 年的其他研究者得出的相似实验的数据。林恩把资料都翻阅了一遍且抄录了一遍，再分析结果，试图找出其中的规律。

她发现，这些猿猴选错词的时候是因为这些词都跟问题里的词有关，或者是听起来相似的词。

"在人类世界里，也有这一类错误的研究……据我所知，这和人类在演讲时所犯的错误是一类的。"

最后，林恩的论文刊登在《动物认知》（*Animal Cognition*）杂志上。而在那之前，有五家杂志拒绝了她。"我把论文寄给《科学》（*Science*）杂志，"她说，"他们看都没看。他们说这个议题不够重要。"

同时，萨瓦戈—鲁姆博夫的研究也迎来了"请愿者"来和她一起合作。

一个是特德·汤森（Ted Townsend）。特德在电视新闻中见过杜安·蓝保，发现杜安来自爱荷华州。他曾经说过，如果佐治亚州的猿猴来到爱荷华州，他会把它们安顿在一个中心里生活。"但是他并没有将这句话写下来。"林恩说。

2001 年，当时海蒂·林恩还在佛罗里达州写她的论文。她得知休·萨瓦戈—鲁姆博夫正在协商要和佩妮·帕特森（Penny Patterson）（一只名叫可可的大猩猩的看管人）以及李·迈尔斯（Lyn Miles）［与一只名叫夏特克（Chantek）的雄性猩猩工作了很多年，这只猩猩会用美国手语与人沟通］一起工作。但是后来特德·汤森还来讨价还价。

"我和保罗·麦卡特尼（Paul McCartney）参加了一个会议。"林恩说。她用手掩住自己的脸，然后嘟囔着继续说她写书的事。

麦卡特尼曾在亚特兰市办过一场音乐会。他告诉休·萨瓦戈—鲁姆博夫，他想过来见见那只会用符号说话、会吹竖笛的天才倭黑猩猩坎兹。

"但是当时佩尼和林恩都在。而特德·汤森还在路上。当麦卡特尼来看坎兹的时候，在休的房子里有一次会面。"

"所以你见过麦卡特尼了？"

"我离开了。当时太戏剧化了，"她说，"但是其他人都看到了他。我想这应该是计划好的，让所有人聚在一起。但是我想特德应该对潘尼和我视而不见吧。"

很显然，他们没想到休·萨瓦戈—鲁姆博夫和她的猿猴项目还有竞争者。

"特德只顾说着自己的东西……就像演肥皂剧一样。"她说，头往下低了点。"他想要休的动物。四种猿猴都要。"

"科学家们是怎么获得这些动物的？或者其他人是怎么获得的？"我问。

"没人知道，"林恩不满地说，"其中一只，马塔塔（Matata）是属于刚果的，但是出借给了埃默里大学，接着又给了基金会……休试了很多次，想要回所有权，最近的几次是和基金会打交道，就在 2011 年，我接管主任位置的前一天。"

汤森建立基金会的计划在 2002 年就公布了。那栋经过特别设计的建筑物用了两年时间才建好，是由得梅因市和一家能源公司捐建的。2004 年运来了第一批猿猴。在 2005 年，林恩和其他人被安排去基金会参加基金会议。在那里工作的科学家们待遇很好，"都是玫瑰、巧克力和香槟。"林恩说。但是，一旦猿猴被送进这家机构，外面的人就很难获得准许进入以及收集数据。总会有时间安排的问题，而且研究基金也从来没有下发过。

为什么？

林恩认为，那是因为 NIH 开始停止向休的那种研究提供基金了。但是还有基金会的高级研究科学家威廉·菲尔兹（WilliamFields）的问题。"他曾经是佐治亚州的一名保安人员。"林恩说，"6 个月之后，他成了休其中一个基金的课题负责人。他有个学士学位，在爱荷华州之前完成的。休的很多论文中都有他的名字。"

加州大学洛杉矶分校（UCLA）的帕特里夏·格林菲尔德（Patricia Greenfield）和语言学家汤姆·吉冯（Tom Givon）争取到了一项研究的基金。这项研究是在猿猴们离开亚特兰大时做的，是对猿猴沟通姿势的录像进行分析研究。林恩和他们一起做这些项目，虽然大多数时候是在佛罗里达州的家里做的，她和自己的交往了六年的男朋友住在这里；但是她从来没有忘记要把从猿猴研究上学来的东西应用到海豚身上。当林恩前往温哥华参加一次海洋哺乳动物会议的时候，认识了一位名叫黛安娜·赖斯（Diana Reiss）的研究者。随后他们是在康尼岛国际野生生物保护学会的纽约水族馆（New York Aquarium of the Wildlife Conservation Society on Coney Island）见面的。赖斯告诉林恩，她在纽约研究一个能够让海豚学习语言的键盘系统。[注]她问林恩是否愿意帮忙。林恩抓住了这次机会。

林恩回到佛罗里达。不久之后，她和男朋友分手了。"我在 24 小时内把房子卖了，然后前往纽约。"

"我肯定看起来很惊慌。"林恩解释道。她和她的男朋友谈到了小孩的问题，这成了"分手的导火索"。那个不同寻常的晚上，赖斯都告诉林恩，她应

○ 她已经发表了水下键盘的使用方法，海豚们能看见并按下键盘来获得需要的食物。

该来纽约，因为事情总会解决的。"我在那里认识了我的丈夫。"

水族馆聘请了林恩，而且在赖斯的安排下，她还在亨特学院（Hunter College）兼职教学。林恩每天都往返于她新泽西的亲戚家和康尼岛（Coney Island）之间。一切都很顺利，一直到国际野生生物保护学会的高层人事变动。接着一只海豚死了。两个月之内，学会把其他海豚都送到了别的地方，这大大地损害了赖斯的研究。接着，赖斯和林恩把研究重心转移到了赖斯的另一项研究上，白鲸和海象的对比研究，盼望着海豚会被送回来。后来，事实证明这是不可能的，学会把海象也移走了。林恩在第四年的最后几天离开了。

"我们的键盘计划非常完美，绝对可以取得成功。"但是没了海豚，计划有什么用？"黛安娜和我协商过，只要我们其中一个成功实施了键盘计划，两个人共享实验成果。她希望在巴尔的摩（Baltimore）的国家水族馆（National Aquarium）开始研究，而我希望在这里做。"

林恩看到了文森特·雅尼克（Vincent Janik）在海洋哺乳动物留言板上的职位招聘信息，拟招收一名博士后研究员。雅尼克是英国的社会学习与认知进化中心（Centre for Social Learning and Cognitive Evolution）和圣安德鲁斯大学（St. Andrews University）生物学院海洋哺乳动物研究中心的生物学教授。他的研究已经表明，海豚发出的一些哨声是身份的象征，就好像名字一样。他还发现，海豚会学习和模仿其他海豚的标志性哨声。

林恩说："他想要一个和海豚有过一对一训练经验的博士后研究员。"然而，雅尼克所研究的海豚并不在圣安德鲁斯（St. Andrews）。英国设有非常严格的规定来有效禁止海豚的圈养，"……有一大堆要求，但是没人做得到，而且这样的事情非常具有争议性。"

雅尼克因为萨拉索塔海豚项目而研究过佛罗里达州的野生海豚和德国的圈养海豚。后来，他做了一个计划，研究一群数量非常庞大的圈养海豚，这些海豚在荷兰哈尔德维克（Harderwijk）的一个大型海豚水族馆里。从2006年到2008年，林恩在那里为他工作。

"我的工作是训练那些海豚做样本配对任务，还会帮忙饲养。"在工作中期，她怀孕了，这也是她的计划。但是在 2007 年生下一个小男孩后不久，她在荷兰接到了休·萨瓦戈—鲁姆博夫的电话，休很惊恐，因为她第一次被实验室赶了出去。

萨瓦戈—鲁姆博夫问林恩，如果她能重新回到基金会，林恩是否愿意成为她实验室的主任。

后来林恩从员工那儿听到了事情的一个版本以及从萨瓦戈—鲁姆博夫处听到另一个版本。显而易见，萨瓦戈—鲁姆博夫本来想去刚果民主共和国，基金会派了她去，但是事情并不顺利。

萨瓦戈—鲁姆博夫直到 2008 年才回到实验室。当她再次被允许回到机构的时候，她的身份是科学家，而不是一个研究负责人。比尔·菲尔兹——她的前任门徒，现在全权掌管着实验室。林恩说，只要我想知道那个时期的事情，我可以问当时在那里工作的人，包括她的朋友罗柏·休梅克（Rob Shumaker）。

我告诉林恩，我已经联系过休梅克，他同意我可以去印第安纳波利斯动物园（Indianapolis Zoo）（他现在在那里工作），去看那些他原本带到基金会，后来又被他带到印第安纳波利斯的猩猩——如果天气够暖和，它们可以待在户外的话。我去的时候是冬天，所以见不到它们。而他已经不愿意跟我提及任何在那个机构里发生的事了。

"没有人说起……"林恩说。

同时，林恩在荷兰的博士后研究也结束了。她和丈夫还有宝宝一起回到密歇根，接着花了六个月的时间找工作。她去巴塞罗那（Barcelona）参加了一个语言进化会议。在那里，她遇见了威廉·霍普金斯（William Hopkins），威廉·霍普金斯在埃默里大学耶基斯国家灵长目动物研究中心心理分部。林恩几年前就知道这个人。他告诉林恩自己有个博士后研究员的位置空缺。林恩申请了，面试之后，她获得了这份工作。当林恩到达霍普金斯在耶基斯的实验室时，杜安·蓝保告诉她，他的前妻，休，想要尽快把那栋漂亮的房子和 50 英亩的田产卖掉。如果林恩想买的话，他可以为她安排融资。于是，林恩在霍普金斯的实验室工作的两年时间里，她和丈夫和儿子一直住在那栋房子里。

林恩说，"他的实验室是我要做成套认知测试的原因。"林恩的第一项研究是为了响应赫尔曼和托马塞罗（Tomasello），她在大型猿类信托基金会的倭黑猩猩身上做认知测试系统的实验。在接下来的两年里，她去了基金会三到四次，但是从没有见过萨瓦戈—鲁姆博夫或比尔·菲尔兹。猿猴们基本上都很好，虽然坎兹还是一如既往地硕大笨重，潘班尼莎也是。和霍普金斯一起工作改变了她做科学的方式：更少注重灵感，更多注重效率。霍普金斯累计为 90 只黑猩猩做过核磁共振成像扫描，而且每四个月就能写出一篇新的论文。

"他在耶基斯有个拖车。他有一块白板，上面列满了要在审阅或待出版的出版物，在任何特定的时间里，都会有 30 条信息在墙上。在其他地方，可能只有一个或两个，没有组织，没有计划。现在我的研究有的在数据收集阶段，有的在分析阶段，有的在撰写阶段，有的在审阅，还有的正在出版。如果白板上哪一处空着了，我会紧张。"

随着林恩在霍普金斯实验室的博士后的研究接近尾声，一位她在比较认知会议上认识的朋友给她发了一封电子邮件，是关于南密西西比的一个助理教授的职位。她申请了。后来，在她从医院的诊疗室拿到儿子的自闭症诊断书之后，直接上了飞机，赶去面试。2010 年 8 月，她被录取了。"这份工作是命中注定的。"

林恩和丈夫在网上找了一处房子，争取了一个更低的价格。巧的是，那栋房子就在当地最好的自闭症儿童学校所在的区域。

"最后，在我做了四个博士后研究工作后，得到了可授予终生职业的机会。"她说。

我列的表格显示，林恩花了几乎 7 年时间做博士后研究，这对于一个自由职业科学家来说，的确是很长的一段时间。

"那你最后是怎么得到这个研究所的工作的呢?"我问。

"我的妈妈想为她的狗做针刺疗法。"林恩大笑起来。她妈妈请的兽医,也是莫比的兽医。林恩没见过这个人,但是她听说过这个研究所。"我是以顾问的身份被聘请的。"

她说莫比是个"很有趣的人"

她和许多有趣的人工作过。

当特德·汤森宣布自己不再赞助基金会后,事情真的变得非常有趣了。

"比尔·菲尔兹跟我说,除非我付钱,否则我不可以在基金会收集数据……我跟他说,没有数据,我没办法挣钱……随后,我接到电话说,到2011年12月31日,基金会将一分钱也没有,而坎兹和潘班尼莎将会无家可归。"

看来基金会的前景堪忧。这不仅对于坎兹和潘班尼莎是可怕的。这对于每一个依靠基金会的猿猴们做研究的人,都会有影响。许多做灵长类动物研究的人都知道,在赫布·泰瑞斯(Herb Terrace)与尼姆·齐姆斯基(Nim Chimpsky)断绝关系之后,后者身上发生了什么样的命运。

尼姆的故事跌宕起伏。它出生于俄克拉荷马大学的"黑猩猩农场"(chimp farm),而且在两周大的时候就被迫和自己的生母分离。(尼姆的妈妈已经有六个孩子被带走,在尼姆之后还会有五个孩子被带走。)尼姆被卖给了哥伦比亚大学的赫布·泰瑞斯。泰瑞斯将尼姆安顿在一个人类家庭里,这个家庭有六个小孩,以便让尼姆生活在人类语言文化中。这个人类家庭中的妈妈曾是泰瑞斯的研究生和情人。他让她做尼姆的妈妈,并且教尼姆美国手语以作为黑猩猩语言习得研究的一部分。当她被证明无法将尼姆当作科学项目对待时(她喂尼姆喝母乳!),泰瑞斯把尼姆接了回来,并放进空空的宅邸里,那里曾经是哥伦比亚大学校长们使用的地方。尼姆在那里生活,一名女研究生(假妈妈)照顾它,房子被改造成田园的模样,宽敞舒适。这个学生和泰瑞斯也有一段短暂的感情。感情结束了之后,女研究生离开了。随后,尼姆陆陆续续地和不同的研究生们住在一起,他们训练尼姆用美国手语沟通。但是几年的科学研究之后，尼姆正常的、好斗的雄性黑猩猩本质开始显露出来。

许多成年雄性黑猩猩都比人类男性要强壮。当尼姆五岁的时候，它咬了所有教它的老师，有些甚至很严重。接着，有一次，它狠狠地咬了一个女老师的脸，牙齿差点都要穿过她的脸颊了。这个女人花了三个月时间才康复。赫布·泰瑞斯害怕自己被控告，于是打电话给俄克拉荷马州大学的黑猩猩农场（他从那买来的尼姆），农场答应收回尼姆。尼姆被捆绑着，不省人事地被送上了私人飞机。

当尼姆醒了之后，它作为人类的生活结束了。它要忍受突然失去所有爱护它、照顾它的人的痛苦。它不能够继续抱着自己的宠物猫，不能够在宽敞的庄园里散步，取而代之的是一个大笼子，和一群恐吓它的陌生黑猩猩。如果它表现得不好，就会被驱牛棒震击。当然，它还是能够和那些不时带它出去散散步、野炊的学生们做朋友。后来，俄克拉荷马州大学的研究院经济出了状况，尼姆便被卖给了纽约北部的一家生物医学研究中心。在那里，它待在一个更小的笼子里，被用来做医学实验。直到它在俄克拉荷马州的一个学生朋友对这件事抗议不止，它才被送去了得克萨斯州的一处保护区。但是那里一只黑猩猩也没有。它自己在笼子里孤独地度过了之后的十年。后来，得克萨斯保护区换了主人，引进了几只黑猩猩，它才终于有了伴。在 26 岁那年，它因为心脏病去世。

这个骇人的故事后来被拍成一部强大的纪录片《尼姆计划》（*Project Nim*），由詹姆斯·马什（James Marsh）执导，内容也参考了伊丽莎白·赫斯（Elizabeth Hess）的一本书。2011 年，影片在圣丹斯电影节（Sundance Film Festival）上放映，随后在电视上也有播出。这是对科学的无能、冷酷、傲慢、残酷和不道德的尖锐控诉。泰瑞斯的作为就仿佛是，作为一位高级科学家，他就有权肆意摧毁一只动物的生命，只因为他觉得这只动物可以聪明地学会人类的语言；同时，他也摧毁了自己所带的学生的生活。泰瑞斯在摄像机前的采访中说，自己和研究生们的风流韵事当然不会影响自己的科学判断。但是他以前的学生们倒是有着不同的意见。不管这项语言学习实验是成功还是失败，这些学生们都直截了当地否定了泰瑞斯对这项实验所发表的评论。泰瑞斯后来在《科学》杂志上发表声明，说自己要关闭此项目，因为他发现尼姆只学会了 125 个单词，而且不会任何句法。这些学生说，尼姆其实学了几千个单词，而不是几个。而尼姆以前的一些看管员，在摄像机前哭诉着发生在尼姆身上的事，就好像同情奴隶一样。

任何研究者，如果以类似的方式对待天才倭黑猩猩坎兹或基金会里其他的倭黑猩猩，他的名声就将会一落千丈。

当林恩得知基金会没有任何资金之后，她给萨瓦戈—鲁姆博夫打了电话。

"休说，特德正在慢慢退出，但是基金会的钱还可以维持六个月。"

林恩又和当时基金会董事会的主席通话，确认情况是否属实。主席告诉她，休说的都是实话。

但是后来员工们抗议休的行为，要将她驱逐出基金会。董事会承诺会调查这件事，并且要休在调查期间先回避。董事会主席邀请林恩来做临时负责人。

"当我抵达得梅因市（Des Moines），他说，'看看登记簿的首页，再决定要不要来。'"

她看到的是详述休·萨瓦戈—鲁姆博夫对员工控诉的一个故事。萨瓦戈—鲁姆博夫声称他们砍了一个倭黑猩猩宝宝泰科的脚。"她说，他们曾经把泰科压倒，然后砍它的脚……因为，她说，它本来是用两只脚走路的，而他们不想这种事科学合理地发生。它两岁半了。她让它完全地人类化了……我在去基金会的路上，休确信比尔·菲尔兹一直在偷窃倭黑猩猩。她还让她的妹妹开着一辆卡车在基金会前来回巡逻，以防有人偷猿猴。"

"所以，真的有人想偷猿猴吗？"

"没有。"林恩说。

但是，萨瓦戈—鲁姆博夫相信是有的。2011 年 12 月 6 日，萨瓦戈—鲁姆博夫的律师，纽约凯寿律师事务所（Kaye Scholer LLP）的威廉 C·齐夫查克

（William C. Zifchak）写了一封信给联邦法院法官，那个法官曾经审理过 2010 年 2 月由基金会提出的一起案子。他要求召开紧急状况会议。这个案子的目的是要解决一些倭黑猩猩的所有权的矛盾。2009 年，刚果民主共和国要求其中一只雌性倭黑猩猩——马塔塔——回归祖国。休·萨瓦戈—鲁姆博夫随后宣称自己至少拥有另外两只倭黑猩猩的直接所有权，这两只倭黑猩猩本来是日本猴子研究中心给她的，最开始是休在佐治亚州时，租了这两只倭黑猩猩。他的律师在给法官的信中写道，汤森的撤资使萨瓦戈—鲁姆博夫一开始把这两只倭黑猩猩捐赠给基金会的协议无效了。如果该基金会，同时也叫爱荷华州灵长类动物学习圣地（Iowa Primate Learning Sanctuary，IPLS）将要倒闭，那么她希望能够通过她的新慈善机构——倭黑猩猩希望计划有限公司（Bonobo Hope Initiative，Inc）收留这两只倭黑猩猩，或者基金会里的其他倭黑猩猩。通过她的律师，她还控告基金会里的一些人肆意破坏她为倭黑猩猩希望计划筹集资金，同时声称有一些身份不明的员工砍下了宝宝泰科的脚。她的律师还提到，她看到地上放着装猩猩的包装箱，疑似有人蓄意转走这些猿猴，并且关闭这个地方。

林恩在得梅因市只待了一个半星期，虽然她被记名当主任的时间是一个半月。在那段时间，那些工作人员一个一个地来找她，跟她聊关于他们对萨瓦戈—鲁姆博夫的担忧和与之有关的故事。由于林恩不能保证他们的担忧会得到解决，所以他们又一个一个地辞职了。很快，只剩下一名饲养员。因此，基金会的董事会查明这些工作人员的抱怨毫无根据。因此，萨瓦戈—鲁姆博夫又以科学家的身份复职了。

那时候，基金会仍照看着七只动物。问题是，只剩下一名员工，能够照顾得过来吗？答案是肯定的。因为萨瓦戈—鲁姆博夫和她的妹妹也成了看护员。当然，只有当没有人生病或者请假，没有科学研究，也没有公众参观时才能维持这种情况。林恩不能留下来帮忙，因为她在密西西比有工作，而且基金会没钱给她发工资。"我说过我会辞掉负责人的职位。我在 2012 年 1 月 31 日离开了那里，回到密西西比继续教书……"

时光飞逝。后来，林恩接到电话说萨瓦戈—鲁姆博夫生病了，没有办法继续照顾猿猴。那时是 2012 年 4 月。美国农业部（USDA）正在检测这个地方，考虑是否授予其许可证，让公众以收费的形式进来观看猿猴，作为他们集资管理的方式。

"这件事后来怎么样了？"我问。

"很不幸，"林恩说，"美国法律规定，一只雄性猿猴要呆在一间 5×5 平方英尺⊖的区域内，才可以考虑这件事。"

林恩以为一些改变会发生。但是没有人为此做准备。

"五月份的时候，我打电话给他们……他们说休得到了治疗，已经精力充沛地回到了实验室。"

就这样，危机好像解除了。至少在那个时候，林恩觉得危机解除了。

但是就在 2012 年 8 月，林恩突然接到另一个不幸之极的电话，基金会的主席说，他们已经没有钱了，不能继续养着这些猿猴了。"准备一下吧。"他说。

林恩已经和莫比·索朗基（Moby Solangi）以及其他人谈过，如果最坏的事情发生，就将猿猴和休一起安顿到格尔夫波特（Gulfport）。所以，她等着。但是，还是什么事情也没发生。

"我又打电话给他。他说休病了。"林恩说。萨瓦戈—鲁姆博夫提出自己有 20 万美金，且后来全部打进了基金会的账户。

然后，曾经的一名看护员苏珊娜在她的脸书主页上发布：她在基金会看护猿猴的日子结束了。她被告知潘班尼莎"控诉"过她……她还被告知，自己将被解雇。很快，林恩"收到一封电子邮件，讲的是一些以前的看管员要公开这些事……他们确实这么做了，而猩猩训练员的女儿也收到了这些邮件。于是，休第三次被赶出了实验室。"

休·萨瓦戈—鲁姆博夫再次被 IPLS 董事会要求回避，因为他们要调查工

⊖　1 平方英尺 = 0.092903 米。

作人员的申诉。

2012 年晚秋的一天，林恩在开会，发现自己错过了几个电话和短信，是和 IPLS 相关的事。

"我打开脸书，发现潘班尼莎死于呼吸疾病……呼吸疾病对于猿猴来说，是最致命的疾病……那时候，所有猿猴都生病了，有几只病重。"

到那时候，萨瓦戈—鲁姆博夫再一次被董事会复职。董事会决定这次新的公开控诉和上一次的控诉一模一样，对于他们而言毫无意义，不管是对于现在还是对于以后。林恩不清楚他们做了一些什么样的调查。一些董事会成员辞职了。休和她的妹妹进了 IPLS 董事会。

基金会的确从美国农业部获得了动物展示执照。林恩这样想着，因为她在网站上看到萨瓦戈—鲁姆博夫抱着宝宝泰科站在人群中的照片。这其实和管理猿猴的所有规则都是相悖的，因为如果它们暴露在一大群人面前，染上传染病的概率就很大。

林恩对一切都很失望，她只希望能发生一些小的奇迹。"希望他们能够养得起那些猿猴，而且电力没有被切断。"

至于林恩自己的研究，她决定建立一个海豚使用的键盘系统。但是动物语言研究是资金申请的"死亡之地"。所以，她知道的一些做研究的人正在用众筹的方式做实验。她能想到的其他方式，是建立一个救护中心。甚至是经营一家犬类看护中心。

"为什么？"

"你可以通过这样的方式拿到钱，而且会有学生参与。"她说，"我的意思是你可以尽力自筹资金。"她说。

"但是谁会发表你用自筹资金做的研究？谁会相信那是可靠的？"我问。而且还有监管委员会呢，我想，还有研究草案的道德审查呢？

"只要你和一所大学合作，做好研究，并且由道德委员会监管，这就足够了。"她说。

如果众筹的需求是证明科学可信性的手段，那么第二次哥白尼革命（the

Second Copernican Revolution）就要触礁了。但细想一下，那也是第一次哥白尼革命发生的事。当时，哥白尼发现行星绕太阳旋转的轨道是椭圆形的，但很少人相信这 点。 直到100年之后，伽利略也主张同样的说法，然而他不得不放弃。从《新荒野》时代开始，心理学家和动物行为学家的研究毫无疑问已经取得了很大的进展。他们通过观察并证明许多物种会做聪明的事情，比如说从实验室里逃到野外，或者从野外进入实验室，并把它们物种的工具运用在新的方式上。但是他们的目标更远大，他们想要揭示智慧本质之谜，而不仅仅是扩大展现出智慧的生物的清单。尽管有沃瑟曼（Wasserman）的声明，人类仍然停留在自己认知世界的死点。古道尔的第一份关于黑猩猩使用工具的报告发表于50年之后，他们已不能仅仅通过坎兹会用单簧管吹奏班尼·古德曼（Benny Goodman）的乐段这件事来解释什么是智慧了。

第二部分

进化是一台通用图灵机

Jennifer Mather

Suzanne E. MacDonald James Shapiro Susan Murch

Heidi Lyn Monica Gagliano Anne Russon

Frans B.M. de Waal Marthe Kiley-Worthington

Anthony Trewavas

Alan Kamil Richard Dawkins Kanzi

Herbert Terrace Louis Herman Sue Savage-Rumbaugh

Dian Fossey Jane Goodall Birute Galdikas

Sydney Brenner Duane R. Rumbaugh

Louis Leakey

Barbara McClintock Jacques Monod Francois Jacob

Lynn Margulis

Donald O. Hebb John Lilly

Konrad Lorenz Nikolaas Tinbergen Karl von Frisch

Wolfgang Kohler Robert Yerkes Charles Spearman Lewis Terman

Ivan Pavlov Jean Piaget Jagadish Chandra Bose

Jacques Loeb Herbert Spencer Jennings

Hans Driesch Wilhelm Roux

George Romanes Francis Darwin Francis Galton

Charles Darwin

Sir John Scott Burdon

Jean-Baptiste Lamarck

Leonardo da Vinci

Aristotle

智能思维导图

Edward Snowden
Chris Eliasmith
Malcolm McIver
Stevan Harnad Ray Kurzweil Larry Page Sergey Brin
Stefano Mancuso Tomonori Kawano
Frantisek Baluska
Toshiyuki Nakagaki
Andrew Adamatzky
Julian Jaynes
Terry Sejnowski Dario Floreano Stefano Nolfi
Inman Harvey
Geoffrey Hinton
Daniel Hillis Valentino Braitenberg
Carver Mead
James Lovelock

Norbert Weiner William Grey Walter
John von Neumann
Max Newman Claude Shannon
Alonzo Church
Kim Philby
Alan Turing
Ludwig Wittgenstein
George Boole Martin Heidegger
Georg Wilhelm Friedrich Hegel David Hilbert
Charles Babbage
David Hume
Rene Descartes Gottfied Leibniz
Thomas Hobbes
Francis Bacon
Niccolo Machiavelli

智者思维导图

科学家经常说，他们是站在巨人的肩膀上。接下来的两页展示的是，在智能研究领域（自然智能及其他）中做出突出贡献的人和关系。早期的思想家在页面的底部，而越近现代的思想家越靠近页面顶部。有些名字大些，与其所做贡献相关。但是，这只是从现在看来的状况，30年前及30年后，这些情况本会（将会）有所不同。生物学家主要在左边，哲学家、数学家、计算机科学家和自然科学家多在右边。该图从亚里士多德开始。亚里士多德撰写了许多作品，涉及生物学、政治和戏曲等等，1000年来，是科学哲学领域肩膀最宽的巨人。达尔文和图灵的字体一致，因为达尔文的理论已经改变了研究生命的方法，而图灵发明了数码通用计算机，将达尔文的进化过程引用为一个隐喻来教机器思考。两者的研究相结合才有可能发展出智能机器人。化学家詹姆斯·洛夫洛克（James Lovelock）和微生物学家林恩·马古利斯（Lynn Margulis）将兼并与合作融入到我们对进化过程的理解，向我们展示了所有的生物都是更大的系统的一部分，而这些更大的系统形成了这个地球的自我调节和动态循环系统。接近顶部的人运用这些启示来重新构造这个智能的世界。在过去30年里，这些微生物学家、动物学家、灵长类动物学家、计算机科学家、动物行为学家、植物科学家、心灵哲学家、工程师、神经学家和心理学家重新定义了智能的本质，重新定义了谁表现了智能、什么表现了智能，也找到了制造智能的方法，同时还打破了各学科之间的界限。

8

原罪

时间回到 2012 年晚春。当时的时代精神充满了反抗的味道。在魁北克省，这种反抗精神反映在"枫叶之春"运动中。蒙特利尔市，成千上万的学生们没日没夜地占领着街道。他们穿着印有"来抓我"的红色短袖汗衫以蔑视警察。他们敲着鼓，抗议着攀升的学费，叫嚷着说那根本不是他们该支付的费用。就像 1968 年发生在法国和美国的示威游行又卷土重来一样，北非、阿拉伯半岛和埃及也遭遇了百万人大游行。这些原本无能为力的年轻人组成联盟准备反抗独裁者——那些不惜一切代价紧握权力的人，是黑猩猩尼基的自我膨胀的人类版本。有一些人被使用苹果手机、视频、推特和脸书的民主党人拉下台〔在利比亚，北约（NATO）只起了一点点作用〕。而魁北克政府随后也会被顶替下来。

不管这股风潮如何发展，时代精神总是新壶装旧酒，形式不一样，内容总是会掺杂旧的思想，然后突然间传遍各个角落。不好的思想，不管错得多深、影响多坏，总是会不断飘荡着，一旦时机成熟，就会再次蓬勃发展。当然，好的思想也会继续发展。这些思想可能会一时被人忘记，但还是会被再次发现（如你将看到的那样），因为它们总是能够揭示某些真理。

我用谷歌搜索了一下斯特凡诺·曼库索教授（Professor Stefano Mancuso），他曾在 TED 发表过植物智慧的演讲。我觉得他的研究很有趣，他认为植物展示出了智慧。我查了他的电子邮箱地址，因为我想邀请他做一个采访，就在他位于意大利佛罗伦萨市的实验室里。但却有一条信息显示，曼库索博士将在七月前往蒙特利尔大学，在认知科学学院的纪念图灵暑假课程做演讲。

这些课程的主题是"意识进化和意识作用"（Evolution and the Function of

Consciousness）。我看了一下摘要。其他演讲者的主题包括意识进化的意义（这是必要的，还是只是偶然？）、无脊椎动物的认知和行为、人工智能、机器人。

好吧，看了这些题目，我想：看来这些人的演讲，我都应该听听了。或许人工智能主题的演讲能够揭示自然智能之谜。

我联系了该研究院的组织者——斯蒂凡·哈纳德（Stevan Harnad）。哈纳德是一名心理学教授，也是蒙特利尔大学认知科学学院的加拿大首席科学家。［同时，他也任职于南安普顿大学（University of Southampton）。］哈纳德说如果我喜欢的话可以顺便去听听。他对自己所谓的"艰难问题"（意识的发展和起源）很感兴趣，而且他会谈一谈叫做图灵测试的东西。

我倒是很不好意思，因为我不敢说那是我第一次关注阿兰·图灵。而图灵是计算机科学界的查尔斯·达尔文，他是计算机的奠基人，提出了人工智能的理论框架。而正因如此，他也成了一个原罪的"祸首"了。自此之后，政府开始兴致勃勃地大展身手，伸着鼻子嗅着，对所有我们能够通过计算机、苹果手机、移动电话和无线网络所做的事情都非常感兴趣。我一开始关注他，简直像是风中拿着一根稻草，随后却来了飓风。那年是图灵的百年诞辰（图灵出生于 1912 年 6 月 23 日）。电视纪录片和文献电影在不同的网络中突然纷纷出现，连英国电视四台也在播。当时，《模仿游戏》———一部还在制作中的电影已经开始了宣传。［该电影由本尼迪克特·康伯巴奇（Benedict Cumberbatch）和凯拉·奈特利（Keira Knightley）主演，2014 年赢得了多伦多国际电影节最高奖项，也获得了多项奥斯卡提名。］《纽约时报》也对一本由乔治·戴森（George Dyson）撰写的非虚构小说《图灵的大教堂》一书进行了评论，⊖尽管这本书所写的并不只是图灵的一生。权威的图灵传记是由安德鲁·霍奇斯（Andrew Hodges）撰写的《阿兰·图灵：未解之谜》（*Alan*

⊖ George Dyson, *Turing's Cathedral: The origins of the Digital Universe*, Pantheon, New York, 2012.

Turing: *The Enigma*)。霍奇斯是牛津大学的数学家，他还管理着一个专门研究图灵的人生和思想的网站。⊖戴森的书写的是第一代数据计算机的历史，也就是现在我们所用的所有智能机器、搜索引擎和网络的起源。

根据戴森的解释，我们的"智能"时代是从 1936 年开始的。那时，阿兰.M. 图灵在普林斯顿大学读研，跟随阿隆佐·邱奇（Alonzo Church）做有关数理逻辑方面的研究。在那里，他第二次见到了约翰·冯·诺依曼（John von Neumann）。冯·诺依曼当时在普里斯顿高等研究所安顿下来，同行的还有爱因斯坦和其他当时主要的科学家，他们都为了逃避希特勒而来到这里。

冯·诺依曼来自布达佩斯（Budapest），是一个投资银行家的儿子。他之前的犹太家人买了一个头衔，一直过着时髦的生活，因此，他和图灵是完全不同的两种人。冯·诺依曼在 18 岁的时候就发表了第一篇数理论文，⊖在 1936 年就已经闻名于世了。他有着高超的记忆能力，能够一字不落地复述所有读过的东西，而且涉猎广泛。1930 年，他应邀在普林斯顿大学兼职教书［工资比他后来在汉堡大学（University of Hamburg）要高出许多］。接着，1933 年，也就是在纳粹开始赶走德国大学的所有犹太教师之前，他获得了高等研究所的终身职务。物理学家尤金·维格纳也是在同一时间被普林斯顿录用的。"他来到美国的第一天，就好像在自己家里一样自在"，戴森在书里如此引述维格纳的话。⊜在普林斯顿，冯·诺依曼和他的妻子有座大房子，还有许多仆人，经常举办大型派对。他们让这个地方变得有活力起来。

后来，冯·诺依曼主持美国第一部拥有存储记忆的电子计算机的研制工作，也就是当时的电子数字积分计算机（Electronic Numerical Integrator And Computer，ENIAC），后被人熟知。研制这部计算机是为了计算造原子弹的公式。冯·诺依曼撰写了关于下一代计算机系统设计的报告，也就是电子离散

⊖　安德鲁·霍吉斯关于图灵的网址：http：//www. Turing. org. uk。

⊜　George Dyson，*Turing's Cathedral*，p. 48。

⊜　George Dyson，*Turing's Cathedral*，p. 51。

变数自动计算机（Electronic Discrete Variable Automatic Computer），又称
EDVAC 的设计报告，该报告也为接下来 40 年计算机的发展提供了基本的工
程模式。但是冯·诺依曼也承认，如果没有图灵的帮助，他也走不到这一步。
虽然冯·诺依曼是戴森书中的实践英雄，而图灵没占什么位置，但是很明显，
图灵是个必要条件。

根据霍奇斯那本引人入胜的书，⊖（也是我写这章参考的凭据），图灵不
喜欢美国，也不喜欢美国人，他不是个生来喜欢派对的人。当图灵的剑桥导
师马克斯·纽曼（Max Newman）要求阿隆佐·邱奇收下图灵做学生时，他解
释说，图灵在没人指导的情况下自己一人完成了开创性研究。霍奇斯书中的
图灵，有着高亢的如马嘶般的笑声，还有许多古怪的行为（比如将茶杯锁
在散热器上，防止同事使用自己的杯子；又比如在花粉病盛行的季节，他
会带着防毒面具骑自行车来避开花粉。）在他生命中的最后几年，他成了一
个颇具竞争力的长跑者。他还是同性恋者，而当时男同性恋间的性行为是
违法的。

图灵的故事好像是弗朗西斯·高尔顿理论的活例子，高尔顿认为英国家
庭是孕育天才的摇篮。图灵的父亲朱利叶斯是印度政府的高官。他来自苏格
兰的一个商人家族，本有个准男爵爵位，但是后来在艰难的时代没落了。（最
后，图灵的侄子继承了爵位。）图灵的妈妈来自一个爱尔兰有地位的新教徒家
庭。她的父亲是印度马德拉斯（Madras）和南马拉地（Southern Mahratta）
铁路的总工程师。当家人的重心都在印度的时候，图灵的父母决定留在英
国将图灵两兄弟抚养长大。而后来，图灵的父母也不得不去印度，他们还
是决定将两个孩子留在英格兰，先是由黑斯廷斯的一对有孩子的军人夫妇
照顾着。

最后，图灵被送到一间独立的男子公学学习，也就是多赛特郡的谢伯恩

⊖ Andrew Hodges, *Alan Turing: The Enigma*, first published by Burnett Books Ltd. , 1983,
all citations from the Vintage edition, 1992.

（Sherborne）男子学校。霍奇斯在书中写道，开学的第一天，因为发生了大规模的罢工，铁路交通都停运了，因此图灵当天骑着自己的自行车骑了 60 英里○才到达学校。图灵是数学和科学领域的天才，但是在古典学科上却不太出众，而且在个人习惯方面，也被描述为肮脏和杂乱无章。别人一度认为，要是希望留在公学学习，他就不得不把目标定为变得"有教养"（刚好和成为一个科学专家的要求相反）。在第六个学期（毕业前的最后一个学期），他认识了克里斯多弗·莫科姆（Christopher Morcom），和他一起可以分享许多跟数学和科学有关的思想。图灵很爱莫科姆，而且不久之后，莫科姆赢得了梦寐以求的剑桥大学三一学院的数理奖学金。但是，在 1930 年，莫科姆因为饮用了受污染的牛奶，得了肺结核去世了。

　　莫科姆死后，图灵悲痛万分，却也对灵魂的本质困惑不已。灵魂在身体死了之后去了哪里？人在睡觉的时候，灵魂又在哪里？他最无法理解的是，灵魂是如何告知事情的。他告诉莫科姆的母亲，他觉得死去的克利斯多弗还在以某种方式存在着，并没有离开，因为他能感觉到克利斯多弗在帮自己。自那时起，他开始变得对相对论、量子力学等理论感兴趣，还有不确定性原理。他注意到，一个完全确定的宇宙里（牛顿的版本）是与自由意志相悖的，但是一个不确定的宇宙或许能够解释其中的道理。他感兴趣的还有心智如何产生于思维，心灵如何指导物质，物质又是如何在发展中可预知性地被塑造的。他无法容忍正统理论，甚至有些假设称人类的思维、大脑的组织方式和其他动物不同。所有这些想法都为他一生中的研究奠定了基础。

　　1931 年，图灵入读剑桥大学国王学院，并且获得每年 80 英镑的数理奖学金。而在这之前，他申请了两次三一学院的奖学金都没有成功。国王学院是个有钱的小学院，但是在数理学方面却稍逊于三一学院。第一年和图灵同届进入国王学院学习的人只有 85 人。剑桥大学一直被视为并会继续成为数理天才和生物天才的起点。在这样一个充满了有趣头脑的地方，图灵也被看作是

○　1 英里 = 1609.344 米。

137

有趣的。[一]

根据霍奇斯书中所写，图灵在剑桥学习的纯数学在那时变得更注重数学原理，而不是数字，注重的是物理现象表面下的逻辑关系。数学本质的转移与物理学家的工作类似，也经证明有助于物理学家的研究。这些物理学家正重新思考所有物理现实的基础——相对论、不确定性和量子力学等理论，都需要新的数学运算方法来阐述新的想法。还是本科生的图灵一下子扎进了这些问题中，大量阅读伯特兰·罗素（Bertrand Russell）和冯·诺依曼（von Neumann）的作品，他们是在图灵之前就努力思考这些问题的人。

1934 年，图灵以优异的成绩毕业，随后继续在剑桥跟随马克斯·纽曼[二]学习数学逻辑。纽曼向图灵介绍了三个核心问题，这些问题本是由德国形式主义数学家大卫·希尔伯特（David Hilbert）提出的。这些问题将数学作为一致性系统考虑，比如说，一个有限的数学系统是否能够可预见性地解决无限数值的问题。

这三个问题中，图灵最侧重希尔伯特的判定问题（Entscheidungsproblem）。正如霍奇斯所写，希尔伯特的问题是：有没有一个确定的算法，原则上能够运用于任何断言，而且能够保证产生一个正确的决定判断该断言的真假。希尔伯特确信有这样的系统，但还未能证明。而图灵的研究却表明没有这样的系统。普林斯顿的阿隆佐·邱奇（Alonzo Church）也在研究同一个问题，并用他自己的新微积分法则解决了这个问题，还将结果发表了出来。而此时，图灵也完成了自己的证明。但是，图灵的运算方法和邱奇所用的方法完全不一样。马克斯·纽曼对图灵的论文印象非常深刻，因此，他要求邱奇收图灵为学生，并且

[一] Andrew Hodges, *Alan Turing: The Enigma*, first published by Burnett Books Ltd. , 1983, all citations from the Vintage edition, 1992: 62.

[二] 纽曼在剑桥时是一名优秀的学生，在三次数学考试中均名列第一，因此获得了"角斗士"的外号。他是第一次世界大战的坚决反对者，是一位拓扑学家，博士论文是《物理学中使用象征性机器》。这一思想启发图灵发明了第一台电子计算机"Collosus"。他们在布莱切利园的工作是为了破译德军密码。第二次世界大战后，纽曼在曼彻斯特大学建立了第一座计算机实验室，并雇佣了图灵。

帮助他把论文发表了出来。最终，1937 年，图灵自己称为"可计算的数字和判定问题"的论文发表了[○]。到那时，因为一年前图灵已经发表过一篇文章，所以他顺利成为剑桥大学的一员（一个长达几年的职位，包括住宿和财务支持）。

图灵从一种非常新颖的角度解决了判定问题。[○]马克斯·纽曼让图灵思考能否有一个机械过程来回答希尔伯特的判定问题。因此，图灵想像了一个用简单的规则运算操作的计算机器（在图灵之前，所有计算工具都是人类；在图灵之后，所有计算工具都是机器），还能够无限量地提供论文，或者提供一条无限长的带子，它能分成按简单规则运行的小块。图灵问道："会不会有一类问题，连这种机械计算机也不能解决呢？"现在，就图灵所想象的，这样一个计算机——一个通用的计算机——只要能够用运算法则来表达，就应该能够解决所有问题。

运算法则是很简单的操作规律，比如，如果总和为 A + B = C，那么只要将带子往左滑动一个空格就能完成……

图灵想像的计算机器能够使用最简单的信息系统，这个系统应是由 1、0 和空格建立起来的密码组组成（大致上是指数码）。他还提出分成不同块的无限长的带子就用来承载这些数据，并且这个机器可以对其进行扫描。这个机器还应该有以下能力：机器的扫描器应能够左右移动；只要注入一种新的程序或者规则，机器的"思维"状态就能够改变；该机器应有记忆，它也能够删除这些记忆；该机器有办法打印出结果。

按照这种方式造就的图灵机，远不止能够计算，而且只要信息能够缩减为一个简单的数码和一个操作指令，这个机器就能够处理任何形式的信息。

图灵的论文就是一份理论和指南，用来指导制造真实通用的数码计算机，

○ A. M. Turing, "On Computable Numbers, with an Application to the Entscheidungs problem," *proceedings of the London Mathematical Society*, Series 2, Vol. 42, 1937.
○ 按照天才数学家和统计学家古德的说法，创新比聪明更重要。他曾与图灵共事。创新与聪明有何区别呢？我的观点是，创新处于聪明的另一端，与天才同义。

也就是我们如今一直在用的计算机，但是我们大多数人其实并不明白这种机器。这也算为希尔伯特的判定问题提供了一个简练的答案：图灵逻辑化地回答了，在尝试解决和判定那个问题前，肯定还存在大量的问题不能够简化为一种规则———一种算法。有些问题的解决可能会遭遇试验和误差的耽误。这样的结论让图灵认识到，数学是一定有极大局限性的，但是，他想像的计算机器还是有千万种可能和用途的。这些机器可以辅助自己解决难题，因为它们有记忆。实际上，图灵机应该是能够学习的。

图灵并不是第一个想到将二进制系统（由 1 和 0 组成的系统）作为计算和编码手段的人。戴森在书中写道，这个想法先是由弗朗西斯·培根提出的，接着是 1623 年的托马斯·霍布斯（Thomas Hobbes），然后是戈特弗里德·莱布尼兹（Gottfried Leibniz）。1714 年，莱布尼兹发表了一篇非常出众的论文。他说世界上有许多个可能的宇宙，而我们所在的宇宙只是其中一个。我们的宇宙中充满了多种多样的精神粒子，即"单子"或"小的精神体"，也就是"宇宙精神体的局部实体"。他说，我们的宇宙是优化的，因此规律的最小化导致结果多样性的最大化。⊖他还说，物质是由关系而来的。他预言了一个"宇宙性的象征，这个象征物中，所有理性的事实都能够简化为某种微积分"。这些思维和现代生物学家与物理学家看待现象的方式相去不远。欧洲原子核研究组织（CERN）的科学家正在寻找希格斯玻色子（Higg's boson），因为他们认为，希格斯玻色子是所有潜在的无法想像的宇宙多种现象中最小的粒子，有时候被称为"上帝粒子"。这种玻色子，这种无物和有物的量子力学，被认为是为宇宙嵌入了质量和物质。

发明计算机器的想法也并不新颖：在图灵所在的时代，已经有许多电镀机械型机器含有特殊功能，比如做加法或减法等。古代的希腊人也制作了类似的计算机。安提基特拉机（Antikythera），制造于公元前 100 年，在一艘遇难船上的工艺品中被找到。最近，人们重新制造了该机器。它的内部有发条

⊖ George Dyson, *Turing's Cathedral*, p.103.

装置，装置带动齿轮转动，能够定位和预测行星和恒星的位置。[一]雅卡提花织机（Jacquard loom）也是一种可编程的计算机。自动演奏钢琴也是这样的机器。但是这些早期的计算机发明都只是为了解决某种特定的问题，而不能够解决所有问题。19世纪早期，查尔斯·巴贝奇（Charles Babbage）设计了第一个数码计算机器，这个机器能够透过穿孔卡片的控制演示序列的算术运算。但是这个机器最终没有制造出来。

根据戴森书中所写，冯·诺依曼在读过图灵1937年的论文后，将文章介绍给了几乎所有第一批制造美国计算机的人。他告诉这些人，图灵的研究奠定了计算机制造的基础。[二]

图灵在普林斯顿待了很久，久得足以让他获得博士学位。在他正为博士学位做准备时，战争已经不可避免，而且迫在眉睫，他开始对暗码、解码和制造加密机器感兴趣。这方面的研究开阔了他写博士论文的思路。他的博士论文本就与一系列'机器'相关，这些机器能够通过问题实现自我受益，甚至还能不时地向"谕使"（oracle）（一个人类）请教问题。图灵手工制作了一个能够生成代码的电子乘数机，放在了普林斯顿物理实验的机器商店里。当回到剑桥时，他申请加入政府密码学校（Government Code and Cypher School）（现在称为GCHQ，即"政府通信总部"），是英国政府极机密的暗码编写和暗码分析的总部。

该学校受战略情报处（SIS），也就是现在的军情六处监管，后来受英国外交部监管。直到1938年2月，图灵一直在这里参加课程，并且把德国军事机械编码设备问题，也就是恩尼格玛（Enigma）带回到剑桥研究。1939年8月，学校迁到了伦敦西北方向50英里的布莱切利园（Bletchley park）。图灵一直在那里兼职，直到1939年9月第二次世界大战在欧洲爆发。在那之后，他又继续全职工作，直到1944年。

○ Stephen Wolfram, *A New Kind of Science*, Wolfram Media Inc., 2002, p. 1107, and p. 1184.

○ George Dyson, *Turing's Cathedral*, pp. 86-87.

布莱切利园的秘密工作直接让英国在战争中反败为胜。图灵在剑桥的导师马克斯·纽曼本是个和平主义者，在1942年布莱切利园的工作中，他也是重要人物。他帮助发明了解码机器，利用机器破译了德国通过机器加密的最高指挥部交流内容。剑桥间谍圈意识到了布莱切利园的重要性。金·费尔比试图在布莱切利园找份差事，但没成功。约翰·克恩克罗斯在1942年作为德语专家加入了该园。

图灵负责8号棚屋（hut）的工作（hut这个词一点也没有夸张的成分，因为turing.org.uk网站上的图片清楚地显示了这一点）。一开始，他给自己指派的任务是找到可行的方法破解德国U型潜艇的交流密码。海军版的恩尼格玛比德国陆军和空军所用的版本要更安全。据说图灵接受这项任务是因为所有人都觉得那是不可破解的，而他却说"自己"能够一个人完成。[一]而且，这是必须要破解出来的。1940年，德国的潜艇追击并摧毁了从北美到英国的海军商船，而这些商船上运输的是食物和供给品。[二]因此，英国海军必须要找到并击沉那些U型潜艇。

恩尼格玛是一种机电编码器，发明于第一次世界大战晚期，本是运用于商业，后来，德国的所有军种都采用了这种器械。所传达的信息在键盘上敲打出来，键盘连着里面的三个转子，每个转子上有26个电子接触点，分别对应德语字母表的26个字母。要阅读恩尼格玛加密过的材料，需要准备一个反向操作恩尼格玛机器，而且要知道编码材料的转子的起始点。起始点每天都在改变，有时候每天改变三次。对于最高机密交流内容，特别是德国潜艇的信息，恩尼格玛有四个转子，而且还额外添加了一个连接板，这样就多添加了10个字母做干扰。当时，破解一个普通的恩尼格玛密文，使用的是蛮力猜

[一] George Dyson, *Turing's Cathedral*, p. 254.

[二] 按照安德鲁·霍吉斯（Andrew Hodges）的说法，1940年夏季，当英国人看起来要输掉战争甚至要挨饿时，图灵用他所有的工资换回了价值250英镑的银条，埋在申利（Shenley）镇布莱切利园附近的地里。他如此绝望可能是因为他的题目太难了，也可能是因为他觉得德国马上就要入侵了。

解和试错法（即尝试所有可能的办法，直到有一个方法可行为止）。这些方法，即使 1 秒钟试 1000 种，也要花费 30 亿年的时间。而破解四转子的恩尼格玛密文，则要 1 秒钟试 20 万种，所花费时间也要超过 150 亿年。即使其中一种解法奇迹般地成功了，起始点也还在不停地变化着。所以，德国人确信这样的密文是绝对无法破解的。

政府密码学校在 20 世纪 20 年代购置了一部恩尼格玛设备，可供图灵和 8 号棚屋的其他人一起研究。接着，在 1940 年早期，三个逃亡到法国的波兰籍数学家，给他们带来了第二大突破。这些波兰人用一部在 1928 年波兰海关没收的恩尼格玛机器破解了一些德语信息。他们先是将复杂的过程分解为一系列可能性的子集，并制造了一部叫"炸弹"（bomba）的机器。该机器能够机械化地用机电试验法和试错法来检索这些子集，直到发现与密文相似的字母排列，机器就会停止。随后，再通过巧妙的数据运用和对比法获得解决方案。图灵被派往法国访问这些人。之后，英国很快制作了英国版的波兰"炸弹"，名为 Bombe，作为恩尼格玛的模拟机运行着。最后，一共有 36 台 Bombe 同时运行，搜索着可能相关的形态。

接连几个小突破之后（在一艘击沉的潜艇中获取了一部恩尼格玛，里面有一封德语的气候信息用了两种加密方式发送——恩尼格玛密文形式和普通气候密文形式），图灵所在的研究小组迅速掌握了破解恩尼格玛信息。自 1942 年午初开始，图灵小组已经能够准确地破解 U 型潜艇每天的密文内容了，而且早交的密文每天中午之前会由德语译为英语。因此，盟友的商船能够顺利地将食物和供给品运往英国。破解后的译文传送给了各个部队以计划行动，传送译文的源头被伪装为"Ultra"。战争期间，Ultra 的真身一直是盟友之间最严加保守的秘密。

随后，德国改变了他们的系统。布莱切利园一度沉寂在黑暗中，直到有个德国操作员犯了另一个错误。但事实证明，这个问题比之前的要难 26 倍。他们必须加速研制解密机器。

此外，1941 年年末，希特勒和德国最高指挥部开始在电传打字机上使用

新的数码加密设备，应用了五孔纸带的自动加密方法。这种设备叫密写机
（Geheimschreiber）或 Schluselzusatz，一种由西门子（Seimens）制作，另一种
则由洛伦兹（Lorenz）制作。英国人将他们称为"鱼"，这套加密系统叫作
"金枪鱼"（Tunny）。该系统将字母用一种数码密钥缩减为很多 1 和 0，这样
得到的密文更随机，也比恩尼格玛密文更彻底、更快速。将另一个种密钥应
用到密文上，就能得到原文。原文的信息有时效性，因此破解密文的速度至
关紧要。而破解这样的密文，仅靠机电式的 Bombe 是不够的。

　　图灵和他的同事还是抓住了这些鱼的一个立足点。有个偷懒的德军加密
者又犯了个错误，他重复了一个键，而且只是在一个字符前面重复了。这个
重复被一个机灵的化学家/数学家所察觉，他就是威廉·图特（William
Tutte）。威廉也是图灵棚屋里的一分子（战后，他先后在加拿大的多伦多大学
和滑铁卢大学任职）。这些杂乱的信息先是由人工核对，相互比较检查一遍，
然后再通过由马克斯·纽曼指导发明的机器希斯·罗宾森斯（Heath
Robinsons）筛选。但是，Robinsons 是机电器械，处理如此庞大的信息量时，
速度不够快。很快，图灵机的第一个电子版本制作了出来，加快了比较速度。

　　当时，电子产品还非常新颖。只有一部分工程师懂得其中原理，有的工
程师曾在英国邮政工作。布莱切利园的第一个电子机器叫"巨人"
（Colossus），携带有真空管组成的记忆。这台机器由一组邮政工程师成员制
成，领队的人叫汤米·弗劳尔斯（Tommy Flowers）。最后，"巨人"要浏览的
纸条长达 200 英寸⊖，扫描速度是每秒 5000 个字符。很快，同时运作的"巨
人达到 10 台。每个机器都由一个插件板编程，它们的记忆由 2400 个大型真
空管组成，并且它们的状态可由纽扣开关改变。这些机器可以从随机的字母
噪声中辨别出被加密的德文。戴森说："这是搜索引擎的起源。"这使得解密
整篇德文交流内容成为可能。

　　如果德国人知道英国人几乎能够实时破译恩尼格玛和金枪鱼密文，那他

⊖　1 英寸 = 0.0254 米。

们应该会更频繁地更换加密方式。但是，他们对自己的机器很有信心。苏联本不会知道英国是如何获得这些惊人的信息的，也不会知道德国人的沟通一直是泄漏的，因为英国人是在破解德国人的密文时发现这些秘密的。[一]但是，1942 年，约翰·克恩克罗斯（John Cairncross）向苏联透露了一些恩尼格玛的秘密，那时他开始偷偷地将布莱切利公园的秘密递给他们。在这些被送出去的译电文中，最重要的一则是与库尔斯克战役之前德国空军的位置有关，那是东部战线上德国的最后一次攻势，也是这次战争的一个转折点。苏联一开始忽视了大部分英国给予他们的警告，因为他们并不知道信息的来源。但是有了克恩克罗斯的实时解码和机组识别，苏联发起了进攻，找到了德国空军的位置，还捕获了许多尚未起飞的飞机。如果克恩克罗斯没有将布莱切利园中图灵、纽曼和这些机器的事情告诉苏方，那么后果很难想象。不过，即使克恩克罗斯没有这么做，费尔比也一定会这么做的。[二][三]

美国人肯定是知道图灵这个人的。1942 年 12 月，图灵是英国解码机构、美国解码机构和美国企业之间的联络人。根据霍奇斯书中所写，英国在解码方面是世界第一的，技术超越美国，也超越许多其他国家，但也需要美国的帮助，需要美国制造更多的 Bombe 机器来解开日益增多的信息量。想要获得这些帮助，英国就必须和美国共享恩尼格玛的秘密。英方将这个工作交给了图灵。在美国执行这项任务期间，图灵拜访了贝尔实验室，并且在那里开始发表有关解码的演讲。

在战争期间，方法和手段的分享为战后和冷战的通信情报（sigint）分享奠定了基本原则。第一份通信情报分享协议是 1943 年美国与加拿大签订的协

㊀ Christopher Andrew and Oleg Gordievsky, *KGB: The Inside Story*, Hodder&Stoughton, 1990, pp. 246-248.

㊁ 金·菲尔比所著的关于军情六处反间谍组织的书介绍了英国秘密行动的机构在布莱切利园的破译密码工作，以及当美国人参战后他们的秘密行动。参见：《朋友中的一位间谍》，本·麦肯泰尔公司，第 69 页。

㊂ Christopher Andrew and Oleg Gordievsky, *KGB: The Inside Story*, Hodder&Stoughton, 1990, pp. 246-248.

议，还有一份是 1946 年英国与美国签订的协议（名为 UKUSA）。最后，这些协议合成了一份协议，由五个国家组成了通信情报分享联盟，这些国家包括英国、美国、加拿大、澳大利亚和新西兰，称为"五只眼"（Five Eyes）。（后来，该协议的第二个版本又囊括了更多的国家分享情报，该系统名为 Echelon。）"五只眼"的国家秘密情报局［美国国家安全局（NSA）、英国政府通信总部（GCHQ）、加拿大通信安全局（CSE）、澳大利亚通信局和新西兰政府通信安全局］挖掘着世界范围内的网络交通、电话、手机移动通信和卫星通信等内容。"五只眼"分享通信情报的系统叫"岩石幽灵"（Stoneghost）。

这些协议签署了几十年之后才被公诸于世。其中涉及的组织名称、预算、设备、所监听的人都对公众保密，所支付的账单也瞒着公众。在早期批露的文献中提及英国的前殖民地，甚至连其中一个"领土"的首相也不知道有此事。早期协议中，对于组织中的工作有极高的保密要求，每个知道该信息收集系统的个人，都禁止参与任何可能让他们被抓的危险活动。

1975 年的水门事件调查，也短暂地暴露了这个蓬勃发展的五只眼窃听系统。直到那时，国家安全局还是没有对公众提起这件事。参议院的教会委员会主要关注中央情报局（CIA）的不道德行为和清扫国家安全局的窃听行为，而派克委员会对 NSA 的询问导致了问责制的秘密泄露给了《乡村之音》（Village Voice）杂志。美国众议院政府信息和个人权利小组委员会是一个众议院政府工作委员会，随后，该委员会主席贝拉·阿布朱格（Bella Abzug）举行了国家安全局的听证会。国家安全局的高官拒绝回答重要的问题。但是，当该小组委员会想尝试引用不光彩的事来进行提问时，它的上级委员会拒绝了这个要求，因此这件事就不了了之。还有一件事情也涉及这个机密。20 世纪 90 年代，一个名叫威廉·汉密尔顿（William Hamilton）的前国家安全局特工，因为为美国司法部门制造了一个追踪案件的软件而名噪一时。他声称还有一个新的版本可以有另一种用途。之后，这种新的软件卖给了（或可以说是骗给了）盟友（以色列、加拿大、新加坡和约旦），这样在他们使用该软件时，就会被监听。研究此事的记者（像我）发现，这件事情好像全部细节都在这里了，但是却解释不了任何东西。

与此同时，五只眼联盟的秘密行动不仅只是包括截取和解密其他国家的军事通信信息，随着网络和手机的普及，他们甚至还窃听自己国家居民的通信信息。自 2001 年 9 月 11 日之后，窃听的信息数量更是以指数级增长。

随后，在 2012 年年底，五只眼才暴露在世人的眼中。一名低级的加拿大军人杰弗里·德斯利斯勒（Jeffery Deslisle）承认自己有罪，将五只眼所得的大量信息交与俄罗斯以换取钱财。因为婚姻不幸，他做这件事已经几年了。最后，他在里约热内卢（Rio de Janeiro）拿了佣金之后，被自己的训导员抓捕。实际上，他交给俄罗斯的信息在他认罪的时候就被截止了，但是法庭还是判定这件事给美国带来了极大的损害。

在 2013 年年中，由于爱德华·斯诺登（Edward Snowden）在《卫报》（*The Guardian*）和《华盛顿邮报》（*Washington Post*）上揭发此事，五只眼系统又再次出现。这使得许多人明白，没有什么可以逃得过五只眼的监控，单是国家安全局每天监控的手机就有 500 万台。

但是，1944 年 9 月，图灵情报通信的后辈仍然只是浩瀚天空中闪烁的单子，而他已经去了汉斯洛普庄园。这个庄园也属于安全情报中心（也就是后来的军情六部），后来它归入了第九部门（反苏联间谍部门）。早几年，费尔比一直是该部门的负责人。后来，约翰·克恩克罗斯也到了战略情报处。

㊀ 这个软件是由威廉·汉密尔顿通过旗下公司 Inslaw 签订合同为美国司法部开发的。依照新的法律，软件的版权属于汉密尔顿，他更新版本后引起了以色列摩萨德特工的注意，但汉密尔顿拒绝出售，然后政府停止了按合同付款。汉密尔顿的公司随后被逼上了破产的境地，政府逼迫他们进行清算。于是打了三场官司，两位美国联邦法官两次裁定政府违法，但他们没有续任。还举行了两场国会听证，美国司法部被指控将软件散发给以色列、加拿大、新加坡、约旦等盟国。有传说软件中留有后门，即木马病毒。最后一次审判解脱了美国司法部的所有罪名。

㊁ Barton Gellman, Ashkan Soltani, "NSA tracking 5 billion phone recordsa day," *Toronto Star*, A 39, Dec. 5, 2013 taken from the *Washington Post servise*.

在汉斯洛普庄园，图灵用自己的设备从事新的项目。在接下来的两年里，他和一个叫唐·贝利（Don Bayley）的工程师共同发明并制造了一个安装于电话中的安全语音加扰器，代号为黛利拉（Delilah）。

同一时间，在美国，一群数学家和工程师也在奋力完成埃尼阿克计算机（ENIAC）。埃尼阿克计算机是由宾夕法尼亚大学学者开始研究的第一部美国通用数码电子计算机，自 1945 年年中开始运行。本来人们只是想要构想一个能够快速计算弹道表的机器，因为弹道表计算已经让人类计算机不堪负荷，但是又要必须跟上战争的需求。而且在冯·诺依曼指导下的原子弹发明，也需要大量的计算工作。战争结束时，美国本想保密原子弹技术，但是却把电子计算机技术公布于众。［美国后来没有成功保密原子弹技术，因为艾伦·纳恩·梅（Alan Nunn May）和弗洛·福克斯（Klaus Fuchs）将原子弹计划的细节都透露给了苏联政府。］

相反的是，英国的《官方机密法案》条例，将所有布莱切利园的工作都掩盖了。布莱切利园有超过 10 000 名员工，但大多数人都不知道自己到底是为什么而工作，而且，这些人都被告知永远不能讨论任何之前工作的内容。虽然图灵在 1946 年获得了大英帝国勋章（OBE），但是很少人知道其中的原因。根据霍奇斯书中所说，虽然黛利拉比当时的技术先进许多，但是完成之后，却没能够引起英国政府的重视。图灵之后又被安排到国家物理实验室工作。在那里，他设计了一个运行速度更快的通用电子计算机，名为 ACE，即自动计算引擎。

图灵希望能够用 ACE 来发掘人类大脑运动的模型。但是，制作必需的经费、设备和合作却来得非常慢。后来，实验室中的一个工程师提出了一个缩小的版本，图灵的沮丧感一下子爆发了。当时，实验室的负责人（查尔斯·高尔顿·达尔文，达尔文的一个孙子）同意图灵是该休息一下了，因此，他

腓力斯人给了力士参孙的情人黛利拉许多银钱，让她套出参孙为何一直强壮。参孙对她撒了三次谎，但最后告诉她，如果剪掉他的头发他就会失去力量。于是当参孙就寝时，大利拉便剪掉了他的头发。腓力斯人便刺瞎了他的双眼，把他变成了奴隶。
 George Dyson, *Turing's Cathedral*, p.79.

148

出乎意料地申请了去剑桥的"休假",并再次在那里任职。1950 年,第一台 ACE 制作成功,却不是由图灵完成的。

1948 年,图灵没有回到国家物理实验室,而是成了曼彻斯特大学的教职员。在那里,马克斯·纽曼建立了一个由英国皇家学会资助的实验室,用来制作新的电子计算机。当时,图灵的思想可能与莱布尼兹的宇宙心灵思想融合,或者是融入了未来的时代精神。他开始冥思苦想如何创造一个人工智能机器。

纽曼也想要建立他所谓的"大脑"。

1949 年,麦吉尔大学的心理学家唐·赫布发表了富有创意的《行为的组织》(*Organization of Behavior*)一书。而同一年,图灵参与了一个由迈克尔·波兰尼(Michael Polanyi)(诺贝尔奖得主约翰·波兰尼的父亲)组织的研讨会,会上有许多杰出的思想家,包括马克斯·纽曼。[○]研讨会的主题是"大脑和计算机"。就像那些心理学家用人类的黄金标准来衡量其他动物的认知能力一样——这些人聚在一起,考虑着可以而且应该要按照人类的大脑来模拟制造一个智能机器。

他们记录下以下两个事实:一是即使一大块头皮移除了,智慧也还是存在的;二是意识不能够仅仅透过一组神经元来准确定位。他们提出了以下问题:如果不是具体到某种程度,机器如何自行产生意识/智慧?他们的演讲涉及神经元网络的理论,还谈论了神经元的模拟如何一定要和现实相联系。图灵提出了一个想法,那就是若某种流行趋势得以显现的话,那么随机的操作就可以变得有规律了。这个想法在几年之后为机器人学所吸纳。他关于模拟神经元制造机器的想法后来也引发了对于模拟细胞的讨论。模拟细胞的讨论在几年后发展为星形排列的图表。经过观察发现,新的、未指明的属性可能在多种联系中产生,比如产生于一个神经网络之中。这样的结果很有启发性。在接下来的 40 年里,机器还不能够自己进行计算。

○　Andrew Hodges,*Alan Turing the Enigma*,p. 415.

1950 年，《心灵》（Mind）杂志发表了图灵的一篇论文，名为《计算机器和智能》（*Computing Machinery and Intelligence*）。在这篇文章中，图灵将这些想法颠倒了一下。本来要思考的问题是：我们是否能够模拟人脑制造一台思维机器？而图灵将它变为一个更难的问题：一台机器可以思考吗？

图灵似乎意识到了许多当时（和现在）的心理学家回避了的智能的本质问题。他们只关注于智能的行为，而且在极端的例子中，他们假设所有的行为都只是对刺激的反应。图灵采取了他们的方法——忽视那些不能被理解的东西，重视可以被理解的事情。他建议，如果一台机器可以愚弄人类，让人以为它是个人。而机器如果真的会思考，它的思维方式和我们是否一样并不重要，即使它会像鸭子一样走路，或者发出呼呼声……

我们来到图灵测试。

图灵的文章中提出了一种模拟游戏或测试：一个询问者是否能够辨认出藏着的两个人类，哪一个是男性，哪一个是女性。这个游戏的规则是询问者可以问问题，这两个人之中的一个可以撒谎，但是询问者不能听、不能看，也不能抚摸这两个人。询问者和两个人之间的互动只包括输入问题和输入答案。所以，图灵的问题是：一个机器是否能够像一个人类那样欺骗询问者？这个测试既是一个逻辑原理测试，也是一个非常有趣的实验。图灵设计这个测试，是为了给"人类的身体机能和智能画一条明确的界线"。在某种程度上，人类或许能够发明一种人类无法辨别真假的人工皮肤，但是图灵却说，"其实让思维机器穿上这样的人工外衣，那让它变得更人性化就是没什么意义的。"

> "……机器难道不就应该是用来执行像思维一样的东西，但是又
> 和人类不一样吗？"

尽管图灵愿意承认，某一天，有人会从一个人类的克隆细胞中制成一台有机的思维机器，但他把自己的测试局限到"数码计算机"上，而这个数码计算机是后人都感兴趣的东西。他所提议的数码计算机由一个储存器、一个执行装置和一个控制器组成。执行装置操作机器；储存器，就像人类电脑的

记忆，里面有信息，包括指令表（程序），这些信息由一个个小的数据包构成。数字都分配在储存器的指定位置里，比如数据包所在的位置等。控制器是为了确保指令是按照正确的顺序执行的。

图灵问道：如果这样的机器能够模仿任何其他类型相似的组件机器，那么它是否可以欺骗人类，让人类以为它是一个人类呢？图灵这样写道：

> "我相信，在未来约 50 年后，会有一个能够编程且带有储存功能的电脑……这些机器能够很好地完成模拟游戏，让每一个询问者完成 5 分钟的问答后，不会有超过 7 成的机会作出正确辨识……我相信在本世纪末，词语的使用和普通教育观念都会发生翻天覆地的变化，以至于人们能够不期待被反驳地去谈论机器思考。"

图灵说过一些简短的、可能表现其宗教异议的语句，比如说思考是"人类不朽灵魂的功能"。他说，上帝可以在任何地方放置灵魂，包括机器。他并没有反驳人类是世间万物最好的思考者这个观点，因为，他认为这个没有必要讨论。他也坚持一切从简：有没有哪些问题是一个元件机器没办法回答，而人类却能毫无局限地作答的？他已经证明过，这样的机器是有局限性的，而且，他声称，从来没有人证明过人类是没有局限性的。实际上，他认为，其实人类的大脑细胞是有限的，而且大部分细胞都不能够进行高级层面的思考。随后，他描述了之后被称为"奇点"（Singularity）的要点。这个点指的是世界上所有思维机的能力相加，会优于所有人类大脑的能力相加的时候。图灵说，没有人类能够比得过一组学习机器，"……根本不用考虑能不能同时赢过所有机器的问题。简单来说，人类可能在某一阶段胜过任何机器，但是，之后会有机器更聪明，如此反复。"

图灵小心地避开了机器是否会有意识这个陷阱。[○] 65 年之后，人们还在

○ A. M Turing, "Computing Machinery and Intelligence," *Mind* 59, 433-460, 1950.

尝试定义意识。而很显然，他却认为一个机器能够有意识。他再一次用了心理学家的回避策略——不要在无法证明的事物上浪费时间，继续做你能做的事。

"根据这种观点的最极端形式，唯一能够确定一台机器在思考的方法，就是成为那个机器，去感知它的思考。这样，就能够将这种感觉描述出来给人看，但是，对此加以注意当然不会就被证明有理。

……我不希望给人这种印象：意识没有任何神秘可言。意识是有神秘性的。比如说，某种悖论及其连同的任何试图界定它的尝试。但是，我觉得在我们回答这个论文中所涉及的问题前，这些神秘的事物并不一定需要解开。"

接着，他尝试驳倒可能的论点，其中甚至包括一个与超感官知觉有关的论点。直到最后，他得出令人吃惊的、不同凡响的主要观点。虽然一台机器和一个神经系统不一样，但是一台机器可以通过积攒经验来学习如何学习、改善和发展自己，就像儿童一样。

"我们可能会希望机器最终能够与人类在所有纯智能的领域进行竞争。但是，哪个领域才是一个最好的开始？连这也是一个艰难的选择。许多人认为抽象的活动是最好的，例如象棋。也有人说，最好要给这台机器安装钱能买到的最好的感知器官，然后，教它理解英语、学习英语。这一个过程可以按照正常的教育儿童的过程来执行，比如指着某样事物，说出它的名称，等等。再重申一次，我不知道什么才是对的答案，但是我想这两种方法都可以试试。我们只能看到不远的将来的结果，但是我们看到还有许多事情要做。"

重点还是要从头开始建立一个智能形态。

图灵提到的第一个方法，后来由 IBM 实现了。IBM 制造了一个下象棋计算机，名为"蓝色巨人"（Big Blue）。而另一个方法，通过一个感觉器官的机器版本来教授机器知识——就像赫布·泰瑞斯和休·萨瓦戈-鲁姆博夫沉浸于各种方法教猩猩学语言一样——可以追溯到苏格兰启蒙哲学家大卫·休谟（David Hume）。休谟坚持人类的思想和理智完完全全产生于感觉和感知。但这个想法也提前反映在了谷歌和它的无人驾驶汽车、苹果手机的 Siri（在互动的同时也在学习），以及军事承包商打造的自动机器人上。图灵揭示了，如果一个机器要表现得有智能，它就必须与世界互动。

仅一年之后，威廉·格雷·瓦尔特（William Grey Walter）就发明了机器人乌龟。这只乌龟有三个轮子，头上安装了一些"感知器官"（光检测传感器）。这些器官让它们能够追随着光源移动。1951 年，瓦尔特在英国节上展出了这些乌龟。图灵参观了那场展览。

在人生中的最后几年，图灵一直坚持在生物和机器之间，在数理逻辑和身体形态之间架起智能的桥梁，以此来理解有机系统中的数理逻辑关系。许多生物体解剖中显现的斐波那契数列（Fibonacci numbers）让他着迷——不管是动物的足趾还是叶子上的分支静脉，这些形态是在哪里被规定的？它们为什么会有所重复？是怎样重复的？他开始花越来越多的时间待在自己家的实验室里，研究化学反应行为，这些行为似乎足以能够解释基本的细胞运动了。他研究了自组织反应、重复反应/扩散反应里进入的化合物。[扩散反应现在又称贝洛索夫——恰鲍廷斯基振荡反应（Belousov-Zhabotinsky reaction），能够解释黏菌在原形体阶段的"胞质环流运动"。]他在 1952 年发表的一篇文章中写道，这些反应足够解释一个胚胎是如何发展为一个有功能的肉体的。㊀简而言之，图灵是在尝试解决没有"设计师"的设计问题。那么这些形态到底是在何处被规定的？

㊀ A. M. Turing, "The Chemical Basis of Morphogenesis," *Philosophical Transactions of the Royal Society of London. Series B. Biological Sciences*, 14 August, 1952.

图灵曾开口向琼·克拉克求婚，琼是图灵棚屋里的一名数学家，但是后来又改变了主意。他告诉琼，自己开始对男性感兴趣了。虽然琼不介意这点，依旧愿意和他结婚，但是最后，他还是取消了婚约。图灵是完完全全的同性恋者。多年来，他对自己告诉过谁这一秘密、没告诉过谁一直记得十分清楚。当时，男同性恋性行为还是违法的，而同性恋者可能会遭受勒索或者其他更糟糕的事。而且，图灵喜欢年轻男人。他甚至还挑逗过自己接收的一位年轻男性难民。他似乎对自己是个同性恋者感到自豪，至少唐·贝利（Don Bayley）是这么说的。贝利是图灵在汉斯洛普园安全情报中心工作时的同事。⊖国王学院是可以容忍同性恋者的，安全中心也还算可以。但是随后不久，冷战来临了。

1950 年，美国人开始沉迷于"堕落"，就像可以导致政治颠覆的一个弱点。那些为军队、外交或情报部门服务过的人，都被公众听证会和情报局抓捕、询问，有些人甚至因此而死。⊖然而，图灵保留了他的安全许可，咨询了政府通信总部，并继续着自己与男人们的风流韵事。

1951 年，盖伊·伯吉斯（Guy Burgess）在英国驻华盛顿大使馆工作，而费尔比是军情六处华盛顿联络处和中情局之间的联络人。费尔比提醒伯吉斯，他们在剑桥的朋友，也是他们的间谍朋友唐纳德·麦克林（Donald MaClean）将会在伦敦以苏联间谍的身份被逮捕。伯吉斯前往伦敦与麦克林汇合，告诉他这个消息，然后两个人一起飞往莫斯科。费尔比对此而恐惧不已。当军情五处搜寻伯吉斯的公寓时，他们发现了一些只能由克恩克罗斯交与伯吉斯的文献（克恩克罗斯之后在英国财政部从事国防方面的工作）。当克恩克罗斯接受质询的时候，他承认自己曾经向苏联政府交过秘密文件，但称不上是一名

⊖ 参见：Turing. Org. uk.
⊖ 加拿大外交官赫伯特·诺曼（E. Herbert Norman）自从 20 世纪 50 年代起就被美国安全官员所骚扰。1957 年他在埃及当大使时，当美国参议院委员会再次开始调查他时，他自杀了。约翰·瓦特金斯（John Watkins），加拿大驻苏联大使，同性恋者，1964 年在蒙特利尔被皇家骑警暴力逼供时自杀了。

间谍，因此他没有被起诉。很快，克恩克罗斯离开了英国财政部，[○]开始在一些国际机构工作。一直到 1964 年，他才坦白了所有事情。后来，美国联邦调查局（FBI）宣称不愿接受费尔比作为美国联络人，因为他与伯吉斯和麦克林关系过密。但是，詹姆斯·杰西·安格尔顿（James Jesus Angleton）为费尔比做了辩护，他是中央情报局反间谍部的负责人。杰西和费尔比曾一起度过了许多个醉醺醺的午后，而且每次都大聊特聊 CIA 的事情。后来，费尔比又再次被任用，虽然他一直被军情五处召回和调查，但是并没有被识破。后来，他退休了，还得到了一笔 4000 英镑的退休金，当然还是一直被密切监控着。再后来，他在军情六处的朋友又重新聘用他，并将他派往中东当记者。虽然他一直向军情六处报告事宜，但是到了 1964 年，他还是暴露了身份，并且叛逃到了莫斯科。

所以，在 1951 年，如果有人是一个在剑桥任职的同性恋者，或和盖伊·伯吉斯有着相似的性取向，或者直接在费尔比手下做事，又或是产生了发明通信情报解码系统的想法，那这个人就是极度危险的。特别是那些将街上工薪阶级的年轻人接到自己家里的人，更是如此。

1951 年 9 月，图灵的家遭人入室盗窃，被偷走了一些东西。他去警察局报案。发现的指纹与已经拘押的一个人的相同，因此图灵家为什么被盗窃和怎样被盗窃就一下子都明了了。小偷是通过另一个年轻人阿诺德·默里（Arnold Murray）得知图灵这个人的，而阿诺德正是图灵收留过且有过一段感情的人。警察询问了图灵，图灵事无巨细地将所有事都供认了。他写了一份五页纸的细节说明。后来，他以严重猥亵罪被起诉。而他的兄弟，是一名律师，建议他认罪，因为他已经承认了一切。

1952 年，安全人员的积极正面地审查替代了之前"因为我们认识你的父亲，而且你也已经摒弃了那些孩子气的坏思想对吧？"的草率的工作体制。

○ Christopher Andrew, Oleg Gordievsky, *KGB The Inside Story of Its Foreign Operations from Lenin to Gorbachev*, Hodder&Stoughton, London, Sydney Auckland, Toronto, 1990.

根据霍奇斯书中所写，被起诉了之后，图灵告诉唐·贝利，他再也不能和政府通信总部合作了，尽管一名政府通信总部的同事还是代表他出现在了1952年3月的审判中，称他是国家的财富。这次审判只有一家当地的报纸和一个地区版的《世界新闻》（News of the world）做了报道。图灵有两个选择，一是坐牢，二是缓刑并进行化学阉割疗法——注射大量的合成女性荷尔蒙。图灵选择了后者。接受了一年的荷尔蒙注射之后，他的胸部开始发育。而且根据英国电视四台的纪录片《电码译者》（Codebreaker）〔于2011年11月在英国初映，由艾德·斯托帕德（Ed Stoppard）饰演图灵〕的剧情，图灵的睾丸萎缩，还有一段时间阳痿，他的意识开始模糊，注意力开始涣散。而霍奇斯在书中写道，1952年夏天，在治疗的中期，图灵去了挪威度假（俄罗斯边境），因为他在剑桥听说那里遍布着男性舞蹈俱乐部。

图灵在挪威认识了一个年轻男人。这个男人在1953年3月本想来英国探望图灵，但却遇到了一点麻烦，而在他到达图灵家之前，就被警察带走了。换一句话说，图灵一直被密切地监视着。后来，在那个夏天，图灵又去了希腊科孚岛的地中海酒吧，与阿尔巴尼亚（Albania）仅隔一个狭小海峡。在那里，他又认识了许多年轻人，拿到了许多年轻男人的电话和地址。

所有这些行为都违反了英美协议。因此，军情五处是不是开始怀疑图灵是个间谍了？前军情五处特工彼得·怀特（Peter Wright）写了一本书《抓间谍者》（Spycatcher），里面列举了20世纪50年代早期被怀疑是间谍的英国人，而图灵的名字并不在其中。到1951年，军情五处确定费尔比是间谍圈的一员，但是没有证据。有些问题困扰了大家好几年：剑桥间谍圈到底有多大？只有3个人？5个人？8个人？是否不止一个间谍圈？牛津会不会也有一个间谍圈？虽然苏联政府显然对核研究非常感兴趣，而且仅仅在1950年就造出了第一部计算机，但在所知道的间谍中，却没有人在高端科技圈工作。阿利斯泰尔·沃森（Alistair Watson）从剑桥同窗时代起就一直是图灵的朋友。彼得·怀特曾指控他是间谍圈里的猎头，后来又指控他本身也是个间谍。1953年，沃森去了海军部的研究站工作，怀特又声称他是一个级别很高的间谍。

在同一本书中，怀特还写道，作为军情五处的高级成员，自己一直保留着一个解毒盒，这是为了防止受军情五处保护的叛逃者被苏联政府的人毒死，因为苏联曾经有过暗杀对其不利或者可牺牲的间谍的历史。[⊖]

1954 年 6 月初，就在图灵刚完成他的"治疗"不久，人们发现他死在了自己的床上，边上放着一个吃了一半的苹果。搜寻人员在他的家和实验室里找到了氰化钾，他的胃里也有。而吃剩的苹果还没有检验，验尸官就判定图灵的死是自杀。

但是，这是真的吗？图灵并没有在朋友们面前表现出沮丧的模样，而且在接下来的那个星期，他还约了人。他的妈妈认为他一定是不小心吸入或误食了氰化物。而他的朋友们也说，图灵沉迷于白雪公主和七个小矮人，大家都知道他习惯每个晚上在床上吃一个苹果。1938 年，图灵和他的朋友大卫·钱珀瑙恩（David Champernowne）观看了那部迪斯尼电影，自此之后他还经常引用其中的对话。是否有人图谋要杀害图灵，还制造了自杀的假象？谁想要杀死他？美国？英国？还是苏联？

霍奇斯认为，在 1954 年 5 月末，图灵在黑潭（Blackpool）拜访了一位占卜师，听了一些可怕的预言。而电视四台的纪录片则说，图灵对自己的荣格心理分析师（Jungian analyst）暗示过自己想自杀的念头。但是，还有一条值得考虑的信息。1954 年春，金·费尔比还在被军情五处密切地监视着，而且在巨大的压力下开始迅速堕落。他没有工作、嗜酒严重，他有一个疯癫的妻子，还有一大家人要养活。克格勃担心他会崩溃，然后泄密。因此，剑桥间谍圈里的前间谍首脑，头发金色且颇为年轻的尤里·莫丁（Yuri Modin）被派往英国，以资助费尔比。克格勃告诉莫丁，不可以直接与费尔比联系，而是要找一个人直接将 5000 英镑现金交给费尔比。莫丁假扮成挪威人，化名格林格拉斯先生参加了安东尼·布兰特（Anthony Blunt）的公共演讲。布兰特也曾

⊖ Peter Wright, *Spycatcher: The Candid Autobiography of a Senior Intelligence Officer*, Stoddart Publishing Company Ltd, 1987, pp. 362, 363.

是间谍圈的一员，但是许多年都不活跃（而且很多年之后才被剔除出间谍圈）。莫丁靠近布兰特，暗示他需要开会。在密会时，他让布兰特马上将苏联的现金交给费尔比。[⊖]

这次密会是在图灵死后的一个星期发生的。

"有没有可能这个年轻的挪威人，格林格拉斯先生，就是前一年那个想要联系图灵，但是却被警察带走的年轻人？会不会图灵在黑潭的时候再次与这个年轻人接触，年轻人再次要求他提供服务？但是图灵拒绝了他？"

图灵是在 42 岁生日前的两个星期去世的。在审讯时，法庭前排有许多新闻界的人出席。但是在官方声明中，对图灵的性取向和之前的刑事控告只字未提。而他的自杀最终被归于无法解释的、一些绝顶聪明的人有时会做的事情。图灵的侄女说，图灵的弟弟告诉自己的孩子，如果有人问起他们是否和阿兰·图灵有关系，他们得回答不认识。[⊖]

为什么我要跟你们说起阿兰·图灵充满歧义的一生？因为这样一来，你们才会明白，如何让机器拥有像人一样的智能和如何用机器来解码智能，这些早期的想法都出自同一个脑袋。因为这些现象在出现时就已有关联了。科学家曾经将一度相隔遥远的心理学、数学、微生物学、植物科学、机器人学和电脑科学等学科的研究聚拢在了一起，共同进行研究。通过研究智慧在生物中的运作方式，他们正在尝试着在机器中找到智能形成的方式。反之亦然。这很快就能够拓展谁和什么展现了智能的列表。

⊖ Ben Macintyre, *A Spy Among Friends：Kim Philby and the Great Betrayal*, Signal, Mc Clelland & Stewart, 2014, pp. 180-184.

⊖ 参见：每日邮件采访，2012 年 11 月 7 日，与外甥女伊娜·佩恩合作。

9

用螺丝刀研究的心灵哲学

循着一个暑期学校海报的线索，我找到了魁北克大学蒙特利尔校区的演讲厅。他们的标志性雕塑是一个有着计算机主板头骨的男人半身像。

演讲厅很快聚满了大约 100 个学生和演讲者。斯蒂凡·哈纳德（Stevan Harnad）站在前面，他身材高大，但有些驼背，长着一头灰色短发，一件黑色的 T 恤在他清瘦的身体上略显肥大，他的颧骨瘦得几乎可以用来削纸了。他是个素食主义者，他不吃肉是因为他认为这个世界上所有的动物都是有感情的，而这是计算机等非器质性机器永远不会有的。

我四处寻找了一下教室里佩戴象征反抗的红色方巾的学生，只有一个。这时，我也注意到，只有我一个人准备拿笔在纸上做笔记，其他每个人都有智能手机、笔记本、平板电脑、笔记本电脑，一些人甚至有几种不同的智能设备。我不是没有这些智能设备，我有，但我不信任它们。我用手在纸上写一些东西的时候，我就能把它记住。而我用这些智能设备记录的时候，要么是我没什么印象，要么是它们在我的大脑里不会停留太久而形成长期记忆。在魁北克大学蒙特利尔校区，我立刻强烈地感受到了同时生活在两个时代：智能时代之前和之后。

我当时已经了解到，专家用很多词组来定义什么是智能，我也可以流利地背出它们，但这并不表示我对这些定义满意。

- 智能是学习和记忆的能力。
- 智能是灵活的行为。
- 智能是适应变化的能力。
- 智能是选择最佳行动路线的能力。

但是我也可以肯定智能的含义比所暗示的这些内容要多。此外，正如有人曾这样细致地说过，专家们并不能解释智能行为是如何通过带有电流运行的脂肪组织结块产生的。比起刚开始，当时我有了更多疑问。

图灵（Turing）认为，机器可以跟我们一样获得智力，随着时间的推移很可能通过经验来获得记忆的积累。比如说，智能行为是否能像蜂群一样通过群体合作表现出来？难道记忆和经验能积累到一个能组合和分解的群组里？具体又是哪里？合作智能难道是一种从根本上不同于任何个人思想或大脑所产生的智力行为吗？难道是群组的复杂性使智力提升了？还是智力能够从孤独个体的迫切需求里得到更大的提升？

但有一件事情我知道，就是我自己的智力是有时间限制的。终有一天，我会需要别人的帮助才能记住我自己。

我亲眼目睹了母亲在早午餐时忘记使用刀叉，甚至会忘记使用盘子；她已经忘记了她的兄弟、她的姐妹，还有她的父母。甚至与她结婚 66 年且已去世的丈夫都变成了陌生人，只有他的遗像从客厅的墙上低头凝视着她。母亲曾经记得我弹奏过的每个乐段的每个音符，还会在我使用了不正确的指法时从楼上大声朝我嚷嚷。她身体里仍旧有一个努力工作的大脑，尽管她还有所有的意识，可是她学习新东西并回忆一生所学的能力正在快速衰退，就像她的曾孙女的智力正在快速地增强一样，她能记住每一个呈现在她面前的新单词，记忆的连接点如此之快，如果将她的学习曲线绘制成图表的话，它看起来会像一根曲棍球棒挥舞点的连接。

也许这就是为什么我开始认为智力是一个有着自然历史的幽灵般的有机体；或者，如果你同意的话，它更像一个有着开头，中间，结尾的故事弧。

自从阅读了哈纳德演讲的摘要，我就开始努力关注自己的意识，看我是否可以从智能的操作中区分开我自己。对我来说，这些智能的操作是独立的现象。当我还是个婴儿时，我自己（我的意识）已经成了一个忠实的伙伴，在我从一个粗笨的有着花图案的沙发上滚下来，每个人都尖叫时，我就发现了自己不同于其他所有人，但是这个自我随着时间发生了变化。一次，当我走向一个拥挤的演讲厅的一张讲桌时，我，也就是我自己，感觉好像每双眼睛都在盯着我。受周围这些环境的影响，我变得笨手笨脚，感觉自己就像陌生人，非常尴尬。当时我才十几岁，可能全身冒汗。这样的情况出现了很多次，后来我才知道没有人会关心我是否笨手笨脚。甚至这种更乐观的自我已经缩小了（现在，除非一辆汽车开得离我非常近，我才会这样）。

在我看来，当我写这篇文章的时候，我的意识部分就像是一个悠闲的戏剧导演发出的倦怠的命令，而智力则是一个在台上努力四处移动布景的工作人员。可是当我刚开始写作的时候，我的意识总是在大叫着让我去做些什么。写作本是注重提纲的分析型练习，却早已完全变了样，变成了一种把任何内心想说的东西通过双手在屏幕上输入单词所表达出来的事情。另外一个女孩，作为非工会的后台学徒，把舞台上的东西摆整齐，写出来的东西也是如此，需要另外的整理和加工。我常常对我写的东西感到十分惊讶，初稿的意图经常被第三稿颠覆。而且当这种事情发生的时候，自己并不能走出来并察觉到。写作就跟做任何运动一样，最好不要把重点放在怎么做上。

但是，这是哈纳德关于意识的定义吗？一个没有自我定位的自己能够感受到所有的明枪暗箭并对此发出警告吗？或者他的意思是，智力这样的表现其实是在隐藏、击打、揉合并重新排列现实？

一个名叫英曼·哈维（Inman Harvey）的人，以前是一位高级讲师，现在是萨塞克斯大学计算机科学和人工智能方面的客座高级研究员。在哈纳德演讲结束后，他走上讲台做了一个演讲，叫"别介意：为什么一个进化了的机器人会在乎那么多？"他先对就哈纳德的论点表达不同的意见表示歉意，但是因为他是受哈纳德的邀请而来，所以他有权利那么做。

他首先描述了意识是一种有不同层次的、会根据场合的不同而产生变化的注意力集中现象——从高度警戒到心不在焉。他还说，理解到意识是极其多变的这一点，会使我们重新思考所谓的关于我们怎样感觉和为什么我们这么感觉的难题。当人们用一种特定的方法考虑它时，难题就迎刃而解了。

他自称是一位进化机器人专家。

你会问，意识到底是什么？我也这么问过，还因此查阅了哈维的[一]网站，然后我就发现了一本书，书中一个章节名为《机器人学：用螺丝刀研究的心灵哲学》。以我对它的解读，哈维想通过人类如何开始用一个相对简单的机器——一个机器人去看待人类是如何思考的这一问题的，以便弄清是不是任何想法对于智力行为从根本上都是必要的。他认为，设计自主机器人"跟研究自主动物和人类有着密切的联系，机器人为解释当前关于认知的神话提供了一个清晰的演示。"[二]

认知，如果你忘记了的话，就是思考、决定——常常用来代替智能这个词。

哈唯说，像智能动物必须做的那样，自主性要求机器人能够适应混乱无组织的环境。哈维认为，建造自主性定位的机器人，驱使着人们去选择一个关于思想和智力本质的特定哲学立场。那些采用自上而下的方法制造机器智能［图灵称之为有效的老式人工智能（Good Old Fashioned Artificial Intelligence）］的人（图灵的直系传人）一开始就相信笛卡尔所说的身体与心智是分开的。像哈维所说的那样，有效的老式人工智能可以生产由小矮人控制的机器人。所谓的小矮人是指一系列程序，相当于在其体内可以接收机器传感器所发出的信息，并能对一系列响应进行计算的一个小人。不过，这种智能与活体动物的智能不同，因为生物体的认知与机器人的程序运算不一样。也就是说，生物世界的认知跟机器人的程序运算是不一样的。因此，良好而又传统的人工智能一直让人失望，它主要用于大量生产重复做相同事情的机器人，而不是用来制造能够自主学习的机器人。

哈唯和研究进化论的同事们已经采取了一种不同的方法。他们对于心灵哲学的观点产生于 20 世纪，而不是 18 世纪。在 20 世纪，同时还有其他的思

[一]　Inman Harvey, "Robotics: Philosophy of Mind With A Screwdriver," in *Evolutionary Robotics: From Intelligent Robots to Artificial Life*, *Vol.111*, T. Gomi（ed）, AAI Books: Ontario, Canada, 2000, pp.207-2003.

[二]　出处同上，哈维。

想家，如有马丁·海德格尔（Martin Heidegger）、莫里斯·梅洛－庞蒂（Maurice Merleau-Ponty）［简·保罗·萨特（Jean Paul Sartre）的同事］，还有路德维格·维特根斯坦（Ludwig Wittgenstein）。在梅洛-庞蒂看来，精神是身体在一个特定情境下产生的行为，在这种情况下，我们"首先是生物跟动物，然后才仅仅是人类"。像那些行为主义心理学家，还有图灵一样，哈维认为，适应性行为才是我们应该关注的焦点。我们的认知"定位在：一个机器人或人类总是在某些情境中而不是情境外观察；体现在：一个机器人或者人是一个感知的主体而不是一个碰巧有传感器的脱离实体的智能。"如果一个人从这一现象学去研究智能，例如通过制造一个机器人，那么当它对事件做出反应的时候，体内是否有一些关于现实的恰当的陈述根本无关紧要。即使根本没有对现实的恰当的描述也已经不重要了，他在论文中指出，实际上，智能的适应性行为能够从这些无脑机器人与外界环境的简单交互中显露出来。

哈维在他的论文中展示了一张机器人进行简单行走的图片，那不过是有着可屈伸的膝盖和有着叶片冰刀（脚）的两条简单的腿。这两条腿在可以称之为臀部的位置彼此紧密相连，这整个的装置被安装在一个斜坡的顶部。在制造的时候，这个没有大脑和神经，甚至没有皮肤和肌肉的机器人，一步一步地走下了坡道。"设计师当然也会仔细计算出其合适的尺寸。在自然界里，生物和动物们都有他们通过自然选择后量身定做的尺寸。"他写道。

哈维和他的同事们不是通过运行一系列计算程序来设计能够自主运行的机器人的程序，而是从活体动物如何一步步走向完美这一点上得到了启发，特别是进化的作用。

环境对于必须进食和繁衍的活体生物是一个挑战。其实它们就是一些动态系统，在困难的和特殊的情形下，这些动态系统能够马上做出选择。当它们进行生命活动的时候，也就是通常进行细胞繁殖时，细胞内也随机发生着变化，新的物质就会产生。这些新生命特征有时会使它们死亡，但有时也会帮助它们拥有更多的后代，这样，每个个体便都继承了具有更强适应性的新基因。进化过程中的这一部分就是达尔文所说的自然选择。达尔文把自然选择比作一个为饲养牲畜或者是种植庄稼而仔细挑选他想要的品种的农民，而且达尔文强调自然选择发生得很慢。达尔文主义者认为，现在每一个活着的生物都是 35 亿年中斗争和选择的产物。

因此，哈维说，进化机器人学家模仿了这个过程。他们通过在一台计算机系统里操作虚拟机器人进化的虚拟程序来设计机器人。他们以想要这台虚拟机器人去表现的行为为目标（例如以圆形轨迹飞行，或者是在迷宫中迅速到达指定的位置，而且不会撞到墙）。虚拟机器人是由随机抽取数字代码 1 和 0 的编程制造的并且具备一些基本的能力，其编码为虚拟基因，并给这些机器人设定任务。他们一遍又一遍地运行这些程序，就像群体一样，任意地改变一个操作规则，也就是一个"基因"，去看看会发生什么。最终，仅仅是偶然，一些虚拟机器人将会比其他的机器人更好地完成所安排的任务。于是他们的"基因"被保留然后重组，剩下的被抛弃，而且这些新的并且得到提升了的虚拟机器人群组通过更多次数的运行，做出更多随机的"基因"改变去看接下来会发生什么。当重组的时候，虚拟基因有时会产生一些意想不到的行为，它们能够比以前更好地执行任务。开发人员可能永远无法理解虚拟机器人是怎样解决一个问题的，"出于相同的原因来设计复杂的动态系统是困难的，去分析这些动态系统也是困难的。"哈维写道。最终，他们以在一个虚拟设置里能够很好地完成所设定的任务并且在现实世界值得尝试的程序结束。他们用进化了的控制程序建造了一个真实的机器人，并拿它做了实验。计算机能够在一两个小时之内通过设定的任务成千上万次地运行不同的虚拟机器人，这比任何设计、建造和测试一系列真实机器人控制系统的人快成千上万倍。正如哈维所说："……这种对行为的强调认为其有显著的内部状态，在我看来，这种强调与适应性智能的归因也是相兼容的。"

换言之，哈维和他的同事们已经把认为没有上帝——这一伟大的设计者的进化论变成了一个生产智能机器的设计工具。

瑞士洛桑联邦理工学院的达里奥·弗罗莱若（Dario Floreano）教授走上了讲台，展示了他和他的学生们已经实际发展然后建造的机器人的图片，这些机器人都表现出了新的、令人意想不到的行为。他也谈到了编码简单神经网络的"基因"。这些并不会与在真实大脑中工作的真实神经相混淆。计算机中的神经网络避免了冯·诺依曼（von Neumann）的串行结构问题。而真的神经网络则可以进行自主的"学习"。只是轮子上的定位器，或者是在轻巧的笼子里飞行的转子，这些解决问题的机器人应该至少有蚂蚁大小的大脑和具有文化特征的群居生活，包括如何逃避敌害，如何导航，如何有另一个目的（比如交流），如何分配一个任务，如何挑选一个领导者去指定一种特征。

弗罗莱若还展示了包含两维虚拟机器人的视频，表示它们能力不断提高的亮线条从无到振荡，再到像毛毛虫一样拱在屏幕上。看着这些彩色的线条移动，我不禁疑惑：如果不依靠任意的规则变化和他利用的所有大自然的技巧来推动变化所做的重组，弗罗莱若能够加快多少这种虚拟的进化呢？

当他说话的时候，我同样觉得我听到了时代精神在嚎叫，或者至少是前沿的事物在向前迅速移动。

这些事物是在他们的权利范围内的令人目不暇接的想法，但是当他们考虑与其他的谈及过智能机器人的演说家（他们接受并使用哈维所说的优良而又传统的人工智能来建造机器人）联合时，却引起了一片迷茫。他通过总结其论文的摘要陈述了机器人过去是被用来理解这个世界的，现在被制造却是为了"改变世界"。在这种情况下，当他站在我们面前的时候，他提到了DARPA（美国国防部高级研究计划局），美国国防部的高级研究机构。美国国防部高级研究计划局花费了数十亿美元（根据其非机密的预算，2013年至少花费了28亿美元，但谁又知道秘密的预算是多少呢？），用于建造能够为美国军队创造将来可能需要的东西的机器人的补助及合约上。美国还举办了一系列的比赛让这些企业去制造美国现在想要的东西——自主型机器人和运输工具。

自主机器人是不同于（并非完全不同于）2001年轰炸在也门和巴基斯坦的疑似基地组织成员的无人机。无人机在起飞、着陆、对目标实施监视、投弹的过程中，机上无一人操作，而是由驾驶员在远处某一个安全的发射井内控制。当无人机采取行动时，操作人员在远端做出在何时、何地投弹的决定。无人机监视着加拿大和美国的边境，并且在中东地区的战场上空神出鬼没，由美国的警察部门向无人机发号施令。在加拿大和美国的任何人都可以在玩具店购买到便宜的迷你遥控直升机，这种飞机附带一个摄像头，可以用于监视自己的邻居。

自主意味着人类被排除在系统之外，机器人独立完成各项任务。哈维提出：机器人必须有自适应力和自主的智能，这样才能让它们通过一系列复杂的设置之后自主操控它们自己的行为。美国国防部高级探究计划局（DARPA）展示的一些机器人已经实现了半自主性能。一个绰号为大狗的机器人，它能携带士兵的沉重负荷，同时在地形条件恶劣的地区找到自己的方向；它还能打滚，又能自己恢复身体的平衡；为了到达目的地，它还能自己择路而行。小型自主机器人可以翻滚，可以匍匐前进，还可以飞到一幢建筑中搜寻危险目标；更小一些的还能组队飞行。

美国国防部高级研究计划局发言人说，他们已经开始寻找一种叙事式软件了。

最初我以为自己听错了，直到他把自己的话重复了一遍。后来我查询了美国国家高级研究计划局的官网——原来他说的都是真的。刚好那个时候，美国国家高级研究计划局正在就以下几方面征集提议：

① 叙事的定量分析；②理解叙事对人类心理和生理造成的影响；③建模、模拟以及感受——尤其是在相持阶段的模式——这些叙事的影响。

这个项目将持续三个为期18个月的周期，最终改良得到的产品将能从叙事中了解人类的政治背景，进而带领新的软件与设备的研究。[一]

我所读到的内容都在提示，美国国防高级研究计划局想在士兵随身携带的平板电脑的软件里输入一些能使他们迅速形成理性的判断的事实，以及一些故事。这些士兵降落到其他国家或地区时，那些故事能够阻止他们把有敌

[一] 叙事网络，索引号：DARPA-BAA-12-03，网址为 www.fbo.gov/index.

意的思想转变成有敌意的行为。美国国家高级研究计划局似乎非常相信一个好的故事能够给大脑、行为，甚至社会带来重大改变。对美国国家高级研究计划局所有的参与人员来说，最大的挑战在于确定故事主要成分，以及它将如何影响人类大脑。换言之，他们想要能够传达宣传者意志的软件，这种软件能把一个个事件组织、编撰成读者愿意看的故事。像我这样的记者都希望自己编造的故事能够尽可能地贴近真相。但与记者不同，宣传者想要通过灌输类似史蒂芬·科拜尔风格（Stephen Colbert-style）的"以为真实，而非事实"的故事来反映他们对事件的主观看法，以损害对手为代价来形成一个政治反响。美国国家高级研究计划局想要把宣传引入神经科学之中。他们需要用公共资金去做这个事情，他们相信这个项目会取得成功，尽管这种想法有点可怕。

我很快了解到了美国的一家公司——芝加哥叙事科学公司。这家公司已经开始销售叙事软件了，这种软件建立在他们已获得专利的人工智能平台的基础之上，被宣称为"超越数据，与内心交流"。《福布斯》（Forbes）也与其合作。如果你输入体育比分，他们的软件会以叙事的形式自动生成比赛结果⊖，而且使用的是体育写作文体。公司的发言人告诉《连线》（Wired）杂志的史蒂夫·利维（Steve Levy）："我们期待未来90%的新闻故事都是由叙事软件写出的。"

智能机器越来越靠近我特有的智力形式。

后来，斯蒂芬开车送我回多伦多，一路上我坐在副驾驶座唠叨个不停，完全无视交通状况和窗外的风景。动力系统、神经网络、进化机器人、叙述软件这一类术语不断在我嘴里进进出出。达尔文和图灵相遇并且融合了，这将会为我们带来些什么？未来战争会由自主型机器决定输赢吗？尸体袋的时代即将结束，对吧？或者其中的1%是否会献身于军队？军队会出现越来越多

⊖ Steven Levy, "Can An Algorithm Write A Better News Story Than A Human Reporter?" *Wired*, April 24, 2012. The name of the company is Narrative Science and it is based in Chicago.

的机器，他们怀抱着"朕即是国"的信念杀出一条血路？如果自主机器人犯了罪，还会有战争审判吗？或者，如果它们智能并自主，那是否应将它们看作是负有权利和责任的人类呢？它们能参加选举吗？它们会坐牢吗？它们能被枪毙吗？等等，智能自主机器人为什么不能决定不参与人类的战争而远离人类，就像《太空堡垒卡拉狄加》（*Battlestar Galactica*）里演的那样？智能软件会改写历史吗？

我对史蒂芬大喊道："天啊！如果阻止这一切为时已晚，那该怎么办？"

因为一旦自主变为可能，那么制造出武装机器人就会变为必然，如果出自无责任心之人（尽管任何一个国家的军队领导人都觉得自己是负责之人）将如何是好；如果机器人能依靠传感器去感受，就正如我们通过指尖去触碰；或是它们利用传感器去观看，正如我们用自己的双眼看世界；抑或是通过传感器像人类那般去闻、去听，那它们怎么就不可能编造故事来让我们相信？

它们可能会让我变得像秘书一样陈腐。

第二个周末，我便飞回了蒙特利尔的哈纳德暑期学校。

用我母亲的话讲就是命中注定，因为如果没有回来，我便会错过玛莎·基利·沃辛顿（Marthe KileyWorthington）、马尔科姆·麦基弗（Malcolm McIver）和詹妮弗·马瑟（Jennifer Mather）的课程。课程的主题是：我们身边到处都是自主智能机器，它们与人类完全不同，但我们需要去研究它们理解世界的方式。他们要求我把因为叙事软件的出现而产生的对能力退化的恐惧，和即将面对的由智能机器人颠覆一切的担忧都暂且抛到一边，以后再考虑。

一个阳光明媚的星期六下午，玛莎·基利·沃辛顿博士在大讲堂授课。在上一个周末我就注意到了她，并好奇她的来历。她还不如我与学生和教授的关系相处得融洽，她是一位有些年长的女人，浑身散发出理智且严苛的气场，还有一点点老土。她身材有些矮壮，穿着一件颜色鲜艳的短袖上衣，下面穿的是棉质长裤，把头发束起在后脑勺挽了个髻。她的皮肤看起来又脏又黑，就像长时间在户外做苦工的人一样。她在英国接受教育，现在是法国拉德贺地区生态行为学研究和教育中心的主管。在那儿，她研究的课题是马和大象的行为和学习风格。

她的简历罗列了她出色的科学教育经历：在萨塞克斯大学获得比较野生和家养动物行为学博士学位；在兰开斯特大学获得心灵哲学硕士学位；获得数个荣誉奖学金，其中包括剑桥大学颁发的荣誉奖学金；连续数年为多家学术期刊做评议人。她曾应约翰·赛尔（John Searle）的邀请，到位于加州大学伯克利分校做客座教授，约翰·赛尔是一位著名的哲学家，对人工智能有浓厚的兴趣。所以我非常讶异，当她用非常愤怒的口吻说道：科学几乎没有为研究哺乳类动物的思想做出过任何贡献，然而，7000 多年以来，通过对马和大象的驯养却教会了农民许多。不幸的是，科学很少注意到或几乎没有注意到知识的来源。

她指出，学者们远离他们所研究的动物生活，所以经常会错过一些明显的动物行为。而驯兽者不懂受驯的一些大型动物的思维和感受，往往是以受伤或死亡告终。在过去的十年，有两百名象夫（训练大象的人员）在印度西南部的喀拉拉邦失去了生命。她告诉我们，想以此来唤起学者们对大象想法的注意。

她说，她想回到改良的神人同形同性论。正如她所说，举证责任落在了那些认为动物没有感觉、不会思考、没有观点和没有意识的人身上，他们得清楚地证明这一点。她还想将观察力甚至趣闻逸事带回到到科学中，从而利用"民间知识和信念，因为民间知识和信念是由深入观察得来的，而非是由大多数科学家采用的孤立观点得来的。"请记住，她说"最简单的解释就是动物拥有属于自己的属性……它们积累知识"。

她说，如果我们要取得任何进展，就必须假定动物能够很好地进行脑力劳动。虽然马和人有相似之处（正如她所说，肱骨就是肱骨，马和人都有肱骨），但大脑局部的差异却非常值得关注。身体大小对世界观影响非常大。"对于 24 小时可跑 160 公里的马来说，距离观可能非常不一样。而大象仅可能以最高速度跑几分钟，它如何感知将影响它的世界观……大象的鼻子用于闻味和触摸，它是用鼻子进行交流，鼻子就像可以闻到味道的手。马在交流时仅有5%的情况使用嗅觉，70%的情况使用视觉。而人类的嗅觉差不多已经退化了。"

因此，她推断马可能有基于视觉的记忆，大象会记得触摸感觉和味道。但她指出，它们都是哺乳类动物，所以它们会像我们一样有情感（如害怕、恐慌、饥饿和喜悦）。如果我们选择理解它们，那么我们就可以理解它们，正如它们理解我们一样，因为它们必须这样做。

她继续像剥掉许多老香蕉皮那样，剥掉比较认知科学所谓的客观标准。她说，接受心理理论。她指出，大象和马很明显地认识自己群体中的个体和它们的角色，因为它们必须做到这一点。凡是破坏群体规则的动物最终都被孤立，因为它们在"识别和预测行为"方面存在困难。

她说道，我们甚至不承认马的正常性行为。我们基本上已经下定断言去支持我们为它们选择的繁殖方法。她说，这是一个信条——母马除了在发情期时不会发生性行为，怀孕后也不会发生性行为。通常，种马会与母马和小马隔离开来，进行单独饲养。正常的繁育方法涉及猛抽处于发情期的母马（为其套上笼头，以使其站立不动），这样它就可以被一匹种马"强奸"。但她说在野生的马群中，母马无论是怀孕还是处于发情期，都会与种马发生性行为，因为它们实际上是在被求爱。屏幕上显示一幅两匹马正在用鼻子互相爱抚彼此的背部的图像。

她说，当雌狮子一起狩猎时，意向性可以被看出来——每只雌狮子都承担着一个角色，每只雌狮子都在锻炼判断能力。意向性可以并且能与其他物种分享。有一张显示一群人和一群大象一起工作的图片，她称其为集体意向性。

这会使它去模仿：动物"通过观看和模仿"互相学习，向人类学习。事实上，她说"如果有老师先教它们，它们会做得更好"。

她向我们展示了一段一个女人教马儿们踢前腿的视频，它们像合唱队一样一致。之后，又播放了一段视频，视频中一头两岁大的小象爬到卡车的上面。其实没有必要去解释，但她还是说道——小象想要靠近已经爬进卡车驾驶室的它的人类"妈妈"。

她说，总之它们注意到了它们自己、它们的群体、它们的身体，并且它们有目的，有记忆。即使我们不确定这些是否属实，但假定它们属实比假定它们不属实更好。

她的论据是处理不确定性和竞争性解释的最简单的科学法则——奥卡姆剃刀定律（Occam's razor）。一般来说，假设越少的解释越可靠。

西北大学的马尔科姆·麦基弗（Malcolm MacIver）是一名工程师和神经系统科学家。他描述自己工作时发现，至少在小型发电鱼物种（在亚马孙河流域被淹没的森林地面的黑暗水域中捕获的）身上，动物的技术和其感知能力面组合在一起。鱼生活在一种世界里，陆地上的各种动物一起栖息在另一种世界里。他研究的鱼类看不见东西。即使鱼类可以看见东西，它们生活的水里也是黑暗的，还拥有许多残骸。但它们会在自己的身体周围产生微弱电流、电场。它们像海豚利用声呐的方式那样利用电流，以感知随着它们游动，特别是它们在吃水蚤时，周围物体所释放的电流形式的变化。它们皮肤上大约有 17 000 个微型电传感器，用于收集电压的微小波动，这些微小波动会为它们提供足够的信息来逃离捕食者和捕获任何近到能够抓住的猎物。麦基弗通过将鱼发出的不同电场转变成各种特定声音来做出技能装置，而这些特定声音合在一起听起来会像混乱的交响乐。说得更确切些，麦基弗已经将这种奇怪的感官系统商业化地用到机器人身上了。他建造了一个"能够以极大的灵活性穿过混乱"的机器人。[一]

珍妮弗·马瑟（Jennifer Mather）还看起来有点儿不适宜。她的头发像一顶白色及耳的帽子，她穿着一件宝蓝色衬衫，这件衬衫使得她不论坐在阶梯教室的哪个位置我都能看到她。像基利-沃辛顿（Kiley-Worthington）一样，

[一] 参见马尔科伦·麦吉维（Malcolm McIver）的实验室网站：nxr. Northwestern. edu/ tech-transfer.

她表达了强烈不满。她研究头足类软体动物——章鱼、鱿鱼和乌贼——的行为。她站在讲台上，询问一个非常重要的问题：为什么十天的会谈，包括她的讲座在内，仅仅有三场描述我们所了解的关于无脊椎动物的智能？她问道，难道这不奇怪吗？因为现在存活的98%的动物都是无脊椎动物。

她没有说，也没有必要说，如果我们仅从2%的活体动物中获取信息，那么得出关于意识和智力性质的结论便没有一点科学意义。从进化观点来看，它一定没有意义，因为无脊椎动物比哺乳动物存在的时间长许多。如果我们仅研究它最近的进化形式，我们如何知道智力行为起源的时间和地点？

所以它不是一个我们可能错过了什么的问题——我们很明显错过了几乎所有一切。

马瑟是阿尔伯塔省莱斯布里奇大学的一名心理学教授，如果你想学习海洋生物，这里好像是一个非去不可的不寻常之地。但马瑟在温哥华岛长大，常常在潮池里玩耍。她和世界上头足类动物行为的伟大专家之一马丁·韦尔斯（Martin Wells）（H. G. 韦尔斯的孙子）一起进行博士后研究。马瑟是这些动物的支持者。然后，她打算在巴黎就这些有智能的和有感情的动物免于疼痛和受苦的权利进行讲演。⊖

她说，头足类动物确实非常智能且富有感情。虽然它们是从带壳的软体动物进化而来的，但是它们已经放弃了外壳。没有外壳，它们能够以更快的速度移动。它们从带壳的祖先那里开始发展大脑、敏锐的视觉、晶状体眼睛，"晶状体眼睛与哺乳类动物的眼睛相似……它们在感官、神经、生理上做出了很大改变"。

马瑟说："每个物种都生活在略有不同的运动及感官世界中……那么头足类动物世界是如何建造的呢？……它们都是各种伪装手段的大师。"

⊖ Jennifer Mather, "Do Cephalopods Have Pain and Suffering?" paper given at International Symposium organizen by La Fondation Droit Animal, ethique et sciences, in collaboration with the International Research Group in Animal Law, Paris, October12-18, 2012.

她展示了一幅一只生气的章鱼的照片，照片中的章鱼好像瞪着所有拿相机的人。实际上，相机不是在看实际的眼球，而只是一个眼杆，当章鱼生气的时候或者被打扰的时候展示出来的一些东西。

她说，"很明显，人类的生存就在于进化。鲨清楚地说明了这一点：它们已经存在了3.15亿年。"

原始软体动物曾经生活在腔壳中，以一种连续的方式从一个腔壳移动到另一个腔壳中。它们非常能干，甚至在海洋中占支配地位。但之后多骨鱼出现了，对于软体动物来说，它成为一个快速适应这种竞争关系或者灭绝的问题。就马瑟而言，由于捕食它们的多骨鱼数量增多，所以头足类动物的行为非常明智。为了在寻找食物时躲避多骨鱼，头足类动物必须学习计划、思考、判断风险、探索和记忆。

正如她所指出的那样，头足类动物字面上指的是"头脚"，但实际上它们是在一个囊肿有一个头和多只脚，并且非常聪明。许多到过动物园的人报告说，如果他们继续再去，章鱼便好像认识他们一样。这证明了它们能够识别人脸。⊖

实验室研究（包括她的研究）表明，它们还使用工具并选择伪装来迷惑具体的捕食者。⊜ "章鱼游动，有个性，并能解决问题，这些能力表明它们有简单的意识形式。"⊜

"它们游动，但并不进行社交，它们有……明显的个体差异。"她说道。

⊖ Roland C. Anderson, Jennifer A. Mather, Matheiu Q. MONETTE, Stephanie R. M. Zimsen, "Octopuses (*Enteroctopus dofleini*) Recognize Individual Humans," *Journal of Applied Animal Welfare Science*, 13:3, 261-272, 2010.

⊜ Jennifer A. Mather, "'Home'" Choice and modification by juvenile *Octopus vulgaris* (*Mollusc Cephalopoda*): specialized intelligence and tool use? *Journal of Zoology*, London, Vol. 233, p. 359-368, 1994.

⊜ Jennifer Mather,Tatiana Leite, Roland C. Anderson and James B. Wood, "Foraging and cognitive competence in octopuses," in *Cephalopod Cognition*, Anne-Sophie Darmaillaq, Ludovic Dickel&Jennifer Mather (eds.), Cambridge University press, 2014.

它们有一个中央大脑，但五分之三的神经细胞都在手臂上。虽然它们有一些集中控制，但每个手臂上也有许多局部运动输出控制。它们没有骨骼，它们利用肌肉/流体静力学系统移动自己。它们的手臂可以无限移动。它们可以将食物沿着一条手臂从吸盘到吸盘地送到嘴里。它们可以使用吸盘像钳子一样紧紧抓住几乎任何事物。

"我的教授发现，在手术后，当他用外科丝线将伤口缝合上，它们会在第二天解开伤口。"

当她身后的屏幕上出现图像时，她说是"非常好的伪装"。一张图像好像是暗礁，我在上面看不到有任何动物，只有沙子和石头。随后，图像的一部分在移动，是一个乌贼。

"有趣，"她说道，"它们是色盲，但它们的伪装体系已进化到了可以欺骗拥有色觉的鱼类。"⊖

她提醒我们，蜜蜂跳舞向它的伙伴们表明食物位置。她认为头足类动物同样能够在头脑中绘制位置和路线地图。她的研究表明，通常头足类动物抵达一个新的位置，就会为自己组建一个家，利用4～5天的时间探索其周围的领地。它们总是在不折返路线的情况下再次找到家的位置。然后，它们继续来到一个新的位置。她研究的物种不会连续两天在同一个地方捕猎。"它们是获胜的、转换的捕食者，"她说道，"这表明它们有程序性记忆以及空间记忆。"

她在加勒比海研究章鱼行为，它们生活在海岸附近。她和她的同事罗兰C. 安德森（Roland C. Anderson）在西雅图水族馆的实验室中进行了对照试验。"在新环境下，它们完成的第一件事就是……发现一个温度计在实验室的水槽里只能存在5分钟，随后便被它们破坏了"。她和安德森（Anderson）在他的实验室里做了脸部识别实验。他们派一个陌生人（一个学生）进入实验室，并用一根粗糙的棒子激怒水槽里的章鱼。然后他们派另一个学生进去喂

⊖ Jennifer Mather, "Cephalopod Skin Displays: From Concealment to Communications," in *Evolution of Communication Systems*, Kim Orler & Lili Griebel (Eds), MIT Press, 2004.

养它。他们分别对其他七组章鱼进行了同样的实验，并且记录下了它们的喜恶程度。这些章鱼很快就能认出喂养它们的人，而当那个用粗糙的刷子撩动它们的人在任何时候靠近时，它们都会怒目而视或者将它们的喷嘴对准他进行喷射。[一]

章鱼具有创造力和探索精神。另一项研究描述了一只没有舒适居住地的章鱼如何找到一个椰子壳，洗干净并把自己装进去，然后盖上盖子去睡觉。

觅食的时候，它们会用眼睛搜寻适当的捕猎点，然后循着水中的化学轨迹逐渐收网。"它们会附在石头上，用它们手臂下的网将石头围起来，再游到石头下面看看捕到了什么。"与家的距离基本决定了它们是要把食物带回家还是找个地方美餐一顿。在吃和住两方面它们可是"专业通才"。它们选择不同的进食方式，并且能快速找到高效的打开特殊贝壳的方法——要么拉开，要么钻开。

她展示了一张照片，章鱼窝外面的一堆扇贝壳。同种类的其他章鱼可能喜欢其他食物。

"我认为这是个性使然。我们需要研究不同的个体，进化在个体上发生作用。学习，忘记，学习更多这个循环十分重要。"

"为了不被吃掉，"她接着说，"聪明的动物发展出了一套策略。"她接着放了几张加勒比乌贼的照片。与单独行动的章鱼不同，乌贼通常是以群体出现，最多能有100只乌贼一起行动。"它们生活在中部水域，很脆弱。"所以乌贼会进行十分谨慎的风险评估，并且通常每小时会8次回到狩猎地点。它们也经常改变外观，把皮肤从全白变成斑马条纹的样子。马瑟花了很多时间研究它们的伪装形态。根据附近的鱼的种类，它们会变成不同的样子驱赶敌人。"他们学到了水中不同鱼鳍的运动形式。"

所有的头足类动物都有复杂的干扰和显示系统，尤其是墨鱼，它们擅长把自身和背景融为一体。当然不是完全一模一样，但当她展示图片时，我感

[一] Roland C. Anderson, Jennifer A. Mather, Matheiu Q. MONETTE, Stephanie R. M. Zimsen, "Octopuses (*Enteroctopus dofleini*) Recognize Individual Humans," *Journal of Applied Animal Welfare Science*.

叹简直太像了，如果它们不动的话，几乎能骗过任何人。"当它们进行伪装时能意识到周围的环境吗？"她问道。"它们知道吗？"她问道。

章鱼做了她所说的动态显示，在没有眼睛的地方伪装出眼睛，张开手臂使自己看起来更大，这些都是利用愚鱼系统来赶跑捕食者。它们还有强健的肌肉控制着外皮，使之凸起成散乱的或点点的乳头状，并使之光滑。它们控制皮肤表面下的载色体囊，使其露出囊的颜色（黄色、红色或者棕色、黑色），并且当它们成熟时有更多的载色体囊。这使得它们能展示更加复杂的斑点效果。除了这些颜色，它们的皮肤还有轻微的反射器，叫作色素细胞和白色体。色素细胞产生线性偏振效果图案。神经直接从眼睛接收信号传送到大脑，再从大脑传送到控制色素体的肌肉细胞。"这个系统能在 35 毫秒内转变成 1 平方毫米，"她说。"它们的外观很复杂。"

或许最重要的是，它们改变外观的依据是谁正在靠近，有多远，有多危险，并且变化是随机的，这意味着，猎食者不可能看到并记住相同的伪装。

乌贼改变外观不仅是为了防御猎食者，还可向其他乌贼传递信息。雄性乌贼为了吸引雌性乌贼而发出雄性竞争者的信号包，雌性则发出实用性、特殊利益或者蔑视信号。"它们能做出格子图案或者斑马图案。斑马图案是与其他雄性同类竞争的信号。"马瑟说。当雌性同意时，她会变换特定的颜色；当雄性对她有兴趣并试图与之结伴时，它会闪烁。雄性为吸引雌性进行竞争，但是雌性会决定选择哪个配偶。像章鱼一样，乌贼也能出色地控制其颜色。雄性乌贼能一边向竞争对手展示"滚开"的信号，一边向雌性展示吸引的信号。"它们可以用它们嘴的两边同时交谈。"她说。

学者们早在 1975 年就开始探究这种颜色信号是否能累积成一种交流方式，一种皮肤语言。马瑟独自开始研究这个问题。她将这些展示方式称作"进化了的系统"——被群体生活的乌贼适应的用于防御猎食者的信号系统。但这是否是一种语言呢？她不这么认为，至少⊖这不像人类语言一样具有灵活

⊖ Jennifer Mather, "Cephalopod Skin Displays: From Concealment to Communications," in *Evolution of Communication Systems*, Kim Orler & Lili Griebel (Eds), MIT Press, 2004.

的句法和意义。

"我认为它们没有创造语言。"马瑟说，因为这些展示本质上是一成不变的，并且它们未从外部进行过评价。"或许它们没有什么足够说的。"

然而，她提供的有关信息并不多。"我们对这些动物几乎一无所知，"她总结道。"我通过实验室和野外研究学到了它们的复杂性。你不可能直接把它们带到实验室里，然后简单地问几个问题。"

我在一排想要问她问题的学生和教授后面等着。我有疑问：当它们看不到颜色的时候，单独生活的动物是如何发展语言系统的，更不要说一个复杂的颜色伪装系统了。她也没说到乌贼，或章鱼，或墨鱼能活多久，它们和同伴生活多久，章鱼学会变出图案需要多久，它们造房子的行为和它们在面对何种猎食者时选择哪种特殊的干扰信号。

终于，这些孩子走开了。

"它们能活多久？"我问道。

她知道我懂。她笑着说："寿命不长！"她说它们一出生就得活动。"每只章鱼和乌贼都得靠自己。"

"等等，"我说，"你的意思是它们一出生就得面对一个极其险恶的环境？猎食者从四面八方靠近？是不是它们一出生就懂得生存，或者它们能在极短时间内学会生存？如果是的话，它们是怎么学的？"

对于我提出的所有问题，她仅仅是说"我们还不清楚"。

10

类植物机器人

　　时间追溯到 2012 年 11 月，奥巴马打败罗姆尼的那场美国大选前一个周末。我和朋友们坐在餐桌前吃着万圣节剩下来的糖果。在飞去佛罗伦萨（Florence）前他们会陪我消磨这段时间。我们一如既往地谈论着那个老话题——政治，并打赌哪一个候选人或党派会获得美国选民的青睐。情况复杂得有些可怕，但好像归根结底就是在为那些占全国 1% 的最富有的人们减少税收或为穷人们增加医疗保险，这两者之间选择。"这是明摆着的事情"。一个朋友说道。"等一下。"她当时的男友反驳。"吹毛求疵点说，大家在投票的时候真的知道自己在干什么吗？大家又是如何预测这会是场谁和谁较量？当然，比例代表制要比得票最高者当选制更贴近选民的意愿。"其中一人说道。我嘲笑着以色列联合政府的短暂的生命周期，但这个案例并没有说服众人，因此我想起了弗朗西斯·高尔顿（Francis Galton）在统计学领域做出过一个更为有用的贡献。

　　他测算出在普选这种情况下，个人的预测能力和团体的预测能力是否会削弱政治判断力，或者是说人群之中是否存在智者。在普利茅斯的一个动物展上，普通的民众花六便士就能获得机会在卡片上填写对某一只公牛在经过屠宰，掏空内脏后还剩余体重的猜测，并记录下他们的姓名和地址。猜中者能获得奖励。高尔顿一共收到了 800 份这样的登记卡，并据此做了分析统计。民众的猜测普遍都在实际体重 1% 上下的范围内，但没有一位是精确的。[一]他总结说："我想，我得出的结果是大众的判断力要比我们料想的要更准确，更值得信赖"。

　　[一]　Sir Francis Galton, "Vox Populi," *Nature*, March28, 1907, No. 1949, vol. 75, pp. 450-451.

发现了吗？我们都参与投票才是最重要的！参与的人数越多，得到的结果越明智。最好的选择就是这样产生的。

结果的产生是一种自然属性。自从在蒙特利尔上暑期学校开始，我便开始钻研与智力这个意思相关的词语，就像小孩在玩给驴子钉上尾巴的游戏那样专心。这就是一种自然属性，我告诉自己，就似猜测公牛的重量，没有一个人能得到精确答案，但众人一起完成，结果就呼之欲出了。为了对自己公平一点（除了自己还能有谁），我效仿了许多有权威且受人信赖的人士，像他们那样使用一些讹字来为自己的文章以及谈话润色添彩。"适应性行为"通常就是这样出现的（为此我觉得遗憾）。每当有人问我致力于进行何种工作时，我都回答与智力相关的工作。你们都听说过黏菌用自己的身体来计算出通过迷宫最好的方法吗？尽管没有大脑，同样可以非常聪明。智力的形成是自然发生的一种适应性行为。哇！太有趣了！他们哭着喊着、迫不及待地要读我的论文（但实际上，他们甚至连摘要都不会瞧一眼）。

然后我又问我自己：你后面想到的那些与智力有关的词语怎么就比你开始着手研究时更准确呢？他们的真正含义是什么？确切一些，他们暗示着什吗？假如智力的形成只是一种适应性行为，是能通过任何一种经历带出的产物，那么毋庸置疑的是，所有的生物都应该是有知觉、有思维的，而不仅仅是像人类、黑猩猩、红毛猩猩、鲸鱼或是宠物狗这样一类大脑发达的生物。如果每一样生物都有思维，有感情，那然后会怎么样呢？

首先，我原本悠然的清晨漫步会因为道德而充满选择题。（是要绕过这些虫蚁，还是直接踩着它们的身躯前行。这就是个问题。）

斯特凡诺·曼库索（Stefano Mancuso），植物科学的领军人物，也是植物智能学习新小组的共同创立者，我就基于他的研究来解决刚才提出的那些问题。他曾做过一个 TED 演讲（演讲视频在蒙特利尔的暑期学校播出，因为家人生病所以他未能出席），演讲中谈到了园艺种植者——马瑟提出的问题。她问：无脊椎动物的数量占所有动物的 98%，为什么大家还忽视它们的存在？他展示了一幅可爱又陈旧的木版画，画上是动物两两有序地登上诺亚方舟。

"这幅画的问题在哪呢?"他问。紧接着他回答了另一个报告: "植物在哪里?"

然后,曼库索概述了在认知科学领域,人们有很长一段时间都遗漏掉了对植物的研究。这要从亚里士多德说起,他把植物放在了自己所能涉及领域的最远端,只是因为植物不会活动。这显然是个错误,曼库索说。植物会活动。难以置信的是,它们还有错综复杂的感知能力:有些能够监测到方圆 15 米之内的 15 种不同的化学物质。生活在地球上体形最大的生物并不是蓝鲸,而是重达约 2000 吨,生存时间达到将近 800 年的巨杉。他继续说道"我们人类生活在一个不同的时间尺度中,没有植物,我们也将不复存在。没有植物,我们就不能呼吸到氧气;没有植物,素食动物将会饿死,肉食动物同样也将无食可觅。"

他展示了一段录像:一株捕蝇草死死夹住一只蚊虫,非常残忍。"好几个世纪以来这一点都没有被承认,"他说,"植物能够杀死动物。"接下来他播放了一组慢镜头,在小花盆里刚长出的向日葵不约而同地把头转向了同一个方向,就像舞者一样。"和幼小的动物一样,它们自我训练,追随阳光。它们受重力的影响,它们也睡觉。在休息时它们卷曲着叶,运动量也跟着减少。植物、昆虫还有动物,它们都有着相同的睡眠机制。"

接着,曼库索逐条列举出了植物的智能行为:

- 能够同方圆一定公里内的植物通过自身产生和释放的分子进行沟通;
- 能够向动物发出信号,利用他们完成交配,或是直接捕食,或是用这些动物来保护自己免遭其他掠夺性动物的侵袭;
- 能够预测到足够远距离的环境变化,以保证自己生长在最优位置上。

他还向大家展示了一张菟丝子的图片,这是一种寄生植物,依靠攀附在临近植物上生活,吸取它们的养分,阻挡其进行光合作用。刚开始时,它们蜿蜒缠绕着生长,看起来毫无目的,直到它们遇见了灌木或树木。当它们接触到宿主之后便会暴露出尖刺,戳入宿主的韧皮,检测宿主是否含有足够的养分。如果没有足够的养分，它们便会自行松开寻找下一个目标，就像吸血鬼不屑于一个不流血的脖子一样。换句话说，这种植物一直都在探索着、研究着、计算着、预估着。

我发现曼库索说的大部分内容都非常有趣，但同时也让我局促不安。首先，我喜欢去花园。谁会认为植物是有智力、有感受、会交流的生物，当被你连根拔起（它们会尖叫吗？），只是为了制成肥料或沙拉，就被捣得烂碎？他明确表示他的观点已经在早期科学巨人的作品里根深蒂固了（很抱歉，我无法反驳），尤其是在 19 世纪查尔斯·达尔文和他的儿子弗朗西斯对植物运动的研究中。

他并没有说起阿兰·图灵（Alan Turing）。结果表明，他应该提及一下的。

曼库索还推荐过一家酒店，这家酒店位于古佛罗伦萨市（Florence）中心一栋前身为修道院的建筑内，尽管他的实验室在波洛·塞恩第菲科，那是佛罗伦萨大学的第二个校区，坐落在塞斯多·费兰迪诺（Sesto Fiorentino）郊区。他说过，当你在这儿的时候必须要尽情享受。13 世纪，从大教堂往外走几个街区就是圣母领报广场，他推荐的那家酒店矗立在那儿，朴素而庄严。里面是另外一番光景：大堂的天花板高高挂起，富丽堂皇，但它的每一间客房却宁静怡人、舒适温馨。楼卜休息室的木制地板因为有了些年岁而显得大方典雅，当我踮起脚尖走过时，发出好似脆皮花生破碎的声音。夜间酒吧的人投诉这所愚蠢的大学把部分科学院系迁去了郊区，但却没有为学生提供免费的交通。直到我准备睡觉时还能听见他的怨声载道。我踩着石砌踏步上楼，双脚又酸又疼，双腿也因为坐了太长时间的飞机而麻木得像一块橡胶。

然而我仍处于多伦多时间，根本无法入睡，于是我又再一次翻阅起了曼库索和他同事的重要论文。他的大部分文章都是和他的学生以及来自波恩大学（University of Bonn）法学院的弗兰蒂泽克·鲍卢什考（Frantisek Baluska）共同发表的。有时他们的文章会参考爱丁堡大学（University of Edinburgh）的安东尼·特里瓦弗斯（Anthony Trewavas）的作品。当看到作品的出版日期后，我才发现，安东尼·特里瓦弗斯（Anthony Trewavas）在我们那个年代是首位勇于将植物智能这个主题广泛出版印刷的人。在 1999 年他还发表了一篇非常缜密的评论文章。⊖这篇文章专注于探讨钙离子波，开启了人类胚胎研究的发展，并在植物发展和行为领域扮演着举足轻重的角色。他认为这是一个被编写了化学语言的计算机。他写道："钙离子波的真正意义在于构建一个细胞的智力系统。"在 2002 年，他把他的观点搬进了《自然》杂志⊜，并在 2003 年创作了一篇震惊世界的作品。⊜而曼库索和鲍卢什考有关植物智能的文章是在那之后才出现的。

在特里瓦弗斯发表文章的这一页，《自然》杂志的编辑还附上了一条"敬请谅解"边栏。特里瓦弗斯是英国皇家学会会员。如果你不服气，看看里面的其他会员名单。拥有这个资格的人是不容小觑的，就算他发表了一些比较怪诞的言论。边栏上写道：

植物智能

传统意义的智能把动作视作标准。但是个别植物展示的适应性行为也叫作'智能'吗？

特里瓦弗斯承认了这一观点。

他一直设法解释植物是如何评估它们周边的环境的。以它们的方式去获取新资源，舍弃多余的枝叶，击退各种害虫和寄生虫，而处理这一系列的信息又不经过类似大脑这样的器官。很明显，植物处理信息必须有一个极其复杂的过程。文章讲得很清楚，尽管他研究植物化学和植物行为已有 40 余年了，

⊖　参见：安东尼·特里瓦维斯（Attoney Trevewas）。

⊜　Anthony Trewavas，"Mindless Mastery," *Nature* Vol. 415，21Feb. 2002，p. 841.

⊜　安东尼·特里瓦维斯，"植物智能的方方面面"，《植物学年报》，92，2003 年，1-20 页。他写道："使用智能这个词描述植物行为使人们对植物的信号传导有了更好的理解，植物在建立对环境的影像时有着分辨能力和敏感度，这也带来了关键问题：植物如何在植物层面上计算对外界反应的。"

但使他对于植物智能这个想法更加坚定的，却是在他广泛阅读有关植物科学学科的书籍之后。他借用了控制论、信息论、系统论和计算机科学里面的概念。他的大多数同事研究植物蛋白质之间的互动，不同于他们的是，特里瓦弗斯对植物作为整体系统的行为感兴趣。他想过在这个系统内不同部位的不同细胞是怎么进行交流的，他研究了电信号和化学信号的传播路径（换言之，植物体内进行信息交换的方法和意义）。

但在没有神经元的前提下，信息是如何进行交流和存储的呢？

特里瓦弗斯表明，钙离子波（他和其他研究者在很久以前就已经证实了钙离子波是植物体内的重要信号系统）和动物大脑的神经网络（类似现代计算机的神经网络构架）这两者之间形式对等。他陈述道，植物中的钙离子波用于计算能力。神经网络通过增加分享信号的活动神经元之间的物理连接（也叫树突）的数量来学习和记忆，或通过物理连接力量的不断加强来达到最后信号和反应之间的相互影响。特里瓦弗斯认为，有钙离子参加化学交互作用同样可以执行学习任务和记忆任务，只是以一种不同的方式。

钙离子扮演一个打开植物细胞膜的气孔，允许其他分子进出的角色。蛋白质分子和激素分子会在植物细胞上发生作用。蛋白质折叠方式发生改变使其与其他分子间以不同的方式发生相互作用：以改变形状来改变行为。一种蛋白质分子发生化学交互作用而使得其他分子改变，这称之为转导。信号—信息—分子是重塑分子，这些会改变工作性质。他写道，"当植物接收到信号，它们会增加与钙离子信号有关的细胞成分……无论这些数据会被外界如何看待，也不能否认这是一个细胞学习的例子……据我所知，提高信号组分里的细胞含量，这是植物拥有的一个独特的能力"。

他通过绘画的方式来展示，信息流通过"钙离子云"和通过大脑神经网络的过程非常相似。他引用了达尔文的为何光在植物和动物身上发生着看似相同的作用，来比较植物对光的反应和动物通过神经系统对光的反应。他清楚地看到了植物在不断地受着外界紧急情况的干扰——比如争抢光线、营养

不足、无法逃跑——它们被迫改变自己的智能来迎合环境的需要。[○]

> "为了更机智地对各种不同信号做出反应，植物已经能很好地控制自己的表形和生理，可塑性很高，这让它们可以成熟地应对周边纷繁多样的环境变化。当植物发现自己陷入信号沼泽的时候，就需要塑造行为，而行为塑造性的炼成无疑需要一个具有相当大计算能力的细胞系统。无处不在的钙离子参与植物细胞信号转导表明：钙离子是形成智能系统控制可塑性的主要部分。"

到最后，他描述了分子、细胞、组织、植物、人类和生态系统如何来适应这一层层递进而又相互作用的等级制度。[○]

> "细胞行为同细胞骨架动力学、细胞分裂、细胞生长和细胞发展一样，是突现行为。就算对细胞的组成部分进行最详细的分析研究，它的突现属性也是不可预测的，因为定义上说，分子之间的相互作用才是最关键的。突现属性可以观察到，但理解又是另一码事"。

植物最先生活在海里，特里瓦弗斯在《自然》杂志中指出，最初只利用化学光合作用制造能量。但是随着从海洋到陆地的迁徙，它们又创造了新技能来获取营养和能量，身体进化出了新的部位来搜寻养料——尤其是，根部。一株植物可以由单一的根、叶、芽组成，也可以由上千上万个上述的部分组成。他说："我们根本就不了解这种组织可塑性，但可塑性自身是可以预知未来的。"[○]

他 2003 年发表的文章内容更加尖锐。2000 年，他应邀在植物学会会议上发表重要演讲。按照事先的协商，这次旅行的路费和住宿费由学会承担，而

○ Anthony Trewavas, "Le Calcium, C'est la Vie: Calcium Makes Waves," *Plant Physiology*, Vol. 120, May, 1999, pp. 1-6.

○ 出处同上，特里瓦维斯，1999。

○ Trewavas, "Mindless Mastery," *Nature*, Vol. 415, 21February2002, p. 841.

他也承诺在会议结束之后为杂志撰写一篇文章。当他最后着手做这件事情的时候，他写道："植物更像是统治机构下的一个民主同盟，而不是独裁组织，这一点与动物相反，动物们的神经系统就能控制一切。"因为植物的生长处在一个人类观察不到的、不同的、更慢的时间尺度上。即使是科学家，在研究植物行为的时候也会漏掉很多信息，但如果把时间尺度也纳入考虑范围，那么植物和动物的行为就是无法区分的。他叙述了植物作为个体，能根据现实情况产生内在表征，在对不同的环境进行比较之后，它们能够回忆并指出最适合自己生长的最佳位置，它们还能确定自己可塑性的程度范围。它们具备自我认知、先知先觉、自我预测（最优生长环境的位置）这些能力。在他寄出这篇文章的两年之后，编辑们对特里瓦弗斯所说的话感到震惊，但最终他们还是刊登了这篇文章。[一]

2005 年他撤回了一篇文章，说是目前灵长类动物的智力被认为比植物高出很多，当考虑到植物这类物种支配和控制其他物种的能力时，"这一结论很可能需要重新评估。"[二]

曼库索的论文里也对植物体内细胞层级的运作方式和更大型的植物系统运作方式进行了区分。他好像是说，植物的智力行为是通过很多组细胞的协调与合作才产生的。他专注于通过电信号来试图了解植物的信息系统，并一直围绕着大脑/神经元类比来进行研究。但是他并没有把植物根部系统的复杂性和互联网的布局做比较，也没有把互联网和摊成一个平面的大脑做比较，而是把注意力放在了研究根尖细胞的"动态电化学活性上"。

曼库索和他的同事们[三]认为，植物体内的动态电活性可以收集、传送和整

[一] Trewavas, "Aspects of Plant Intelligence," *Annals of Botany*, Volume92, May, 2003, pp. 1-20.

[二] Anthony Trewavas, "Plant Intelligence," *"Naturwissenshaften*, (2005) 92. pp. 401-403.

[三] E. Masi, M. Ciszak, G. Stefano, L. Renna, E. Azzarello, C. Pandolfi, S. Mugnai, F. Baluska, F. T. Arecchi and S. Mancuso, "Spatiotemporal dynamics of the electrical network activity in the root apex," *PNAS*, March 10, 2009, Vol. 106, pp. 4048-4053.

合信息。他们提出，每一株一直生长的植物根部，其根尖部的细胞都会"连续不断地整合来自其内部和外部的信号，不断地改良以适应新的环境。"

这很难说清楚。但是把所有研究和论文都归结起来，我们可以得到这样一个结论：植物能感受、会思考、有记忆，当他们接触到非常有挑战性的环境时，会产生一种类似意识的东西。但正如特里瓦弗斯所说的，在实验室里，环境是受控的，植物的智力和适应性行为是很难被完全捕捉到的。正是它们适应变化多端的环境的能力恰好说明了它们的智力。然而，曼库索比特里瓦弗斯研究得更深一层。他说："不仅植物可以是智能的，我们还可以有效模拟他们形成智力的方式来创造一种有智力的机器。"

图灵表示，所有人都认为植物就像活着的智能电脑。

阅读完所有的资料，我就立刻去附近走了走。我开始对街边的榆树、梣树和枫树有了全新的看法。以前想到树的时候，脑海里浮现的总是枝干、树叶、花，这些东西就像它们的脸一样。我们识别人类的方式则是通过对鼻型、嘴型、头发的颜色、发量的多少、身材、动作来区分，在看不见对方的情况下我们还可以根据对方走路的脚步声、呼吸声，还有体味来判断。然而曼库索的文章让我认识到，"认脸"这个观念是错误的。外表只能代表一个单方面的属性，我们还有会思考的大脑、可支配的肌肉和骨骼。就像英国农学家凯利·沃辛顿描述的那样：我们没有大象那样的鼻子，也没有和植物一样的身体组成部分。

植物是两极化的：不仅朝东西两个方向伸展枝叶，还向着地心和天空汲取养料和光线。

曼库索的观点如果是正确的，那么植物就能识别危险，还能思考、安排和计划。那它们的身体部分是怎样来完成这些任务的呢？根部用于吸收水分，寻找沃土汲取营养，它们会为了抢占一块最佳位置而使用策略和手段，就好像一群法律系的学生在图书馆里找一本相同的书。枝干、树叶、花和果实就好像它们的性器官和排泄器官。它们还有自己的化学工厂，在工厂里，光线被转化为能量，也生成了其他分子。

曼库索认为根还有个任务，就是为整个植物整合信息。

这让我不断想起一个意第绪语诅咒：把你的头埋进地里你就会长成洋葱。

2005 年，曼库索和同事弗兰蒂泽克·鲍卢什考邀请了 150 名来自美国、英国、德国、以色列和加拿大首屈一指的植物科学家来到佛罗伦萨参加会议。特里瓦弗斯也是受邀者中的一位。他们在一起达成共识，去研究植物——作为有神经系统的生物体，会引导出有用的实验问题。因此他们创建了植物神经生物学学会，并且用相同的名字做了个期刊。曼库索还建立了一个新的实验室，命名为国际植物神经生物学实验室。

"神经生物学"这个词应用到植物上在当时是非常另类的，还属于空白领域。然而直到 2007 年，研究遇到了阻力——36 名植物学专家联名否决了神经生物学一词。他们把附有签名的信件投给了主流杂志《植物科学的发展趋势》（*Trends in Plant Science*），并公开出版了这封信。该信的标题为"植物神经生物学：不动脑无收获?"[一]这封信的署名是阿尔皮等人，阿米地奥·阿尔皮（Amedeo Alpi）是第一作者。尽管他们承认植物细胞和其他生物细胞具有相似之处（包括动作电位、细胞膜电压激活离子通道、神经递质、信号转导和远距离传递），"但是这些也不足以推断细胞、组织、器官等都存在具有可比性的信号传播结构……"。署名人要求曼库索和他的同事停止继续使用"神经生物学"一词，因为植物并没有神经细胞，并催促他们找到一个更合适的概念。

曼库索等人亲自回复了信件，主要还是在陈述历史上还有其他人也持有与之相同的观点，但同样被当时的人们否定和蔑视。之后在 2009 年，他和鲍

[一] Amadeo Alpi, Nikolaus Amrhein, Adam Bertl, Michael R Blatt, Eduardo Blumwald, Felice Cervone, Jack Dainty, Maria Ida de Michelis, Emanuel Epstein, Arthur W. Galston, Mary Helen M. Goldsmith, Chris Hawes, Rudiger Hell, Alistair Hetherington, Herman Hofte, Gerd Juergens, Chris J. Leaver, Anna Moroni, Angus Murphy, Karl Oparka, Pierdomenico Perata, Hartmut Quader, Thomas Rausch, Christophe Ritzenthaler, Alberto Rivetta, David G. Robinson, Dale Sanders, Ben Scheresm Karin Schumacher, Herve Sentenac, Clifford L. Slayman, Carlo Soave, Chris Somerville, Linconl Taiz, Gerhard Thiel, and Richard Wagner. "Plant neurobiology: no brain, no gain?" *Trends in Plant Science*, Vol. 12, No. 4, March 2007.

卢什考一起，在受人极端尊重的综合科学期刊——《美国国家科学院院刊》（*PNAS*）[⊖]上发表了一篇文章。题目有点枯燥，"植物根尖的电网络活动时空动力学"，但文章却清楚描述了植物根部做着传输自身信号的工作，换言之，它们就像是伪装的大脑。因为麻省理工学院大脑和认知科学系的埃米利奥·比齐（Emilio Bizzi）也参与了编辑，所以这篇文章是很有说服力的。比齐探索了动物细胞系统是怎么与更大型的结构相结合的，以及是如何控制肌肉的运动的。

《美国国家科学院院刊》的首席作者埃莉莎·马西（Elisa Masi）描述了曼库索的实验室是怎么利用 60 道多电极阵列来完成对根尖电网络信号的测量。他们观察到了强烈的自发性电活动和受到刺激后突发的局部信号。同时，"数据显示根细胞的同步电活动是在根尖的某个特定区域内形成的……这好像是第一次观察到植物的同步电活动。"

之后是这段引起争端的言论：植物内的电活动通常与外部刺激有联系。根据目前的研究，我们证实了在根尖部的细胞里存在着大量自发性的电活动。他的持续时间（……40 毫秒），传导的速度……似乎……接近无脊椎动物神经细胞的传导速度，比如水螅水母、管水母……或蠕虫。

他们把这种电子信号传输叫作"类神经元"。他们还表明，在植物根尖传输区域的同步振动暗示了"一些专门整合各种不同感觉的感知区域会输入信息，使得根尖继续监测变化多端的环境参数，并生成合适的输出反应。"

这也解释不太清楚。归结到底：根的表现就像神经元

2010 年 3 月，在一个未经同行评议的在线期刊《实验室时代》（*Lab Times*）上，两位资深研究者决心要扳倒发表在《美国国家科学院院刊》上的文章，其文章的标题为《植物太聪明还是研究太愚蠢》[⊖]，不难看出作者会怎

⊖ E. Masi，M. Ciszak，G. Stefano，L. Renna，E. Azzarello，C. Pandolfi，S. Mignai，F. Baluska，F. T. Arecchi and Stefano Mancuso，"Spatiotemporal dynamics of the electrical network activity in the root apex," *PNAS*，March 18，2009，Vol. 106，no. 10，pp. 40480-4053.

⊖ Hubert Rehm and Dietrich Gradmann， "Intelligent Plants or Studies," *Lad Times*，．3，2010，p. 30.

样回答这个问题。赫伯特·雷姆（Herbert Rehm）和迪特里希·格拉德曼（Deitrich Cradmann）直截了当地表明，曼库索实验室得出的测量值肯定错了，数据肯定因为记录装置的误差而偏离了实际情况。他们还报告说，他们其中的一员——格拉德曼——曾经写信给《美国国家科学院院刊》要求联系作者，并撤回那篇文章。他们声称，撰稿人只是要求他们提供反驳的数据，但他们没有义务做这些，就像他们没有做任何宣称一样。形势已完全不同。

口气是具有侮辱性的。宣称他们没有资格甚至在编辑流程中造成了不良影响，就像一个危险的障碍扰乱了编辑秩序。但从另一方面说，还能期待其他什么呢？哪一条武断的观点不会经过一番凤凰涅槃？但看上去，曼库索的团队已经决定了他们先不做对抗。那个夏天，他们为原先的学会和期刊换了一个更为中立的名字——植物信号与行为。只有曼库索的实验室还骄傲地承用"神经生物学"这一原名。

出租车缓慢行驶着，不停地鸣笛，星期一早晨佛罗伦萨的交通糟透了。司机挥着拳诅咒着妨碍他行驶的司机，嘴里叫喊着"妈妈咪呀"。我们肩撞肩地绕过一个环形交叉口，驶过佛罗伦萨巨大的涂鸦堡垒来到一处安静的地方，周围都是矮公寓。最后，飞驰着通过一片分散的工业区群，工业区的中间点缀着绿地，甚至还把飞机场甩在了后头。

我怀念2008年我第一次到佛罗伦萨时的情景，就好像世界金融系统到这里就突然停止了。斯蒂芬和我住在一家翻新的农舍里，这家农舍离山顶小镇菲耶索莱（Fiesole）也就十几公里的距离。我们做着一般游客都会做的事情，但后来被举办在前身为美第奇大厦的一栋建筑里的列奥纳多·达·芬奇（Leonardo da Vinci）展览给完全吸引了。这个展览把达·芬奇所发明的机器都做成模型，这简直就是奇迹。（如果您搜索关于达·芬奇的智商，就会看到网上推测的是220，甚至高于了特曼对高尔顿智商的猜测。）如果当时达·芬奇支持国家建造这些机器，那么西方国家完全可以把进入工业时代和第一次世界大战的时间缩短一半。通过这个展览，我们不难明白，仅拥有非凡的想法还不足以改变未来，还需要必要的资金来证明自己、说服他人。关于这点，曼库索理解得非常透彻。

出租车司机总算是找到了园艺科学大楼，大楼就坐落在一条半空的马路边，路的名字叫作"灵感之路"。过了这条马路就是一片杂草丛生的荒地，隐约可以看见锈迹斑斑的汽车，还有废弃的设备伏在草丛中。路的尽头是一间罗马样式的教堂，矗立在那儿守护着一个个迷失的灵魂。

曼库索房间的落地窗可以把荒地和筒仓一览无遗。墙上钉着会议海报，桌上堆满了信件，足足有一英尺高，大大的计算机屏幕，绿色厚叶植物静静待在瓷盆里沐浴着阳光。曼库索看上去就像一位中年哈利·波特：他棕白相间的旋发在头上乱成一团，透过架在鼻梁上的眼镜可以看见他熠熠生辉的棕色眼睛，直直地盯着我看。我有提到过他的胡须吗？灰白色的，每一根都被精心修剪得使我总记不住它的存在。他穿着夹克外套，手肘处有皮革补丁，是质量上乘的牛津布，里面穿着条纹衬衣。整体感觉非常有教授风范，谦卑祥和，但偶尔也会闪出一丝冷酷。

在他身后的墙面有一块公告板，上面挂着一张达尔文的素描。与之相垂直的墙面上也挂着达尔文的肖像，是那张很出名的，留着胡须，戴着圆顶礼帽，样子看起来忧伤又劳累的画像。

我找了个他对面的椅子坐下，抽出笔记本开始提问："什么是智力？从哪表现出来的？"

"我的观点就是，智力是生命的本质。"他坚定地说道，从使用的句式能看出他用意大利语思考，但用非常流利的英文表达。他解释说，这源于他对达尔文理论的理解和观察，也源于数年来许多跨生物学领域研究者的工作，这告诉我们所谓的近代专化神经系统"代表了古老而又根本的细胞生存进程"⊖。

"每一个生物体，一直都在被迫解决问题，"他继续说道，"寻找食物、抵

⊖ See：Frantisek Baluska and Stefano Mancuso，"Deep evolutionary origins of neurobiology," *Communicative and Integrative Biology*，2:1，pp. 60-65，February2009.

抗压力、打击外敌。没有智力，这一切都无法完成。靠编制程序也做不到……你不能排除人类被程序所控制……我们都不能排除。但是我完全不同意人类以这种模式生活。生命是可变性非常大的，没有界限，没有程序，命运……"

"你指的是边缘生活吗？亚里士多德提出的发展的最终目的？"

"类似于边缘生活，"他回答，"但是联系到智力，就算是最简单的生物，我们也无法想象没有智力他们怎么解决问题。因此，智力应该被放入定义生命的必备条件，你知道的，进行繁殖等，智力是必不可少的东西。"

对于他的坦率我很震惊，但并不觉得奇怪。他的文章也是这种风格——谨慎，勇敢。

在最开始的时候，我请他讲述自己的故事。他似乎对我问这个问题感到吃惊，不过也回答了。

"我出生在意大利的南部，"他说，"在卡拉布里亚（Calabria）的卡坦扎罗区（Catanzaro），非常偏远的一个小镇。"

那是在 1965 年。他的父亲是部队的将军，母亲一名教师（两人后来都退休了）。他是三个兄弟中最年长的，其中一个是残疾人，另一个是审理刑事案件的法官。有残疾的那位弟弟和曼库索以及他的家人生活。18 岁的时候，他来到佛罗伦萨上大学，并追求到了一个女孩，这位女孩来自佛罗伦萨，后来成了他的妻子。

年幼的时候他对植物其实并不感兴趣，但他爱好自然并且常常去树林里登山。他特别想研究一门科学，尤其是物理学。但最后他成了一名农业科学家且并非无所作为，成天试图预言意大利的经济前景，把自己置身于为权利而战、为利益而活的平庸之辈之中。

"我以为有更多的机会在这个领域找到一份工作，看来是完全错了……但在训练课上，我就爱上了植物。而以前从没有把植物当成过一种生物。"他说道。他开始大笑起来："我转变了……"

在 20 世纪 80 年代，意大利的大学理科学生需要学习五年才能拿到相应的学士学位，然后需要花六个月至一年的时间完成一篇试验论文，之后他们就可以直接去攻读博士学位。他的论文改变了他的一切。"我发现植物不仅仅在生长，它们还能积极地解决遇到的困难。这是让我非常震惊的。这也改变了我所有研究的方向。"

他论文的主题是根的生长以及它们怎么样发现和寻找食物。当时他还没有读过达尔文有关植物运动的研究——那已是后面读博士时候的事了。"我是一个读书爱好者。爱好收集最老的版本，你知道的，去一些小的书店，寻找老版的科学书籍。现在我有一个藏书室，里面全是科学类的书，其中大部分有关于植物。我开始阅读达尔文、罗马尼斯（Romanes）、雅克·洛布（Jacques Loeb）、赫伯特·斯宾塞·詹宁斯（Herbert Spencer Jennings）的原始研究。"

"谁是洛布和詹宁斯?"我问。

"他们从 19 世纪末开始写作，一直写到 20 世纪初。詹宁斯是一位领先的遗传学者，与法律和制度做斗争，过度主张美国优生学运动，写了一篇有关无脊椎动物和单细胞生物智力的书，非常精彩。他说我们并不是在评价草履虫（阿米巴）的智商，因为它们实在太小了，如果它们的体形和狗一般大，我们肯定不会质疑它们有智商。它们就像大型动物一样的拼搏、觅食，像极了鲸鱼。"

"洛布，从另一个角度看，就是另一个巴甫洛夫。"曼库索又说道。

"你知道的，操作性条件作用，巴甫洛夫因为用铃铛来操控一条狗而获得了诺贝尔奖……洛布想得更深入，他说，每一种生物都是这样被程式化的。"⊖

洛布在德国接受教育，来到美国后在芝加哥大学（University of Chicago）和洛克勒大学（Rockeller University）任教。詹宁斯在美国出生和上学。两人

⊖ 按照斯塔顿在《适应性力学：行为的理性分析》一文中的说法，洛布研究了海胆蛋的生长程序，发现如果改变海水的化学性质，未受精的海胆蛋就会跟着改变程序。洛布还是"行为学之父"约翰·沃森的老师。

曾有过一场著名的辩论：刺激反应与自适应行为。但从那以后，整场辩论"就消失在了科学文献中。"曼库索说。

"这段涉及智力领域的研究也完完全全消失在了科学历史的长河中。"曼库索继续说，"直到20世纪30年代，又出现了一批人致力于智力研究工作，比如说，弗朗西斯·达尔文（Francis Darwin），查尔斯的第三个儿子，伟大的科学家、植物学家。"弗朗西斯·达尔文是第一批植物生理学家，被任命到剑桥大学担任植物学讲师一职。

1908年9月，弗朗西斯·达尔文在由英国科学发展学会主办，在都柏林举行的会议上发表演讲。他向他的同事们解释道，植物是有智力的，曼库索说。达尔文说植物能记住所受的刺激，然后根据内外环境条件控制他们的生长和形状⊖。说到这，曼库索开始敲击计算机键盘试图寻找相应的参考资料。找到后，他将计算机屏幕转向我："你看，这是纽约时报上达尔文发表演讲的图片。我很欣慰在这片领域出现过达尔文以及他儿子这样杰出的人。"

"再回头说说您的论文吧。"我说。

"我一直在研究植物的根部……我发现它们不停地生长，事实上它们还在移动。这是我的第一个实证，它们并不是固定的生物，它们会移动，不过不同于动物的是，它们是以生长的方式移动。我开始试着想象怎么样才能把这一现象形象化，当时还没有数码相机，我不得不也跟着学习摄影，在不同的时间点给植物的根部拍照。一个全新的世界呈现在大家面前，就像那时发明了显微镜一样。一个固定着的植物向我，向整个世界展示了大量运动的痕迹。我能看到它们的行为了……这简直太棒了。我直接看到了植物的行为，还能逗着它们玩。"

他将障碍物放在根生长的方向，为它们建迷宫。他把两种植物放在一起，看他们如何对对方做出反应。"它们……根据自己的邻居来改变自己的行

⊖　见 Francis Darwin's speech to the British Association for the Advancement of Science as reproduced in *Science* New Series，Vol. 28，No. 716，pp. 353-362.

为……它们还能识别出自己的亲属。所有的生物学家都会说，这只有在最高等级的动物身上才能发生。所有的植物都能识别自己的亲属吗？也并非所有，我不能这么武断……两种植物在同一个环境里面竞争——他们把更多的能量储存在根部器官中用于生长，而不是用于长出嫩枝。他们尽所能地往下生长，使根部器官变得更强壮来占领最肥沃的土壤。这也是国家之间竞争的方式。如果两种植物是同一家族，而不仅仅是同一物种……他们之间就不会竞争了，而会变成合作。我们不了解植物上层的部分。避阴反应，这是个自然的程序反应。但就连这点也隐藏着一个小秘密。最开始它们会为了强占上风而以最快的速度往高长。一棵树上的很多部分都是自我避阴的……它能明白阴影是来自于外界还是自身。再次重申，这也叫作智力。但却没有人研究它。"

"所以在这篇论文里你谈及到了什么呢?"

他说:"在那个时候，我只是觉得这很吸引人，还有植物比别人认为得更为活跃。从那开始，我真正的兴趣就专注在了植物身上。我在比萨大学开始攻读我的博士学位。我和其他人一起主要研究生物物理学，而不是植物。在那里待了三年。"

在比萨大学（University of Pisa），他的项目是研究新的仪器"用电子工具去监测细胞内的变化……起初我喜欢电生理学——由植物发出的电信号。没人教我，我发现了植物会发出相当多的电信号，类似于动物发出的信号，但频率不同、振幅不同、更弱。更缓慢。但是……它只是一个数量上的差别，而不是质量上的。"

当他着手想要开始探索的时候，他发现在他喜欢收集的旧文献里有很多有关植物电信号的记载。所有的试验都表明了植物会产生动作电位，例如，当神经元传递信号时就会发生类似电压交换的现象。这些研究已经被遗忘很久了。

"在电生理学的开端，电位活动是被达尔文的一个好朋友约翰·斯科特·伯登·桑德森先生（Sir John Scott Burdon Sanderson）发现的，"他说。［达尔文写了一封信给伯登·桑德森（Burdon Sanderson），他是一位出色的生理学

家，请求他研究一下植物是否和动物一样在活动的过程中伴随电信号。][一]
"从 19 世纪末开始（确切说是 1873 年），我们就知道了有动作电位的存在。"

他们第一次是在捕蝇草体内发现的，后来在接受研究的植物体内都发现了动作电位。

"贾格迪什·钱德拉·博斯（Jagadish Chandra Bose），来自孟加拉，一位非常伟大的物理学家，20 世纪初期他获得了从男爵爵位的称呼，这对于一个孟加拉人来说是非常难得的……他研究电波、无线电信号和所有种类的电磁波……他生命的另一个部分奉献给了植物。他撰写了五六本有关植物神经元系统的著作，我家里面都有。"

他的大部分著作都是在 1907 年到 20 世纪 20 年代末期之间他回到孟加拉之后出版的，描述了植物组织和动物组织之间的平行关系，并指出了他所谓的植物的感觉。现在已有很多人开始研究植物电信号了，但这仍然不是植物科学里面的主流，"尽管它是对于植物最重要的。"曼库索说。

"为什么？"

"植物传送信息的方式和动物一样，但是完成动作电位不需要神经元细胞。现在神经元学说就能解释一切，动作电位就是大脑信息，它们负载着信息信号通过神经元之间的介质——突触在一个又一个的神经元之间游走。几年前，一个有重要地位的神经生物学家写了一本书，书名叫《你就是你的突触》。对于植物，几乎遍及根部的所有细胞都产生着繁殖的动作电位。这不是一个假设，而是经过成百上千次演示后得到的事实。尽管如此，也只有几个组在研究它。植物电生理学家是一个很小的群体，我几乎认识全世界所有的植物电生理学家。但却有数以万计的学者研究动物电生理学。"

在读博期间，他提出了为什么植物电信号与动物如此相似这个问题。当时人们武断地认为，只有可兴奋细胞才是神经元、心肌细胞和腺体。

[一]　见 Pickard，"Action Potentials in Higher Plants," The Botanical Rview, Vol. 39, No. 2. April-June1973.

看看网上的内容，曼库索说："你会发现没有一条提到植物体内充满着可兴奋细胞。[⊖]从生物学的角度上来说，这太荒谬了。如果外星人登陆地球，他们会认为所有的生物都是植物。"

突然他又转向如同马基雅维利（Machiavelli）和黑格尔（Hegel）这些政治哲学家说话一样的口吻。"在每一种关系里面都会有一个领导者和一个服从者……在我们与植物之间的关系中，植物是领导者，我们是服从者……忽略我们赖以生存的生物这是件多么愚蠢的事……外界认为，科学就是逻辑主导一切观点。而这并不是真的。关系、权力、政治要比概念的逻辑性更为重要。"

正是这些学术政治的事实解释了为什么他在接下来的 15 年里继续研究，但始终没有记录过学生时候发现的这一有趣的植物行为。他的第一个工作是在佛罗伦萨大学找到的。然后他努力在学术这条路上往上爬。

"2001 年我当了这里的教授，不是因为我的想法，而是归功于我那些经典论文，分子生物学论文。"

从那时开始，他才扭转了他真正的兴趣——植物，智能化系统。初期他出去外面筹钱，设立了一个实验室。

"那钱是从哪儿来的呢？"我问道。

"这笔钱……来自银行基金会，他们对我的想法有信心，投资建起了实验室。"他有点得意地说道。

"怎么个投资法呢？"我问。

"他们在三年中给了我一大笔钱。"

"有多少？"

他看起来略微羞涩，好像不太想说。"两百万欧元，从 2005 年到 2008

⊖ 实际上，我好几次在网上发现了植物细胞受激的消息，首先是维基百科，年代可追溯到 1960 年。有趣的是，迪特里希·格拉德曼曾经在《实验室时报》上尖酸挖苦曼库苏和同事们使用"神经生物学"一词，但他早在 20 世纪 70 年代就发表论文说菌类能发出此类信号，90 年代又说植物能发出此类信号。

年。"他说。

这相当于三百万加拿大元，对于一个研究植物智能这种冷门学科的新实验室来说的确是一笔巨额投资。这笔钱意味着他不再只是拥有好想法的学者，而是成了一名呼风唤雨的科学贵族，学生们都会蜂拥而至地追随于他。德·瓦尔（de Waal）说过，在研究所做试验是非常优越的，但如果没有学生给你提供新的想法，撰写新的论文，那你的项目很快就会无疾而终。为了吸引学生，你需要一定的资金来留住他们，这一点在 2008 年全球金融危机后变得更为重要。为了项目争夺资金的竞争在意大利愈演愈烈。意大利只有两所私立大学，其余的都是公立大学，而公立大学所有的薪资都来源于政府，他们的预算也就变得很有压力。

"在过去四年内根本就没有提供新的职位。2008 年，佛罗伦萨大学的研究人员有 1300 名"，他说，"现在仅剩下 800 名。有人员退休也不再补位。因此在这里工作的员工的薪酬都是从研究经费里面支付的。我们需要为了筹集资金而参加竞赛。如今大部分的钱，每年三十万欧元，都是我们从欧洲联盟那赢得比赛还有从意大利研究部那得到的。还有，我们以前从国防部那也拿到些钱"。

"他们会对什么感兴趣呢？"我问。

他说是机器人。他一直在致力于研究他所谓的软机器人，这个机器人效仿的是植物运动的灵活性。

"我要确保我是否理解了这一点。"我说，"在你读博士时就对研究植物智能这一想法感兴趣了，但一直到你当了教授之后才有勇气在这方面有所动作？"

他解释道："如果由我引起了争议，就不可能坐到教授这个位置上……这个想法一直在我的脑海里，但是从来没有发表过任何东西。作为一名教授，就没有一个人可以扳倒你了。因此，现在我想发表什么见解就发表什么见解。"

"那你是什么时候公开发布的呢？"

"我第一次发表植物是有智力的生物这一观点是在 2004 年。"[一]

是的，他首先阅读了安东尼·特里瓦弗斯（Anthony Trewavas）的论文，特里瓦弗斯是英国皇家学会的会员。但是，他付出了代价。"他因为这个想法已经被世人称为'疯狂的托尼'。他是一个极好的科学家……你无法在他的论文里找到任何瑕疵，所以人们只能说他疯狂。"

他会见了他的同事，弗兰蒂泽克·鲍卢什考（Frantisek Baluska）——刚提到的第一篇论文的主要作者，也是波恩大学副教授。之后鲍卢什考写了封信给他，询问他写的第二篇论文的情况。这是一篇"传统"的论文，意味着内容其实与植物智能无关。经过几次邮件往来后，他邀请鲍卢什考来佛罗伦萨参加一个讲座。当他们见面时，才发现彼此有着相同的兴趣——植物是怎么处理信息的。"因此，我们一起工作直到现在。"他说。

2004 年他们在爱丁堡参加实验生物学学会会议，发现几乎所有有关神经生物学的论文都是在研究人类。没有一篇提到了植物细胞。"所以我们在喝啤酒时开玩笑说，我们应该组织一个关于植物神经生物学的会议，因为这和其他的几乎一样。如果事先知道这个名字会惹怒大家，我肯定会起一个其他的名字。当然，我们知道植物没有神经细胞。但除了神经细胞，其他的都一模一样。"

"也许你的论文还有其他问题呢？"我冒昧地问道，"看起来你好像在说两件事情：植物的根尖就做着神经元的工作，所以它充当了大脑的角色，后来你又说神经元和大脑都不是参与信息处理所必须要的。"

"你看，大脑的工作零件几乎都在这儿了，有动作电位、神经活性物质……"他说。

"比如？"

"谷氨酰胺、血清素、褪黑激素、乙酰胆碱、肾上腺素、多巴胺，所

[一] The paper is called："Root apices as plant command centres：The unique brain-like status of the root apex transition zone." The first author is Frantisek Baluska, and it appeared in *Biologi*（*Bratisl.*）Vol. 59, Suppl. 13, 2004, pp. 1-13.

有这些大家耳熟能详的动物体内的物质在植物体内也做着相同或相近的事情。这是一个强大的类比。用科学的角度看，用一种全新的规则去认识植物，把它称为神经生物学可以影响到我们学习植物的方法。你看研究大脑用到的庞大的基础设施，我们可以借用这些程序，将之翻译成植物专用语言。"

爱丁堡会议后，他开始认真对待筹集资金这件事情。1992 年，意大利通过了一项法律，2000 年建立了规章制度，要求银行成立基金会，将他们的部分收益用于对那些有利于公众的事业进行再投资。1829 年，由 100 为佛罗伦萨公民联合开办了一间私营银行，后起名为恩特佛罗伦斯储蓄银行，后在 2000 年成立了上述的基金会。[○]

"在佛罗伦萨，这种钱通常用于恢复宫殿、博物馆、艺术品。我非常有幸能够见到其中一位参与讨论基金用处的成员，他是佛罗伦萨的物理学教授。"他说道，"我问他们是否能投资一笔钱到科学领域。他同意了，并开始在委员会里争取一定数额用于科学。"

出资单位和学校的关系建立了起来，随后又是一场竞争，曼库索也参与了。

他往后坐了一下，宣布这个胜负很明显的结果："我们的项目——建造世界第一个植物神经生物学实验室，深受好评。"

有了这笔资金，"我和弗兰蒂泽克又邀请了 150 多名最有声望的植物科学家来加入这个团队。在会议上，大家都对植物神经生物学这个词语没有发表任何意见，我们年复一年地已经举行了五次会议。第五次会议后，我们把名字改成了'植物信号及行为学会'。"

"所以来参会的人没有对那个词感到敏感吗?"我问。

"没有一个人反感'神经生物学'这个词。"他回答说。

但在 2005 年的会议后，一位同事打电话给曼库索说，他在巴黎参加会议

○ 参见：http://www.Entecarifirencze.it.

时，那里的人循环请愿参会者撰文来反对"神经生物学"一词，还有它造成的影响。问到他同事的时候被拒绝了。

我问道："就是阿尔皮等人吗?"

"是的"，他说，"他们当中的许多人在之后的这些年告诉我，他们就没有读过那篇文章。也没有读过我们的文章。我知道阿尔皮，他也已退休了。其中的很多人都年事已高。我与阿米地奥·阿尔皮关系挺好，在写那篇文章之前，他从来没有对我说过那样的话。他离这只有80公里的距离，正常情况下是应该面对面坐下来讨论这个疯狂的想法的，但我们都没有这样做。"

"他为什么要等两年时间再来攻击你?"我问。

"这些人并没有想到植物神经生物学会这么成功……而且是公认的成功。我认识的科学家遍及各地，他们都对植物生物学的新/旧观点非常感兴趣，有些已经被遗忘了有60年了。他们突然从坟墓中跑出来，我们走到一起，我们集资……我们的学会和其他重要的科学家们达成共识要分享分担。科学家们就相当于政治党派。"他说。

"您的意思是?"

"他们是利益的中心。我们了解彼此，可以分享参加比赛所获得的奖励，我们帮助对方达成各自的科学目标……"

这让我联想到加拿大前总理克雷蒂安（Chretien）的政治学说。他回忆录的开篇是对政治的定义："老实说，政治就是渴望权力、理解权力、运用权力、维护权力。"⊖后来，他才提及了会使世界更和平。

"科学又何尝不是这样，"曼库索说，"不使用权利，你的观点就不能被科学主流所接受。"

为了推进自己的极端想法，曼库索相信首先要让自己变得无懈可击——拥有权势和金钱。之后他要和特里瓦弗斯、鲍卢什考一起成立学会——一个

⊖ Jean Chretien, *My Years as Prime Minister*, Ron Graham Books, Random House of Canada, 2008

分享兴趣、爱好的团体或派别。但是他错估了奸诈狡猾的杰，他本有可能避免的。

他承认："对于这次成立学会和会议，我应该准备一个更好的策略和方法，让更多佛罗伦萨的重要人物参与进来。一位德高望重的教授写了封态度很强烈的信给我，抱怨他和他的团队没有被邀请参加会议。这个学会专门研究植物生理学……我曾要求加入成为会员，但是他们拒绝了，因为我不是生理学家。他十分沮丧，直接写信给我的部门负责人，责备我在组织这次会议的时候多么没有礼貌。负责人选择站在我这边。科学就是这样，这不仅发生在意大利。弗兰蒂泽克在德国的地位更加糟糕。"

2009 年，他们在《美国国家科学院院刊》上发表的文章更是让情况雪上加霜，曼库索不仅要设法筹集一大笔钱，他和他的同事们还被一些重要的期刊抨击。

"安娜·莫洛尼（Anna Moroni）是米兰大学受人尊重的电生理学家，也是来自德国达姆施塔特应用科技大学的格哈德·希尔的妻子。在《美国国家科学院院刊》发表文章之后，他们的学会曾邀请我做一个特约演讲，"曼库索说。"第一眼看上去还觉得这是我莫大的荣幸。"

邀请函是从身在英国海德堡的一位科学家那里寄过来的，所以他从没有怀疑过是他的德国对手在幕后指使。他完全相信了。他做了一个长达 40 分钟左右的演讲，通常情况下，在演讲过后，听众们会提出几个比较尖锐的问题，大约 10 分钟后座谈组的负责人会打断他们。反常的是，各种各样的人开始提问。

"他们中大概有 200 人问着愚蠢的问题，根本就不给我时间回答，就这样持续了一个半小时……他们没有人去读过稿子，比如说，'你说植物有大脑'，'不，我从没有说过'，这明显就是个陷阱……就连演讲的负责人也用充满敌意的眼神看着我……如今，科学就是一场为了资源、名誉、权力而战的竞争。与之相反，像运动或政治那样的其他领域，他们有规则……"

我因为政治有规则这句话笑出了声，尤其是在意大利。

"……有点传统,"他纠正道,"但在科学领域,什么也没有……你越粗鲁,人们越尊重你就越畏惧你……"

曼库索和他的同事们想要为他们的学会做一点有益的事情。"我们希望合作,而不是竞争,即使合作很可怕,即使团队的内部还会出现权力之争,即使还会争论文章上应该属名还是属姓……现在的科学会议简直就是场噩梦……在研究报告正式发表之前,没有人会在开会时提出新的东西,以防别人抄袭你的观点,你从未在会议上谈论过……这是最糟糕的部分。"

把我写进《实验室时代》(Labtimes)的那篇文章,我小心翼翼地讨论,但人们并不听我说话,很明显他们还在为那件事生气。

"就是垃圾。"他这样形容道,"……我们把我们的文章寄去《美国国家科学院院刊》,他们又分别寄给了三位评论者,大家都对文章感到满意,我们才发表了。正常的方式是,如果发现文章有错误,你就写一篇文章把这些错误都归纳起来,再分别寄给三位同行判断对错。"

《实验室时代》是未经同行评议的。但是《实验室时代》认为,《美国国家科学院院刊》刊登的文章之所以免去同行评议,是因为它的编辑是具有深远影响力的比齐。比齐是意大利人,曼库索也是意大利人,意大利人之间互相拥护。

"所以比齐帮了你吗?"我问。

"大错特错。"他喊了出来,"我先请示了期刊的主管,他们一直都没有回复我,就连一句拒绝也没说过……这就是一种耻辱。他们说无法做决定,他们说因为比齐是意大利人……是我的朋友。他是麻省理工学院的神经生物学教授,[一]但我从没有见过他。我知道他是因为他很出名。这真是不可思议。我给《美国国家科学院院刊》写信,问他们是否要采取行动,他们说这很普通,许多同行说不用评议,这会让他骄傲的。"

"那个主要作者,您知道他是谁吗?"我问道。

[一] http://www.mit.edu/bcs/bizzilab/overview/index.html

他当然知道。"这个家伙退休了，是德高望重的植物生理学家……在德国，"曼库索说，"有一个派别非常反对我的观点，他们尝试各种途径去展示他们的敌对态度。"

不顾自己的愤怒，曼库索预料到了这样的行为。

"科学本来就充满了争议，"他说，"我很欢迎好的、正确的评价，这也是一种让你进步的方法。但我从没有看见过一条值得让我思考的反对意见，'他们就没脑子！'是的，我知道……"

他给我看了一个小小的圆形塑料迷宫，里面有一颗金属珠。在我小时候，人们在聚会上喜欢把它放进饼干盒里。塑料盒下面印着迷宫的图案，图案上面是一连串的塑料通道。这个游戏的关键是摇晃这个塑料盒，让里面的金属珠滚动，直到滚到迷宫的出口。"看，这是我三天前买的，"他说，"我一共买了 150 个，花了 70 欧元，很棒。把金属球和背景图都拆下来，就可以用来观察植物用根部走出这个迷宫需要多长时间。它们的目标是走到中心位置，那里也有给它们的奖励——硝酸盐……如果你在迷宫内，平均需要折返五至六次才能走到目的地。人们以前把老鼠放进迷宫里面测试它们的智商。植物的根就是天才……它们从来不走错路，它们不会花能量去做错误的决定。代表智力的另一个特征就是你行动的效率。"

我望着他的塑料迷宫，脑海里立刻想到了在英国安德鲁·亚达马特兹基的团队也是把黏菌放进迷宫里面做实验的。我认为曼库索没有听说过亚达马特兹基这个人，这是他自己想出来的试验方法，是平行发展的科学说法。毕竟，一名植物科学家怎么可能知道发生在其他国家的这种非常规计算呢？

"对了，您知道在英国，他们也把黏菌也放进迷宫里吗？"

"我是和亚达马特兹基（Adamatzky）一起合作完成的。"他说，好像只有傻瓜才觉得他会不认识这个对他的工作如此重要的人。"我很确定我们能够证实完成智力行为不需要神经元细胞。"

他告诉我马上有个会议要开，结束了就回来。我出去了找地方吃了个午餐。

当我回到曼库索办公室的时候刮起了很大的风，他已经在等我了。

我问的第一个问题就是："你是怎么和亚达·马特兹基的实验室联系的？"

他说，是鲍卢什考先与布里斯托尔大学的丹尼尔·罗伯特（Daniel Robert）联系的，罗伯特研究的项目是昆虫在没有耳朵的情况下怎么监测到声音。曼库索、鲍卢什考和西澳大利亚大学的莫利卡·加利亚诺（Monica Gagliano）因为好奇于植物怎么监测声音而联系了罗伯特，一个介绍给另一个，最后我们就进入了亚达马特兹基的实验组。曼库索的实验室针对这个非常规计算向欧洲委员会提出了申请，从居里玛丽训练网那里得到了拨款。

"等等"，我说，"您说您很好奇植物怎么监测声音？这之间有什么联系呢？"

有一段时间气氛显得很尴尬，他把注意力转向了《植物的秘密生活》，这本书是 30 多年前发行的，非常受欢迎。书里声称植物对声音、音乐、讲话，甚至周围人类的思想都有情绪反应。书的作者是彼得·汤普金森和克里斯多弗·伯德。全书以克莱夫·巴克斯特的故事作为开端。巴克斯特在平时工作时喜欢使用测谎仪。1966 年的一个夜晚，他冲动地把电流计的电极连到了他办公室所摆植物的叶子上，植物做出了反应。他开始相信，植物知道他想要做出伤害它的行为，并做出了回应。

噢，天啊。也许他们都是怪胎。

曼库索解释道，他们做了试验来证实"植物依靠声音的频率来识别并选择跟随或逃避声音……它们不仅可以对声音做出反应，在生长过程中，它们还制造声音。"他解释说，"作为生长的副产物，通常是噼噼啪啪的声音。大概所有的根都能利用这种声音来辨别方位和生长的速度。"

"您不会是在说植物还和声音进行交流吧？"我小心翼翼地问道。

"一个信息就是一种交流，只是还可以利用它们的生长副产物。这也是种信息，但不是为我而生的。"他说。他想表达的意思大概是，一只鹿在森林中走路时发出的声音可能被猎人听见，猎人可以根据这个声音找准目标，但这并不是为了猎人而制造的声音。

"这个声音试验是怎么开始的呢?"我问。

一个酿酒师来见过我,他拥有一个很棒的酿酒厂,酿制的葡萄酒卖300欧元一瓶。这个酒商很多年以来都在他的葡萄园里放古典音乐,效果非常好。

曼库索做了一个好像在闻气味的表情。

"我说过'我每天都能收到很多疯子写来的信,还有素食主义者。当我说'开什么玩笑?你不吃肉是因为你讨厌植物'的时候,他们更加恨我……那个酒商想要过来和我聊天,我不太愿意,但他最后还是来了。后来我才发现他一点也不疯,他把由音乐伴随的葡萄生长情况都完整地记录了下来。我说:'好的,我们会去你的葡萄园做测量。'音乐与植物当然没有半点关系……但是声音的确影响了植物的生长,我们可以根据这个做实验。"

BOSE欧洲公司(扬声器/立体声制造商)已同意资助试验,出资约100 000欧元,分两年到位。最大的问题就是控制了:在地里,他怎么能够绝对控制声音的频率、音量和位置?他如何建立同样的环境条件来对比有声音和没声音时,葡萄的生长情况?经过三年的摸索,他最终得出了最佳结论。

"因此,播放的是什么音乐呢?"我问。

"莫扎特。"他说,"葡萄园的名字就叫莫扎特葡萄园,因为每天24小时都在循环播放,所以使用莫扎特的音乐会让邻居们更容易接受。但他放的不只是莫扎特的音乐。"

"我们在莫扎特的音乐里加入了不同的频率。"他说。

加利亚诺、曼库索和罗伯特早期的试验研究结果于2012年发表在了《植物科学发展趋势》(Trends in Plant Science)⊖期刊里,解释了当声波在100~600赫兹之间时"能最有效地促进植物的生理机能"。在莫扎特的音乐里,他们延伸出了200赫兹的音调,想知道会对植物产生什么影响。

"结果如何呢?"

⊖　See：Monica Gagliano，Stefano Mancuso and Daniel Robert，"Towards understanding plant bioacoustics," Trends in Plant Science，Vol. 17，Issue 6，June，2012，pp. 323-325.

"这个还没有公布。"他说。这批葡萄一个月前刚采摘下来。他正在等待分析结果。但他补充说:"结果是无懈可击的,证实了在声音的影响下,果汁的糖分含量更高,含多酚量也更高,这对于葡萄酒的品质来说都是非常重要的因素。而且葡萄的成熟时间比往常提早了两个星期,这对于葡萄栽培有着巨大的帮助。最后几周尤为关键,因为要小心真菌和潮湿的环境。"

是时候多思考一下他之前提过的植物机器人了,我想。他叫它类植物人。

"请告诉我一些你研究的机器人的情况。"我说道。

"它是这个故事中最精彩的部分。"他回答。其他任何一种生物都被人类考虑过做成更有效率的机器,从蛇到昆虫,到人类、到鲸鱼,但是植物却没有。

"我第一次提到是在《连线》(Wired)杂志的一篇故事里,之后我便因为这个故事而受到了很多的嘲笑,不过对于这一系列反应我早已习以为常了。"此外,他还从欧洲航天局那里得到了一笔资金来研究这个项目。

"你研究自然生物的目的是想知道他们怎样才能做得更好……植物怎样才能生长得更好?它们比其他生物更擅长于占领土地。它们能够以惊人的效率开垦土地,我提议使用类植物人进行空间探索……它们把一个吉普车大小的机器人送去火星完成测量任务。把一大袋灵感来自于植物的机器人种子送到火星上。在大气层中打开袋子,这样几千颗种子就被播种到火星上了,它们用根来探索一小块土地。这种低造价的、由植物启发的机器人是一种完全不同的策略。2008 年我们完成了这个研究,不久前我们又开始了一个欧盟项目,预算是在 200 万欧元。"

我正想要问他是否了解进化机器人学,他便开始给我介绍他们与其他两个小组进行的合作。"一个是比萨大学的机器人学小组,另一个是来自瑞士的达里奥·弗罗莱若"他说道。

我吃惊得下巴都快掉下来了。达里奥·弗罗莱若在蒙特利尔做过演讲,主题是机器人的进化智力行为。不可思议的是,一个植物学专家会与瑞士的机器人研究小组,还有在布里斯托尔做黏菌研究的非常规计算实验室合作。

这好像是不论何地、不论何人，他们都听过时代精神颂歌，并能同时抓住要领。

"但你是怎么知道弗罗莱若的呢？"我问。

"他是我的一个非常亲密的朋友。"他说。"我们想要创造一个类植物人的工作模型，我们想要从机器人身上获取一些关于植物的信息。生物学可以提供给我们有关机器人学的灵感；相反，我们也可以从机器人学中获得生物学灵感。"

我想，他肯定读过弗罗莱若写的有关机器人如何在没有编程能力的情况下，与更高级的对象沟通这篇研究报告。我几乎是对的。

他说："和达里奥一起进行的这个特殊任务就是，通过模拟了解类植物机器人的根怎么样与其他的根进行交流和互动。每一种植物都有几百万条根。"

曼库索的小组最近发表了一篇文章，内容是玉米的根部怎样像动物那样在成堆的根群里调整自己的生长轨迹。[一]他们说："植物会受到邻居的影响，向它们生长的方向倾斜。"植物的根部因为生长而显得杂乱无章，它们喜欢紧贴着同伴生长。"这就不符合之前关于单纯任意生长的研究了。"他们报告说。

问题在于：它们怎样调整自己的行为？靠化学信号吗？通过电排斥？或电吸引？或者声音？

"我们发表了一篇论文。"曼库索说，"我们发现了植物根部的行为类似于蚱蜢，但也不是总是这样。达里奥研究蚱蜢机器人。我们想把这个利用到研究植物根部行为上，以破解根部的漫射智力。"

"什么叫漫射？"

"每一条根都有几百个计算细胞。把所有的根聚集到一起，就如同互联网一样了。我们需要找到它们的工作方式，这也将有助于我们进行网络研究。"

（一） Marzena Ciszak，Diego Comparini，Barbara Mazzolai，Frantisek Baluska，F. Tito Arecchi Tamas Vicsek，Stefano Mancuso，"swarming Behavior in Plant Roots." *PLoS One*，January 17，2012.

"因此你联系到了亚达马特兹基和弗兰里诺，" 我说，"还有谁呢？"

他建议我去了解一下迈克尔·莱文（Michael Levin），他是塔夫茨大学再生和发展生物学研究中心的教授。实际上，他们从没有见过面，但通过邮件合作过。

"他是干什么的？" 我问。

"他，我们正在研究正常的细胞在没有神经元的条件下如何记忆和学习；我们还研究生物电，通常由细胞产生作为模式形成的领先信号。现在这些都是被科学所遗忘的部分……这些电流有可能被用到模式的发展中，如何构建一个机体并不仅是依赖基因了。"

他递给我两篇莱文写的关于生物电信号和模式形成的文章。能够看出，这两篇文章的内容与曼库索的兴趣不谋而合。莱文告诉我们改变青蛙的生物电活动，可以使它的眼睛长到身体的其他部位上。"生物电控制着身体的模式形成。此外，它还控制生长。" 曼库索表示。

通过莱文的网站可以得知，他从研究人工智能开始，进而开启了的学术生涯，然后又转移到了细胞生物学上。他在两篇文章里写道，钻研怎样改变电压能引导胚胎细胞里的模式进步。在其中的一篇里他认为，离子流以自己的方式携带信息，改变电压可以引诱表达何时、何地的基因发生改变：他形象地定义成真正的 "外遗传层面控制"[一]。在另一篇文章中他又提出了一个很大的议题：体形是怎么形成的？是个体的身体策划着突现特征，而细胞只是遵守一些简单的规则吗？还是说在某一处有一个更大的规划图或模式？[二]

我马上想到了科学怪物，用很强的电流电解一块厚厚的肥肉的情景。我

[一] AiSung Tseng and Michael Levin. "Cracking the bioelectric code," *Communicative & Integrative Biology*, "Vol. 6, Issue 1. e22595-1-8, http：//dx. doi. org/10. 4161/cib. 22595, 2012.

[二] Michael Levin. "The Wisdom of the body：future techniques and approaches to morphogenetic fields in regenerative medicine, developmental biology and cancer," *Regenerative Medicine*, Vol. 6, issue 6, pp. 667-673, 2011.

看到太阳已经落山了。

"您现在在做什么工作呢?"我问曼库索。

他并没有给我看他最近的论文,因为还没有找到合适的出版商,那只是在电脑上的初稿。"植物在环境中学习得很快,而且不容易忘记,"他说,"我想把这一点写进《自然科学》里。"

他和他的同事们在来自西澳大利亚大学的莫妮卡·加利亚诺教授的带领下用含羞草做了一系列的试验。只要你一碰它,它的叶子就会立刻卷起来。为什么?"为了吓唬昆虫,"曼库索解释,"但这会消耗掉它相当多的能量。我们认为可以让它知道,一点点的刺激并不危险,它应该学着不要轻易地卷起叶子。"

这也是一块老的领域,现在又在重新讨论。

1976 年,普林斯顿大学斯泰万·哈纳德的导师朱丽安·杰恩斯出版了一本书,书名叫作《双重心智迸发意识起源》(*The Origin of Conciousness in the Breakdown of the Bicameral Mind*)。在书的简介里,杰恩斯整理了有关意识的发展简史,包括对突现特性的见解——当两种毫无关联的事物结合到一起时会出现一种新的事物(例如钠和氯化物结合到一起变成了盐)。杰恩斯描述了在学生时代时就试图探索意识的起源。他曾经设想教植物学习一些东西,然后按照这种方法,再从植物到草履虫,到扁形虫,到蚯蚓,到鱼,到爬行动物等。他认为这会是一部"伟大的意识演变录",因为他攀登了一级级复杂的阶梯。

他的试验由训练含羞草开始。

"第一个信号是强光照射,含羞草的回应是垂下叶子,然后轻轻对它的茎干连接处进行触觉刺激。经过若干次光线和触觉配合刺激后,我的试验对象还是很健康,但它已经没有意识了。"⊖

⊖　Julian Jaynes, *The Origin of Consciousness in the Breakdown of the Bicameral Mind*, Houghton Mifflin Company, 1976, pp. 6-7.

与之相比，曼库索的团队是为了证实含羞草可以学习和记忆。他们把含羞草种在花盆里，再让这些花盆从 5 厘米高的地方坠落到桌子上，但不至于摔碎花盆。一直重复这样的坠落无数次。刚开始时，含羞草每次都会卷起自己的叶子，但在第六七次坠落时，它们认识到了这样的动作不构成威胁，便不再卷曲叶子了。然而，"如果你用笔触碰它，它的叶子还是会立刻就关闭起来"，曼库索认为，这说明植物能明显区分出有危险的刺激和无危险的刺激。

"我们认为这些应激反应是与能量有关的，让植物生长在弱光条件下和生长在强光条件下，它们学习的速度是不一样的。在弱光条件下生长的植物认识无威胁刺激的速度更快。"

"为什么？"

"因为它们没有能量来浪费。"他回答。"如果我没记错的话（他看了一眼计算机屏幕），它们学习的速度快了 40%。"

它们不仅学习，也会记忆。"40 天之后，它们记住了这些刺激；再过 40 天它们仍能辨别出来。在一篇论文中，我们说明了植物记忆、学习和储存信息的时间是至少 40 天，而我的很多学生都达不到这样的记忆力。"他说。然后笑了起来。

他们把这篇文章寄给同行评议，没有收到任何反对意见，但他从来没有幻想过这篇文章会发表。他肯定《自然》杂志是不会出版的，他们甚至放弃了把这篇文章寄出去接受评议，因为他们只评议自认为重要的文章。"你无法想象我们的研究报告未能成功出版的那次……以前，科学家们把所有东西都写进书里，然后出版发行……"

"您能带我参观一下实验室吗？"我问。

我们下楼到了主要楼层，那里有几个房间，房间里有非常严谨的设备用于测量在光、温度、湿度、压力条件控制下的植物行为。学生不是很多。我们走进了温室，温室被隔成了几个分开的生长区，有一些花盆被一个挨着一个地固定住，有一颗单株植物的根被分别种到了两个盆里。他们的问题是：

之后如果把根再种到一个花盆里，它们还能认出对方吗？那里还有一些种在桶里的胡椒。

他摸了摸胡椒的黑叶，说："胡椒的果实周围会产生毒素，大多数动物都不喜欢，但是有一些鸟儿喜欢。"

这使得胡椒成了一种古怪的植物，因为植物主要通过化学物质来吸引昆虫，而不是杀死昆虫。

"它们需要昆虫来传播花粉。就像一个市场，植物是卖家，昆虫是买家，花就是公关。这是很严肃的交易。它们将花粉送给昆虫就等于放弃了花蜜，因为酿成花蜜只是在消耗它们的能量。昆虫喜欢糖。"

有些植物很诚实，它们用优良的花蜜来犒赏这些帮它们传播花粉的昆虫，但有些植物却不老实，比如说兰花。"它们欺骗昆虫，它们不拿任何东西来交换，还耍出非常厉害的手段来让自己的花长得和雌性昆虫一样，甚至还会产出一样的费洛蒙，雄性昆虫根本就无法区分……"所以昆虫爬上兰花，做它们通常做的事情，然后离开……"带走了花粉。"

他明白了这些研究背后的更大的道理，黑格尔的主人和奴隶之间的辩证关系放在植物和动物身上，"植物是主人。"他反复说。

经过了这么长的进化史，从最先在海里出现的海藻开始，它们就学会了从光线中获取能量，植物也学会了用聪明的手段去伪装、去吸引。"因为它们不能动。"他说。这也是它们必须对周遭的事物和环境变化高度敏感的原因。动物可以"逃跑"，但植物不会。它们为了生存，必须要有比动物更加先知先觉的能力去调整自己的新陈代谢……在关键时刻，它们也需要动物——传播它们的花粉、搬运它们的种子，以及保护它们免受侵略者的伤害，它们必须说服动物为它们工作。

这就是主人和奴隶之间的辩证关系。

"迈克尔·波伦［《植物的欲望》（*The Botany of Desire*）的作者］说，它们甚至还会控制人类。有一种毒品奖励的悖论，意思就是几乎所有能让人类兴奋的药物都是由植物提炼出来的——咖啡因、尼古丁、海洛因、可卡因、吗啡，甚至还有科学用药。通常我们复制植物的分子。为什么植物会让动物产生药物依赖？教科书上的论文说的是，这些毒素是为了驱赶动物，但事实并不是这样。"

植物制造的这种让人类产生依赖性的物质直接作用于曼库索所谓的奖赏神经元上。

"这些物质活跃在我们的大脑内，每当我们做了好事、吃了爱吃的食物、和心仪的女孩约会……它们就激活相同的神经元细胞。从发展的角度看，这一点非常重要，因为这一组神经元细胞是为了告诉我们，现在正在做一件非常好的事情。然而植物可以用化学方法去操纵这些神经元细胞，并制造从属物，他们的目的就是让动作不断重复。"

也就是说，植物希望人类和动物不停地传播它们的花粉、吃它们的果实、播撒它们的种子。"他们让我们不停地重复一切有利于它们生存的动作，植物操纵这些神经元。"

"从生物学的角度来说，我们需要设想一下我们正在消耗的植物。"他说，"一个物种的成功在于它们的数量和在地球上的分布。你想想，你是一株像小麦一样的植物，你的目标就是要以最快的速度遍及地球，占领可使用土地，最好的方法就是和人类产生联系。你产出果实、种子，我们来消耗……"

"您的意思是它们决定和我们合作吗？"我问。这是可笑的想法。我认为他不可能是这个意思，不过他承认了。

我们不想去思考植物可以决定和人类做同伴这个观点，这一点使他很愤怒。我们相信这件事会发生在狗或者马身上。"你说的狼可以决定要不要和人类一起生活，这一点对我很有帮助，作为交换条件，狗也要做事，经过驯化的动物对我们和它们都是有好处的……植物也一样。我们所摄取的90%的卡路里是从5～6种植物那么获得的，它们采取了这个决定，一个进化的决定，但这以前就是个决定。"他说。

"还有，"他继续说，"我们所知道的100多万种化合物几乎都是由植物制造的。为什么？答案就是它们需要这些化合物去交流、去操纵，去塑造动物的行为。"

陆地上的第一个生命形态就是植物。但是，他指出，第一个开花植物是很久以后才出现的，晚于哺乳动物的出现。"它们是非常现代的，"他说。他还相信它们经过了特别的进化，使自己能够利用生存着的动物。

"所以，"他问道，"植物是如何统领地球上多达 99.8% 的生物的？作为一个愚蠢、不变、低级的生物吗？""当然不可能。它们是非常智慧的传播者，比我们人类还更擅长感觉和交流。"

"你是说它们聪明到能够塑造我们的行为吗？"我问道。

"当然。如果没有植物，如果我们生活的城市没有花园或公园，很多病痛就会出现。更多人自杀，越来越抑郁，社会问题和暴力事件越来越多。对于这些我们已经了解得够多了。"

他是对的。我很熟悉这些研究，医院里的病人在能够看见窗外绿树的条件下恢复得更快；有注意缺失紊乱的学生如果在花园里参加考试，就会比在室内参加考试取得更好的成绩。

那我们回到智力这个话题上。我说："你是怎么想的，这是不是从生活中提炼出来的财富？"

"一般而言，我会说是的，这是复杂的突现特征。但转念一想……"
他停顿了一段时间。

"智力也同样和进化有关，而不仅限于生物体中。"

他又提到了这个可怕的问题——非生物的智力，而智能机器，我自从蒙特利尔之后就不敢尝试去想了。图灵曾经非常肯定，机器如果能够学习，那它们现在会——将来也会——成为智能的，而且一个非生物系统并不是不可以学习。他只是不确定通过程序向它们输入信息或者输给它们经验，是不是教它们学习的最佳方法，但是，他说过这两种都值得一试。

"谈及人工智能，大家都不会质疑。"曼库索说，"我们用智能手机，住智能房子，所有的东西都是智能的。"

这就是他如此愤怒的原因，太多太多的人偏偏不能接受植物也一定是智能的。但他又回想到了草履虫，一种单细胞生物。如果说智力是复杂的突现特征，那单细胞生物又是怎么解决问题的呢？这意味着单细胞也很复杂吗？

"我们压根不知道生命是什么。"他强调说。植物"无胃部消化，它们靠生长来运动，不用大脑思考。它们的任何一项功能都已经被分配好了……所有的细胞都能呼吸、消化、处理信息。对我而言，智力的定义就是能够解决问题。它们至少和其他的动物一样聪明……每一颗单株植物就是几百万个辐射状模块所组成的群体，每一棵树则是一个更大的部落。最大的生物体就是山杨树森林。它们每一株都非常大……所有的植物都是互相连接的，这属于第二个层级——每一株是一个大的群体，它们生长在一起，互相连接……"

从单一的觅食细胞开始，细胞群形成一个生物群，生物群形成一个部落，很多这样的部落相连就是诺夫诺克所指的盖亚。每一个体都有自己的智力模式，当复杂性再上一个阶梯时，它们又会进化出新的模式。或者，我很好奇，是不是所有的智力都是相互一致的？

这个问题就得等到改天来回答了。

11

打个招呼，机器人

墨菲定律（Murphy's Law）保证会出错的事总会发生，而我已经处在由一代代人类工程师所构建的如翻绳游戏般花样众多的交通系统的掌控之中。我得在 36 小时之内，乘坐出租车、班车、火车、飞机、地铁等从佛罗伦萨（Florence）去日内瓦（Geneva），从日内瓦去洛桑（Lausanne），从洛桑返回日内瓦，从日内瓦去英国伦敦，最后从伦敦去一个名叫刘易斯（Lewes）的城市。中间任何一个连接出错，我精心安排的计划就会像狂风中的网眼毛披肩一样随风而散。事实上，在我离开多伦多之前，计划中的一部分就已经土崩瓦解了。

我计划去拜访著名的独立科学家詹姆斯·洛夫洛克（James Lovelock），他家位于西多赛特（Dorset）的阿伯茨伯里（Abbotsbury）附近。他前几年多次呼吁，全球变暖是大地女神盖亚在适应人类工业对她的侮辱。他说，21 世纪末，人类将锐减为蜷缩在北极圈内的少许繁殖对，因为地球的其他部分在接下来的长达 10 万年的时间里都将非常热。但之后他又重新计算，撤回了这一言论。他接下来的著作内容是我们人类将帮助盖亚女神通过一种人类也可以共存的方式，来适应人类创造的环境，而这一叫作人类世的时代即将来临。

我迫切地想要问洛夫洛克一个问题：如果调整行为是智慧的定义性特征，如果任何两个细胞互动时这种行为都能出现，那是否意味着智能机器既能成为生物的道德等价物，又能成为盖亚聪慧的自律系统的一部分？

但 49 岁的洛夫洛克的心脏也迫切需要一个智能工具——起搏器。他取消了。

墨菲定律第一波。

所以我没去拜访洛夫洛克，而是去了瑞士，拜会了达里奥·弗罗莱若

（Dario Floreano），他将进化论作为设计工具。我预定的航班是达尔文航空公司的。机内杂志的名称是《进化论》（*Evolution*）。这一时代精神伴我同行。

我在日内瓦的入境大厅屏住了呼吸：一个丢失的包预示着墨菲定律第二波来袭。但只能那样了——先扑通一下跪在行李传送带上。我找到了机场酒店的电话，几分钟之内班车就来了。免费 Wi-Fi（在大厅里）能用，房间也还好。清晨我在电视里传来的奥巴马的"美国不只是党员简单集合的胜利演说"的嘈杂中醒来，卷起我的行李来到酒店的场外证券所，快速深吸了一口瑞士清凉的空气，爬进班车，一路飞驰回机场。我发现行李箱锁起来了，我把包留在那儿，走到楼下的火车站，在自助售票机上买了票。这时，我的火车滑行到站台，安静得如同一只白鲨。它载着我穿过日内瓦的郊区来到了日内瓦湖沿岸的洛桑。在几年前的一个热腾腾的夏天我来过这里，那时的湖水浑浊，湖四周还有废旧塑料袋和用过的注射器，天空的颜色像塞满了棉花。但这次，天空是令人惊叹的钴蓝色，洛桑湖像童话里的镜子，白雪覆盖的山峰笼罩着一切。这里的风景像极了老式的明信片，那种我们小时候在阴雨不断的假期买的明信片。那时的我们没有这么多博物馆可以逛。

我从洛桑老旧的火车站出发。地铁口在马路对面的麦当劳旁边，正是谷歌说要建公司的地方。地铁载我来到郊区的最后一站，我来到一个长长的站台上，它的地下通道通向洛桑理工学院（EPFL）。我跟在学生身后，爬上陡峭的梯子，越过沟壑，来到了达里奥·弗罗莱若实验室所在大楼的正门。

我准时到达。

墨菲本会惊讶的。

在一栋现代的红砖建筑里，达里奥·弗罗莱若的智能系统实验室占据了一系列房间，房间之间隔着一个普通的走廊；墙壁上贴着会议海报，展示着过去的努力，包括用某些类似泡沫包装纸做的柔软的机器人；这里有超级整洁的电气实验室，里面的机器人模型用电线连接起来用于测试；在另一个大房间里，学生和博士后构建出了模型。

弗罗莱若在开会，不在这里。他是全职教授，监管这个实验室以及瑞士国家机器人技术研究能力中心。他还给欧盟未来和新兴技术部提建议。他一直是国际社会神经网络的主管人员，以及是九个不同期刊的编委会成员。他的专长不胜枚举：仿生机器人、仿生人工智能、计算生物学、人工进化、神经网络和群体行为。下午，他有一小时时间留给我。但是他已经指派了一名博士后，名叫斯特芬·维希曼（Steffen Wischmann），带我去参观实验室和机器人。我发现在一个塞满了桌子的小的办公室里，维希曼正盯着一台大的计算机屏幕。

一名身材苗条的年轻生物学家，有一头柔软棕色发丝，一缕发塞在耳边，有着一对棕色的大眼睛和苍白的脸色，他花了太多的时间在实验室。自从2008年起，他同时是两所实验室的博士后和研究员助理，其中，他和劳伦·凯勒的研究小组在洛桑国立大学的生态与进化部（其校区就在隔壁）。维希曼的硕士论文涉及利用计算机的演化过程、设计人体形状以及一个控制两腿运动的系统。令他惊奇的是，他最终获得了一个通过一种滑行来移动的模型。

我们来到一个隔着走廊的开放区域，坐在了靠近一台咖啡机的真皮沙发上。一个飞行机器人模型具有透明的机翼，挂在天花板上。维希曼说话的声音很温柔，以至于我感觉就像抓萤火虫。

作为一名记者，是不该向读者坦白他并不是真的想去思考他所报道的东西的。但是，现在我们是朋友了，所以我必须诚实。我坐下来，听着维希曼解释他的实验室的工作，我能感受到汗聚集在我的手臂上，恐慌感上升至喉咙。我在他告诉我的事情上挣扎。这并不仅仅是我不重视数学，也不享受行走在计算机程序法的幽谷中。有一些概念的东西从根本上令人畏惧，那些便是弗罗莱若、维希曼以及其他进化机器人专家所依靠的概念。他们将生活原则嫁接到无生命的工具上，这样就可以表现得就像它们有生命一般。智能工厂决定成为我们日常面包的想法通过对比只不过是令人烦恼：至少工厂是活的。工厂里的这些聪明的小型机器人使我想回到19世纪活力论的热情怀抱中。活力论假定推动万物的精神在无机物中是完全没有的。但是我想说，我们就不能不挂在那种例外上一会儿吗？

正如维希曼所解释的，弗罗莱若的洛桑理工学院（EPFL）实验室把进化当作双向工具。他们用进化力学的一个简化版本来设计模拟计算机的机器人，然后制造能展示出智力行为的真正的机器人群体。但他们也会使用真实的机器人去测试由观察自然的生物学家提出的亚进化理论。理论与模拟、自然与机器之间的相互作用使他们的工作变得卓越、强大。

基本原理是这样的：任何主体都会与环境互动，推动生存和发展，将——必须——生成智能自适应行为。

通过相同的随机进化力量的运用，"生活"在环境中的机器人将变得更聪明。那些力量形成活生生的东西，已经形成了你和我。

随着时间的推移，细小随机的变化创造出无数的种类，这一想法就是达尔文创立原始理论的基石。然而，我并不乐于在每天早上起床时对自己说我的智力行为是随机变化产生的。我转变了陈述方式，认为我解决问题的方法是有道理的、是有逻辑的、是有文化素养的，我能做得比大多数人更好是因为我被证明是聪明的，并且我有个绝佳的、湿润的、有机的大脑。我更趋向于认为那才是把我和一个大脑缺失的机器人完完全全区别开来的观点。

当然，当我挨着维希曼坐在那张沙发上时，我完全被这个观点洗脑了——智力行为与数学能力不甚相关，与背诵莎士比亚毫不相干。我几乎要相信了智力是在保全性命的特殊情况下产生并复制的，小到黏菌大到山杨。但在这实验室的工作迫使我去思考新型的（现在很熟悉）的智力也能从自动化机器中产生。不知为什么，不用吃也不用繁殖的机器仿佛因盖上了一层外套而呈现出生命的偶然性；而且不知为什么，当它们不断累积复杂的经历时，它们能表现得更加智能。这使我非常不舒服。

奇怪的是，依据这次从佛罗伦萨开始的无缝旅行，比起我在蒙特利尔（Montreal）和它们初识的时候，这些想法更加使人厌烦。我的这次短暂旅行因数代人类理性与技巧的实践而变得完美无瑕。它似乎在展示，建造了大坝、飞机、火车和地铁的人类的适应性行为，与其他一些用青草捅白蚁穴也能被其列为重大发明的生物之间，有一堵厚墙。目前，这些人已经通过复制创造人类的力量而造出了智能机器。对我来说这显而易见。因此，在未来某一天，机器将会变得比我们更加聪明，而我们将会与红毛猩猩、黑猩猩和倭黑猩猩共同被划分在新型智力分界线的劣势端上。

我迫切想否定而不是理解，我们的智力不可能仅仅来自于随机性的！我要大喊：我们不平凡！所以这项工作肯定是有哪里搞错了。

然而，我对维希曼严刑拷问，问题取自一篇由弗罗莱若和劳伦·凯勒（Laurent Keller）于 2010 年在网络期刊科学公共图书馆（PLoS）的《生物学》（Biology）上发表的文章，标题为《达尔文式选择下的机器人适应性行为进化》。[一]

弗罗莱若是名心理学家，而凯勒是名蚂蚁专家，他对社会行为的进化非常感兴趣。凯勒的实验室通过许多其他的事情展示了蚂蚁领地曾源于阿根廷，但不知如何发展到了欧洲，可能是搭乘货船过去的。到达之后，它们形成了两个超大的部落。最大的从意大利一直沿伸到西班牙的大西洋海岸，成为有史以来最大的合作组织。[二]这个超级部落的成员之间亲如兄弟，尽管它们基因不同且分部广泛。它们把其他超级部落的成员和其他蚂蚁视为敌人。[三]

PLoS 上的这篇文章解释了它们的方法，特别是"自然选择的过程如何通往被视作适应性行为的复杂特色的进化。"首先他们造出了许多计算机模型，这些被编程的模型被用于接收由简单、独特的神经网络所提供的虚拟"感觉"信息。这个进程的意义在于，在虚拟机器人群体里通过性别刺激一个涉及随机突变的进化过程。神经系统设置（他们之间的连接）刚开始都是随机选择的，但随着时间的推移，程序使之精炼。这些网络都与虚拟机器人部件相连，

一　Dario Floreano, Laurent Keller "Evolution of Adaptive Behaviour in Robots by Means of Darwinian Selection." *PLoSbiology*, January 26, 2010 http：//www. plosbiology. org/article/info%3Adoi%2F10. 1371% Fjournal. p.

二　Tatiana Giraud. Jes. S. Pedersen and Laurent Keller, "Evolution of Supercolonies：The Argentine ants of southern Europe," *PNAS*, Vol. 99. No. 9, pp. 6075-6079, April 30, 2002.

三　出处同上，纪劳等。

这些机器人能移动，但受到物理、重力、加速度等因素的限制。这些被激活的机器人都被设定了一个任务。他们的表现是由程序员审定的，程序员丢掉表现最差的，并随机改变表现好的机器人的神经系统，包括对不同组合网络的重组。

一个神经网络是真实事物的一个彻底的、简化的计算机版本。真实的神经元与周围的神经元建立物理联系，当它们来回接受并送出电子化学信号时就组成了一个网络。神经之间的连接越多，这些邻居之间的互动越频繁，它们之间的信息连接就越牢固。因此，我们才能学习。神经系统式的计算使现代计算机能通过改变或权衡网络中一个部分与另一个部分之间联系的频率来学习。

弗罗莱若和凯勒用"基因组"这个词来表达他俩互相改变彼此神经网络的想法，这种改变与进化在真实的动物身上发生作用的方式相似，都是通过基因突变遗传给下一代。实验编程者既设计"适应"任务，又负责判断表现，因而相当于是达尔文进化论中的"上帝之手"——自然选择。

这类人工进化所产生的最成功的模型表现是写实机器人。他们制造了一小批机器人，每个都配置了由计算机精心编写的独特的神经系统。他们给轮子或能产生运动的其他东西通电，也给对光等其他信号产生反应的感应器通电，这些都通过神经网络。这些部位间的连接关系与一只动物的感应器官、肌肉、大脑之间连接不相上下。有的写实机器人在适应任务中做得更好一些，这种将作为下一代的基础，使进化得以延续。

通过这些方式，他们得到了惊人的结果，并发表在了PLoS上。

> "仅几百代挑选就足以让机器人进化出无碰撞的运动，成为极具捕猎策略的自动引导型捕猎高手，使大脑与身体互相适应、合作，甚至互让利他。案例中发生的这一切都是通过神经网络随机变异导致的选择来实现的。"

我花了好几个小时反复研读这篇文章，试图捕捉到其中的魔法诡计。这怎么可能？随机的改变怎么会变成机器的智能行为呢？肯定有错误。开始我甚至以为我找到了一点，所以我拼命地紧追不放。他们称，进化机器人这一领域灵感来自于阿兰·图灵 1950 年发表的《心灵》（*Mind*）一文，文章描述了"图灵测试"：

> "他（图灵）表示能适应和学习的智能机器很难被人类设计者蒙骗，这种机器可以在进化过程中通过变异和选择性繁殖实现。"

不是这样的！图灵写的是创造一种计算机，骗人们相信计算机能思考的那种。图灵声称能欺骗我们的机器必然具备学习能力，因为即使大批人马一起给这样的机器编程也得耗费很长时间，所以机器必须能够自我学习和记忆。一种让机器学习的方式就是以人类，学习方式为范本——不是成人（太复杂），而是儿童。图灵把建模分成两部分：一部分被他称作儿童计划，另一部分是教育过程。在这一点上我认为，弗罗莱若和凯勒对他们的导师理解有误。图灵说：

> "通过认同，在这一过程与进化之间存在明显的联系：
> 儿童机器构造＝儿童机器世代相传的物质变化＝突变
> 自然选择＝实验者的判定。
>
> 然而，人们也许希望这个过程会比进化更为迅速。优胜劣汰是一个渐进的衡量优势的方法。实验者通过锻炼智力应该能够加速这一过程。同样重要的是，它不局限于随机突变。如果它能追查一些弱点的原因，它或许可以认为这一种突变将改善自身。"

图灵曾将进化作为一个隐喻，而不是作为编程方法的处方，而他只字未提具体化。事实上，他曾建议他的童趣学习机不会是一个机器人。"例如，没有给它提供腿。"他写道，"因此，它不能被要求走出去填补煤斗。"他对给它感官也不感兴趣。所有他需要的是老师（程序员）和孩子（学习机）之间沟通的手段。

你看，我再一次确定。他们完全颠覆了图灵的工作。

然而，图灵论文的其他部分已经明确塑造了他们的想法，那就是图灵所说的，把随机性作为一种搜索的方式。图灵依赖随机性，这是他职业生涯的一个产物，作为一名破译员，他通过搜索数以亿计的可能性，由内部知识、聪明的逻辑以及统计来缩小范围。这也是他局限地理解遗传学的结果。他写道：

> "当我们正搜索某个问题的解决方式时，一个随机元素是很有用的……现在，学习过程也许会被视为一种满足老师的行为形式的搜索……因为也许有大量的令人满意的解决方案，随机方式似乎比系统性要好……"

> "应该注意到的是，'随机性'被用在进化的类似过程中。但是在这里，系统性方式是不可能的。为了避免再次尝试追踪，一个人怎么能追踪已被尝试追踪的不同的遗传基因组合呢？"

1950年，图灵不可能知道细胞中的DNA是一个先前遗传基因组合已经尝试过的记录，他也不可能知道进化变化的发生仅仅是由于随机突变性和重组即将由芭芭拉·麦克林托克（Barbara McClintock）、琳·马古利斯（Lynn Margulis）和其他人提出。

总之，在我看来，弗罗莱若和凯勒过于简化了进化是如何进行的。而且，他们声称，图灵作为一名导师，其思想完全进入了另一个方向。

然而，里面一个微弱的声音说道："那又如何？他们叫机器人做什么，机器人就做什么。这你又怎么解释？"

弗罗莱若和凯勒描述他们的模拟神经网络是如何产生多种多样的机器人行为的：

> "……人工基因组可以描述决定机器人行为的人工神经网络的突触连接的力量。神经网络的输入神经元被机器人传感器激活，而输

出神经元控制着机器人的马达。每个人都有一个不同的基因组来描述不同的神经网络（比如，神经元之间的不同的连接），因此产生了具体的个人对感觉运动与环境的相互作用的回应。这些行为上的差异会影响机器人被定义的适应性，例如机器人如何快速直接地移动或如何频繁地碰撞到障碍物。起初，机器人具有基因随机值，导致完全随机的行为。然后，模仿达尔文选择过程，通过选择性选择有高度适应性的机器人基因来生产新一代机器人。在这一过程中，基因组是配对的（允许重组），随机突变（例如字符替换、插入、缺失或重复）被施加一个给定概率后再到新的基因组中。进化过程可以多代重复，直到建立起一个稳定的行为策略。"

我以为我在那也有那些东西。"这个方法甚至没有捕捉到现实进化论随时间的改变。"我对维希曼说。他当时是否知道这项工作表明了染色体破损会导致重大的行为改变，且在物理作用力下基本上不是随机的？他当时是否清楚跳跃基因、逆转录转座子和控制元素根本不是基因，却控制着基因的表达？还有表现遗传学，环境和身体在将来如何协调？

从他的衣领下可以看出他浑身发热。他不是一名遗传学家。虽然他是一名生物学家，但他却对动力学感兴趣。所以我这样是不公平的。

但我不能停止。随机性不是进化发挥作用的唯一方式，我咆哮着，好像对他们的方法百般挑剔就能改变结果并能重塑生命独特性似的。我问 DNA 中一些碱基对的改变与行为改变之间的联系是什么？如果你的模型不够精密，那得到的结果算什么？

"我们必须简化它，使其容易控制，并分离影响，"他说，"科学在简约中推进。"

我说："那你就不能得出结论说你做的一切都基于现实，选择究竟在谁身上起作用？"

有现代生物学家称选择影响的是基因，它与生物体的运行相似，其目的是产生更多后代。有的说影响群体，即整个种群。

弗罗莱若和凯勒在文章中宣称，他们没搞懂基因与行为之间的联系是怎样运作的。

> "基因不是直接塑造行为，而是通过给分子编码，促进大脑和身体发育，并最终表现出行为。因而一个重要的任务就是去弄清楚，仅通过影响基因而没有直接编码行为的自然选择是如何使适应性行为进化的。"

但不可否认的是，他们的机器人产生了预期之外的行为。一组机器人创造了交流机制（使用灯光信号），能够给同伴指出毒药（由某种颜色的地板代表）和食物（地板是另一种颜色的充电站）。另一组机器人发现了共同完成一项重大任务（把一个是机器人两倍大的冰球移动到充电站）比单独作战要好。换言之，不用特意编程，机器人便做了动物会做的事情。除此以外，就像近源动植物一样，精神网络相近的机器人会进化出合作和利他行为，共同努力确保族群的生存（得以进入充电站）。但在精神网络不同的机器人群体之间就没发生这一现象。换句话说，像动植物一样，非生物也能以群体力量来解决个体解决不了的事情，这表明机器也能够发展出社会、文化、政治和战争。

我能阅读他们的文字，也能理解他们的意思，但我不想赞同他们的结论。生物与非生物群体之间必然有界限不是吗？这就是让我挠心的地方，这条渐渐消失的界限。

我问："那生物与非生物系统之间的分界在哪里？你们划出来了吗？"

维希曼说凡是活着的都能繁殖。

但是这会意味着整个染色体组（单个细胞体的全部DNA），因为每一次细胞再生复制时它也会再生复制。那还有仍存活的病毒吗？

维希曼说："好吧，它们也会复制再生。"

"但是它们并不是依靠自己再生，"我说，"他们会像搭便车一样。"

他承认这一点。

"好吧，小蛋白质。"我问道。这些狡猾的蛋白质会想方设法地通过脑组织任性地再生和复制，我们并不知道它们是如何做到以及为何这么做，以及它们是否还会搞起大破坏活动。

"我不知道。"他说。

我发现自己生气了。我希望在生物和这个有比再生能力更重要的未知物中间有一个可分辨的界限。因为难以听见他人说话就生气是我的不对。我知道我现在简直不可理喻。所以我换了个话题。

我说："你和斯特凡诺·曼库索（Stefano Mancuso）工作，你是怎么看待植物的'智慧'的？"

维希曼觉得，曼库索可能把自己的植物同根性论断扯得有些太远了——他了解到很多人在这方面重复的试验失败了。

"眼见为实，请在实验室里告诉我！"我说。

我们走进了一个有由几个博士后和学生建立起来的原型的主要实验室。有30个人在这个实验室里工作，但是只有两个是生物学家，剩下的都是计算机科学家和工程师。他们都坐在有着分解的泡沫聚丙乙烯，以及用电线构造形状的桌子前，墙和天花板都是他们靠自己的劳动做的，我拉出来我的桌子开始拍图片。

维希曼给我展示了他的机器人。他教给这些机器人如何彼此示意，如何不通过编程也能共同完成移动大冰球的任务。这些机器人就跟大拇指一样小。一些大点的自动飞行器悬在一个如同微型直升机与石油钻井交叉组成的窗户状前的天花板上；一些以完美队形在飞，有一些被设计用于撞击其他东西；它们都被保护在一个圆形的笼子里。一个年轻女人在试着做出一种新的飞翼。有一个博士后给我展示了一部关于家用合成飞行器的模拟微电影：将来有一天这些就会被放在盲人的帽子或者袖子里，前方有障碍时他们就会震动提醒。

我拍了很多照片。弗罗莱若出现了，他有些抱歉因为有些迟。我觉得维希曼肯定很高兴能看见我的背影。

弗罗莱若坐在他办公室圆桌的一边，我拉把椅子坐在另一边。他桌子上没有文件，也没有任何纸，只有一本书在他的桌上，书架上还有一些书。唯一能看出来他在这上班的摆设就是窗户边角落里的各色叶蓉。他的短黑发里点缀着点灰白，下巴长着些许胡茬儿，白色裤子搭配一个套着蓝色夹克的白色短袖，手表偶尔散发出一丝亮光。他的一只脚放在另一只脚上，好像很放松，但是看起来却并不懒散。有吸引力的男人总是很注重自己的外表，然而有些过分注意了。我需要提醒他为什么我要来看他。

我研究智慧，我觉得这是我这辈子说过的最蠢的话了。

他笑了，他整个人的气质都变了。

我嘟囔着，每个和我谈话的人好像都和下一个人商量好了似的——我知道你认识英曼·哈维（Inman Harvey）。我从曼库索那来，他和你一起上班的。你现在也和亚达马特兹基（Adamatzky）一块工作吗？

"斯特凡诺是我们社区新来的。"他说。

这算是一个防御性的标志吗？或者暗示这儿还有一个等级制度，弗罗莱若——而不是曼库索——在顶层？

他们几个月之前刚刚开始共事，他说："芭芭拉·马佐拉（Barbara Mazzolai）是欧洲植物机器人项目委员会的协调人，她在比萨（Pisa）工作［在意大利科技协会（Instituto Italiano di Tecnologia），她是微型仿生机器人的协调者］。"

在仿生工程集体会议上，他和曼库索都出席了。"这儿有很多共同意见"他说到这儿后就停下了。曼库索没提到他们是老朋友吗？我确信他说了。我想，最好别扯到那个共同联系的主题。

我说："我真的想知道你是怎么进入这个革命性的机器话题里的。"

他说当他看到用心理来解释智慧行不通的时候，这个就开始了。20世纪80年代，当他作为里雅斯特大学（University of Trieste）心理学家来学习认知科学时，他的专业是视觉感受。尽管当时他对智慧更感兴趣。他的教授给他推荐了包含1000种同样定义的参考文本。"占主导地位的对智能的解释就是像计算机运作一样，有记忆，有处理输入和输出功能的处理器。最主要的参

考就是一本叫作人类信息处理的书……我很喜欢，计算机现在越来越容易得
到……"

刚开始他认为类似计算机的类比会给他带来一些灵感，但是他很快就意
识到新的计算机类比法比起更早兴起的关于人脑如何运作的理论高级不到哪
去。人们利用计算机创造人工智能已经走到一个死胡同里了，人们开始想，
问题或许出在计算机的组织方式上。1985 年，弗罗莱若坚持了下来，"……这
有一本名书讲的就是平行分配处理是如何让精神网络如此流行的。"他被丹尼
尔·希利斯（Daniel Hillis）叫作互相连接的机器，他是麻省理工学生的博士，
他发明了一种新的计算机结构，使得诺依曼的单次操作单任务理论远远落后。
希利斯提出了一个通用类型，可以整合处理和具有记忆功能的大型平行处理
器，这样就可以"记忆存储的分配可以自动的分配和处理数据"，[一]而且分配
的任务可以同时在集成的很多小处理器网络上同时进行。很快，对于如何解
释人脑的运作原理就有了平行网络这个新的计算机比喻。

然后弗罗莱若无意间发现了一本书，是 J. J. 吉布森（J. J. Gibson）写的
《视觉感知的生态学方法》（*The Ecological Approach to Visual Perception*）。

"那本书告诉我们，身体和行为是智慧组成的重要部分。"弗罗莱若说。
但身体塑造智慧的观点那时还没在任何一本导师推荐他阅读的文献的前 1000
条定义中出现过。

所以他决定使用希利斯式并行处理器来仿真运动中的身体，从而回答关
于智慧是什么的问题。为了达到以上目的，他需要进行专业的计算机科学训
练。他开始在英国斯特灵大学（Stirling University）为他的第二硕士学位学习
神经计算专业，因为那是欧洲唯一拥有并行处理系统的大学。1064 台处理器
彼此相连，整个系统占满了一个房间。

他说："这允许我创造第一个仿真机器人，可以在有神经网络系统的环境
中行动。"

㊀ 见 Forward *to The Connection Machine* by W. Daniel Hillis. MIT Press, 1985.

但之后生活被打断了。毕业前他结婚了。他的妻子来自匈牙利，无法在意大利工作，所以他不得不找份工作。起初当教师，后来是一份卖保险的工作。四年过去了。最终，他之前的导师建议他一边为一家罗马的制药公司工作，一边继续神经系统的调查研究。他听从了导师的建议。就是那时，他读到了他真正意义上的导师的著作，不是阿兰·图灵，而是瓦伦蒂诺·布瑞滕堡（Valentino Braitenberg），他当时还是德国图宾根（Tubingen）马克思普朗克研究所生物控制论（Max Planck Institute for Biological Cybernetics）的教授和导师。

布瑞滕堡是一位神经物理学家、解剖学家，研究身体如何塑造大脑，以及智慧如何从身体运动中产生。他于1986年出版了一本名为《车辆：综合心理学的实验》（*Vehicles*：*Experiments in Synthetic Psychology*）的书。这是一个思维实验，关于"在一个装有感应器和简单交叉线的移动物体身上，智能是如何涌现的。把它放到特定环境中，就会表现出行为，而这种行为若放在动物身上，人们会说是智能。"弗罗莱若说。

"如果装有更复杂的配线，它会表现出害怕、喜爱等情绪。这是一个有趣的现象，一部分与智能有关的思想波动寻求外在体现，就像很多能实现的把戏。我是首批实现布瑞滕堡思维实验的人之一。"

直到1990年，弗罗莱若一直在罗马国家调查委员会的一个小组中担任调查员，试图让展现出智能行为的虚拟"代理人"进化。萨塞克斯大学的英曼·哈维也在同样的道路上前行着。萨塞克斯大学发表了一份宣言说："我们有一份关于神经网络的论文——《Econets》即将发表……我是作者之一，但不是第一作者。"而在此之前，没有小组发表过任何东西。

他加入了的里雅斯特大学的一个博士学位项目。他想建立一个许多机器人争夺稀有食物的实验。如果它们能够相互交谈会发生什么呢？他想知道这个问题的答案。但里雅斯特并没有这样一个足够大的计算机系统来处理这项工作，因此他又重新返回英国，在他的并行计算机上工作。他正在努力抓住"一个新的智能的定义。在我的论文中，我认为智能是任何能够让机体去适应一个不断变化的环境的自适应系统。"

他想证明一个适应系统不比任何其他的适应系统更好，而且"环境可以塑造能力，如果你有一个合适的适应程序。"而人们从哪里可以观察到这样的一个适应程序呢？在自然界中，这被叫作进化。

"我的论文是一个关于在越来越具有挑战性的环境中的小机器人的实验。他们通过适应而获得了更多的能力，因此对生存的需求有一股智能的力量。"

但是在他做这个项目的第二年，他意识到计算机太慢了，以至于不能模仿所有作用在人身体上的物理定律，以及模拟机器人可能的行为，还有它们的模拟环境。"我认为我需要一个真实物体去研究什么是智能……一个在环境中移动的物体……我认为我需要真实的机器人。"

但是没有合适的机器人供他使用。"直到 20 世纪 90 年代，机器人还是工厂地板上的巨型机器。"

在 1992 年，他获邀到意大利北部特兰托（Trento）参加一个在城堡里举行的会议。美国国防部高级计划研究局（DARPA）付了弗罗莱若的差旅费。大约 20 个人聚集一堂共同讨论解决机器人技术问题需要做的事情和"改变智能的看法。"他说。来自麻省理工学院的罗德尼·布鲁克斯（Rodney Brooks）在那里。十年后他的公司——iRobot 公司，将推出罗姆巴（Roomba），一款在房间里自由行走的、使用简单的神经网去寻找灰尘，并且能躲避障碍物的真空吸尘器。来自萨塞克斯的英曼·哈维也在那里。

"在那里，我遇见了来自洛桑联邦理工学院（EPFL）的一个人，"他说，"费朗西斯·莽达达（Francesco Mondada）。"

莽达达是洛桑联邦理工学院的一名教授，也是一名工程师。他和他的同事合作建立了一个非常奇特的圆形机器人，像指甲盖那么小，叫作赫培拉。⊖

⊖ 这个名字来自埃及的神卡皮尔，他每天复活一次。他经常被画成金龟子的形象，一种在粪便里生活的甲虫。金龟子把粪便卷成小球，在里面产卵，幼虫在里面孵化，以粪便为食，生长并最终从粪便里出来。卡皮尔这个名字有自我创新、自我更新的意味。

"他们在机器人技术社区里嘲笑他。"弗罗莱若说，"它可以做什么工作呢？我说：'哇！他可能通过旋转接触被连接到一台计算机上。'我说这是我所需要的，它足够小，以至于这个物理定律是对我们有利的，意思是赫培拉机器人不容易被损坏，如果它掉到了一个桌子上或者是撞到了墙上。我说我能够使用它们。他们邀请我到洛桑联邦理工学院工作了四个月……这极大地改变了我的职业生涯。"

他和莽达达想知道是否连接到一台移动的/传感的机器人的神经网络能够发展成一个记忆场所。他们已经对老鼠进行了研究，这些老鼠能够把食物藏起来，之后又能找到这些食物，也能记住它们的窝。生理学家已经表明："这是由海马体中的两种类型的神经元来调节的。"一种类型是记录环境地标的细胞群，被称为位置细胞；另一种类型是一个能够改变与位置相关的活动图案的神经元。它会追踪动物的方向。

"我们不知道机器人是否会做这些。"弗罗莱若说道，"但是如果它们这样做，我们也不会感到惊讶……你看到的神经元网是由办公室、墙、门和房间的窗户连接形成的，但是我们并不知道这个系统是如何操作这个的。"

在他们的第一个神经网络里仅仅有十个连接点。为了唤起进化过程，必须有某种偶然性，或挑战。他们决定应该让机器人自己充电以保持继续运行。有一个充电站设在地板上。机器人必须能找到它。

弗罗莱若开始一次一个地改变这十个连接点。他意识到，当机器人在一个区域的时候，一些连接点是活跃的，另一个则与机器人前面部位有关，因为它使自己朝向充电站。这两种活跃连接点间的反复足够"让机器人支撑到再充电的时候。它类似于动物在面对相似挑战的时候所用的计算策略"。

"所有实验都装在我脑子里。"他说，但他和莫达多（Mondado）仍然要"夜以继日地工作"才能完成实验。然后他必须写下并整理出来，然后去的里雅斯特（Trieste）做论文答辩。"我导师威胁要把我扔出去，"弗罗莱若（Floreano）说，"他说我应该写份像样的心理学论文，而不是跟机器人玩耍。他认为我的理论一点意义都没有。"

我能够理解他导师的意思。谁会觉得那些装在箱子里、放在地上的细小无脑，只有简单的神经网络、感应器和轮子的机器能够说明任何关于活体动物大脑的工作方式呢？不过不用在意，那些心理学家和物理学家也没搞懂。

"他们想通过理论模型来阐述事物，比如蚂蚁在什么情况下会自我分类。"弗罗莱若说。

但弗罗莱若相信他的确证实了布莱滕贝格（Braitenberg）关于身体塑造智能的议题。"我们与英曼（Inman）在1993年呈递了同样的结果。我们都……通过进化提出了一套控制系统，使得机器人能够自我控制。我们证明了机器人能够找到并记住充电的位置。"

他们开始参加有关于人工智能生物学基础的会议。弗罗莱若故意引起劳伦·凯勒（Laurent Keller）等生物学家的注意。他想让生物学家为他的实验打下更好的基础。对于生物学家来说，他们想要更好的理论模型，以能够更精确地预测在某些环境条件下动物的行为。他们成立了一个学会，每两年召开一次会议，并创立了名为《适应性行为》（*Adaptive Behavior*）的杂志。这个名字对于一本研究动物/机器人智能的杂志来说，至少比那本研究植物智能的《植物神经生物学》（*Plant Neurobiology*）靠谱多了。

弗罗莱若拿到了博士学位，又相继获得了罗马和东京索尼计算机科学实验室的研究经费。2000年，在瑞士洛桑联邦理工学院（EPFL）他被任命为仿生机器人领域的首位瑞士国家科学基金会研究员（Swiss National Science Foundation Fellow）。

那时，机器人套件和仿生机器人已然成为主流。弗罗莱若和他的小组发明了一个飞行机器人，是民用自主飞行的无人机。比那更重要的是，不同学科的人开始看到身体与环境的交互能够塑造智能。

"人工智能和模型界对于智能的定义持有不同的理解，"弗罗莱若说，"心理学家终于懂得了身体是重要的……但是具体化的想法还是没有被神经科学所接受……神经科学会议有10 000人参加，资金就在这里……我们渴望了解大脑。但没有内分泌系统，大脑什么都不是。他们应该去了解机器人能教给他们什么……"

2005 年，也就是曼库索（Mancuso）在银行资金的支持下成立了他的实验室并开始在佛罗伦萨运行的那年，弗罗莱若成立了智能系统实验室。2011年，他成为正教授和瑞士国家机器人中心的主任（Director of the Swiss National Center of Robotics）。

"所以你的资金来源是什么？你得到了多少资助？"我问道。

跟曼库索一样，他看起来有点为难，好像这是一个不平常，甚至可能是粗鲁的问题，但他回答了。他从瑞士洛桑联邦理工学院得到资助，也从欧洲机器人研究委员会（European Commission for Research on Robotics）那里拿钱，也有瑞士国家科学基金会（Swiss National Science Foundation），以及瑞士军刀（Swiss Army）和一些公司。

"哪些公司？"

"索尼和丰田，"他说，"它们思想非常开明。索尼对机器人和移动设备如何能够自发适应人类需求感兴趣。丰田对一个能够发觉即将发生碰撞的神经系统感兴趣。"

"所以每年的预算是多少？"

他在椅子上不安地移动着。"我不知道今年多少。我的实验室里有 30 人，我每年还需要大概两百万瑞士法郎……我每年还要为新项目筹措资金，涉及每个项目的博士后、博士、计算机和软件、差旅等费用。"

事实上，他要在筹措资金和项目管理、按拨款监督要求写审查报告、从各部门拿签名等方面花费一半的时间。"这简直是噩梦。我的实验室里有四个人在做这些。"

他名下可支配的大笔的钱仍然是由于他的瑞士国家机器人学中心主任的身份而获得的。他因此得到了为期 12 年总额为 6000 万瑞士法郎的资金承付，分批发放，每四年支付两千万。

然而：虽然大门已敞开，他的观点也被接受，各学科聚集起来而且有资金注入，但进化机器人却开始缩小为他活动的一小部分。他在蒙特利尔暗示过这个问题。他那时说，还不够快。当我寻找关于这个领域的他或英曼写的论文时，寥寥无几。

我问："为什么新的论文这么少？"

他说："有时它就是行不通。"

听到这儿我松了一口气。

"短短几年间我们做了很多实验，然后遇到了瓶颈。"他说。

机器人如果没能展现新的"令人吃惊的能力"。那就意味着他们不能如愿继续使用这个方法来发展多感官自主机器人的控制系统。

"是因为你们已经发现模仿自然真正的工作方式很困难吗？"我问他这个问题时比问维希曼时要礼貌点儿，可能因为他说的是当时行不通，这能让我好受点儿。我就不用担心机器人群体立即形成复杂的文化了。

"我们来定义适应性函数，所以它当然不像自然那样无限制，"他说，"适应性函数是非自然的。另外，可能是我们使用的基因序列并不能帮助我们找到跟我们在大脑里找到的相同的新机构。"

跟维希曼不同的是，他为自己的理论辩护时并没说把事物简化到他们最简单的形式是科学需求。"我们肯定是哪里弄错了。"他说。

"或许仅仅是因为随机变异和重组并不能产生进化。"我小声说道。

他认为可能是具体化的方法有问题。他们使用的第一批机器人的身体是固定的，不能适应经验。神经网络可以改变，但身体或传感器不能。"事实上，身体和大脑是同步进化的。"他是这样说的。随着"身体做着计算"，大脑逐渐具有了适应性，"我们需要想到新的能将此实现的新方法。"

他跟曼库索一样，已经开始了重读达尔文主义。据弗罗莱若说，达尔文说"不仅会发生自然选择，还有自我复制。一棵在田野里的树，没有竞争，能够复制。如果有繁殖能力，他们就会繁殖。所以一个新算法并不需要适应性函数。"

弗罗莱若说得越多，我的耳旁就回响越多曼库索关于植物的见解，它们随着时间的推移根据编码叙述而进化，并自我复制重复上述过程。弗罗莱若说，他正在寻找方法来捕捉基因为整个随时间而发展的结构编码的方法。他认为他的方向是正确的，并且他也正在解决机器人身体不能改变的问题。他们正试图发展能够"让你将部分重新组合"的载体。他们观察到，生物细胞有时单独觅食，有时聚集在一起共同合作，这听起来像极了黏菌的行为。

"机器人通常布满螺丝，都是僵硬的东西。更重要的是，连接器都是折叠式和闩锁，你加得越多，变得越重。所以我在寻找软性的且能够变形和挤压的部件，以解决系统重新装配的问题。"

他在一个小范围内工作——50～10厘米。如果没有烦琐的锁存器和连接器，那要如何连接和断开呢？"细胞也有同样的问题——它们不得不连接和断开。"他说。

所以他当时在开发能够散开的机器人细胞，使得它们能够被吞并然后重新组装。这样一个细胞系统应该囊括一个肿块，使之窒息，或者携带一种药物，在适当的地方释放，然后分解开，这样就能将其排出。手动设计而不是用进化法的这种机器人的主要问题是教会它何时、如何分解开。

他和他的博士后学生法国艾克斯-马赛大学（Aix-MarseilleUniversité）的尼古拉斯·弗兰切斯基尼（Nicolas Franceschini）已经在尝试模拟苍蝇的复合视觉系统了，这有利于阔野探测，比如地面或空中交通工具的无碰撞行驶、检验昆虫视觉理论。他们在寻找一种方法，把他们的系统装在柔软纤薄且能够适应人类身体的基质上。［两年后他们就能够通过一篇发表在美国科学院院刊上名为《小型可弯曲人造复眼》（*Miniature curved artificial compound eyes*）的文章来解释他们的成就了。］

他说："跟我来。"

我们沿着大厅走到了一个小房间，房间里的架子上陈列着一些原型。他介绍了负责这项工作的博士后。当维希曼介绍说这个系统能将视觉信息转化成震动时，在我看来，它应该能够实现更复杂的功能，能够与佩戴这个系统的人的视觉神经进行交互。我这样问了。他们互相看了一眼。

"它是多平面视觉，"弗罗莱若说，"跟我们的不同。"

但维希曼也提到过，人类对上下颠倒呈现的视觉信息的适应速度：我们学着去看，当它就是正面朝上。我指出这一点。博士后直接什么也没说。直接把我的注意力转移到了其他开发项目上。

比如：在笼子里飞的自主无人机撞墙之后能自我纠正，然后继续飞。这些笨拙的无人机可以利用拥挤的环境。他们能"降落到地面上，起飞，稳住。然后我们就能推断它们所处空间的形状。"

通过这些物理接触，它们已经开发出了一套算法，通过笨拙无人机的运动可以计算出黑暗密闭空间的垂直构造。"我们从自然中获得灵感，再运用到机械原理中……可以用来探索山洞和黑暗的体系。"

换句话说，新的智能行为终将从这些无脑的机器人身上涌现，仅通过把事物以新的方式重新进行组合就可以。

"这些事物聚集到一起，"他说，"我们把跳跃机器人和飞行机器人结合起来，再加上视觉。我们用进化机器人来理解真正由基因控制的网络。终有一天，一切都会相连。"

是的，我在想，那才恐怖。

2014 年年底，弗罗莱若实验室为世界呈现了 RoboGen，一种新的以软/硬件平台来实践进化的机器人，涉及现货供应的器件、一个 3D 打印机，以及运行在微星控制器上的复杂的神经网络。现在，无论谁想要亲手尝试创造任何一种他们能想象到的机器人智能，从学生到研究人员，再到业余爱好者，都可以免费一试。

12

在刘易斯

英曼·哈维（Inman Harvey）是一位喜欢喝螺丝刀鸡尾酒、研究心灵哲学的人，曾邀请我去过他家，而不是他在萨塞克斯大学（University of Sussex）计算神经科学与机器人学研究中心的办公室。他对我说，除了 11 月 5 日，你哪天来都可以。但他并没有告诉我为什么那天不行。起初我猜想他那天应该有约。但是，过后不知为什么，记忆深处像是鞭炮和篝火在发出声响。对啊！11 月 5 日是盖伊·福克斯日（Guy FawkesDay），我最后一次庆祝这个节日是在我们那儿的草原小镇，当时我才 5 岁。那时，垃圾烧得很旺，像是把黑色的夜空戳了一个洞，让人害怕。

我记得当时的旅行路线是从瑞士洛桑联邦理工学院（EPFL）出发，乘轻轨到火车站，到达日内瓦（Geneva）机场，再飞往盖特威克（Gatwick）；紧接着乘特快列车前往伦敦维多利亚车站（London's Victoria Station），又坐出租车到家庭式旅馆（B&B），住进了一间很小的房间；第二天早上再步行回到维多利亚站，去往刘易斯（Lewes）的火车准点发车。这就好像墨菲（Murphy）以 1∶0 的比分打败了杜瓦（Dewar），虽然筋疲力尽，但最终获得了胜利的 1000 分。

一路上我都在思考弗罗莱若（Floreano）和维希曼（Wischmann）所讲的关于智能的本质课程：那些可移动的、会发射信号的、并且受到挑战的机器人是如何在与其他人联系和交流的过程中产生智能行为的。机器人本质上就是一些动态系统的组合。当我自己都在被一个人造动态系统网络携带的时候，我发现自己仍在思考着：或许生命和机器之间并没有界限，又或许让我们感到恐慌的机器会取代人类的言论只是无稽之谈。我们这些生命体，也只不过是由分子构成的含水分的复杂动态系统：分子通过互相折叠、缠绕、移动构成细胞，一些细胞与另一些细胞组合形成组织，各种组织构成生命个体，个体又组成群体、家庭、部落、民族等。

当我在火车上找到座位时，心想"把自己当作机器社区的一台智能机器"。但那样做又让我想起斯蒂凡·哈纳德（StevanHarnad）的问题：意识从哪儿来？我们是怎样通过联系和运动成为具有自我意识的有机体的？智能机器也能发展到这个程度吗？还是说它们缺少至关重要的因素？

火车穿过伦敦密集的居民区后便向南驶往乡下。起伏的丘陵取代一马平川，一直延伸至海岸。天空犹如康斯特布尔（Constable）笔下的作品，展现着瞬息万变的景色：从开始的青灰色变成淡蓝色，稀疏的乳白色蒸汽不知从哪儿偷偷地溜入，接着便是乌云滚滚，一会儿又恢复了淡蓝。群羊在小山坡上漫步，常春藤绕着铁轨旁的低矮处不断蔓延，穿过灌木篱笆和散布的橡树林（起码我认为那些是橡树）。

坐在我对面的女士也要去刘易斯，说是去帮她弟弟的忙。她问："你呢?"我简单地向她总结了我的探寻之旅：我是怎样了解到智能似乎是产生于那些陷入各种联系并不断受变化挑战的主体。我本想问：您知不知道拜火教（Zoroastrian）关于善恶斗争的观点或道教（Taoist）的阴阳符号？但我忍住没问。为什么要通过这些精神层面上的古老观念去解释那个既看不见又没有任何记录的生命塑造模式呢？它们就像是让人感觉有趣的包装，但是什么都解释不了。

"真令人着迷。"她这样说，但很明显，她期望这时候电话铃响以帮她摆脱这个话题。

然而，我甚至还没有描述弗罗莱若那些巧妙的带轮子小冰球，它们在达尔文进化论结果的作用下可以灵活运动；也没提在一间黑暗的房间通过无规则的飞行就可以计算其形状的无人机。我到底该怎样概括这些呢？在泄露了智能是由什么构成的最新说法之后，我不得不自问：我是真的相信她的、你的、我的智能无非是联结主体通过停止不前但又需要继续前进的环境所塑造的?

在我看来，谜团还未消散，并且将智能行为作为一种动态系统产品来描述可能又是一个精彩的言论，但其实也没有解释出什么。

英曼·哈维曾在他的一篇论文中提到进化机器人学，这个由他助力构建的领域被称为新行为主义$^{\ominus}$（宗教人士则称其为新野蛮主义）。它的基本观点是：具有挑战性的环境下的动态关系，能推动适应性（也就是智能）行为。这一观点表明，美国行为主义心理学家在一定程度上是正确的。行为主义者认为智能行为和隐蔽的智力无关。他们分秒必争地探索这个世界的内部表征是如何形成的，或者努力找出其中精于计算的"小矮人"。他们说没有明确位置，只有感官反应。随着互联系统的发展，进化机器人学也取代了神秘的智力。

哈维的论文既是哲学论文，又是实践论文。和图灵（Turing）一样，他用数学来捕获更大的意义，特别是动态系统的数学本质。他在一篇文章中这样写道：

> 动态系统形式上是指状态变量随时间而变化的任何有限数量的状态变量的系统：任一这样变量的变化率都按规律取决于任何一个或所有变量的当前值。这些规律可大致总结为一组微分方程。瓦特装置的蒸汽机调节器就是一个典型的动态系统……我们也可以把神经系统和生物（或机器人）的身体的组合当作一个整体……通过实践经验快速得知的一点是，两个这种独立的动态系统相结合被视为一个独立的动态系统，比如蒸汽机和调节器的结合，通常发出与非耦合行为不明显相关的违反直觉的行为。
>
> 如果把任何一方（生物、人或机器人）看作一个可以通过传感器和马达、输入和输出与环境耦合的动态系统，这一观点也就意味

$\ominus$ Inman Harvey, "Evolving Robor Consciousness: The Easy Problems and the Rest." in *Evolving Consciousness*, J. H. Felzer (ed.), in Consciousness Research Series, John Benjamins, Amsterdam, pp. 205-219, 2002.

着在该耦合过程中其动力受到扰动，与之前从它们的输入计算相应
的输出情况形成对比。这个角度推导出的关于认知的观点与瓦雷拉
（Varela）把认知描述为具体化的行动是相符合的。[一]

关于智能行为的这一观点让人想起大卫·柯南伯格（David Cronenberg）
噩梦般的电影桥段：绝望的身体游荡在一只活的水母体内，和这些身体游在
一起的是水母自己的意识。

哈维还就洛夫洛克（Lovelock）著名的动态理论系统——盖亚（Gaia）发
表过作品。正如洛夫洛克很久之前指出的，如今地球所感受到的太阳热度和
地球最初形成时相比上升了25%。然而不知何故，38亿年以来，生物、大
气、海洋和岩石之间的耦合互动使地球平均温度总能保持在适合生命存在的
范围之内。他提问道，为何生命的副产品，比如氧气、二氧化碳、甲烷等没
有将地球变成一个灼热到能把一切都蒸熟的温室？为何这个温度范围没被打
破呢？

19世纪80年代初，洛夫洛克给出了一种解释。洛夫洛克先是独自一人，
后来又与同事安德鲁 T. 沃森（Andrew T. Watson）一起制作了一个简易的动
态计算机模型——雏菊世界，由黑色的吸热雏菊和白色的反光雏菊构成。在
模型世界里，相反的两种事物首先会导致温度朝一个方向改变，致使其中一
种雏菊更茁壮，而这又使得温度反方向改变有利于另一种雏菊的生长，周而
复始，循环往复，两种雏菊就像踩跷跷板一样此消彼长，也因此使得平均温
度总保持在能帮助黑白雏菊生长的范围以内。[二]因为这种与温度的耦合关系，
整个系统可以自我调节，这一现象被称为自我平衡。

2002年，盖亚理论学家蒂莫西·莱顿（Timothy Lenton）和他的同事马

［一］ Inman Harvey, "Robotics: Philosophy of Mind using a Screwdiver," in *Evolutionary Robotics: From Intelligent Robots to Artificial Life*, Vol. 111, 2000, pp. 207-230.

［二］ Andrew J. Watson, James E. Lovelock. "Biological homeostasis of the global environment: the parable of Daisyworld, Tellus B, Vol 35B, Issue 4, pp. 284-289 September 1983.

思·范·奥仁（Marcel van Oijen）制作了另一个盖亚模型，并表示这是一个经过改进的模型，他们的模型能"展示回应外力的自发适应性行为"。[⊖]

几年后，哈维和同事[⊜]表示，洛夫洛克的模型所描述的自我调节是可以实现的，且内置假设的数量少于洛夫洛克所运用的数量。2004 年，哈维证明，只需运用一个数学中的帽子函数指代某种形式的反馈回路，就可以实现雏菊世界模型在一个可供生存的温度范围内运作。帽子函数是一种表达式，绘在图上形似一顶巫师帽，从图表底部攀升至峰值，再回到底部。哈维写道，这种函数"不论收到任何积极或消极的反馈信号，都能发挥控制作用实现自我平衡"。[⊜]这种系统不需要进化，尽管它是与进化"兼容"的。

现在我想知道，哈维是否认为模型所描绘即是现实。这些复杂到无法想象的世界上各个系统之间的耦合之所以能推动适应性的智能行为，是由于盖亚理论系统吗？这个星球是智能的吗？

在刘易斯，有一个由大量白木装饰的维多利亚时代的火车站。在停车场，哈维站在他的面包车（van）旁，试图从经过的乘客人流中认出我。他个子高大，秃顶白胡须的形象容易让人联想到达尔文，突出的眉毛说明他以前是黑头发。

我们沿城镇的主道开车途经数个街区，看到都铎式悬壁、鹅卵石铺成的步道、用颜料画的指示牌和花箱彰显古雅的街区风格。这是一个十分英式且优雅的城镇，尽管这里曾经血流成河。哈维谈论着历史。首先，他描述了盖伊·福克斯日热闹喜悦的景象，7 万人为了观赏焰火而突然造访这个只有

⊖　Timothy Lenton and Marcel van Oijen, "Gaia as a complex adaptive system" *Philosophical Transactions of the Royal Society London B* (2002), Vol. 357, pp. 683-695.

⊜　J. McDonald-Gibson, J. G. Dyke, E. A. Di Paulo, I. R. Harvey, "Environmental Regulation can arise under Minimal Assumptions" *Journal of Theoretical Biology*, Vol. 251, Issue 4, 21 April, 2008, pp. 653-666.

⊜　Inman Harvey, "Homeostasis and Rein Control: From Daisyworld to Active Perception" in *Artificial Life IX, Proceedings of the Ninth International Conference on the Simulation and Synthesis of Living Systems*, J. Pollack, M. Bedau, P, Husbands, T. Ikegashi, and R, Watson, (eds.) MIT Press, pp. 309-315, 2004.

15 000名居民的小镇。自从天主教徒玛丽女王（Queen Mary）统治期间17名新教徒被烧死在刘易斯广场的火刑柱上之后，刘易斯每年都庆祝盖伊·福克斯日。城镇高处的城堡早在"征服者"威廉一世〔1066年征服黑斯廷斯（Hastings）〕统治时期就已建成，就建在撒克逊（Saxon）时期的城堡遗址上，用来抵御撒克逊人的侵略。他用手示意那边说："托马斯·潘恩（Tom Paine）曾住在那儿的一所房子里。"经过一座石桥时他接着说："我们这儿也有恐怖分子。""我们在这儿停车。"他边说边把车停靠在路边，正停在一名女警面前，她双手紧握着放在背后，站在人行道上执勤。

"你瞧，他们不喜欢别人在这里付停车费，"哈维说，"所以在盖伊·福克斯日，停车计时器一投入使用就会被他们打碎。"

我以为他是开玩笑，但下车后，我能看到那位女警旁边的计时器已经支离破碎。

她对我说："别让它破坏了刘易斯给你的印象。"

哈维带路，我们步行在鹅卵石铺就的街道上，道旁是沿小山蜿蜒而上的排房，道路越来越陡，以至于才走20余米我就开始气喘吁吁。他停在中间带球形把手的大门前，门边有一块匾额，上面写着"老旅馆，圣·迈克尔的彼德尔之家，约1690年"（The Old Inn, Beadle's House of St. Michaels circa 1690）。跨过门槛，我们进入一间专为另一个纪元的人——矮人所打造的屋子。客厅（两间）的天花板和门框都很低。餐厅里，一张餐桌一面靠墙，以腾出空间来放置一把扶手椅和一个脚凳。暗淡的鱼骨纹木质地板表明这座房子已经过仔细复原。那面有一个假山庭园，里面有盆栽的绣球花和乔木；还有一面沿山坡攀援而上的不规则石墙。"那面石墙大约有900年的历史。"哈维说，"顺便告诉你，托马斯·潘恩就住在那所房子里。"

我问："就是美国煽动者和小册子作者的那个托马斯·潘恩？"

他说："是的。"

所以刘易斯在当时是革命者的避难所？

他冲好咖啡扑通一声坐到扶手椅上，双腿向外伸出，垂下头。由于需要时间思考，所以他说话总是很慢。我很好奇他过着什么样的生活。一方面，这房子宣告着一位资深英国学者住在这里，然而他的某些地方又与这房子不相符，甚至与这个系统相悖。尽管身为萨赛克斯（Sussex）的一名学术会员，并且承担博士生辅导工作，他却声称自己是一名独立的科学家，只出席一些自己喜欢的学术会议。我猜，和图灵一样，他属于上等阶层，事实证明这种猜想也不太正确，因为他说他来自于布里斯托尔（Bristol）一个"中等富裕"的商人家庭。他的父亲在一家经营啤酒、红酒和烈性酒的公司上班，所以足以供他在一所公学上学。后来他到剑桥大学求学，获得了三一学院（Trinity College）的数学奖学金，1966 年学成归来。

哇！我认为这就像是一个人的额头上永远贴着一个说明这个人聪明绝顶的标签，弗朗西斯·高尔顿（Francis Galton）如果在世也会想要研究他的血统。就算是图灵，也没有得到过三一学院的奖学金，而他至少是这个领域的老大了。

他再次示意说"那没什么大不了"。"那时候能上大学的人只占5%，每个人都会得到补助。"

我问道："三一学院的数学奖学金?"

他耸耸肩说："数学是我的强项，因为我对数学很感兴趣。"

然而，到大学第一年结束，"我完全厌倦了数学。第三年我转学精神科学……那时候，所有哲学都称为精神科学。"

他修数学/哲学双学位（三年内，通过了两门学科的第一部分考试和其中一门学科的第二部分考试），因为"在剑桥你仍然可以这么干"。但他当时已经对认知产生了兴趣，尽管当时那还不叫认知。他说他从 7 岁开始就一直和一个叫杰弗里·辛顿（Geoffrey Hinton）的男孩是朋友，他们总是在一起讨论这些。

他朝我露齿一笑，意在确定我是否知道他说的这个人。我当时肯定是一脸迷茫，因为我根本不知道杰弗里·辛顿是谁，更不知道我为什么要关心这个人。难怪他会好奇我当初是怎么找到他的。第一个测试我没通过，也许后面还会有其他测试。

他解释说杰弗里·辛顿是多伦多大学的一名教授，神经网络领域的重要人物，"是多数当下理解智能机制相关工作的中心人物"。我默记着一定要去查一下杰弗里·辛顿。[⊖]

"我们讨论过这些东西，"哈维继续说，"我十四岁的时候做过一个机器人。"他的灵感来源于一位科学家发表在《科学美国人》（*Scientific American*）上的一篇文章。他查过这位科学家的名字。

他说："心智神经元让我有一种挫败感。"但之后，他认为那个作者其实是阿什比。W·罗斯·阿什比（W. Ross Ashby）是一位对反馈在大脑中的运作方式感兴趣的精神病学家。他推广了由诺伯特·维纳（Norbert Weiner）提出的"控制论"一词。阿什比是一般系统论的先驱者并与阿兰·图灵熟识，他们加入了同一个团体，该团体成员定期相聚以讨论一般系统论。我后来再去看《科学美国人》时，并没有在上面找到阿什比发表的有关机器人的文章，却发现了三篇威廉·格雷·沃尔特（William Grey Walter）的文章，图灵曾参观的那些利用控制论原理制造的乌龟就是他做的。

"读了那篇文章后我们决定自己动手制作。"哈维说。"我们用了一个刮水器电动机，一个小的带轮底座。"轮子可以左右转动，并且机器人还带有光传

⊖ 而且我这样做了。杰弗里·辛顿出生于英国温布尔顿，在布里斯托长大。他的父亲在美国长大，后在第二次世界大战前在英国受的教育，是一名优秀的昆虫学家，最后成为皇家学会成员。他的英国祖先包括数理逻辑的创始人乔治·布尔。杰弗里·辛顿在剑桥学习哲学，与哈维同时。最后一年他转到心理学专业，又学了一年木匠，然后去了爱丁堡师从一位对神经系统感兴趣的学者学习心理学。由于与英曼·哈维的友谊，辛顿对神经系统发生了兴趣。辛顿继续在机器学习领域不断创新，与另一位大家特里·色诺一起，发明了能学习和"自我表现"的随机性神经系统。我回到多伦多一个月后，辛顿上了新闻，他与谷歌公司签署了协议。谷歌买下了他旗下的公司，和他博士后般的想法——一个空白网站，以及一套新的算法，用于"深度学习"，它能像一层层的神经细胞那样模仿建立彼此的联系。谷歌同意辛顿继续留在学校而且有出版自由，只要他同意在谷歌的多伦多办公室逗留几个下午，每年抽出几个月待在加利福尼亚山中的谷歌大学里。

感器。他说"这样就有了趋光性"，就像植物表现出的趋光性。"我们让它跟着蜡烛的光，又用一面镜子来扰乱它的行动。"

我问他："那么，您为什么要转学哲学呢？"因为我觉得也许工程学会更适合他。

他说："为了能够清晰地思考，仅此而已。"然而为了"研究社会人类学"，他又决定从哲学中脱身而出。"我那笔十分丰厚的补助金……每个夏天我都沿嬉皮士之路去阿富汗和尼泊尔。"每年的补助是 365 磅，他的奖学金也才 60 磅而已。（可是，他的好奇心却是无价的。）

"当时，我想研究尼泊尔部落的道德相对主义。"哈维说。所以为了取得当时的社会人类学证书，也就是现在的文学硕士学位，他在剑桥又读了一年研究生。所以，他希望能在尼泊尔待一年半的时间。其实他是受到伦敦大学亚非学院的冯 . C. 菲勒尔-海门道夫（Christoph von Furer-Haimendorf）研究的启发，从 1953 年尼泊尔对外开放之后，海门道夫就一直在发表有关区域部落 [如夏尔巴人（Sherpa）] 的作品。海门道夫是一位澳大利亚人种学家，经历过印度的战争年代。但在读研究生这一年里，哈维对社会人类学也感到"深深的失望"。

他发现，社会人类学是"模糊"的。"其中的概念缺乏基础。因为当时我是一个证实主义者，而社会人类学显得有些糊弄。"

"糊弄"是哈维最喜欢的一个词，就像"新兴的"等一些词的用法，遇到难以解释清楚的问题时就用它们来弥补表达的空白，就好像这些问题会自动消失一样。

哈维觉得他没必要非等到获得博士学位后才去喜马拉雅山脉，直接去就行了。普通旅游签证的有效期只有两个星期，他却拿到了一个 18 个月的签证，怎么回事儿呢？"那时，苏联大使馆聘用我做翻译，教经济专员们英语。"他去了尼泊尔，并做起了制图生意，他高兴地告诉我他绘制了"首张尼泊尔徒步旅行地图，现在仍在销售"。

我把这些话记下来，但觉得这样讲不通。为什么苏联大使馆会聘请一个初出茅庐的剑桥小伙子给他们做翻译呢？

哈维解释说，他在剑桥念书时候认识并结婚的女朋友（并不是他的现任妻子，这时，我能听见楼上他妻子的脚步声）当时在加德满都（Kathmandu）的英国文化协会（一个教育/文化机构）工作，她有签证，而哈维没有，所以苏联大使馆告诉驻尼泊尔的英国文化协会说，他们想找一个英语老师兼翻译的时候，一切都突然变得可能了。正如他所说，手续就是他必须先去苏联大使馆签一份文件，再把文件拿到英国外交部，然后在那儿他就可以拿到任意期限的签证。

"我就见风使舵了，"他欢快地说，"离开阿富汗后做了18年的进出口生意。"

他故事讲到这里的时候，我几乎忘了来拜访他的目的，似乎这样也讲不通，一个聪明绝顶的人为什么会花这么长时间做进出口贸易这种平淡琐事呢？

他说他第一次去阿富汗是在1967年夏天，那是他在三一学院的第一学年末。1968年夏天他再次去了阿富汗，并待了三个月。他说："我从那里带回了一些东西然后再卖出去，这样就够我假期花了。"

他买了阿富汗的大衣和袜子，说到这里，他停下来，然后看看我，又像是在测试我什么。"因为当时有朋友穿阿富汗大衣——外面绣花，内里是不怎么整齐的羊毛，还有厚实的形似海豹皮靴的彩色袜子。那时候在多伦多央街（Toronto's Yonge Street）的精品店里可以买到。所以我就开始做起了这样的生意。"

"我向世界各地都供货，"他说，"我还雇了2000个人在阿富汗织那种袜子，我还派人收这些袜子，并把它们带到我这儿。"

在尼泊尔待了18个月后，"1972年年底我就回到了英国，可能就是在圣诞节，在剑桥市场上创办了一个叫'游牧商人'的企业。"他从阿富汗、尼泊尔进口商品来卖，后来他就厌倦了经营零售业务，转而向批发商供货。

接着他又旅居于菲律宾（Philippines）、斯里兰卡（Sri Lanka）、叙利亚（Syria）和尼泊尔，但总会回到他在剑桥的大本营。他的时间节点很有意思：他到老挝的时候，刚好是越南战争结束，美国最后一架直升机灰溜溜地从西贡（Saigon，今胡志明市）大使馆屋顶飞走六个星期；他到万象当天，巴特寮（Pathet Lao）掌权，当时的老挝就像是翻倒的多米诺骨牌一样。

我心想，他一定是间谍。

"你是间谍，没错吧？"我问。

他只是大笑，"为了吊床我可以去墨西哥、去哥伦比亚，但是我主要去的却是阿富汗，你觉得我有可能是间谍吗？"

他在阿富汗的时候，阿富汗国王被国王的堂兄夺权，四月革命中两个政党相斗争。1979 年 12 月月底，苏联进入阿富汗的时候，他在剑桥。他和一个加拿大朋友按理应该在 1980 年 1 月返回，但他俩商量着要不要在战争期间返回阿富汗，最后决定说："咱们还真就去了。"他们从伦敦希斯罗（Heathrow）机场乘飞机，飞机上只有 10 个阿富汗人和"一个美国人，还有另一个外国人。我们充满了怀疑，一致认为那个外国人很奇怪"。

我问："怎么个奇怪法？"

"说不定他是中情局（CIA）的。在希斯罗机场的时候我们就决定离他远点儿。到达喀布尔（Kabul）后的第二天晚上，我就在阿富汗电视台的节目中看到这个人被当成美国间谍逮捕了……他很古怪。有点儿疯狂，还有点儿怪异。阿富汗容易吸引一些奇怪的人。"

"你就没担心过自己被当成间谍逮捕？"

透过别人，他已经看到可能的下场了，但是他根本不担心。

为什么不担心呢？

"听起来很可怕，却是我对这个事件的理性认识。如果你去剑桥上学，你就会认为自己拥有一个精彩的人生。你认为……你可以侥幸成功。"

他挥了下手。

我说："那你妻子呢？她一定担心过。"

他说："她确实很担心。"

阿富汗圣战者开始用美国制造的地对空（SAM）导弹向苏联军队开火，喀布尔机场是苏方的主要军事基地。起初"他们只是射击军用飞机，苏联发射闪光信号干扰导弹。之后他们又射击民用飞机。"但他仍然坚持到了 1987 年，也就是在那个时候，哈维的加拿大朋友打电话说他刚从阿富汗回国。他的航班降落在喀布尔时，火箭弹攻过来了，他不得不奔跑躲避。当他找到朋友的车时，车玻璃已经被炸坏了，一共有 11 个人遇难。他的朋友说他从不曾打算过回去，哈维再也没离开过阿富汗。

也就在这个时候，他和他的第一任妻子离婚了。

他解释说"是因为中年危机"。

一方面，我认为他谈中年危机确实有些年轻，因为他才 39 岁；另一方面，20 年来他出入危险的边境，又应对货币管制，还被当成毒贩的经历会让他觉得自己有些老。

"您在剑桥被视为天才，对吧？"我说。

他回答说："最接近的一次就是被苏联大使馆录用。"

我说："您就不要谦虚了。"

"当时军情五处（MI-5）和军情六处（MI-6）在剑桥招募新成员，"他说，"我的导师丹尼斯·马里安博士（Dr. Denis Marrian）[⊖]在给他们物色人才，他们招募了两个我认识的人，但是没我。"

"是吗？"我说。但我不确定是否该相信他所说的话。首先，如果他自己没被录用，那他是怎么知道谁在招募以及谁最后被录用了呢？

"你是不是很失望？"

"我希望能被录用。"他说，"这两个人其实都不合适。一个后来自杀了，另一个是同性恋——这在当时是一个障碍，有被敲诈的风险。所以马力安（Marrian）的评价并不是非常准确。"

我问："那么，当局是怎么看待你出入所有的这些可疑地点的？"

"当然，他们主要是怀疑我涉嫌毒品走私。"他说，"有一段时间，我一共

㊀ 丹尼斯·马里安博士是一位化学家，1959 年从曼彻斯特来到剑桥大学做一名助教，1963 年成为教师，1964 年成为高级教师，他曾教授过政界名人，说明英国政府认为此人值得信任。

被他们阻止离境了三次。我觉得我肯定是被他们盯上了。"

"所以你结束了在阿富汗的业务，离开了你的妻子。你要做什么？"

他回答说："去学习神经系统科学。我一直对神经系统科学感兴趣……我读过很多相关的书，例如《科学美国人》和《新科学家》……我一直在接触这些东西。我还在学校的时候，就一直在思考这方面的问题，我对人工智能这类东西很感兴趣。"

他对如何改进人工智能也很感兴趣。正如他的朋友杰弗里·辛顿在口述神经网络历史的一次采访中说道，1986 年，他寄给哈维一本大卫·鲁姆哈特（David Rumelhart）和詹姆斯·麦克勒兰德（James McClelland）合著的、与最先进的分布式并行处理有关的新书。哈维不屑一顾，他告诉辛顿，如果这就是他们能研究到的所有东西，他自己就应该进入这个领域。所以他决定回到学校，接受这个挑战。

具体地说，他是对进化机器人学感兴趣，尽管当时这个领域并不存在。

"马丁·加德纳（Martin Gardner）在《科学美国人》杂志里开设过一个数学专栏。"哈维说。加德纳的专栏一直走在该领域的前沿，他写的都是一些重要发展，经常比科学杂志里面的内容还要早。哈维经常阅读这个专栏。他还对有关人类进化生物的名为"什么才是人造生命"的专栏很感兴趣。在那时，家用计算机逐渐普及。他也买了一台来玩。"我的第一台计算机……有 1KB 的内存。我又买了一个 16KB 的插件给他提速。这台电脑花了我 99 英镑。在我回到学校之前，我一直在写遗传算法，"他说。

他和妻子离婚之前，一直往返于苏格兰和剑桥的家之间。"当时我在苏格兰有一座城堡，城堡里共有 62 个房间。"他说，但他紧接着向我解释说他的城堡只花了 72 000 英镑，这比伦敦的两居室公寓还要便宜。他的前妻和孩子还住在那里。他在剑桥安定了下来，因为这里方便进入图书馆，他可以借阅一些学术期刊。

我问："你一直在阅读有关遗传学和生物学的书吗？"

他回答说："没有。"

"进化论呢?"

"也没有。"

"显而易见,"哈维说,"人工智能大致来说就是设计一些人工手段,做一些类似于人类和动物大脑才能做到的事……因此,进化做到了。我觉得这就是设计人工大脑的一种途径。"

在英国,只有爱丁堡大学和萨赛克斯大学开设了人工智能方面的课程。他更喜欢萨赛克斯大学,因为它是从跨学科的视角来研究人工智能的。他的朋友辛顿就是在这里完成的博士后研究。他不确定自己能否修完博士学位,所以他先申请了人工智能的硕士学位。正好他也非常喜欢这个领域。萨赛克斯大学很好、很开放,有很多像他一样的成年学生喜欢这个学校。

但他"很震惊自己学到的知识具有滞后性"。

萨赛克斯大学里面没有人教授有关人工神经网络方面的知识。在 1988 年还是 1989 年,学校引进教员授课,但是"我在 25 年前就已经和杰弗里·辛顿讨论过这些知识了……而且我觉得,在这两所英国大学的其中一所里,作为 18 年没有接触过学术并且还行走在浅薄道路上的人,我比这个系的任何人都还要有更多相关的学术背景"。

在菲尔·赫斯本兹(Phil Husbands)来到萨赛克斯大学成为一名讲师,而且还是哈维的导师后,一切都发生了改变。"他曾参加过有关遗传算法的会议。而且他还是该领域的首批博士中的一位,就是他指导我的博士学位。"

哈维花了接下来四年的时间努力学习进化机器人学的基础知识。正如他说的那样,他博士论文的其中一个方面研究的就是与人工进化有关的任何事物,比如机翼、时间表,还有你们正在优化的其他东西。他还参与了神经网络的研究。

"什么是神经网络?"我问。

"进化可以理解为跨越生殖成就空间的一种研究。"他开始解释,并将图灵的研究术语与新达尔文主义(neo-Darwinians)的融合起来。"突变可能会不断发生，但并不会对生殖成就空间造成任何影响。"

"嗯，改变本身并无大碍，直到它发生作用。"我说。一位发言人在蒙特利尔的暑期学校发表了一篇关于意识可能是一个关于"上下层窗空间"的论文，意思就是其他方面的发展所附带的意外结果可能最终会获得其自身的价值。

"但是一个神经网络可以从哪里获得意外的结果呢？"我问。

他站起来，开始绕着椅子、脚凳和落地灯四处走动。他想让我想象，生殖成就空间是一个三维曲面的高处，在山顶或在他房子楼梯的顶端。我们这些可怜的生物居住在底层无法到达这里，看到壮丽的风景。例如，如果我们没有腿，怎么样才能爬到楼梯的顶端呢？他站在椅子旁，指出一系列虚构的木板也可以说一个受限系统，其中的随机改变是如何将脚凳、椅子、落地灯和门框连接起来，然后又把门框和楼梯连接起来的。也就是说，随机改变通过桥梁或基地的方式创造出另一事物，然而每个改变最终对生殖成就空间都毫无影响，但却会以累积的方式为通往生殖成就空间曲面的顶端开辟出一条道路。他已经沿着这些路线做了一些研究，证明随机突变是如何在信使分子核糖核酸（RNA）内相继生成有用并且有意义的特性的。曾有一篇论文就论证了如何利用这种神经网络来将"字母组合"演进为"基因"。

这相当于另一个论证：进化实际上是如何运作的。达尔文说，个体中缓慢、随机但有用的改变的逐渐积累就造成了群体的改变，最终便会产生新的物种。斯蒂芬·杰伊·古尔德（Stephen Jay Gould）说，进化性改变也可以是突发性的，往往是由灾难（就像6500万年前流星坠入墨西哥湾，造成恐龙灭绝，得以给哺乳动物让出空间一样）带来的。理查德·道金斯（Richard Dawkins）认为，基因突变导致改变，这些基因会根据自身的需要来控制物质的合成——我们只是这个世界上携带基因的不幸肉体。正如理查德. C. 莱沃丁（R. C. Lewontin）这样描述这个理论：

"实际上，基因只有通过我们自身才能实现遗传。我们只是它们的工具和暂时的媒介，通过我们，自我复制的分子使我们成功地或未能将自己遗传在这个世界上。正如理查德·道金斯（这一生物学观点的主要倡导者之一）所说，我们是'笨拙的机器人'，是我们的基因'创造出我们的身体和思想。'"⊖

另一方面，群体遗传学家［例如理查德.C.列万廷（R. C. Lewontin）］则认为，进化是一种统计现象，只能在群体中观察得到。林恩·马吉利斯（Lynn Margulis）表明，尤其是在最初的几十亿年里，进化还可以通过群体间的并购、合作和分享实现。

所有这些理论家都互相批判。

就在哈维完成其博士学位前，他被萨塞克斯大学聘为博士后，以帮助建立计算神经科学与机器人学研究中心。"这名字不好。"他说，"我对计算神经科学整个概念都很反感，它是个噱头词……所以你可以凭借这个荒唐的词语获得一笔科研经费……很明智的是，我不会那样做。"

他一直在那里做了7年的博士后。他的团队当时属于人工智能学系，主要由心理学家和计算机工作人员组成，可是这些工作人员会经常和生物学家沟通交流，尤其是那些研究核糖核酸的生物学家。他对适应度的探索很感兴趣，对突变是如何在不影响核糖核酸（RNA）机能并且可以在各种限制的情况下发生很感兴趣，例如，突然在最后一个环节产生了一个有用的变异这种情况是怎么发生的。他认为，这样一个过程可以被模仿，用来进化智能机器的控制系统。"那时候，我们就像蟑螂一样，在两所大学之间来回穿梭。"他说。

他主要与戴夫·克里夫（Dave Cliff）和菲尔·赫斯本兹（Phil Husbands）在一起工作。"我们三个是这个观点的创始人……也是三个火枪手。我们使进

⊖ R. C. Lewontin, *Biology as Ideology*, *the Doctrine of DNA*, House of Anansi Press, 1991, p. 13.

化机器人获得关注。另外也对此有研究的是达里奥·弗罗莱若（Dario Floreano）和斯特凡诺·诺菲（Stefano Nolfi）。"

他说："我第一次见到达里奥是在意大利北部的一座城堡里。"参加该领域首次会议的是这个世界上仅有的对这个领域有研究的人。当时没有期刊、没有协会，也没有人可以为现有的期刊或为了获得专项科研经费而评论那些论文。他说，其他所有在这场游戏里的人"都有获得经费的想法"。但是哈维没有。他不需要钱，因为他主要用纸和笔工作。因为那里工程师不多，所以他们在萨塞克斯大学只制造出几台粗糙的机器。一开始，他的同事还把他的名字一起放在项目拨款的申请单上；但当他成为一名讲师后，连一个博士后都没聘用。他的确因为举办关于雏菊世界的研讨会而获得了拨款，但这只是一个例外。他不愿参加有关任何主题的任何大型会议。"我只去新的课题领域内的小型研讨会，如果人数多的话我就不去了。"他说。

"欧盟在资助偏才、怪才方面很有经验，他们也明确表示要发现这些人，而且他们会付钱给像我这样的人来做这件事……官僚主义是一团乱麻，但拨款确实非常冒险。他们会问：'这项目有风险吗？'如果没有，他们就不会拨款……而我是这些项目的审查人。"他说。他在审查小组负责将欧盟的资金资助给最有希望的未来的与新兴的技术。在第一阶段，他先详细审查一些项目，然后他再和小组的其他人审查所有的入围项目，并选出最终获得拨款的项目。

他妻子下楼说她要出去一下。"该吃午饭了。"他说。然后我们就拖着慢吞吞的脚步沿着不平整的鹅卵石路向下走，看到那位女警察仍在打碎的停车计时器旁执勤，我们深感同情，然后我们上了车。

我边走边想他对我说的话。在我看来，他在结束旅行之后算是用一种智力上的先进取代了现实里的独特前沿，并用一种新的情报收集方式取代了前一种。他的时间节奏把握得非常完美。当他转入人工智能领域时，原有的试图制造智能机器的方法已经停滞不前。所以他和达里奥·弗罗莱若，以及他们的同事改用了其他学科中能更好运作的一些想法。作为一个不想得到资助的新领域的领导人，他认为自己比马力安博士做得还要好，不是在挖掘有才能的人方面，而是一位人才推送者，他能够帮助决定哪些聪明的孩子可以让更智能的机器运转得更快，并以他们的方式输送资源。

他说想在菲尔（Firle）附近村庄外的某个酒吧吃饭。我们驱车沿着一条狭窄的山谷道路行进，道路两旁围着小树林、石围栏和枯藤，长满草的山坡显出巨大的白色凹坑。"这些白色的东西是白垩，"他说，"这整片的区域曾被一片大海覆盖，白垩就是在海洋里存活然后灭亡的贝类生物的尸体。"

汽车转向，驶进公羊旅馆（Ram Inn）旁的小型停车场。这里面很暖和，有燃烧的火苗和昏暗的光线。一群穿戴整齐的人开心地喝着酒，吃着木盘里的手工面包和奶酪。整个画面里就缺少一个霍比特人吧。

太阳也逐渐落山了，这意味着我快没时间了。我来这里本是为了找出盖亚在进化机器人的智能版本里的适用之处，却因他引人入胜的往事而转移了注意力，所以我还是没能从他这里问出任何东西。在我看来，从某种意义上讲，雏菊世界相当于是对进化机器人的一种批判。正如达里奥·弗罗莱若所言，他们的计算机模型并没有完全模仿实际的进化情况，因此他们做了一个精简的版本，并通过作弊的方式，也就是让超神的程序员可以在任何既定情况下决定适应度的大小，并做出选择。雏菊世界模型似乎表明，一个人可以在没有任何进化的情况下获得系统外的智能和自适应行为，更不用说神一般的程序员了。

我问："你是从什么时候开始研究雏菊世界的？"

"我不确定是从什么时候开始的。"他说，虽然他很确定他曾一直持怀疑的态度。"因为它看起来很有目的性和模糊性。"

我想，这就是五十步笑百步吧。

但是，他又觉得很好奇，因为他这样说："我之前是一位数学家，但却无法理解雏菊世界是如何运作的。我假设洛夫洛克并没有在结果上撒谎……"

我问："你的意思是有人认为他的结果不正确？"

"你可以看看他是如何胡乱操作这一系统的。如果没有神给的这些参数，它为什么会这么自然地产生？"他说，"这是主要的异议。"

"可以解释一下吗？"我说。

"好吧。"他解释道，"某些研究这类问题的生物学家，包括理查德·道金斯（Richard Dawkins）在内，都认为像这样一个系统只有通过两种方式才可以达到自动平衡的状态。在这种情况下，系统可以在某些参数内进行自我维持。"其中一种解释是，"如果模型构建者作弊，输入正确的符号，是无法推断出来的，因为没有理由可以解释自然界是否可以得到这个结果。"道金斯的第二个异议是，"'我所知道的事物得到改造以适应自然的唯一方法就是进化。'道金斯说。因此他假设结果成立，参数都是固定在适当的值上，但是自然进化却没有固定，所以你需要一个盖亚种群进行繁殖，以让进化运作起来，但这显然是不可能的，所以把进化作为一个解释是行不通的……"这就无法解释，盖亚模型是如何或者为何可以在不是种群一部分的情况下进行自我调节。"吉姆·洛夫洛克的朴素生物学思维也无法帮助其解释得通，正如他自己所说'我是一个化学家，但这个真是太逼真了，在这种程度上，我也会像生物学家所认为的那样称之为有生命的……'"

在道金斯看来，这个模型不能运作，除非结果有作弊的成分。哈维则认为，道金斯的推理听起来是"进化产生不了自动平衡"。

我产生了质疑："为什么在不断变化的太阳系中，所有移动的行星不能被看成是一个种群呢？"

他没回答我的问题。他总结说会存在一种解释，可是大多数研究雏菊世界的人都理解不了。

"在我看来，问题已经解决了，但很少有人读过我的论文，而且也只有小部分的人能够理解其中的内容。我决定采用雏菊世界的第二个版本……"

我刚刚重新拜读了他的论文，所以我想我知道哈维要对我说什么，而且我也知道我和他待在一起的时间不多了。他开始讲的时候我又看了一下表，看一下我还剩多少时间赶火车。这极度惹恼了他。他认为我是不想听他讲了。

他已经在餐桌上摆好了一组刀叉和餐垫，并借我的笔来表示形状像巫师帽子一样的图形。他用餐刀把那些笔连接起来（也就是他在论文中提到的支配控制部分）。他用很不友好的眼神看着我。

他说："我花了五年的时间才理解了它，现在我已经完全理解了，并且花费大量的时间研究人们会提出怎样的异议……"

我说："好吧，很抱歉，愿闻其详。"

"吉姆凭直觉知道它为什么会运作。"他说。他对控制论有很广的见识，而道金斯"是个一根筋的斗士，他只通过那一面棱镜观察所有事物"。

哈维解释说，洛夫洛克对雏菊世界的兴趣是建立在要和实际行星运转相联系上。而哈维对雏菊世界的兴趣是要确定数学是否可以对它进行描述：在整个过程简化到只剩下要点后，他关注的是遗留下来的物质的特性，"而不是我倒掉的洗澡水"。也就是说，并不是那些剥离掉的细枝末节。

他指着用我的笔做成的两个连接起来的巫师帽说："就拿黑色雏菊和白色雏菊来说吧，一个有机体的生存能力与温度是息息相关的，那么一定数量的雏菊就可以对什么温度产生反应。黑色雏菊可以使温度升高，白色雏菊可以使温度下降……雏菊数量是起因，而不是结果。这是一个线性函数。如果函数结果是正数，雏菊就是黑色的，函数线就会向一方倾斜。"

在这两只并行排列的巫师帽中，其中一只描述了温度对雏菊的作用，另一只则描述了雏菊对温度的影响。这两只巫师帽用两把餐刀连接在一起。线条相交的地方属于平衡状况。图形共有三处相交，相交点表示雏菊数量为零，并且就在图形的底部。

"经过一些数学上的修正后可以看出，模型的底部和顶部是稳定的平衡，而中间部分则表现出不稳定的平衡……因此，如果白色雏菊表示的函数曲线向一方倾斜，黑色雏菊表示的函数曲线向另一方倾斜，那么两者的稳定现象就是镜像关系，不管你得到的稳定平衡的反馈作用是什么。所以作弊是没有必要的。这两种方法都是可行的。这一观点表明，通过这两者中的任意一种方法，你都能获得平衡。"

我开始明白他所说的了。这样的联系一旦开始，就会一直维持下去，除非某些事物会以某种方式脱离这种联系，否则会一直持续到消亡。

我说："我为刚才没有集中注意力表示道歉。希望你没有生气。"

"没有人能理解。"他用手托着头说。

我问："是吗？那洛夫洛克呢？"

他说："我觉得洛夫洛克很可能会理解。"

"盖亚智能模型也是这样的吗？你将智能定义成自适应行为，是吗？"我问。

"不，我没有。"他说，"因为这个定义就像突发状况一样，它的目的是掩盖一些其他的事情。智能不是一个单一的属性，智能是由其主体决定的。"例如，细菌擅长制造分子，"如果你把它们放在马尾藻海，他们不会有什么问题，但如果你把我放在那儿，我会死的。而它们可不会像我一样通过电子邮件发送求救信号。"

他通过参考欧盟资助顾问小组的一个议案来阐明这个想法，这个议案曾评价过稀奇古怪的但可能非常有用的想法。他和他的同事曾经很喜欢其中的一个提议，就是建议创建一个通信界面，使得两个完全不同的生物能够相互发送求爱信号。这个提议大约需要1000万欧元，他们考虑后决定资助。"你可能在《自然》杂志上或四五年前的期刊上看过这个报道。"他说。

我问："为什么你要考虑这个提议？为什么欧盟会予以关注？"

他说："因为这有利于操控这种通信方式。"

我突然间就理解了他的要点。如果一个植物的分子信号可以用来改变其他完全不同事物的性行为或者可以相互改变，会有什么样的结果？如果最终出现一种事物可以作为真正的通用翻译器（一部发送信号的图灵机），又会有怎样的事情发生？

"这是相当稀奇古怪的东西。"他说。例如，老是把焦点放在人工智能和章鱼的思考方式之间的差异上的人，是不会对这个感兴趣的，因为这一想法更关注这两者之间的共同点并加以利用。

"就我个人而言，我是一个注重宏观的人，我想知道人工智能和章鱼的思考方式之间有什么共同之处。"他说。

我匆忙收起笔记本时，突然想起来要问他是否认同弗罗莱若所说的进化机器人学的发展已经遇到了很大的障碍，他说他并不这样认为，而且很可能达里奥也不会这么认为。

我说："但是可能会有一个小障碍，也许你们还没有嵌入大自然所利用的充足的工具来使改变加速，例如共生的兼并和收购。"

"在从何处找寻智能这一方面有一个微妙的变化。"他说，"找寻智能地方成了一个范围，不是随处的一条线，而是由许多条线组成的灰色阴影。这样看来，龙卷风就有自适应行为。"

邻近餐桌上的人非常吵闹。我想可能是自己听错了，他刚刚说的应该是西红柿（tomato）而不是龙卷风（tornado）。"你能再说一遍吗？你刚刚说的是龙卷风吗？"我问。

他说的确实是龙卷风。

我说："请解释一下。"

他说："因为它们符合基本标准……如果给予它们某种表面温度——比如说 27 摄氏度的水温，然后一旦它们建立起来，就能自我延续下去。"

他说，一种在温暖海域上空的风就表现出自适应行为，就好像是说，风作为大气的移动体，也可以是智能的某种体现。我在大草原上长大，我可以证明，当你顺风而立时，你不会确定它是会支撑住你还是会将你击倒，但确定的是它有自己的意志和力量，甚至像人一样有自己的身体，这些都比你自己的要强大得多。

他说："它们能自我延续，从温差中汲取能量……产生龙卷风（气旋式飓风）……然后继续从温差中为自己注入能量。"

"是的，另一方面，它并不是活着的生物。"我说。我想他应该再去把这两者分得更清楚明显一些。

"它们也有出生和死亡，"他说。"而且不会进化，符合洛夫洛克的生存思想，而非达尔文的。在某种意义上，它们也是脆弱的……撞击地面时，就会逐渐消散。它们会耗尽食物，也就是从温差中获得的能量。它们还有另一种生活，但并不是像人类或细菌的一样复杂精细。一个细究区别的人会说这两种生存方式是不一样的，而一个着重宏观的人会说，它们当然是不一样的……"

我问："那么自适应行为表现在哪些方面呢？"

他提到日本学者尚志小泽（Hisashi Ozawa），他就曾研究过成百上千个横跨大洋的气旋式飓风的生命周期。

他说："当温度发生变化的时候，气旋式飓风可以选择向左或向右顺风而行。如果出现温差，看起来就好像他们正在向可以取食的方向转变。我称之为自适应行为。这是智能的一种形式。虽然并没有在智商测试中获得高分，但这就是龙卷风所具有的智能……从一种极为简单的意义上来说，这是一种觅食行为……也许这个范围的简单末端才是理解智能这一概念开始的地方。"

13

微生物人

我是通过现在人们寻找最有趣的人的方式，即在被称为互联网的大型网络上，找到詹姆斯.A.夏皮罗（James A. Shapiro）的，他研究的是微生物的智能行为。我点击一条条的链接，搜索《盖亚理论》的合著者林恩·马吉利斯（Lynn Margulis）的故事，后在《探索》（Discover）杂志里找到了一篇关于她的长达6页的采访，这个采访发生在2011年春天，就在她去世前不久。马吉利斯在解释完为什么共生（细胞合并）在生命进化中发挥着如此重要的作用，并表示细胞是"有意识的"之后，又转而质询她的一位批评者——哈佛大学人口遗传学的领军人物理查德.C.莱沃丁（R. C. Lewontin）。她说，当她问到学生们的时候，才得知理查德已经给她的学生上过课了，并告诉了他们人口遗传学运算，尽管这个运算并未在自然界和实验室中得到证实，但她仍然继续使用这些模型以获得资助。马吉利斯认为她是诚实的，但却是不道德的。而且她否认自己的观点是有争议的，因为她才是正确的。

如果说这个采访引起了极大的愤怒，那么这只是轻描淡写的说法：杂志的评论区充斥着煽动性的尖叫和哭喊；其中还有人说，马吉利斯的言论解释了为什么她的第一任丈夫卡尔·萨根（Carl Sagan）会跟她离婚。

接着，我无意中在芝加哥大学的一位人口遗传学家杰里·科因（Jerry Coyne）的博客中发现了他为莱沃丁写的一篇辩护博文。科因说，马吉利斯已经被名誉腐化了，她没有诚实地报道出莱沃丁的言论，她的共生起源理论不仅是疯狂的，而且加剧了不切实际的神创者对进化论的攻击。[一]翻看更多科因

〇　参见杰里·科因的评论，网页是 http：//www.whyevolutionistrue.wordpress.com/2011/04/12/lynn-margulis-dieeses.

的文章，我发现他用同样愤怒的语气讽刺了詹姆斯·夏皮罗。很显然，夏皮罗在《赫芬顿邮报》（*Huffington Post*）网站的博客和新书里都表示，微生物细胞一手策划了自己的突变。

我想最好能去拜访他。如果旋风能决定转向更温暖的水域，那么为什么细菌不能这么聪明呢？要知道，小并不意味着简单。

夏皮罗的帖子明确表示，他是我一开始所认定的"智慧网络"中的一员。在这个团体里，人们利用动态系统和信息理论的原理来解释智能，并对它进行模仿。但是夏皮罗对进化的本质似乎有不同的看法。他认为，进化并非总是缓慢的；更重要的是，它并非总是随机的。他似乎相信，微生物确实重新排列了自己的基因组（管理蛋白质生成的细胞中的 DNA 总数）来面对挑战。他好像是在说，细菌就像进化机器人一样，它们利用进化过程来作为一种设计工具。

夏皮罗坚持认为，细菌（由于种类繁多，我们只能识别出 1% 的种类）通过重新排列自己的 DNA，以及通过细胞与细胞间、物种与物种间共享一些有用的 DNA 来不断地改变自己，这就是它们解决问题的方式。例如：打破它们赖以生存的动植物中快速变化的免疫系统，防止病毒入侵，用它们先前未知的东西来制造食物。

他辩称，细菌应该以群体为单位进行研究，而非单个的细胞，因为这是它们自然生活的方式，并且它们的多细胞菌落显示出了个体细胞中没有表现出的特质和能力。这听起来有点像弗罗莱若的神奇机器人发明——它们一起工作比单独工作的时候做得更好。这就提出了这样的问题：例如学习、利他主义、欺骗、相互适应和同步等行为也会在微生物中出现吗？或者，换句话说，甚至政治也会出现在最微小的生物体中吗？

1988 年，夏皮罗在《科学美国人》杂志的一篇文章中写道："细菌构成复杂的菌落，它们成群结队地猎食，为成千上万个个体的定向运动隐藏化学信号。"[一]

[一] James A Shapiro, "Bacteria as Multicellular Organisms," *Scientific American*, June, 1988, pp. 82-89.

在那篇文章中，他将细菌描述成共享分子信息的多细胞系统，这听起来与特甲瓦弗斯（Trewavas）、鲍卢什考和曼库索写的有关植物的文章非常相似。果然，在我查找的时候，我发现他的文章被鲍卢什考和曼库索引用在了它们所写的一篇叫作《神经生物学的深层进化起源》的文章里。当我查看到更多夏皮罗的文章时，我发现在其最近的文章中，他毫不掩饰地大肆宣扬"微生物是聪明的"这一观点。⊖在某篇文章中，他还指出，微生物就像工厂一样利用着我们，都是为了提升自己的利益。他把这个观点放在摘要里，确保不会有人看不到。

> "作为一位细菌遗传学家，四十年的经验已经告诉我，细菌拥有很多在 20 世纪前 60 年内无法想象的认知、计算和进化能力……很多实验室里关于细胞间信号、共生和发病机理的当代研究都表明，细胞利用复杂的机制进行细胞间的交流，它们甚至有能力强占'高等'动植物的基本细胞生物来满足自己的需求。这一系列令人瞩目的观察结果要求我们改正对生物信息处理的基本观念，并认识到，即使是最小的细胞也是有意识的生物。"

我想，"哇，这个人真勇敢"。夏皮罗渴望正视和重新思考教条（尤其是达尔文教条），这肯定与他的大多数同事的行为不一致。

例如，在我开始浏览他的博客条目的同时，我还想找到一个实验室，并在那里黏菌多头绒泡菌。我打电话询问在我附近的各所大学的生物学系，但是似乎没有人（非传统的计算人员除外）对黏菌感兴趣。阿达马特兹（Adamatzky）在美国，他没有给我回电话或邮件；而中上在日本，对我来说又太远了。我最终选择透过显微镜来看到这个有趣的真菌。允许我进入实验室的这个教授通过诱发突变来研究真菌进化。他曾经研究过一个克隆的个体

⊖　J. A. Shapiro, "Bacteria are small but mot stupid: cognition natural genetic engineering and socio-bacteriology", *Studies in History and Philosophy of Biomedical and Biomedical Sciences*, Vol 38, （2007）807-819.

真菌，它克隆自己，直到分布在 15 公顷的森林里，称重约 1 万千克。这位教授证实，这个真菌个体/群体已经存活了 1500 年，并且会继续壮大。（这已经称为了一个旅游景点）。他研究的另一个真菌种类有两个核，一个用来联系，一个用来合作。在这个种类的队列中，如果一个核产生了有害突变，另一个核会通过分裂出一个有益突变进行弥补。我曾经读到过，有些研究者认为，真菌菌丝在网络中传播的方式可以比作一个分布广泛的神经网络，即一个会学习的信息网络。因此我问这位教授："真菌是聪明的吗？"

我看到了其中一个的样子。他说他不会像这样探究问题，"我只会低头做我的实验，对吧？"

我订购了夏皮罗于 2011 年出版的新书《进化：21 世纪的观点》。该书封面的宣传语均出自杰出人士，其中包括卡尔·乌斯（Carl Woese），他发现了被称为"古生菌"的第三生物域。

夏皮罗占用了很多版面和图标列举已知的方法，通过这些方法，不同物种可以重塑它们的能力来应对挑战。他表明，细菌可以通过控制自己的进化来满足自己的需求，并达成目标。细菌细胞通过修改和交换自身的一些 DNA（可能会生成携带有益属性的新蛋白质）来应对危险。其中有些反应是自动的，就像条件反射一样。

夏皮罗说，但如果出现意料之外的挑战，那么细菌细胞可以创造性地应对并处理这些挑战。他将细菌基因组周围的元素运动称为自然基因工程。他说，细菌细胞是嵌在系统群体里的非常复杂的动态系统。他不停地恢复计算机语言来描述分子信息交换的各种方法。他说描述它的运作方式的最佳比喻是读/写存储器，而不是只读存储器。总而言之，夏皮罗的书中提出了一个彻底修改过的进化论，这不是随意的、渐进的，而是认知性的修改。在这个理

⊖　Myron L. Smith, Johann N, Bruhan & James B. Anderson, "The fungus *Armillaria bulbosa* is among the largest and oldest living organisms," *Nature* 356, 02 April, 1992, pp. 428-431.

⊖　James A. Shapiro, *Evolution: A View from the 21st Century*, FT Press Science, 2011.

论里，细胞是主体，而基因组是突变、转换、合并和重新排列的副体。

在他的参考文献里，我发现了包含特里瓦弗斯（Trewavas）、鲍卢什考和曼库索〔虽然不是英曼·哈维或达里奥·弗罗莱若（Dario Floreano）〕的书目。因此我登上飞机去拜访他。

这种冬日会迷惑人，让你相信春天就要来了，雪马上就融化了外露出来的草格外枯黄。当我走出芝加哥机场时，我脱下我的羽绒服，可惜我把冬靴落在了家里。

出租车司机很想知道我们去哪，我能看出为什么——在芝加哥南部，路上骇人的场景一英里接着一英里。我们缓慢行驶着，经过装上了窗户的小平房，经过底层公寓以及涂满了涂鸦的店面，经过那些挤在街道角落里的男人们，他们在等着某些事发生，任何事都可以。芝加哥市中心的尖塔发着微光，像奥兹，那是另一个世界。

我终于看到了芝加哥大学的标志。然后，的士停在了一条绿树成荫的街上，在附近，还未决定是向上走还是向下走。大大的老房子填满了公寓之间的缝隙。夏皮罗的维多利亚时期的房子有一个巨大的侧阳台，前门有一个圆孔，所以可以在锁上它之前检查里面是否有游客。

我跟着他穿过大厅，经过一个有大钢琴的客厅，进入一个桌椅摆放整齐的餐厅，再来到一个令人惊奇的现代厨房。在这里，他把计算机放在郁金香餐桌上，打开了计算机。他个子高高的，是一个瘦瘦的人，差不多70岁，长着一头金黄色的头发，带着飞行员的眼镜，且长有胡子。他不停地翻起衬衫袖子，似乎要去干体力活，笔直笔直地坐在椅子上。他的妻子是一个小女人，在社区银行上班，直到基金被切断。他很欣赏她的毛衣套装，而她却对他的文字选择做出了歪曲评论。他说这是樱桃色，她翻了翻白眼。

"这是紫色。"她说，"男人啊。"

我此前就对夏皮罗已经有了更多的了解。他在他那一代是遗传学家先驱者之一。他和乔纳森·贝克威思（Jonathan Beckwith）首次真正地分离了基因。他是第一个表明大肠杆菌能够通过将基因组片段插入到新的位置来发生变异，从而改变它们的行为。他的工作通过分子得到了进一步证实，这意味芭芭拉·麦克林托克（Barbara McClintock）有惊人的洞察力，她是 1983 年的诺贝尔生理学或医学奖得主，很久以前就已经确定了她所谓的控制在玉米基因组中的元素。

麦克林托克的职业生涯始于老式的遗传学研究，通过显微镜盯着玉米染色体看，把染色体变化与突变植物外观的变化关联起来。在她年轻的时候，遗传学家才刚刚开始使用辐射引发突变，从而回答信息是如何代代相传的问题。

20 世纪 60 年代中期，夏皮罗成了一名遗传学家，那时研究领域已经进入了前现代阶段，没人知道 DNA 指令是如何读取的、为什么会有失误，或者为什么这些失误几乎每次都能被纠正。DNA 指导蛋白质装配过程的代码正在被制定。没人知道同一蛋白质分子可以被排列或者布置在不同的组态中，从而产生不同的特性。没人确切地知道基因是什么（他们仍然不知道），或者遗传单位是如何读取或受阻遏的。或者如果它们是细胞和生物体发展的唯一蓝图，也没人知道是什么指导染色体收放自如，从而让基因与 RNA 交流，或者染色体是如何在细胞自我复制的时候以正确的顺序自我排列，或者细胞在破裂的时候是如何修复染色体的。没人知道为什么或者细胞器如何在每一个细胞分裂后又重组。知识缺乏无法抗拒，但这并没有阻碍卓越的遗传学家创造关于这个的大多数条条框框。[○]

夏皮罗开始工作那会儿，大家就知道了大肠杆菌的一些 DNA 既有形成蛋白质分子的指令，又有压制这个操作的指令。后来，这将表明，尽管它们在一长串 DNA 上相距甚远，但这些分子位会共同作用，以及表明当细胞分裂、倍增以及重新插入到基因组的新位置上时，这些单位的一些分子——可移动

○ 例如：弗朗西斯·克里克认为组织信息是单向流，从基因倒流至 RNA 分子，RNA 指挥产生蛋白质，蛋白质在细胞里起作用，不会反向流动。他把这个叫做中心定理。但在 20 世纪 70 年代后期，这一理论被推翻了。

遗传因素——会进行自我复制以及自我重新复制。这些变位在细胞如何运作方面会产生新的遗传性变化。它们是可以共享的　　转位因子能被病毒拖动进出宿主细胞。

夏皮罗在研究所谓的大肠杆菌半乳糖操纵子时发现，这样的因素自然地插入到基因组中。半乳糖操纵子编排一种叫半乳糖的糖的新陈代谢。半乳糖操纵子对一种叫乳糖的糖也一样。大肠杆菌细胞可以摄入乳糖或半乳糖来推动运作，这就是为什么引起突变会影响这些功能，允许一些突变可以展示这些操纵子是如何运作的。○总之，夏皮罗在一场生物学的伟大革命的最初时期，很快就从一个严格的观测科学转变为一个在分子水平上干扰它们以及使用计算，让它们的行为模式化的生物体。

最初，我们的对话以我一贯喜欢的方式开场。他说他在芝加哥南岸出生并长大。他父亲是商人，母亲是家庭主妇，家里有两个男孩，他是弟弟。他绝对属于那种一心要搞清楚事物运作原理的孩子。而据他说，来自家庭中的某些因素也促使他靠自己的努力来理解事物。尽管对万物的原理感兴趣，但他在哈佛读书时，他学习的却不是工程学，而是英语。他想成为一名作家。

他的英语课程令人失望。他们总是大谈特谈"新批判主义"，然而这一点都不新。据他描述，在那里学习文学，就是在追溯隐喻的源头。尽管始作俑者称这是一个客观的、与文本交织的方法，独立于作者意图和读者经验之外。他打算毕业后去读医学院。他觉得作为一名医生能让他遇到更多的故事素材。但那也没能行得通。

"很幸运我没学医，"他说，"我好奇心太重且不按常理出牌，一个好的医生应该追寻最佳试验的步伐，探究精神不能太强，必须得保守且可预见。"

他咧嘴一笑，好像在说"我是疯子，我骄傲"。

○　关于如何激活乳糖操纵子，可访问：http://www.biology-animations.Blogspot.com/2007/11/lac-operon-animation.html.

是的，他是一名出色的学生，尽管他评价自己为 SAT 成绩一般"好"，哈佛成绩也普通"好"。事实上，他作为美国大学优等生之荣誉协会的成员之一毕业（是该学年毕业生中顶尖的 16 名学生之一），在榜单上位列第十。

那是 1964 年，越南战争硬生生地把每一个没拿到缓役的美国男青年招募入伍。有个他也记不得是谁的人建议他申请马歇尔奖学金（Marshall Scholarship）（英国政府为感谢美国的马歇尔计划而设立的奖学金）。他成功申请到，被送到剑桥。他刚结婚，有笔数目很小的津贴，但金额太少，如果他妻子没当老师，他的家庭肯定会入不敷出，也就不会参与捐助。〔成为一位成功的导师之后，他到马歇尔委员会服务，参与该机构财务结构的建立；因为这些贡献，女王授予他英帝国荣誉勋章（O. B. E.）。〕他所知道的唯一一个在他之前来到剑桥的是詹姆斯·沃森（James D. Watson）——因与弗朗西斯·克里克（Francis Crick）共同发现 DNA 双螺旋结构而闻名于世。当夏皮罗还是研究生的时候，沃森已经在哈佛教书了。"事实上，我们曾经追求过同一个女孩。"他说，"吉姆跟我是邻居。"

夏皮罗以为他会在剑桥学习生物化学，为去医学院学习打下基础。但生物化学课已经满额了，他不得不另选课程。他已经在哈佛学过了遗传学课程，所以他选择了剑桥遗传学学院，询问是否可以做细菌遗传学方面的研究。他们说当然可以，然后把他送到了医学研究委员会向西德尼·布伦纳（Sydney Brenner）征求意见，寻求一些菌株做研究。

布伦纳刚刚开始这个将为他赢得诺贝尔的实验：他追踪着这条秀丽隐杆线虫在生长过程中身上的每一个细胞的命运。"我见过他的办公室，撒满了细胞谱系的照片，"夏皮罗说，"他也有大肠杆菌的菌株，并给出了处理半乳糖操纵子的策略。事实证明，行之有效。"

当时有几种化学物质被人们认为造成了大肠杆菌的突变。其中一些被认定是造成突变的原因，使得核糖核酸（RNA）读取脱氧核糖核酸（DNA）链、翻译碱基对的起始点时要么太左、要么太右，造成误读。夏皮罗研究"自发性"变异，自发出现且有时变异过程可逆。那时，人们所知道的可逆突变只有碱基置换或移码突变。所以他用诱变剂同时测试两种，预期着会发生刺激逆转。但引诱剂无任何作用。那时没人设想是重要基因片段发生了自然插入而导致行为改变，也不会想到这些片段离体时保持有序，从而逆转回了原始顺序，重塑了功能。

"不知为何我想到了插入。"他说。

在他看来，似乎有某种终止序列发挥了作用，一声喝令"终止转录"，因为看起来就是这样发生的。"我认为它加入额外 DNA 后转录即终止了。"他如是说。这种猜想被证实对错参半。他以为这种停止信号取决于被插入的 DNA 片段的大小，因为先前研究乳糖操纵子行为的实验指向了那个方向。他错了，但他的预感指引着他的开端沿着正确的路线发展下去。

他在剑桥一心扑在这个研究上，长达两年，第三年在伦敦大学比尔·海耶（Bill Hayes）指导下写自己的博士论文。英国对博士课程没有要求，所以他只要做实验、写出论文，然后为之答辩。事实上，他是在 1967 年进行的论文答辩，却是在下一年拿到的学位。"因为战争，我不想入伍。"海耶把他送去巴黎以及巴斯德研究所，与诺贝尔得主富朗索瓦·雅各布（Francois Jacob）一起做博士后项目。[一]到那时，夏皮罗几乎已经确认了他所研究的半乳糖操纵子中的突变是插入的结果。一位在巴斯德研究所工作的叫亚历克斯·弗里奇（Alex Fritsch）的同事教给了他一项技能——半衡密度梯度离心。这使得他在离心过程中能高速旋转细胞，然后测量分离出的不同物质的密度。他使用细菌作为突变大肠杆菌 DNA 的载体，放到离心机中旋转，并随时测量 DNA 大小的变化（与同一种未承载突变基因的细菌进行比较）。他发现旋转的 DNA 比其原本的长度要长，所以他拿到了基因插入的证据。

⊖ 雅各布（Jacob）和雅克·莫诺德（Jacques Monod）发现，大肠杆菌能管理自己的基
   因表现而获得了诺贝尔奖。他们发现乳糖代谢中的抑制剂阻碍 DNA 序列转录到 RNA
   中，这样阻止了消化乳糖中的酶的集中。只有在真正有乳糖时，这个抑制剂才会附
   着到它上面，并释放基因的表达，RNA 从而将产生更多的消化酶。实际上，这是一
   种有力的分子通信系统。

"细菌向我证明它们能做到人们预料之外的事情，"他说，"我没学生物而学了英语的一大益处是，我从未被灌输过什么是我不该想的理念……细菌给了我与传统智慧不同的答案。我不是第一个发现突变的，但其他人是极尽各种手段解释为什么必然是移码突变。"

他回到美国，与哈佛医学院的乔纳森·贝克威思（Jonathan Beckwith）一起做了博士后项目。贝克威思能在大肠杆菌染色体上定向移动乳糖操纵子。这涉及使用病毒入侵细菌基因组。随着细菌基因组复制、分裂成新的细胞，它们同时也复制了病毒的遗传物质。夏皮罗想看下能否通过 λ 病毒来控制乳糖代谢。首先他要得到切口，将大肠杆菌的乳糖操作子与 λ 的复制基因组相连。但他失败了。"我们叫它垃圾项目。"他说。但他跟他同事凯伦·伊本（Karen Ippen）还是设法成功克隆了 λ 病毒上的乳糖操作子。最终，他和他的同事们通过使用 λ-乳糖（lambda-*lac*）病毒和 Phi80——*lac* 病毒得以分离到纯乳糖操作子 DNA。

"作为首次提纯基因，我们把结果刊登在各大报纸头版——尽管我不信奉基因——但我那时思想还没有十分激进。我们所做的现在还没有任何实际结果，但这是限制酶的前身，提前测序，因而在科隆病毒中的乳糖操纵子时细胞本身必须提供生化机制。"

自然，被限制酶从环状 DNA 上切下来后，DNA 片段在无细胞核的细菌细胞中自由漂荡。这些 DNA 环——质体——而后重新封闭起来。细菌用限制酶来摆脱入侵的病毒 DNA。这个发现问世之后，限制酶成为遗传学家研究基因发挥作用的方式的主流工具，他们使用限制酶将一种机体的遗传物质转移到另一个机体内。这种基因重组技术在现代的实验室、制药公司和农业公司里可谓司空见惯。

他说："许多技术运用到细菌进行重新排序，对我来说这是理解遗传学不可或缺的一部分，是细胞控制着 DNA 结构，反之是不成立的。"

当他和贝克威思召开新闻发布会宣布他们的结果时，他们也借此机会抨击了"越南战争对科学的误用"。

贝克威思随后又详细说明了遗传工程的危害。夏皮罗说："我不同意。"洛马会议（Asilomar Conference）此后不久召开，制定了限制基因工程研究方法的指导方针。"但这是基于错误的假设，"夏皮罗说，"一直以来，细胞本就在重组基因。"

"从哈佛博士后项目以来？"

"我在古巴教了一年半书。"他主动说道。

他或许还提到了跟简·方达（Jane Fonda）一起去河内旅游。在卡斯特罗领导了"1959 年革命"之后，美国对古巴采取了严厉的制裁，并在 1962 年实施了进一步紧缩政策。1970 年时，任何美国公民去古巴都会被视作违反禁止与敌人交易的规定。

我问："你为什么去？"

他说他参加了"反战活动，参与者都在讨论革命"。古巴革命应该是友好亲善的。他想通过自己的双眼去看。

"这是一次美妙又惊骇的经历，"他说，"我学习了西班牙语，获悉了革命形势的复杂性……只要菲德尔（Fidel）想要，无论好坏，他都会得到。社会的等级性本质日渐清晰。革命给人民带来了好处——医疗和教育——但是由上而下惠及的。那不是美国左派设想的人民民主、人民参与的乌托邦。人们问为什么去？我们说去查明事实真相。他们说'我们已经知道了'。这就跟科学一样，尽管那么多有关进化的问题没经过实验论证，人们却声称已经知道如何解决了，这多么可笑。"

到 1972 年，他回到美国，寻找一份工作。在古巴革命中混迹一年半之后，唯一一所肯接受他的大学是布兰迪斯大学（Brandeis）。"唯一一个有胆量给我提供职位的地方。"他说。

几年后，他在芝加哥大学谋得了一份微生物助理教授的工作。在芝加哥，他最先着手他认为实用的工作。然而，当他在会议上听到人们谈论在遗传学中使用转位因子时，他对自己说"这才是我的菜，我必须加入"。参加完斯阔谷（Squaw Valley）的一场会议后，跟其他人一样，他认识到了 DNA 转位因子具有重大意义。

所以他重新投入到大肠杆菌的研究中。他开始追问一些基础问题，比如DNA的运动是如何出现的。1976 年，他在长岛冷泉港实验室（Cold Spring Harbor Laboratory）协助组织了一个前沿会议，研究当时所有已知的转位因子。冷泉港实验室曾是美国优生学运动（eugenics movement）的发源地，就是在那里，人们讨论和分享最新颖的想法和最前沿的技术。自从 20 世纪 30 年代后期起，芭芭拉·麦克林托克（Barbara McClintock）就住在那里，研究玉米的遗传。也是在那里，夏皮罗遇到了她，并且意识到了她的想法有多么重要。他们一击即中新达尔文主义对于改变的肤浅解释。那不仅仅是有关缓慢随机的变异和性重组。

"我总是感觉变异是随机的这种断言理由不充足。我那时所掌握的不足以挑战这个说法，但我知道它没有把我所知道的重要的事实囊括进去。"夏皮罗说。

然而达尔文的见解很难批判。1980 年之前，多数 DNA 是无编码 DNA 的说法——陈腐无用的突变理论的沉默遗迹——已经开始流行。夏皮罗和他研究微生物的同事指出，DNA 移项时常伴随 DNA 碎片的复制，然后再融合到染色体的不同部位上；这在进化过程中必然举足轻重。声称选择作用于基因、主宰一切的人类遗传学家们并不喜欢这些碎片。他于 1982 年参加了剑桥大学纪念达尔文逝世一百周年的会议。"道金森（Dawkins）发表了讲话，还有斯蒂芬 J·古尔德（Stephen J. Gould）、弗朗西斯科·阿亚拉（Francisco Ayala）。我问阿亚拉转位因子的问题，他说，'转位因子跟进化并无关联。'"

1982 年，夏皮罗在会议上发表了名为《变异，作为遗传工程程序》（Variation As A Genetic Engineering Process）的讲话，并公布了他的新观点。那之前，他几乎随时与芭芭拉·麦克林托克在一起。而随着更多像他一样的分子生物学家加入实验，进化理论家们因此类言论对他们遗传研究造成的冲击而满是"怨恨"，某些涉及"学习、控制、目的论"的观点统统被拒。他认为这些理论家感受到了来自分子生物学家的理论的威胁，他们称自己为唯物主义者，且将唯物主义等同于"随机的任意的改变，不涉及任何其他过程。他们明确排除掉了生命史在影响进化进程中扮演的角色"。

在他看来，这场辩论又回到了 19 世纪末的唯物主义与活力论之争。德国生物学家欧内斯特·海克尔（Ernest Haekel）的两个学生站在了对立面。汉斯·杜里舒（Hans Driesch）认为，切除水螅的一部分它仍能再生，而且能用发育中胚胎的前两个甚至前四个细胞就能培养出完整的海胆。他说必定存在内部信息指导着整个模式行为。他将这种生命原理——拿亚里士多德的话说——描述为思想式的生命力。（在职业生涯后期，杜里舒对超心理学萌生兴趣，尤其在心灵感应、千里眼等方面。）威廉姆·鲁（Wilhelm Roux）认为所有实验胚胎学都必须符合已知的物理学定律。

鲁的立场成为"中世纪继分子生物学之后广为流传的观点"。夏皮罗说："活力论者绝不会用科学的态度对待问题……这就是必要和充足的不同。"他接着说："这是一个过程发生的必要条件还是充足条件？任何复杂过程的发生都必须具备很多必要条件而不是充足条件。物理—化学过程是否已经足够维持生命？答案显然是肯定的。但那能解释关于生命的一切吗？我并不这样认为。"

"你是说信息或模式行为跟分子过程不同吗？"我问道。

"我不确定信息到底是什么，"他说，"数据和信息是两种事物。"

他以光由眼睛传输到大脑这一过程作为例子。大脑识别，然后赋予它意义。这整个另一层面的组织在化学和物理概念中并没有清晰描述。"我们所了解的氧和氢的知识里包含了水的特性吗？"他问道。

我说："你在寻找'紧急'这个词。"我在想我应该介绍他认识英曼·哈维，他或许会很乐意批判这个的局限。

"我不喜欢'紧急'这个词，"他说，"就像基因、像自然选择，它把名字放在了黑匣子上。"

细胞是智能的，呈现了某个层面的组织和基因单独无法预测的行为，这种观点能追溯到麦克林托克 1983 年的诺贝尔演讲。她已经对染色体自我复制时自动纠错所用到的编程式响应和机体应对突发的环境或内部挑战时不可预测的响应做出了区分，"引导染色体重组。"虽然她指出，即使大规模染色体融合也不一定形成新物种，但如此迅速的重组或许是"某些物种形成的基础"。她仔细研究了一长串细胞修复损伤的方式，包括感知细胞核内染色体末端受损和组织受损片段正确排列的能力。

　　接着她说："一个细胞能感知到这些破损末端，指引他们向彼此靠拢聚集，使得 DNA 链正确排列。这是一个很有说服力的例子，证明细胞对内部发生的一切都极其敏感。他们理智地做了决定并执行。"[一]

她列举了各种细胞通过调整对压力做出回应的例子。

　　"我们目前无法彻底了解这些感应装置和引发调整行为的信号。未来的一大目标是弄清楚细胞本身所掌握的知识的范围，以及它面对挑战时如何'周到地'运用这些知识。"

麦克林托克也提到了其他的智能现象，比如不同生物间通过信号互动可以互相合作。也说到了在某些植物叶子上形成的不同种类的叶瘿。这些叶瘿能包裹着三种不同昆虫的虫卵直到孵化，每个叶瘿都能满足昆虫的特定要求。各地的这种植物之所以长出叶瘿，是因为昆虫不知通过何种方式控制了其染色体。她又以豆类上的叶瘿为例：固氮细菌释放信号将豆科植物染色体重新编程，然后长出了供这些细菌寄居的瘿。两种生命形式都从这种聪明的互动中获益。

　　"你用'认知'这个词来描述细胞行为，"我问夏皮罗，"为什么是这个词?"

　[一]　Barbara McClintock，"The Significance of Responses of the Genome to Challenge," Nobel lecture December 8, 1983.

"我的意思是基于感觉信息采取行动,"他说,"我理解的'认知',跟所有词一样,有多重意义……"

我说其他人称之为智能。

"我想离智能这个词远一点,因为这其中隐含太多人类的自恋,"他说。他在谈论细菌,却让我想起了苏珊娜·麦克唐纳(Suzanne MacDonald)谈论大象和红毛猩猩。

时间来到午后。我们来到附近一家他喜欢的地中海餐厅。离家时暖洋洋的,穿着长袖衬衫的我直冒汗,他也是。

边吃着鹰嘴豆沙,我边问他为什么在他职业生涯后期才开始研究菌群行为。

他说因为微生物学起源于疾病。为了与柯赫氏法则(Koch's postulates)保持一致,他首先学习的方法是如何分离单个细胞。

"这是指?"

"你得把导致疾病的微生物分离出来;在纯培养物中培养然后接种到有机体上,致其患病;然后再次分离,证明此微生物与原始的相同。那就是整个工作的'圣杯'。"

然而,只提纯一种微生物的一个样本,也就仅仅得到了样本内容的1%。"微生物在我们身体上、身体里,在我们周围,就像我们所有人都在一个大的微生物乱炖锅里畅游,这个锅叫"微生物组"。微生物菌群也有多种关联。提纯样本是打破一个更加复杂的系统内部的互相关联。

当然,他对传统方法的偏离完全是另一件事的无心之果。20世纪80年代早期,他开始做关于转位子调停的基因融合的实验。他1988年发表在《科学美国人》的文章讲述了其中的故事:

> "我用一种遗传工程工具做实验,由芝加哥大学的马尔科姆·卡萨达班(Malcolm J. Casadaban)及其学生设计,目的是研究假单胞菌酶的表达。该技术使我能够将特定的恶臭假单胞菌基因加入到编

码大肠杆菌 β——半乳糖苷酶的基因序列……这造成了一些化学物
质在暴露时能变色。"

他在含有这些化学物质的琼脂里培养改良的假单胞菌。（琼脂是一种来自
红藻的胶状物质，在皮氏培养皿中用作培养微生物的基质。）改良假单胞菌食
用培养基，然后引进了大肠杆菌 DNA 序列，造成假单胞菌变色，这表明基因
插入成功了。颜色的数量和分布是衡量 β-半乳糖苷酶表达的标尺。"

为了另一个研究，他每天给培养的细菌拍照，记录数据。他听说过一款
新型的高分辨率柯达胶卷。"我用假单胞菌融合菌群做测试。当我打印出来
时——我记得在暗房中看到图案渐渐显露，心里默念'我的天，就像花朵一
样，就像麦克林托克的玉米粒。'"

他用其他天然色素细胞种类重复了实验。

"……制作自己独特的花状图案。事实上，不同的菌株和物种产
生了不同的菌落……给我一个理由相信成长在细菌中的菌落是高度
调制的过程，以及是时间控制的某种形式……我现在很清楚菌落组
织有一定的通则，可帮助解释一般的图案。"⊖

换言之，个体细菌细胞在菌落中成长且共同运作，这些菌落比个体细胞
总和更复杂。菌落是动态系统，具有它们自己的能力和行为。事实上，菌落
中的个体细胞在这些新的环境中发展新的形状和行为。细胞形成圆形，这些
形成细胞复制的菌落由环分开，并形成扇形区域。扇形区域的细胞发源于一
个细胞，一些成长得多于其他，一些表达不同的基因多于其他的。然而，环
中的细胞将这些区域分开，共享同一表达，但祖先不同。

"一些系统必须存在，给带有环的细菌赋予通用属性，而且能将它们从其
他环中区分开来。"他写道。

⊖　James A. Shapiro, "Bactria as Multicellular Organisms," *Scientfic American*, June 1988,
pp. 82-89.

他认为运作的时候也有生物钟，因为环是在菌落发展过程中的特定时间中形成的。他很快就把在这些小生物中行驶得看似简单的"群集"规则与在我们自己复杂范围的末端运行的这些联系了起来。"生物钟和发展的时间控制，先前在细菌中未知的，都是高等生物的重要特点。"

在那之前，他就已经开始阅读谢尔盖·尼古拉耶维奇·维诺格拉茨基（Sergei Winogradsky）的作品了，他是 20 世纪早期俄国土壤微生物学家。维诺格拉茨基发现了某些微生物如何从无机化合物中获取能量（这项工作使得洛夫洛克多年后的洞察力成为可能），以及某些其他微生物如何在豆科植物中固氮。维诺格拉茨基也意识到，如果土壤被浇水了，就不能看到细菌是如何自然地成长——作为生物膜。

与曼库索，巴尔斯卡（Baluska）以及特里瓦弗斯（Trewavas）一起阅读作品，将夏皮罗从过去带到未来。他决定看看其他细菌菌落是如何表现的。他看到变形杆菌菌落是如何在表明群集和形成有趣的图案的。他阅读了路易斯·狄恩斯（Louis Dienes）（曾是马萨诸塞州总医院的细菌学主任）的作品。狄恩斯认识到如果变形杆菌被放在同一培养皿中成长，它们会形成所谓的狄恩斯线，并且会分开（暗示着细胞自我——对抗——认知），并保持分离状态。夏皮罗继续思考这些图案的意义、它们为什么会形成，以及什么在调节它们的行为。他开始把这些菌落看作是三维生物体，具有特性，这种有劳动力的分工，让人想起"高级动物"的组织。

"给我看吧"我说。

我们开车回到他家。在厨房，他随即打开桌子上的电脑，显示着一些图像。它们美得有点古怪，看起来像压花，或者形状像花的闪亮的马赛克。

"它们从接种点开始扩散。"他说，意思是细菌第一次落入培养皿中的地方。假设线形虫在同一时间被放在了两个点，那么两个菌落就会同时遇见彼此。假设它们分开放，那么每一个都会保持其特有的节奏。菌落会生成图案，带有露台或者边线。它们生成的图案依赖成长着的菌株。但他发现通过改动成长培养皿，通过加入化学物质，通过撤走食物，或甚至通过刨槽到琼脂中，都可以改变这些图案。

每个变形杆菌菌株也有自己独特的群集行为。菌落都是从液体培养基中的一个点以短细胞开始的，但是随着它们发展，长有长长鞭毛的不同形状的细胞出现，随后移动到菌落的边缘。由于它们的鞭毛在移动，所以整个菌落从边缘扩散。这些群集细胞一起运作，它们的鞭毛同步挥动，所以它们在移动的时候就产生了振波。正如他在《科学美国人》中所描述的：

> "群集严格来说是一个多细胞活动……从其余部分分开的个体细胞不能在琼脂上发展，除非它被另一个游动细胞组吞噬，这时才再会开始移动。"

"每次都是对种群动态节奏的响应。"他说。一个俄国物理学家曾模拟过这个动态。假设改变反馈给它们琼脂或葡萄糖，这会影响发展，但是不会影响它们做梯田的时机。

"你能告诉我有关你实验室更多的信息吗？"我问。

"没有一个实验室，"他说，"自从2000年以来都没有。"

我很震惊。我想知道为什么没有。

"我无法获得基金来资助这个，或者资助DNA重组的控制。"他说。他坐回他的椅子，对我咧嘴一笑——他仍然很激进，对这个感到自豪。

"但是为什么不呢？"我又问。

他说这与出资单位的正统性问题有关，但是随后又咧嘴一笑。"我被认为是不符合常规。有人在做变形虫研究，但是他们在一个良好的网络中，因此他们的工作得到了资助。

"因为你用这个词'认知'来描述细菌行为？"

"但是他甚至不是第一个这样做的人，"他说，"亚历山大·弗莱明发现了青霉素，曾想知道'在出版书中，变形虫是否有神经系统'。"

"好吧，那一定令人疯狂，"我说，"你第一次将这认知想法出版是什么时候？"

276

他想了一下。在他的书之前，一定是在他 2006 年发表的一篇论文中，也许是在 2005 年发表的一篇论文中。

我突然想到，他在细菌群落中记录的振荡行为与黏菌用自己的身体解决迷宫问题的流柱活动相似。所以，我想知道细菌菌落运动是一种计算吗？

我问："你知道黏菌计算吗？"

他当然知道。他知道所有关于亚达马特兹基的工作。他联系了亚达马特兹基的同事布莱瑞（Larry Bull）。事实上，他走在他们前面。他开始思考细胞计算可以追溯到 1984 年，那时他正在研究饥饿对大肠杆菌基因组的影响。他使用了马尔科姆·卡萨达班（Malcolm Casadaban）的技术来将遗传物质融合到交流操作子中，这种交流操作子带有一种转座病毒，叫慕——把自己插入到细菌基因组的任何地方。当他使细胞挨饿时，他发现他得等似乎好长一段时间，群体才会生长。以前的一个学生使用了卡萨达班的方式，这个学生告诉了他，于是他需要使用更厚的琼脂平板。群落的出现可能要长达两三个星期。"于是它们开始集聚，越来越多，很迅速，一天比一天多，直到培养皿中充满了菌落。"

"饥饿触发的这个过程导致了这些融合体的形成。"他总结说。没有饥饿，融合体也不会形成，但是一旦它们出现，群落就能在两天内形成。

他研究它们有几年了，并发表了一篇论文，后来被称为"自适应突变"。压力引起的选择在起作用。

"你把细菌放在选择性培养基中（一个暴露在氧气中），它们遇到的压力——氧化饥饿——触发 DNA 改变系统，一些改变让细菌能在培养基中形成。我正在使用的这个系统是我为特定的重组挑选的。其他人在寻找其他种类的由选择促发的 DNA 变化，并发现它们。这不是一个随机过程。这可以由给定的条件触发。苏珊·罗森堡的研究小组［在医学院贝勒学院（Baylor's College of Medicine）］试图找出有多少种不同的蛋白质参与了调节这种反应，至少有 94 种，有些的功能是完全未知的。"

换言之，细菌使用复杂的细胞系统来"感知危险"，正如麦克林托克提出的，以及重组基因组，从而应付挑战。

1991 年，夏皮罗发表了一篇论文，名为"作为智能系统的基因组"。概念真的很激进，但是没有做出任何评价。他点开了 PubMed，看看是否有人引用了他的论文。"没有，从没引用过。"他说。

1995 年，他发表了一篇综述论文，明确表达了他和其他人从细菌菌落的适应性行为的研究中所学到的，以及制定了未来研究的方向。他描述了计算机科学家是如何开始模拟欠佳环境中的菌落行为，如何改变形状和特定过渡点关联起来，有些过渡点会让人联想到在无机系统中的。饥饿挑战产生了各种有趣的群体行为。

他指出，单细胞一旦分裂成两个，多细胞行为就开始了。接着，这两个细胞会挨着彼此并加长，它们之间的交流也就开始了。正如两个群体会融合在一起，作为一个群体来运作。这两个细胞传递信息是从细胞到细胞，随着它们分裂，会利用自身的特殊性质来执行群体的工作。他提出：

> "……自从笛卡尔时期起，科学就一直经历着最伟大的智力革命。新的重点是系统的连接点、复杂性和行为，而不是最小可能单位的固有特性。生命系统是这个新方法的关键，因为完善的生物概念（如自我平衡反馈调节、感官信息处理、行为反应能力，以及递级集成）适用于所有的复杂系统。"⊖

我让他解释他那样说的意思——用日常用语。

"重点是，细胞具备一套精密的流程用于检测排列和压力，"他说，"它控制着能够重组基因的生物化学活动，还能产生或大或小的变化。我们知道细胞能够启动这个机器，从而改变基因组以应对如好氧饥饿等刺激因素。我们尚不清楚已发生的变化是否与施加的压力有关。"

⊖ James A Shapiro, "The singificance of baterial colony patterns," *BioEssays*, Vol. 17, No. 7, 1995, pp. 597-607.

"好吧，若此变化与压力有关，是否就说明他们能有效地产生正确的回应，或者甚至将它记下来。"我问道。

"来自哈佛的约翰·凯恩斯（John Cairns）这样认为。"他说。凯恩斯因宣布"定向突变而备受关注……人们因他的所作所为而受尽折磨。"

凯恩斯和同事们繁殖了一组不能代谢乳糖的大肠杆菌，然后他们让这些细菌耗尽除乳糖外的所有能量。凯恩斯和他的同事在《自然》上发表了他们的文章。[⊖] "他认为细胞能感知自身是否需要增加乳糖，并改变自身以适应该状态。实验中各式各样的问题让人们对于必须完成的详细研究望而却步。"

因为夏皮罗认为，当一个大肠杆菌细胞耗尽葡萄糖时，它便会产生分子形式的内部化学信号，即环腺苷酸（AMP）。这些分子因能携带信息而为大家所熟知，也是因为它们能极大地放大信号。当大肠杆菌耗尽所有氨基酸后，便会产生一个不同的报警信号，一种叫做鸟苷五磷酸（ppGppp）的分子，它能抑制 RNA 和蛋白质合成，从而保护已出现的氨基酸。"比较不同的突变将会十分有趣。"夏皮罗说，"问题是，它们是否都能促进突变且通过同样的方法促进突变？我没注意到有谁提问。"

某个在贝勒的人已经于 17 年前做好了关于此问题的准备工作。另一个人花了 20 年繁殖了一组能利用柠檬酸盐的大肠杆菌，并且发现已经存在少许激活了运输组织的基因副本。"太了不起了。"夏皮罗说道，然后不屑地耸了耸肩。"这是一项伟人的进化实验。有点儿可笑。""这儿哪错了呢？"我问道，"为什么没人追问这些问题？"

"人们会害怕。"夏皮罗说道，"100 年来，他们空口无凭地讲了个"进化是如何发生的"错误观点。许多实验是禁忌的，如果将它们展示出来，人们就会说'那不合理了。大肠杆菌怎么能区分压力呢？'凯恩斯于 1988 年被处理（实际上是在 2002 年，且其他人反驳此处置）。因此我们不必在意这个问

⊖ Cairns, J., Overbaugh J., Miller, S. "The origin of mutants." *Nature*, September 8, 1988,: 142-145.

题。但是某种条件可导致基因组和进化进程产生了重大变化，这点证据确凿……当你出示事实和材料时，他们会认为这不是什么新鲜事儿。"

"所有这些事情告诉你……什么?"我问道。

"它们告诉你那些细胞有工具来修改它们的基因组。"他说。

"你认为这是有意的?"我问，又回到了我们开始的地方。

"意向性是诅咒，"他说，"目的论被认为是禁止的。它们没有停下思考我们一直知道很多关于智力和目的论的本质实例。复杂的细胞周期、寻找食物、复制，这些都是目标驱动的活动。但是不知为何，基因组过程改变需保持独立……有一个和达尔文一样的深深的困惑……选择是发生在变化之前还是之后? 他发现是其后。但是我们发现选择，或应力，也能触发改变"

就他而言，新达尔文进化理论充斥着这些"先有鸡还是先有蛋"的困境。另有一个例子: 大家都知道基因组的重要组块很难改变，这被解释为这些序列是很重要的，"它们不能自由地通过突变来改变……"

"做基因组比较的人使用像'受限的'这样的术语来避免将其归因于自然选择，"他继续说，"这些是超保守区域，一点也不会改变。但是你可以测试它、打破它，幸存下来的动物……我们需要答案，但我们没有它们。"

一方面，他发现令人悲哀和可笑的是，人们想用通过自然选择发生随机改变来解释所有事情; 但是另一方面，达尔文选择的隐喻解释说，自然选择是细心的农民试图得到一粒优质种子的行为。"达尔文的隐喻是意向性的灵魂。"他说。

他的下一本书是关于细胞如何重写基因组。"我的想法是指出我们所知道的所有过程，"他说，"它将细胞从随机事件的被动接受者变成控制基因组的活性剂。"

我问: "但是细胞是如何感知的，用什么工具，以及它是如何判断的?"

"我们知道电子线路是如何操作的，"他说，"但是我们不明白分子线路是如何操作的。"然而他说，单细胞细菌或者细菌细胞作为一个菌落共同运作……"

"或者，秀丽隐杆线虫的幼崽决定是否要冬眠。"我插嘴说道。

"……能够识别什么东西在它们的环境中，以及能够决定是要放弃还是继续尝试。"

是时候走了。但走之前我想他大声说出在他已出版论文中所说的内容。为什么？因为他没有这样做。这让我想知道他是否是失去了勇气。

"所以微生物是有智力的，"我说，"对吧？"

"我意思是，它们正根据感官信息采取行动，"他说，"这些微小生物是如何做到的"

他在胡扯，还是没有？我在机场等低雾消散，此时我又重读了一篇他在2007年发表的论文。他已经将它关闭了，之后就提出了计算机隐喻来帮助我们理解细菌的行为。夏皮罗写道："我们的数字电子计算机系统远比在活细胞中的分布式模拟处理器简单。"

> "半个多世纪以来的分子微生物学的实得教训是，要我们认识到
> 细菌信息处理远比人类技术要强大……在处理生物圈中的地球化学
> 能和热能转换，以及在最大的人类工程系统的复杂过程中，细菌都
> 发挥着惊人的多功能作用。这种对生物圈的精通能力意味着我们有
> 大量的关于化学、物理以及进化的知识要从我们这个微小的、但是
> 非常智力的原核亲戚那里学习。"[一]

在他那本关于进化的书中，夏皮罗提到了一位叫梭伦·索尼亚（Sorin Sonea）的加拿大科学家。早在20世纪80年代中期，索尼亚便发表了一个理论：所有的原核生物（没有细胞核的物种，如细菌）也形成了一个比任何一个群落都大的联合体。他认为它们以分子的形式交易信息，再通过一个极为复杂的元基因组延伸到各处。就像动植物一样，一大堆交叉交流、上下进行，

[一] J. A. Shapiro. "Bacteria are small but not stupid: cognition, natural genetic engineering and socio-bacteriology," *Studies on History and Philosophy of Biomedical and Biomedical Sciences*, Vol. 38, 2007, pp. 807-819.

以及跨越盖亚复杂的梯子。

我从芝加哥回到家，新闻报纸进行了报道，这显得索尼亚和夏皮罗似乎是有先见之明的。首先，活菌在高层大气中被发现了。而且，安大略西部以及阿肯色州的大学的研究小组刚刚发布的一项研究表明，人类小孩内脏中的一些细菌有可能在自闭症中发挥作用（通过损伤线粒体功能和脂肪代谢）。实验通过干扰老鼠的肠道细菌，引诱老鼠发生自闭症行为。当某种细菌被杀死时，老鼠便就会改变它们的行为，当正确的细菌菌落重新引入时，老鼠便又会再一次改变其行为。这项工作表明无头脑的细菌——就像无头脑的植物——影响着像我们一样的动物，甚至在这个成熟的工序中。正如一些细菌可以促使植物的一个基因组制造有用的瘿，其他的会影响我们的行为和我们的思考方式。

14

SPAUN

交通终于渐渐通畅，这是个好消息，因为我正开车穿梭在安大略省南部的主要干线上，一边盯着时间，一边骂着广播。在我去滑铁卢大学任职的路上，我听着广播里放的一个政事频道。节目特约专家正对一个加拿大国会上议院丑闻发表评论，是一桩规模不大的贪污腐败事件，几名议员非法挪用公共资金，用来偿还住房和旅行消费。三个人被指控在渥太华冒领住房补贴，假装自己没在那生活过，其实不然。参议员迈克·杜费（Mike Duffy）曾被告知欠债9.1万美元。而杜费，这个曾经因把加拿大参议员工作叫作"无任务的恩赐"而为人所知的官员，宣称这是一场误会，说自己是从一家银行（他说出了银行名字）借的钱，而且已经还清了欠款。然而后来公众终于获悉，是斯蒂芬·哈珀（Stephen Harper）总理非常富裕的参谋长自掏腰包替杜费还的债，所以杜费没花一分钱便还清了债务，并继续留在党内，在总理手下任职。

这整个事件是关于我们的总理，涉及总理的"口经指数"。但广播评论员显然没有着眼更大的局面，比如哈珀总理指派其中两人时，忽视了宪法关于议员必须在所代表省份居住的规定。比如政权阶层的精力放在紧盯用在穷人身上的几百万美元的公共资金，而总理做几个计算，就每年从政府开支中拿走了450亿美元，拒绝向国会预算员凯文·佩奇（Kevin Page）提供整套账本（佩奇曾在联邦法庭起诉政府，但还是没能拿到相关信息）[⊖]，但还声称政府服务是一样的。作为一个国家，我们的民主智商测试成绩正向不及格滑落。我们对王子俯首称臣却不求回报。我想大喊：把精力放在重要的地方。太愚

⊖ Thomas Walkom "Tory cost cuts could doom 4 species," *Toronto Star*, Feb. 19, 2014, p. A9.

蠢了!

我做瑜伽似地深吸一口气然后吐了出来,回到此地此刻。一片迷雾,像一条围带般突然出现;也可以用"冒出来"这个词,它舞动着穿过尼亚加拉断崖面这个巨大的石灰岩脊,像巨人的脊柱般从安大略大平原南部破地而出。从裂缝里伸出的灌木和树木的柔软的绿枝将薄雾染成了柠檬绿。它在微风中摇摆着,好像活的一样;或者拿英曼·哈维的话来书,好像有生命的幻想。

嘿,你把精力用在重要的地方,它对我说。注意,你不仅是你,你还裹挟在其他活的,或某种活的,以及非有机系统中,这个系统凭借它们自己的智慧和目的运转。你看不见的东西爬遍你的身体,挡住来自其他你不会注意到的东西的攻击,这些东西要么改变你,要么阻碍你的延续……聪明无处不在,而智能在一切事物中运作。

迷雾消失了。

我赶去滑铁卢大学与克里斯·伊利亚史密斯(Chris Eliasmith)和他的智能机器见面。我能想到的是,伊利亚史密斯已经找到了模拟神经元特性行为的方法,从而能够产生一种全新的人工智能的方式。他称他的虚拟网络为弗兰肯斯坦·斯潘(Frankenstein Spaun)。

伊利亚史密斯是个多学科达人:物理、系统设计工程、计算机科学,也是滑铁卢理论神经学研究中心的主任,同时也在该研究领域被授予了加拿大首席科学家称号。他在研究中心组建了一个名为计算机神经科学研究小组的实验室。伊利亚史密斯和他的同事最近在《科学》杂志上发表了一篇文章,讲述 SPAUN(Semantic Pointer Architecture Unified Network)的惊人功能。⊖他们在 2013 年波士顿美国科学发展协会(AAAS)展出了 SPAUN 指导的机器人程序引得大批人围观。2014 年,他被选入新学者皇家学会(Royal Society College of New Scholars)。2015 年,因他在本年度杰出的科学进步成就而被授

⊖   Chris Eliasmith, Terrence C. Stwart, Xuan Choo, Trevor Bekolay, Travis De Wolf , Yichuan Tang, Daniel Rasmussen, "A Large-Scale 551 SMARTS Model of the Functioing Brain," *Science*, Vol. 338, No. 6111, 30 November, 2012, pp. 1202-1205.

予加拿大自然科学与工程研究委员会（NSERC）颁发的波兰尼荣誉。即便是无休止反科学的史蒂芬·哈珀也在最近的一份联邦预算中声称要为SPAUN项目提供资金支持。

我已经反复研读了《科学》杂志上的那篇文章，试图理解这到底是在说什么。据说SPAUN是用来建立眼部、大脑和胳膊的模型，从而复制数字、字母和词语，然后回答问题。它甚至能参加人类智商测试。但SPAUN不是具有躯体的机器人，它是运转在一台超级计算机内部的仿真。

所以我想知道，它怎么能像说的那样智能呢？在追寻智能是什么、是谁以及如何运作的，若要说我认为自己在这期间学到的一件事，那就是智能神秘般地从在斗争中继续前行的特定身体中出现了。这还遵循着任何以人类方式形成智能的人工智能都必须有一个类人的躯体。哈维已说过，智能体现在行动中。

虽然如此，老式人工智能（Good Old Fashioned Artificial Intelligence）仍然抢占头条。谷歌曾从网络上下载了20 000张脸部图（猫脸占了好大比例），⊖未贴任何标签，再运用1000台计算机组成的计算机群进行识别，并且对此小题大做，但准确率只有15.8%，然而这已被追捧为巨大进步。我觉得经过50年的努力之后达到这种效果挺可悲的。我甚至自大到认为自己理解了他们失败的原因——目中无人！

然后发明家和未来学家雷蒙德·库兹韦尔（Ray Kurzweil）宣布，谷歌创始人拉里·佩奇（Larry Page）和谢尔盖·布林（Sergey Brin）聘用他作为谷歌工程的总监。库兹韦尔此前刚出版了一本书叫作《如何创造思想：解密人类思维》（*How to Create a Mind: The Secret of Human Thought Revealed*）。他说他将要引导一项谷歌项目，以逆向工程人类大脑为模型发展新型人工智能。谷歌表明，这个大脑项目是公司很久以来总体规划的一部分。

⊖ Quoc V. Le, Marc Aurelio Ranzato, Rajat Monga, Matthieu Devin, Kao Chen, Greg S. Corrado, Jeffrey Dean, Andrew Y. Ng, "Building High-Level Features Using Large Scale Unsupervised Learning, International Conference on Machine learning, Edinburgh, Scotland, June 2012.

所以我以为他们将使用一个机器人来呈现这个大脑。然而在新闻发布会中并没有提及这一点。我与谷歌一位公关职员取得联系，申请访问库兹韦尔〔虽然英曼·哈维已为我推荐了谷歌真正的高手，研究主管彼得·诺维格（Peter Norvig）〕。

那位谷歌公关人员立刻为我安排了对另一个人的采访。当我说我要与库兹韦尔先生对话时，她问我究竟感兴趣的是什么。我告诉她我想知道谷歌到底要使用一种什么样的机器人来作为他们正在研究的新'大脑'的载体，并与外部世界互动学习。我被告知我能够得到答案，但却需要一段时间安排和准备。我耐心地等着。然而库兹韦尔的访问并没有到来。然而几个月之后，谷歌宣布收购了美国的一家机器人技术龙头企业，然后又收购了一家，接着又一家。到2014年1月，被谷歌收购的机器人公司数目已经达到了8家，包括波士顿动力公司（Boston Dynamics）、登上过美国国防部高级研究计划局（DARPA）网站的大狗公司（Big Dog）。这使得一个科技网站小发明（Gizmodo）的一位评论员不禁问道，是否只有他发现了一家公司正变成机器人动力（robo power）和机器人专利方面的垄断寡头是很"可怕的"事情。[⊖]这似乎还证实了谷歌也相信自主主体在世界中的挣扎是产生像人类一般聪明的人工智能的必要条件。

然而伊利亚史密斯却制造了一个非常聪明但完全没有躯体的机器——或至少算不上一整个。他声称，SPAUN不仅能学习记忆，还能通过模式识别和推理逻辑来预测接下来可能发生的事。没有躯体的SPAUN是怎么比之前那些更智能呢？

我越是满脑子想着伊利亚史密斯《科学》杂志上的文章，我越觉得自己像是在试图榨干一个盛满水的球，也愈加感觉自己不像以前那么相信那句"具体化行动"定义智慧，反而感觉是"紧急的"或"适应性的"行为才有这个魔力。

⊖ Adam Clark Estes, "Google's Robot Army: It's Growing," *Gizmodo*, Jan. 27, 2014.

我的问题再次像炎热天气里的龙卷风一样成倍增加。无论怎样表达，智能都是相同的还是专属于每个人的？是否人类的数学跟秀丽隐杆线虫的计算存在根本的不同？是否黏液虫对规律的电击反馈的预测跟大猩猩预测果实成熟的能力是一样的？从 IQ 测试结果的世界性来看，人类是否真的在变聪明；还是随着现代分析文化飞快传播，我们只是更擅长做 IQ 测试而已［引自新西兰智商测试学者詹姆斯 R. 弗林（James R. Flynn）的观点］？是否盖亚惊人的稳定性和灵活性——比所有躯体的互动总和都要更出色——是卓越的智能成就？

作为对眼睛、神经元和肌肉的一个模拟，SPAUN 似乎蹲伏在连接计算和行为、实际和虚拟之间的桥梁上。通过使用他们自己的叫 Nengo 的软件，伊利亚史密斯和他的同事"实例化"［意思是他们创造了范例］了 250 万神经细胞的个体特征，安排在类似大脑的区域，由网络互相彼此连接，并连接到一个类似视觉感知输入端、一个物理手臂输出端上。他们将以上描述成一个复杂的分布式模拟计算系统。

《科学》杂志上的那篇文章指出，真正的大脑中的真正的神经元是不相同的。它们分为不同种类，同种神经元又各自扮演不同角色。它们的个体行为取决于它们的速度、连接点和在大脑多层组织中所处的位置，以及所处的不同区域。真正的神经元不像电子计算机那样简单地运用开/关键，它们通过电信号和分子信号对轴性梯度做出反应，产生特定的电子棘波，将信息传递下去。有的棘波反应用时是 20 毫秒，有的是 200 毫秒。

个体神经元行为中与生俱来的多样性已被编入了 SPAUN。个体"细胞"参数可被 Nengo 软件随机修改。如此一来，伊利亚史密斯和他同事就能生成很多个体化版本的 SPAUN，每个版本都略有不同。然后每个个体模型版本就可以与其他的进行比较，就像心理学家给个人做智力测试，然后再跟与之相似的人群做对比。

因而，只用数量不到真正人类大脑 0.1% 神经元，SPAUN 就能完成八个类似人类的思维操作，从复制一个它从未"见过"的形状（谷歌等公司用此测试作为区分人类和网络机器人的安全措施），到回答关于"流体"智力测试的雷文渐进式推理 IQ 测试（Raven's Progressive Matrices IQ test for "fluid" intelligence）。应对这些挑战的多样性时，SPAUN 并没有被提前编程，而是随机应变、灵活处理。

完成雷文测试需要超强的工作记忆和识别比较视觉形态的能力。测试者需通过一个序列中的相关图案来推测它们之间的视觉逻辑，然后再判断出序列内缺失部分的形状。我妈妈做雷文测试做得就不好（虽然桥牌她还是能赢过我）。

我记得在天才班选拔过程中所做的一个测试就是雷文测试，我非常快就完成了。当我还很小的时候，只要一看到图形，不用刻意寻找，就能抓住它的显著特点，然后在脑海里通过不断变换来操控它们。我超爱玩拼图和迷宫游戏。当我成为记者时，这已然不只是一种乐趣了。能够快速从一大堆信息中区分出相关的且有意义的特征，能够看出同一个模式在不同的情境中反复出现，这些是记者最重要的技能之一。但那种能力随时间流失了，至少我是这样。这些天来，我认为我又看到了这种关系，那瞬间我猜自己是对的。我小心翼翼地给自己讲图形的故事，并确认这个故事是真的。那种谨慎让我比30 年前拥有的智慧多了还是少了？这取决于你问谁，但只有上天知道我现在的雷文测试能得几分。

《科学》杂志上那篇文章称，SPAUN 在部分雷文测试上的表现已经略次于成年人的平均水平了。伊利亚史密斯和他同事还说，他们研究的目的是解释"生物系统的高度灵活性。"所以 SPAUN 要么是迈向真正智能机器的一大步，要么……

我有问题。

滑铁卢大学位于安大略省安大略市的边缘，深色的砖房在美丽的山林中一点都不优雅。我停了车，发现伊利亚史密斯在他的位于人文建筑中的办公室里。我很感激他能抽时间与我见面，因为近几个月以来他一直非常忙。他被聘为电视剧《与史蒂芬·霍金一起探索美丽新世界》（*Brave New World With Stephen Hawking*）的主持人，所以他得跟着镜头在美国各地飞，主持外景。他也在为欧盟所研究的一个名叫神经语素（建造类似大脑一样工作的计算机硬件）的领域申请拨款。他还刚完成一个 TED 演讲。

在他网站上有一张他的照片：我以为这肯定是一张老照片，因为照片里的他看起来只有 30 岁。然而我眼前的这个人看起来也差不多：他留着一头齐肩、有点金色、有点卷的头发，以及同样的表情——迷惑和自信的奇怪混搭。他穿得像个音乐家，黑色的 T 恤衫上印着两把白色的吉他。他一点不像某个领域的专家。

我想问问他的年龄。

他新出版的书的副本堆成一堆摆在我面前的桌子上。书名是《如何构建一个大脑：生物认知的神经构造》（*How to Build a Brain：A Neural Architecture for Biological Cognition*）。封面插图是一个爬满小矮人的大脑。在他的第二本书里，他展示了 SPAUN 结构的基本元素——用他的话叫语义指向架构（Semantic Pointer Architecture）——用的是他的神经工程框架（Neural Engineering Framework）。

我进来以后，他正谈论他刚拍的视频——是在一个仓库里，几个机器人在搬运东西。这些机器人太聪明了，在不久的将来，多数仓库工人都将被他们淘汰。这也是亚马逊花"七又二分之一亿美元"买下这家公司的原因。这个剧共有五位主持人。"我是唯一的神经科学家，还有一个生物学家、一个物理学家……其他的主持是头发牙齿人，他们还带着经纪人，"他轻蔑地说。

起初我完全不懂他说的"头发牙齿人"是什么意思。

他指了指他的头发和牙齿。然后我就懂了为什么制片人拉着他不放。有多少神经学家看起来像一个乐队主唱呢？他真是为荧屏而生。

他说："他们在 TED 演讲上发现了我。"

我说那就讲一讲你的事吧。

他说，他出生在渥太华，父亲曾是加拿大空军的飞行员，母亲是家庭主妇和教师；他还有个哥哥，是工程师，住在滑铁卢，离他只有几条街。全家人每隔几年搬一次家，从一个军事邮局到另一个。最后一次是去了德国。他曾在穆斯乔（Moose Jaw）、多伦多、温尼伯（Winnipeg）住过，又回到了渥太华，然后又去了温尼伯。在他父母搬去德国之前，他已经上了大学，所以当他去欧洲旅游时就有地方着落了。

"你是在天才班上的学吗?"我问道。

他跺了跺脚，转着他的椅子。他说他妈妈在他很小的时候就读书给他听，可能读得太多了，所以他学读书学得很慢。即便如此，当他在温尼伯念三年级时，他还是被选进了天才班。奇怪的是，当他六年级搬去多伦多时，却没能达到标准。但当他搬到渥太华时，他又被放进了实验班。他回到温尼伯完成高中学业，那时他也是被放在了天才班。虽然他像他哥哥一样也举办了科学展览，但却从没想过成为科学家。他说，事实上他小时候想当会计。

"为什么?"，我问道。

"因为我喜欢数字。"他答道。

当伊利亚史密斯1989年高中毕业后被滑铁卢大学录取的时候，他哥哥已经在滑铁卢做机械工程工作了。他哥哥告诉他学工程系统设计是因为"他知道我不清楚我想做什么，"并且"系统是工程的艺术，"对"不想受苦的"工程学生来说简直完美。

工程学是他唯一的选择，至少他父母是这样认为的。能保障他得到一份好工作。但他有别的兴趣。他向往音乐。他弹古典钢琴曲已经十年了。他当时是一支另类乐队的一员，在高中时期也一直是乐队成员，现在也仍然跟他的学生玩乐队。他曾经录了磁带，并已经在当地广播播放了。他不是那种为了工作而喜欢工作的学生，但当他刚从温尼伯的高中毕业（十二年级）来到这里，只有一周时间赶上安大略13年级的数学课程时，他做得相当好。他也报名参加了很多跟工程不相关的课外活动，比如物理和心理方面的课程。直到来这里的第三个年头，他被心理学深深吸引，因而产生了换专业的念头。

但他的父母和哥哥说"完成你的工程学学位，你就可以边工作边读书，赚学费。最后，它成为找份某某工作的保障。"

"把工程学继续下去或许是我做过的最正确的决定了，"他说。他的确找到了工作，为贝尔研究所转码，另外还为一家管理咨询公司提供标准和安全运营。这两份工作太无聊了，但心理学和物理学一点都不无聊。

"20 左右的年纪总是爱反省。"他解释道。他觉得或许他就像他的祖父，经常坐在商场里观察人来人往，只为了弄清什么会让人如此挑剔。心理学有用于探索自我和他人行为的工具。甚至似乎计算机科学技术跟心理学之间也有重叠部分。最让他感兴趣的技术就是人造神经网络。

"他们才刚进入工程学。但我认定这并不是大脑运作的方式。"

那时伊利亚史密斯知道了那是他想研究的——大脑是如何运作的，尤其是人脑。

他于 1994 年毕业。"我决定，我已经有了实用的学位，我可以做我想做的认知科学了。"他决定与保罗·萨卡德（Paul Thagard）一起完成哲学硕士学位。

萨卡德（2013 年基拉姆奖得主）在滑铁卢大学研究心智哲学和科学工作已有多年。在萨卡德的指引下，伊利亚史密斯将自己沉浸在有关心智对大脑对意识的哲学辩论和问题中。心智是任何具体化系统的新兴产物吗？或者因为神经细胞在某种程度上是世界的表象，人类的生物大脑会做一些非常特别的不可约束的事吗？伊利亚史密斯对 18 世纪的那场理性主义者［笛卡尔（Descartes），斯宾诺莎（Spinoza），莱布尼茨（Leibniz）］和经验主义者［霍布斯（Hobbes），洛克（Locke），贝克莱（Berkeley），尤其是休谟（Hume）］之间的辩论很感兴趣。他写了一篇关于头上物质和心灵之间的关系的论文给另一位教授，研究大脑损坏的情况下会发生什么，以及角色的改变——"心灵"——结果。

20 世纪 90 年代，任何一个人都对人工智能或实际推动人脑的物质感兴趣。这个动态系统/进化的机器人学家，像弗罗莱若（Floreano）和英曼·哈维也许曾想过他们会忽略表象这个想法，使得这个意识难题消失，但伊利亚史密斯却不赞同。他认为表象是至关重要的。没有它们，如何解释语言、视觉或听觉符号？这些从事动态系统工作的人重点是关注行为，而不是符号如何与事物相联系，以及这个字 rock 是如何代表 rockness，但这个过程肯定使得人脑非常有趣。

"在我的论文中，我认为动态系统作为工具并不新颖，而且使用它们的方式也不太好。它们所摆脱的表象和计算概念使得它们失去了解释像语言这类东西的能力……"

伊利亚史密斯想知道含义，想知道大脑如何创造概念，可以被操控，可以与其他人共享。他看得出，那些自认为可以运用神经网络层构建人工智能的人正在一些像语言翻译的基本事情上遇到了问题。人类语言是松散和模糊的。情境、语气和时机不同会使话语发生微小的不同的变化。如何捕捉算法的模糊性？

伊利亚史密斯的第一篇论文在 1996 年发表，关于近似于智能的动态系统背后的思想批判，这篇论文是基于他对支撑这个理论的数学的理解。"我知道这个主张是什么，以及它们是否有意义。"尽管他不认为它们是这样。

"但是，那进化机器人学呢？"我问。利用这一点，也是可行的。我正在想着：要是英曼·哈维会怎么理解这个人？

伊利亚史密斯把进化机器人学看作是来自主要争论点的"一条关闭的侧道"。"要运作，就得有上帝，"这就是他提出的，意思是一个聪明的程序员管理选择和/或关键设计的抉择。

是的，他知道弗罗莱若的工作，他也知道布鲁克斯的伦巴（Brooks' Roomba）和他的新机器人巴克斯特（Baxter）（会学着做工厂工作）。但是人类决策有太多的精力花在了他们的机器设计上。更重要的是，这种方式只产生一种昆虫般的智能。他相信，如果人类能沿着动态系统的路持续前进，这将永远会得到一个自治区域——类人机器。

但是智能的人形不总是目标，我说，想起了亚达马特兹基（Adamatzky）

和黏菌。

"布鲁克斯将人类视为目标,"他说。"好多人把这个视为目标。"

当你开始攻读硕士学位的时候就必须申请奖学金,才能完成博士学位,但伊利亚史密斯没有那么做。他完成硕士学位后,他希望加入一个博士研究项目前,有一年的时间来花。保罗·萨卡德挑战他,在他等待的期间发现了一个他能做的项目。"这应该会是一个很酷的项目。"伊利亚史密斯说。他决定他应该试着构建"一个使用分布式表象的人类类比产生模型"

我试着在脑海里解析这句话。我认为他的意思是想构建一个模拟大脑是如何形成狗的想法的模型,然后可以适用于所有像狗的生物。由于尺寸形状有如小小的吉娃娃犬和大丹犬之间这样的差异,我们如何从生物中提取犬性?

我们承载着头脑中关于模型的东西,那告诉我们如果"输入进来,以及以一定方式行动""是的,这是一条狗。"他说。所以伊利亚史密斯问:这个类比产生是在大脑的哪个地方出现的?如何发生的?不同区域的一组神经元如何激活产生相类比?他重点关注哪种表象和计算可以用来做模拟"脑状"类比。

这是一个新颖的想法。开始那会,还没有其他认知科学家使用脑状表象来从事类比工作。一些神经科学家记录了活动在动物大脑中的单细胞,因为它们执行特定的行为。一些人正观察神经棘波行为的变化,并试图发展反映"生物现实"的计算机模型。并且"有理论家试图理解在一个单细胞或一小群细胞中处理的信息"他说。但是没人把这些学科联系到一起。"他们担心看见一个单一的视觉边缘,而不是整个概念——比如说狗。"他说。回忆起在佛罗里达的比较认知会议上的几场演讲,我认为一些人还停留在这一点。

他在从事这项工程的同时也在寻找一个博士项目,这样他就能将他对心智的兴趣与认知科学结合起来。他报名参加了一个由比尔·德尔(Bill Bechtel)组织的哲学项目,那时在密苏里州圣路易斯市的华盛顿大学(现在在美国加州大学圣地亚哥分校)。

到圣路易斯市不久后,伊利亚史密斯谈论了他一直跟保罗·萨卡德合作的项目。其中一位观众问伊利亚史密斯是否知道他在华盛顿大学计算机神经科学所教的课程。他暗示伊利亚史密斯应该要去听听他的讲座。

"他说:'你会发现大脑是如何操作的'……查理·安德森(Charlie Anderson)成了我的研究生涯中最有影响力的人。"

在华盛顿大学上学之前,查理·H·安德森就有两大职业。作为一个物理实验学家,他曾在美国无线电公司(RCA)工作了25年,他的工作是开发平板电视,那时他就对视觉是如何工作痴迷。然后他加入了在加利福尼亚的喷气推进实验室,从事火星车传感和感知的工作。那里安德森遇见了大卫·范·埃森(David Van Essen),他在华盛顿大学的解剖神经生物学和物理学都有任职。范·埃森绘制计算机活动图已有多年。安德森开始与范·埃森合作研究猕猴的视觉系统。其结果是在华盛顿大学的一个视觉神经科学实验室。

"查理的大部分课程是关于视觉,神经元是如何排列的,以及它们的视觉感光度,"伊利亚史密斯说,这是所有他需要知道的。他了解到,在那些课程上,有可用来描述神经元是如何工作的方程式,以及有用来理解神经计算的统计框架。

后来,伊利亚史密斯提出将这些技能和方式使用在他的博士论文中,博士论文叫作《神经元如何表达意思:一个表象内容的神经计算理论。》这是一个哲学博士学位:这不是关于潜在的数学。事实上,他隐藏了数学,但使用了这个想法来谈论表象在大脑中的方式和地点。他给这个过程起了一个名:神经语义学。

伊利亚史密斯每个夏天都会在范·埃森实验室与安德森一起工作。这产生了他的第一本书,《神经工程:计算、表象和动态》(*Neural Engineering*:*Computation*,*Representation*,*and Dynamics*),是他和安德森在这里合作完成的,尽管那时他已经在滑铁卢大学被授予了职位,甚至是在他取得博士学位之前。这本书于2003年出版。[⊖]

⊖　Chris Eliasmith and Charles H. Anderson, *Neural Engineering*:*Computation*,*Representation*,*and Dynamics in Neurobiological Systems*, the MIT Press, 2003.

对于一名博士来说，写一本书是不同寻常的事，更不用说神经科学家了。他在会议上第一次见过的人都认为他比实际年龄老。但是越来越多的资深科学家让他的名字在扉页上出现在第二位仍然很少见。"查理不痴迷于写东西，他也不担心出版问题。"伊利亚史密斯解释说，但安德森认为重点是要说出这个想法，让其他人去使用。"我们正在使用三个原则来概括这些我们构建的简单的模型，这些原则与构建 SPAUN 的原则一致。我们称它们为神经工程框架。"

"所以只要清楚 SPAUN 的工作原理，"我说，"这是个模拟系统的数字表象，[○]对吗？"

他没有说是，也没有说不是。"我们从不认为我们的项目是数字化的，但是我们会描述模拟系统，因为它们在大脑中。我们想要的是一个关于神经系统功能的数学描述，将不断变化的能量处理成有用的形式。如果你写下数学描述，你就可以在计算机里模拟这些——数字式或模拟式。"

这个答案对我来说并没有比《科学》杂志上的文章更清晰。我一直困惑着，而且我仍然困惑着。

20 世纪 80 年代，大约同一时间左右，丹尼尔·希利斯（Daniel Hillis）发明了并行处理。那时，卡弗·米德（Carver Mead）是一个有远见的美国工程师和计算机科学家，创造了一种被称为神经形态的硅芯片——模拟芯片，这种芯片用于翻译神经元向对方发信号的方式。神经元信号不是开/关键，它们靠梯度传递信息。正如米德在他的网站上提出的，从 20 世纪 70 年代到 2000 年，他工作是为了"实现计算作为一个物理过程，而不是纯粹的一个数学的一个总体意识"。他的第一个神经形态芯片是"物理上基于受神经元范式启发的计算……具有大量复杂性的视觉和听觉计算可以实施在一个最小范围内。与数字实施相比，这种实施每分钟都有能量消耗。"

○ 在数字系统中，信息都是以 0 或 1 编码、存储和使用的。模拟系统则是把信号存储为较易传输的物理介质。如非数字化的磁带把声音变成电压，再用带子上的磁粒子存储为不同的形态。倒置这一过程就把声音放出来了。

然而，库兹威尔是被谷歌聘请来当逆转人类大脑的工程师。他早就认为，模拟神经元在一个数字式的大规模分布式系统中将会是最佳的，因为数字系统以光的速度运作，而不是以生活中的更慢的速度。[○]库兹威尔想创造一个人工智能——有感觉、有感情、会思考，且比人类做得好，他正在加快做。在他最后一本书的末尾，他定义智能为"使用有限资源（这种关键的资源就是时间）解决问题的能力……"

伊利亚史密斯能看出我的困惑，所以他试着在解释：

"大脑的功能是一个高维球的轨迹，但你可以通过观察投射到切片上的路径减少了尺寸来理解这个。所以你可以在更低维度上给出一个描述。此描述捕捉了大量的有趣的行为……你可以接着将这个反射到一个完整的维度描述中……找到这些映射会给你一个更深刻的理解。"

我认为他是在谈论一种先降低复杂性，随后又恢复的方式。

"再试一次。"我对伊利亚史密斯说。

"像金鱼这种动物有40个神经元来控制它的眼睛水平移动。"伊利亚史密斯看着我说，好像他不敢相信我居然不理解这个。"你可以观察这个行为，然后记录神经元。所以有40个神经元——40维度空间——与眼睛相连，左右移动——一维空间。我们描述在一维度中的行为，观察40个神经元是如何做到的。我们可以通过损伤真鱼的神经元和模型的神经元，来观察会发生什么，从而测试我们的观点。"最后，他继续说："你最后会有许多例子来理解行为的约束位。"

"所以我们发展了适用于所有行为的方法。这正是第一本书停留的地方。这让我们构建比之前更为复杂的模型……小型的、大量的模型，但是这些模型来自大脑中所有不同的部分。"

《科学》杂志上的文章已经描述了多个维度是如何推进成两个的，伊利亚史密斯于2006年发表了一篇关于猴子工作记忆的文章。我曾读过这些

○　出处同上，库兹韦尔（Kurzweil），205页。

话，但却没能理解它们的含义。正如 2006 年的文章中所表明的，早期大脑行为并不适合反映个体神经元触发的整体映射方式，因为他们猜测神经元都是一维的。然而它们的变化是它们完成工作的方式。捕捉它们的特性以及每一个触发所花的时间，与知道它们物理上是如何彼此联系的都是很重要的。正如伊利亚史密斯在他 2006 年的论文中指出的，工作记忆神经元一直表现的异构方式最好能够在两个维度（想一想直线与水平线的曲线图）中进行建模，而不是一个维度。这给出了一个模型"所有类别的回应……能够被捕捉到。"[一]

SPAUN 将个体模拟神经元和它们的个体行为与组织在网络中模拟神经元群体联系起来。信号通过这些被组织成三个压缩层级的网络发生移动，这是一个行动——选择机制，以及其他五个子系统。该模型采用

"……实施神经元表象的棘波神经，我们称之为使用不同的触发模式的语义指向。语义指向可以被理解为一个压缩神经元向量空间的元素。压缩是一种理解多数神经元过程的自然方式。例如，视觉层次上的细胞数量从初级视觉皮层（在这里视觉信号从眼睛那里被接收）到颞皮层（在这里，信号最终得到处理）逐渐减少，这意味着信息已经从更高维度（基于图像的）空间压缩成了一个更低维度（特性）空间。这种相同的操作很好地映射到了运动神经层级上，这里触发模式的较低级维度连续被解压[例如，当一个较低级的运动神经表象在欧几里得（平面，二维）空间向下移动到运动神经层级，然后到更高维度的肌肉空间中。]

"压缩从功能上来讲很重要，因为低维度表象对于多种多样的神

[一] Ray Singh and Chris Eliasmith, "Higher-Dimensional Neurons Explain the Tuning and Dynamics of Working Memory Cells," *The Journal of Neuroscience*, 26 (14) April 5, 2006, pp. 3667-3678.

经元计算来说可以受到更有效的操控……该模型的功能状态不是硬连接……"⊖

正如你能想象到的,这花了我很长一段时间来消化。最后,我看到了SPAUN,只有一个很小的主体,包含了几千年的哲学和数学,以及整个现代生物学、神经学和计算机科学作品。柏拉图的著名论断称,有一个理念不变的真实世界,这个世界背后是变幻无穷的现实版本。我们人类只能通过自己朦胧的反射——像映射在洞壁上的影子来理解这些一成不变的理念。伊利亚史密斯的成功模型暗示着柏拉图的有些理念几乎是对的:我们的感官系统只吸收真实世界的简化版本,并相继挤压那些信息到相当于手势图纸的神经元中,以暂时取代真实的东西。这些压缩随后必须解压——逆转——从而在更为复杂的三维真实世界里产生行动和指导行动。

但可以肯定的是,这意味着 SPAUN 是一个动态系统。伊利亚史密斯也许已经在他的硕士论文中攻击了这个动态系统,但是对我来说他似乎已经成为一名皈依者,用一种新的方式来运作。他同意地说:"我喜欢动力学,我只是不喜欢除去计算和表象,我也关心实施。"

伊利亚史密斯在滑铁卢大学的哲学助理教授职位在他完成了博士学位后就成了终身制职位。"毕竟我还是得到了一份好工作。"他笑着说。

但他发现他自己有点危机。他想超越他在圣路易斯所做的关于视觉的研究——模拟大脑其余部分的行为。所以他是打算如何来吸引学生呢?他不确定他是否应该告诉潜在的学生他想做的,正如欧洲的教授所做的,或者问他们所想做的。他决定去问。"我问学生:'你想模拟大脑的哪个部分?'"

事实证明这是一项极好的策略。他的学生只是自然地选择研究大脑的不同区域,然后可以整合到一个更大的整体上。

⊖ Chris Eliasmith, Terrence C. Steart, Xuan Choo, Trevor Bekolay, Trvis DeWolf, Yichuan Tang, Daniel Rasmussen, "A Large-Scale Model of the Functioning Brain," *Science*, 30 November, 2012, Vol. 338, no. 6111, pp. 1202-1205.

他的第一位硕士学生于 2005 年取得了学位。布赖恩·特里普（Bryan Tripp）是他的第一位博士学生，丁 2006 年进行了论文答辩。"特里普对基底神经节如何运作很感兴趣。"他说。大脑的基底神经节区域将信号分布到整个运动神经，这对移动至关重要。"他想了解简单动作是如何与复杂动作相结合的"伊利亚史密斯说。

特里普的背景是运动机能学（运动科学）。他在多伦多大学也学习生物医学工程，接着在计算机编程和工程系统方面工作了五年以上。然而事实证明，特里普的论文比伊利亚史密斯所期望的更具理论性。

"我们在博士学位结束之前没有得到一个基底神经节模型。但是我们得到了其他的关于信息如何能够被编码以及处理的不可思议的见解。"特里普去了麦吉尔大学做博士后研究，此时伊利亚史密斯的第一位博士后学生上船来了。他说特伦斯·斯图尔特"开发了我们在 SPAUN 中使用的基底神经节模型"。

斯图尔特在滑铁卢大学完成了一个系统设计工程学位。然后，他在渥太华的卡尔顿大学（Carleton）学习了认知科学。"所以，好像是在 2007 年，他来到这里与我和保罗·萨卡德一起工作……"

一个学生接着一个学生，一个结构接着一个结构，这个实验室作为一个整体走近了一个更大的综合模拟。斯图尔特的基底神经节模型对制作其他作为一个整体的模型是至关重要的。基底节模型控制 SPAUN 的操作顺序，改变子系统之间的信息流。

"我有一个学生研究工作记忆，另一个研究视觉的学生去了杰弗里·辛顿（Geoffrey Hinton）的实验室，一个在做运动控制，另一个在学习基底神经节，并且有一个学生——丹·拉斯穆森（Dan Rasmussen）正研究智能测试。类似人类思维的认知是他的目标，他算出，从人类中获得认知数据的最佳位置是智能测试。"

我思考着：到底你为什么要关心人类智能测试？你在三年级的时候很聪明，而在六年级的时候不是那么聪明，在初中的时候又相当聪明，到了高中就非常聪明了——所有这些都是以 IQ 测试为基础的。

我皱了皱眉，有点儿不耐烦，我说我并没有想过太多的 IQ 测试。

"他对那非常感兴趣，"他带有点防护性地说，"我构建了一个归纳推理的模型……"

伊利亚史密斯的模型推论出了与一系列相关实例相连的未明确说明的规则，然后再应用这些规则。这就是我们所知道的归纳推理。《科学》杂志上的论文曾提到，SPAUN 可以完成乌鸦测试的一部分，完成的几乎和一般成人一样好，这是其他大脑模型做不到的。并且大部分其他可用的大脑模型也无法做到 SPAUN 已经掌握的其他七项任务。SPAUN 可以：复制图纸；识别图像，表明它可以用 SPAUN 自己默认的书写风格，这是完全用另一种风格展示出来的；选择哪三个可能的选项会产生最大的回报；再现任何长度的列表；计数或做加法；回答什么在列表的特殊位置上，或给定一个数，说出那个数在列表中的位置；展示几个例子之后，完成一个复杂的图案。这些事的大部分需要有推论超出所给东西的能力。

"SPAUN……以任意顺序完成任务而无须建模干预、"他们写道。这表示在 SPAUN 机器中没有选择上帝，没有人类编程员来说做什么和在什么时候。

他们没有在《科学》杂志上表示他们也实施了更复杂的 SPAUN 推理能力测试。他们也测量了关于乌鸦渐进式矩阵的一个模型版本的表现，并与一群普通的本科大学生的表现作对比。这个模型的表现与那些学生的表现相似。所以是出错了。

他们还用这种模式将行为与神经生理学联系起来。他们操控 SPAUN 参数来测试关于智能下降的原因的两个不同的理论，通过衰老——神经元损失，"表现去分化"——SPAUN 的结果与这些老龄化人类相匹配。

"这篇论文已被发送到了一个刊物上。"他说。

沉默了好一会。

"然后？"我问。

就像他和他的学生所写的许多其他论文一样，"都从评论家那里得到了严厉的批评。"他说。

"为什么?"

"一位评论家认为智能工作太难理解,因为关于模型是如何构建的解释太长。另一位认为关于模型细节的描述不充分。"

但这只是问题的一部分。更大的争议是没有东西与之相比较。"这使得论文很难得到发表,"他说,"评论家需要做很多工作来理解。而且他们读完后,仍然有基本的误解。"⊖

我的目光再一次疑惑了,但这次他看起来也有些担忧,似乎他在担心也许这些问题在某种程度上是他的错。我想,考虑到所有事情,他把范式开裂理念融入世界,这已经做得相当好了。实验室并不是每天都能在《科学》杂志上出版文章。但在困惑和焦虑之下,他也正在试图压制其他一些情绪。愤怒? 是的,他很生气。

他开始讲故事。他和学生早就决定了他们的软件应该免费提供给任何想要的人——任何人,至少不是一家公司。他们本可以申请专利,他们本可以试着利用这个变富裕,但他们作为一个研究小组进行了投票,并且决定走高端路线: 这将会有很多有用的应用程序,他们认为这应该属于每个人。然而有些人似乎在将他们的道德和动机往最坏处想。例如,他曾被邀请去参加在西雅图的一个认知科学会议的专题小组讨论。他在讨论中展示了 SPAUN 乌鸦测试表现的早期结果。

"一位小组成员说:'就一分钟,你如何讲清这些规则是什么?'最后这个成员更加明确。他说'就一分钟,哪里作弊了?'"

SPAUN 的要点在于它可以给自身推定规则。伊利亚史密斯很久才艰难地实现了归纳推理的工作模型。然而提问者认为所有的模型都是谎言,每个人都知道,所以这个模型也是一个谎言。

"我不知道要说什么了。"伊利亚史密斯说。

⊖ This paper was finally published in 2014. See: Daniel Rasmussen and Chris Eliasmith, "A spiking neural model applied to the study of human performance and cognitive decline on Raven's Advanced Progressive Matrices," *Intelligence*, Vol. 42, 2014, pp. 53-82.

　　而且，尽管他的研究小组已经能毫无困难地发表模型的小位部分了，但在他开始把小模型一起放入一个单一系统中的时候，评论家还是有点犹豫。在任一给定的论文中，一位评论家会问："'为什么是所有这些神经科学？"另一位会说："'我是一位神经科学家，他们正在研究的所有部分，他们之前已经研究过了，所以为什么这是新的，只是因为它是所有一起的吗？"

　　"是的，"伊利亚史密斯会回答说，"在这个范围是没有什么可研究的。"

　　正如斯特凡诺·曼库索（Stefano Mancuso）在有关冰川时代的大型期刊的同行评审中受挫，伊利亚史密斯决定他必须以书的形式把它放在一起。那时，他想出给整体系统起这个名字：语义指向架构同一的网络，或 SPAUN。他认为，如果他在书中解释细节部分，那当他在今后发送出论文，人们读完之后就会相信事情运作的方式。

　　"祝你好运！"我喃喃自语。

　　他于 2012 年将论文寄往了《科学》杂志，过了 8 个月才被接收。一位评论家问为什么他们更早的时候没有在知名度更高的期刊上发表论文，这就好像这个作品出了差错，只是评论家没有发现而已，那样就可以消除恐惧。伊利亚史密斯的回答并不是"缺乏尝试"。所以在论文最后发表的时候，"这对我们来说是个巨大的突破。"他说。

　　"好吧，"我说，"但这真的解释了神经元是如何产生意图了吗？你知道你的模拟神经元是如何推导出一个图案的？"

　　"我们对这个模型的功能并没有一个健全的理解，"他认真地说，"惊喜不断。"

　　"所以一些行为只是浮现了一下？"我追问，"思考着，该死的，又来一次，一个时髦词，而不是分析。"

　　"浮现是惊喜的另一种说法，"他说，"部分的积累变成某些非部分的新东西，关系中的结构引起新颖的行为，但我们可以回头去理解原因……称之为浮现，我对此还行。"

SPAUN 结构具有内置灵活性。每个模拟将自身配置到正确的神经连接点处。因为这些模拟会捕捉行为和结构的特殊性。他还模仿了真实的、物理上体现了行动的混乱性。

"大部分连接神经元的方式给不了你什么，但是有些方式给了你一个人。有这些元素还不够。"伊利亚史密斯说。这让我想起了迪安·福尔克（Dean Falk）曾说过霍比特人的大脑体积不是重点，组织结构才是重点。或换句话说，任何人都可以很快地学习阅读音符而无须触摸钢琴，但要弹好《月光奏鸣曲》却需要大约八年时间的认真练习。

"好吧，"我说，"请给我看看。"

我们走过他的实验室。我知道这有点滑稽，但我心里暗暗希望看到一个长长的机器人手臂，画出了一个问题的答案，还发出沙沙的声音。我完全被这个体现行动的智能想法所吸引了，我不舍得放弃它。

我们走下大厅。一群年轻男人（为什么总是年轻男人?）在房间的左侧，用便携式计算机努力地工作着。在右侧，门旁边是一个大的研讨室，门是开着的：一组桌子被摆放成了一个 U 形。另一个年轻男人独自坐在这里用便携式计算机工作。他很瘦，一头金黄色的头发在后背垂了下来，一副老花眼镜架在他的鼻梁上，像一个来自于 1970 年左右的回归乡间运动的难民。他被介绍为模仿基底节的泰伦斯·斯图尔特。

而事实证明这里毕竟有一个机休用以观看。斯图尔特通过其节奏提出了他所谓的 Spazbot，⊖一个小型轮式机器人。通过使用他的计算机从 SPAUN 计算机模型的一小部分来向它发射无线信号，斯图尔特命令其向右或向左转。Spazbot 必须接收信号，并且仅仅使用模型的棘波模拟神经告诉它的方式让轮子和马达做出合适的转向。

Spazbot 一圈又一圈地转动着，发出呜呜的响声。这是由现成的乐高积木、三对车轮、一个接口以及一个马达制成的。这还安装了一个勺子形状的传感

⊖ Spazbot 指的是能指示语义的小机器人。

器，使这个看起来像一个极小的玩具车和起重机之间的一个十字架。他们用这些机器人来研究信号在模拟大脑和肌肉之间的来回流动。

伊利亚史密斯和他的研究小组想模拟一个人决定抬起头并且这样做了的方式，以及动物也这样做的方式。换句话说，他们想知道如何在短时间内控制肌肉。"我们准备做古怪的计算，这样我们就可以把我们的方式用在这些问题上。"斯图尔特说。

在他的便携式计算机的屏幕上显示了一些有升有降的小框框正沿着一个图形的底部抖动着。这些抖动反映了 SPAUN 模拟的个体棘波神经元，随着 Spazbot 的移动，发送信号和接收信号。Spazbot 仅利用 SPAUN 上百万个'神经元'中的约 1000 个。

"在一个真的大脑里，"斯图尔特说，"你得有一万到两万个神经元相连来用于一块肌肉。每个都有少量的电流——一种求和的方式就出现了。假设许多电流进来，你就会得到一个大的肌肉收缩。"

他指着这个图形，解释说底线代表我们想让机器人做的（这次，它转向左边）。"当你把你的手臂左右移动的时候，这就合理地类似于运动皮层下的表象。"

"我们需要三亿个神经元在 SPAUN 中做认知事物。"他补充说道。

当前运行 SPAUN 模型的计算机速度太慢。需要花费一个半小时来模拟整个模型'神经元'活动的 1 秒钟。下一个目标是获得更多数量的模拟神经元，从而更快速地运作。他们在接下来的五年里想模拟 2500 万个神经元，并且最终目标是 10 亿。他们一直和来自斯坦福大学的由夸贝纳·波尔汉（Kwabena Boahen）（以前是卡弗·米德的学生）领导的研究小组合作，开发一个比任何东西都强大的且更小的神经形态芯片。按比例扩大的模型所具有的神经元是 SPAUN 的上千倍，所以大小和能量就成了一个问题。

"人脑有 1000 亿个神经元。"斯图尔特说。需要耗费它们半亿瓦特的功率同时在一个标准的数字式计算机内的进行互动，用人脑仅需耗费 23 瓦特。斯图尔特说，在瑞士、美国以及德国的人正试着弄清楚如何通过几个数量级来降低功率。

"23 瓦特?"我问。这是开一个小灯泡所需的功率。想想大脑用功率所做的事情，这功率真是少得可笑。○

"就是这样。"斯图尔特说。

然后，在我身边的伊利亚史密斯有了警觉，"它开了，正好也移动了。"他在斯坦福大学的同事想制作他们也许会对人脑感兴趣的芯片，但是功率消耗将会足够低，芯片就应该得到很好的保护，以便不会扰乱大脑的运作。

直到那之前我还在把它当成一个简化成芯片的模拟大脑：我之前从未想过有人能够把这个模拟大脑放进一个真正的大脑里。那为什么不能拓展真正大脑的思考能力呢？加到记忆里？改变情绪？让它更擅长画出推论？库兹韦尔几年前就开始描写那种可能性了，所以我本不该惊讶的，然而这种大胆的想法还是让我喘不过气来。最后为什么它不能操控任何其他的可移动机器呢？

可能几乎是无限的，我几乎都能看到它们了。此时，我的心跳加速，手心在冒汗，口干舌燥。如果一个心理学家看我一眼的话，并一定会说我在经历一场恐怖或惊悚的事情。

他们已经开始谈论他们是如何改变 SPAUN 的参数，并以此模仿老化的人脑是怎样出问题的。我虽然在记着笔记，但我的大脑已经转移到了其他模式上，已不是仅仅在听而已了。

我感觉自己仿佛试着去喝消防水管中的水——他们做了什么、正在做着什么，这些问题汹涌而来。作为一名记者，我本能地知道单单这项关于阿尔茨海默症的研究就意义非凡。在接下来的 30 年，关于阿尔茨海默症将影响发达国家的一大批老龄化人口。如果只用一个硅芯片就能延缓或阻止那种痛苦呢？我身体里的另一部分又在想着老化的大脑带给母亲的不雅和痛苦。"我太愚蠢了!"当她记不住她刚刚问过的同样的问题时，她会这样说自己。在她的大脑和身体开始老化之前，当她还是原来的自己，并且完全与愚蠢相反时候，

○ 面积和能量之间的矛盾很快便得到了解决。根据卡夫·米德的网页，到 2014 年"人们实现了将能量消解到原来的万分之一，将硅片面积减少到百分之一"。

她不会问这种问题。还有我的父亲，他很优秀，在他生前总是举着我让我飞回家，他会假装确认一下钱能否满足支出，以此让我记下他的妻子，也就是我的妈妈发生的变化，以及没有他我也会理解母亲衰老的速率，大声地说出他美丽多年的妻子已经不是他知道的那个人了。那时，我想起了通过安大略法庭审理的一起集体诉讼，为被政府权威部门认定为智力低下的人群维权。他们从小被锁在寄宿制特殊学校里，在那里，他们遭受殴打、猥亵，他们生病，甚至被强暴，这全都发生在安大略省政府的"温情关怀"下。如果一个小小的芯片能够帮助他们在 IQ 测试中做得更好会怎样呢？如果，在将来，变聪明跟戴眼镜一样容易会怎样呢？

如果一台小小的机器能还给我从我手中溜走的，比如童年时的图案识别能力，会怎样呢？

我突然间爱上了这个成果，同时我也担心，内心一个小小的声音嘟囔着"神秘助手"（Hidden Helpers）的警告。

"闭嘴。"我对自己讲。就那样，我身为记者所应具备客观性像尼亚加拉断崖（Niagara Escarpment）上的迷雾一样消失了。

我问道："尽你所能实现这个计划需要多少钱？"

我当时在想：我应该打给谁呢？

然后我想起了我丈夫史蒂芬跟硅谷（Silicon Valley）有来往，那里的人正是干这一行的。

然后我想到：为什么要让硅谷的人来做？这些是加拿大人，这是加拿大的创新，总理早已宣布了这个消息，这应该由加拿大人来实现。

其中两个人互相看着对方，谈论金钱时他俩是沉默的，尽管金钱是科学的必要条件，这是人尽皆知的真理。

"赠送这个软件会使你损失一大笔钱，"我说，"专利就是金钱。"

但是，他们回答说他们已经在构造上申请专利了，以防其他人盗用或私藏，他们也会继续让使用的企业付钱。他们组织中的一员是一个连续创业家，为了拿文学硕士而回到学校读书。他一直在帮他们找投资人。

"你需要多少。"我再次问道。

斯图尔特说五年内 1000 万美金就够了。

他们已经拜访过了可能性较大的公司，比如谷歌。

"在我提交给《科学》杂志之前，我就跟谷歌谈过，"伊利亚史密斯承认说。他把他的方案呈递给彼得·诺维格（Peter Norvig），然后诺维格交到了谷歌核心人员手里。"我被邀请到外面等……却什么没有等到。"

"他们的重心是图案识别。"特里说。

"我以为他们会对此感兴趣——它能做迄今他们没做到的事……"伊利亚史密斯说。

但如果谷歌跟随着库兹韦尔对电子模型的信念，那我认为他们是在走向一个相反的方向。我发现即使谷歌对这个是感兴趣的，公司也不会愿意这个软件像伊利亚史密斯打算的那样，对学术学者和黑客都是免费的。谷歌在视线外的科研重地对这项研究项目设置障碍。它赚钱的方式是把关于我们每个人已知的一切、在谷歌网站上做了什么都卖给广告商，然而对它自己的一切却尽量保密。

我问道："政府给了你多少？"

"我们必须谨慎行事。"斯图尔特若有警觉地说。

"我们的项目刚被纳入了政府预算。我们小组来自滑铁卢大学，就是他们的一个参照实例。"伊利亚史密斯说。

"但没有给出任何细节，只是提了一下而已。"我说，"所以他们给你们多少？"

这时，一个不是很高兴的表情从伊利亚史密斯脸上闪过。SPAUN 从没直接受到过资金支持。伊利亚史密斯是五年一次的"发现"（Discovery）拨款的获得者，款项总计 30 000 美金，是他从加拿大自然科学和工程研究委员会（NSERC）管理的一个竞赛中拿到的。他没把那笔钱用在 SPAUN 上，而是给他的学生去参加会议。SPAUN 是间接从美国海军研究办公室（US Office of Naval Research）拨款里拿钱，这些拨款用于赞助斯坦福小组神经语素新芯片和软件的发展。

"有没有试过美国国防部高级研究计划局（DARPA）？"我问道。这句话是我未经思考便脱口而出的。我真想吼自己：你到底在说什么？为什么要把美国国防部高级研究计划局扯进来？

"我们确实向美国国防部高级研究计划局申请过——拿到了这个海军研究办公室拨款……帮助斯坦福大学的人打造芯片，帮我们制造软件——打造芯片是花费很大的部分，5 年大概是 100 万美元。我有两个博士生和十个研究生……其中两人没有资助。大多数资金的来源是跟赢得他们自己的加拿大自然科学和工程研究委员会学生拨款的学生在一起。除了这两种外，我再无其他资金。"伊利亚史密斯说。

除此之外，他说，美国国防部高级研究计划局也有问题，不是说他们是军方，而是书面报告。他们需要不间断地核查某特定目标的完成情况，而他的实验室要想运转，就必须不受这些检查的干扰。

"那欧盟那边怎样呢？"我问道，心想着既然他们能通过斯坦福从美国海军研究局拿到资金的话，欧盟也有可能啊。

"没有，"他回答道，"他们只资助欧洲人。我给他们的评论是，他们有大量的金钱来资助认知系统。"

"所以如果加快速度会怎样？"我问道。

"那我们将需要 20 个人，这还取决于他们是否也是研究生，"伊利亚史密斯说道，"需要花两年的时间来培训学生用我们的方法工作。"

"如果你在欧洲的话，你会拿到多少？"

他说一年 300 万美元。

在走回伊利亚史密斯办公室的路上，我一直在生气，边生气边嘟囔。史蒂芬·哈珀政府把这群人当作海报男孩来用，却几乎什么都不给。［25 万美元的波兰尼奖（Polanyi Prize）跟他们的需求相比也是九牛一毛。］我在想，我一定要帮助他们，必须有人来做这件事。

"你试过黑莓公司吗？比如迈克·拉扎里迪斯（Mike Lazaridis）？拉扎里迪斯（Lazaridis）是创立黑莓公司的动态研究公司（Research in Motion）的共同创始人，他资助圆周理论物理研究所，从而来研究重要的物理问题。"

"没试过。"伊利亚史密斯说。在滑铁卢，只有位置在高层的筹款部门的工作人员才有资格替他争取，但他们认为拉扎里迪斯不会感兴趣的。他当下的问题引起了加拿大自然科学和工程研究委员会（NSERC）的注意，NSERC 为文学硕士的一个为期两年的项目提供一年的资助。然而他得保证项目吸收的学生受全额资助。那他怎么可能做到呢？联邦政府也已经削减了科学研究的拨款……

这就是我越线插手的开始。

我说："我认识一个人，他也许能提供帮助。"

他同意了。

在开车回家的路上，我内心理智的部分开始嘶吼：你在干吗？记者不能参与到故事里，那是违背职业守则的。

但那个曾经为了让妈妈无计可施而打着手电筒在毯子下面读劣质科幻小说的我垂涎的是未来的一切可能，对这种规则是无暇理会的。这个科技从太多方面造成了改变——太多可以让这个世界更加美好的改变。一个关于智能的全新阐述，关于如何拓展这项技术——以至于我们能够被修补，甚至修缮——开始在我脑海中书写。

同时我在想，滑铁卢的这群人已经捕捉到了我们所称的智能的精髓。那不是藏在我们身体里的让人类比其他物种更聪明的小人儿。那是一个由很多互动系统激发的程序，囊括着特有方式排列的细胞，这些智能细胞互相作用，并与世界联通。SPAUN 转换了一批信号，将感知信号转化为思维，再将思维转化为行为。一些连他们自己都感到惊讶的结果更加让我确认他们一定是对的，他们已经成功驾驭了整体大于部分之和的道理，这源于万物通过一次次经验获得的交流——记忆、遗忘、学习和解决问题。

如果伊利亚史密斯和他同事能获得他们所需的帮助，那么 SPAUN 就将迎来不可估量的变身，成就一大批精密机器，甚至进入一个像我一样复杂的有机体机器。

图灵会很爱它的。

有一瞬间，我都忘记了担心。

15

活生生的机器

2013 年 7 月一个阳光灿烂的下午，在不列颠哥伦比亚省的里士满（Richmond），我拎着行李站在我兄弟门口等着他回应门铃，我的车还没熄火。我在温哥华参加不列颠哥伦比亚大学植物信号与行为协会的会议期间，他来招待我。我正在为《麦克林杂志》（Maclean's）撰写相关论文。群山在我身后的远方延绵起伏，铺满了整个地平线，但却是若即若离，就像神话故事里的插图，或关于智能本质的客观叙事。

我第一次震惊于把进化作为智能机器的设计工具已经过去一年了，而我爱上 SPAUN 仅过去几个月。但我不再被吸引了。我回归客观与理性可以归功于一个叫比尔·乔伊（Bill Joy）的人，或是吸取了失败的教训，或两者都有。对我来说失败总是有益的：经常在我做了蠢事后迫使我回到安全的地方。如果我真的为 SPAUN 找到了投资人，那么职业道德将不允许我在此讨论它，您就不会读到能够模仿现实、实行推理的机器，这些企图比人类更聪明者可以从事任何职业，从而结束了所有职业。

不过首先我是在午餐上向一位老友宣传此产品的。我做得不太成功。我们喝着咖啡，我毫无预兆地向他提出了 SPAUN，他用惊奇的眼光看着我，脸上甚至是痛苦的表情，好像在说你怎会认为我会对此感兴趣，你认为你到底在干什么？他大声说道："你应该找家医院慈善基金或者什么的试试看。"

然后我去找了位非常有钱的朋友，他没有回复我的电子邮件和电话信息，从而巧妙地推掉了我的游说。

就在此时，比尔·乔伊出现了。

乔伊是一位编程大师，帮助创建了著名的太阳微系统公司（Sun Microsystem），后来成为搜罗颠覆性发明的风险资本家。我觉得 SPAUN 可算是这样一种发明。乔伊曾经问过斯蒂芬的这个项目，所以我让斯蒂芬与克里斯·伊利亚史密斯联系找到比尔·乔伊。当然，就如我所预料的那样——竹篮子打水一场空。

乔伊在 2000 年 4 月写给《连线》（*Wired*）杂志的一篇文章中警告了智能型自动机器的出现。他指出三种技术的融合——基因工程、机器人学和纳米技术——将使人类完全无用甚至灭亡。他遇见雷·库兹韦尔（Ray Kurzweil）后写下了这一预言。雷现在负责组建谷歌的"大脑"。他当时正在酒吧里与研究意识的哲学家约翰·希尔（John Searle）交谈，库兹韦尔此时加入了交谈。

乔伊痴迷于库兹韦尔将人类思想注入机器人以使之具有意识的观点，所以读了库兹韦尔正准备出版的《精神机器时代》（*The Age of Spiritual Machines*）的校样。书中引用了"大学炸弹客"泰德·卡钦斯基（Ted Kaczynski）的宣言，如果让这些技术融合，机器将统治世界，或者人类中的一小部分将获得统治权，并把其余人降低到家畜的地位。但库兹韦尔看了看泰德的事实，然后看出瓦哈拉（Valhalla）不是反乌托邦。这些技术的融合将使他把自己的思想、灵魂和意识上载到机器人身上，永远活下去。

一开始，乔伊认为炸弹客和库兹韦尔都生活在科幻小说的虚幻世界中。后来他询问学物理的朋友这一切是否能成真。他们告诉他，纳米机器已基本成形。他开始设想意想不到的结果——因为现代科技已经产生了无数的这样的结果。他得知纳米技术者们讨论了自我复制的纳米机器逃向世间的问题。例如细菌般的纳米机器争夺资源时会超过真正的细菌，"会在几天内把生物圈毁成一片渣土。"他写道，"业内把这个威胁叫作'灰草'问题，形容其蔓延的速度。"⊖

"我们处在极端邪恶的进一步完善的风浪口……"他写道，"一种极端个

⊖ 比尔·乔伊（Bill Joy），《为什么未来不需要我们：我们在 21 世纪最强大的技术——机器人、基因工程和纳米技术，正在把人类变成濒危物种》，《连线》杂志，或网站 http：//www. wired. Com/wired/archive/8. 04/joy-pr. html.

体的惊奇和可怕的授权。"

当我重读乔伊的文章时，它就像一剂清醒剂直接作用于大脑。突然间我好像看到了所有采访过的人、所有读过的人，他们都专注于模仿自然建立智能机器的优点，没有人曾提及过意想不到的后果。

这就产生了一个问题：极端组织或个人如果拥有了 SPAUN 会造成怎样的极端危害呢？

我兄弟终于开了门。"很高兴见到你。小心猫，抱歉，必须注意它。"他说完就跑回房间，电视里正在播放麦根提克湖（Lac-Megantic）的脱轨灾难，一个意想不到的悲剧，从北达科他（North Dakota）出发的易挥发原油，由一家困顿的铁路公司负责运往新不伦斯维克（New Brunswick）的炼油厂。运输原油的是老式薄壁但尚未被禁止使用的罐装车。火车由一人操纵，他身兼司机、技师和业务员。夜晚他把车停在魁北克的南特（Nantes，Quebec）一段下坡的主铁道上，拉起了空气刹车，但没拉紧的机械刹，然后就去宾馆睡觉了，任由火车头还点燃着。有人叫来当地消防人员扑灭了火、关掉了主机，从而松开了空气刹车。消防队员回家后，火车开始缓慢移动，然后提速加速，最后在麦根提克中心失修的路床上脱轨，刚好旁边是酒吧/餐馆，在夏夜的星空下人们正在欢聚痛饮。

油罐破裂，石油爆炸，市中心被大火包围。官员们说不出死了多少人，几周后才得到这一数字——47 人。

我兄弟无法将目光离开电视屏幕，从小他就对与运输有关的事物着迷。铁路是运输危险物品的一种旧的以及容易理解的方式，但毫无征兆就发生了这样的悲剧。他想理解谁该对此事负责。答案是许多人做出了错误的决策，最终导致了这场灾难。

然后电视里开始了正常的新闻播报，关注的是事发已有一个月的斯诺登（Snowden）事件，图灵（Turing）的灵感产生了意想不到的结果。这一次是我无法将我的眼光离开电视屏幕了。图灵和他的同事们发明了破解机器加密信号的数字计算机，为打败暴君挽救民主做出了贡献；但斯诺登说我们的民主制度现在像暴君一样使用这些工具——他们监视全世界，从我们自己开始。我对政府收集私人信息的关注，开始于为加拿大的一位总检察长写传记时，当时他正在重组加拿大的情报机构。对他的采访结束后，我前往皮尔森（Pearson）国际机场办登机手续去度假。柜台上的官员说："总检察长还有话要对你说。"但我从没有告诉过总检察长或他手下的人我将去别的地方，更没透露过何时去，或用何种工具。

新闻报道说爱德华·斯诺登依然滞留在莫斯科机场的国际转机区。他从香港九龙（Kowloon, Hong Kong）的一个旅行社逃离到这里。在那个旅行社里，他将一大包偷出来的头等机密文件交给了指定的记者，供他们当头条连载发表。自从斯诺登被英国一家报纸的网站暴露行踪以来，大批记者骚扰着莫斯科机场，希望和他搭上话或瞧他一眼，但没人成功。

看起来我们的智能时代可以分为子时代——斯诺登前和斯诺登后。在斯诺登前，智能机器和网络，包括手机、平板设备、图表、计算机、因特网、搜索引擎、无线网络和社交媒体，都是分享思想和意见不可缺少的手段（特别在组织革命时）。在斯诺登后，它们变成把我们出卖给政府和大企业的告密者。

斯诺登事件爆发于 2013 年 6 月初。《卫报》（*Guardian*）和《华盛顿邮报》（*Washington Post*）都报道了国家安全局（NSA）和 Anglo 公司是如何结成叫"五只眼"的联盟，从所有地方盗窃所有人的信息，一般不经允许，通常从我们每天使用的手机、软件和其他设备上偷盗信息。⊖

斯诺登曝光的材料说明西方国家正在侵犯隐私。如《卫报》的一则新闻来源是"奥巴马总统签署的一道命令……要求五角大楼和相关机构准备在世界各地发动网络进攻"；另一则新闻则根据国家安全局的"无限制信息"计划，表明美国官员称无法数量化监听到的交流次数时，他们向国会

⊖ 美国国家安全局在"斯诺登事件"中受到了严重的打击。其前身灾难性地在朝鲜战争初期未能保护美国的军事情报，后在极秘密的环境下产生的，多年来没人知道有这个机构。

撒了谎。

第一个故事出现在《卫报》格兰·格林沃德（Glenn Greenwald）的专栏里。格林沃德过去是美国宪法和人权律师，以写博客闻名：他经常写美国政府从法律上对市民进行窥探，他认为这是违宪的。几年前他搬到了巴西，与情人戴维·米兰达（David Miranda）同住。格林沃德最近被英国的基于《卫报》的纽约前哨聘为一名专栏作家/博客，进行联机操作。

格林沃德的故事以一份机密文件为基础，这是一个由美国国外信息监视法院（FISA court）发布一道秘密命令，要求美国主要电话公司 Verizon 向美国国家安全局（National Security Agency）上报其用户从 2013 年 4 月 25 日起 90 天内国内外电话的信息。

国外信息监视法院原本是为保护普通美国人的私人通信不受未经授权的入侵而建立起来的。多年来，美国国家安全局（NSA）、联邦调查局（FBI）和中央情报局（CIA）未经合法程序就监听私人信息，直到被水门事件及其后续调查曝光为止。参议院丘奇委员会（Church Committee）的调查导致 1978 年通过了《国外信息监视法案》，因为按照参议员弗兰克·丘奇（Frank Church）的说法，如果没有保护，美国人就将没有隐私可言。"在什么都能被监视的时代里……这将是无可挽救的深渊。"

该法案建立起了国外信息监视法院来听取监听美国人与外国危险人物的通话的必要性，并给予或否决相应的授权。无罪的美国人将免于被监听。但 2001 年 9 月 11 日之后，在布什总统（George W. Bush）任期内，《国外信息监视法案》就有了进展。法案修改后，不经允许监听开始或结束于国外的美国人通信就变得合法了。另外，按照 2002 年总统密令对该法的新解释，意味着收集所有电话、电子邮件记录和联系人信息将不再需要个人同意，它们属于所谓"大数据"。大数据不记录通话内容，但会记下电话或电子邮件的对象、时间、时长、通信方式、地点等。

很快地，政府机构不经允许私下要求大数据成为常态，于是只好向伙伴电信和网络公司付费以获得数据。但是电信和网络公司感到害怕，如果顾客发现了泄露行为，他们可能被起诉。2005 年，他们在詹姆斯·瑞森（James Risen）和埃里克·里奇布劳（Eric Lichtblau）在《纽约时报》头条发表的文章中确定发现了此事。到 2008 年，电信和互联网服务提供商（ISPs）游说成功，得到了对 FISA 的修改，只要是听命于法院命令而上交大数据的行为，不可能被起诉。

按照格林沃德的说法，FIFA 法院只否定了一小部分政府要求监听的授权，其否决率只有 0.03%。

2014 年，斯蒂芬·哈珀（Stephen Harper）政府为加拿大网络监视法案注入了相似的条款，此时人们才知道加拿大政府对大数据的要求也是极其狂热的。自 2006 年来，加拿大电信公司/互联网服务提供商应政府数百万次的要求上交了相同数量的信息。⊖这是合法的吗？2014 年 6 月，加拿大最高法院一致裁定互联网服务提供商未经允许上交大数据的，是加拿大宪法禁止的不当搜索行为。

所以，法院要求 Verizon 上交所有记录的行为使人震惊。很明显，Verizon 的用户并不是都在与境外人士筹备恐怖活动。

巴顿·格尔曼（Barton Gellman）是普利策奖获得者，他是一名记者，也是一名作家，他在《华盛顿邮报》发表了下面的故事。⊜格尔曼与美国女制片人，也是 2012 年麦克阿瑟基金会天才奖获得者劳拉·波伊特拉斯（Laura

---

⊖ Boutilier，Alex，"Millions of data requests made per yesr,"*Toronto Star*，July 22，2014，p. 1.

⊜ 戈尔曼（Gellman）不是《邮报》的职员。他曾在那里工作过数年，但后来离开了《邮报》，成为《时代杂志》的供稿人和世纪基金会的高级合伙人。他把这些故事发到《邮报上》，显然是相信只有《邮报》的规模和地位才能保护线人（尽管这位线人一开始就表示他不需要保护）。但是就当他在《邮报》的办公室第五层编写这些故事时，《邮报》由于经营得太差而正在接受审计。《邮报》很快就被亚马逊的老板杰夫·贝索斯以两亿五千万美元所收购。"电子港湾"eBay 的创始人皮埃尔·奥米迪亚也曾被邀请来看看《邮报》出了什么问题。奥米迪亚后来共出资两亿五千万美元支持格兰·格林伍德、博伊特拉斯和杰里米·夏希儿创办了网上出版公司"第一视线媒体"。他们通过其网络杂志《中间人》开始发表斯诺登曝光的这些材料。

Poitras）分享，她当时正在柏林基地拍摄反映政府监控的三部曲电影中的第三部。格尔曼和波伊特拉斯的故事介绍了美国国家安全局的名为"棱镜"的监控计划。

仅仅 20 分钟后，《卫报》也在其网站上发布了话题相同的故事。

两个故事都基于通过神秘渠道提供的国家安全局的保密级幻灯片，其实就是斯诺登，《邮报》把他称作"一位职业情报军官"。

《邮报》上的格尔曼和波伊特拉斯的故事声称，美国国家安全局在九家美国跨国公司的服务器上都有直接监控，这些"伙伴是"：谷歌、脸书（Facebook）、美国在线（AOL）、微软（Microsoft）、雅虎（Yahoo）、Skype、YouTube、PalTalk 和苹果公司（Apple）。幻灯片说，美国国家安全局有能力截获客户的真实通信，"包括电子邮件的内容、搜索历史、实时聊天和文件传输。"⊖

由格兰·格林沃德和《卫报》的资深记者埃文·麦卡斯基尔（Ewen MacAskill）所写的关于"棱镜"计划的故事，重点关注英国的国家通信总局（GCHQ）也能够进入这些公司的网络和窥探其客户的信息这一事实，尽管英国关于隐私有严格的规定。《卫报》的故事包括了上述公司疯狂否定他们知晓"棱镜"计划，更不会把资料泄露给美国国家安全局或英国国家通信总局。

就在两家报纸刊登此新闻时，曾邀请格林沃德和格尔曼阅读斯诺登文件的波伊特拉斯（Poitras），正和格林沃德和《卫报》的麦卡斯基尔住在香港九龙斯诺登居住的五星级饭店里。他们采访斯诺登为的是正在拍摄的一段录像，在里面，斯诺登承认自己是《卫报》和《邮报》信息的来源。

这在新闻界是奇怪的竞争。但两则故事说明网上隐私几乎已彻底消失。更多的故事和更多的新闻夹杂着像"刚健""上游"这样的密码型词汇，表明"五只眼"的政府们一起拦截了世界上的因特网浏览信息和电话信息。按

⊖ Luke Harding, *The Snowden Files*: *The Inside Story of the World's Most Wanted Man*, Guardian Books, 2014, pp. 136-138.

照 2013 年 3 月的一份文件，国家安全局在全世界收集了 970 亿个字节的数据。

这是如何实现的？世界任何地方发起的因特网连接，都会在某一点经过位于美国的服务器或光纤电缆，以及（或者）经过英国海岸附近的海底光缆，这样就有可能被截获，实际上也会被监听。另外到 2010 年，美国国家安全局已经破译了大多数的商业密码系统，或者要求通信和软件公司上交了密码钥匙，或在新产品中加入了"后门"。到那时，所有的监听截获都将被储存起来供以后使用。如果需要，对任何人通信的监控都将得到授权，只需由政府机构或为他们服务的公司找到先例。这个散布于世界各地的系统不会放过任何人。

斯诺登还坚持，侵入一种形式的通信就为侵入所有形式打开了方便之门。他说只要有美国总统的电子邮件地址，就能监听总统所有的手机通话。

随着这些故事的曝光，美国国家安全局和加拿大通信安全部（CSE）坚称收集的只是无关个人的大数据，并没有真正侵犯隐私。但是当每个国家政府把其他国家的国民都当成间谍时，谁可以猜到这些材料被截获后将怎样使用呢？我会成为国家安全局的目标吗？为什么不会呢？"五只眼"的同伙政府们试图通过责怪大众来欺骗大众。例如，CSE 的前任领导约翰·亚当斯（John Adams）在否认 CSE 有任何法律之外的行为时，曾暗示说隐私的任何丧失都是由人们在网上公布太多的个人信息引起的，就像他告诉加拿大参议院委员会的那样。该委员会正在考虑对通信安全部（CSE）的新的监管法案，一半的加拿大人在管理他们的信息时很"愚蠢"，而另一半人则本来就很"愚蠢"。这明显是因为加拿大人比其他各国人在脸书上更活跃。[⊖]

格林沃德和波伊特拉斯还将斯诺登的文件移交给了其他国家的新闻机构。这些很快上了头条：它们表明无论高低贵贱，不管多么非加拿大人而因此多么聪明，无人能逃脱"五只眼"的监控。德国总理安吉拉·默克尔（Angela

---

⊖ Josh Wingrove, "Canadians are lax on privacy, Senate Committee hears," *The Globe and Mail*, May 28, 2014, http://www.theglobeandmail.com/news/.

Merkel）和巴西总统迪尔玛·卢瑟福（Dilma Rousseff）的私人手机通话都曾被监听多年。

总之，国家安全局和"五只眼"使原民主德国的秘密警察（STASI）看起来就像个缺乏想象力的小孩子。

斯诺登暴露自己的第一个后果是已经吊销了他的护照的美国政府在全球范围内下达通缉令逮捕他。第二个后果是每位有花销账户的记者都开始追踪它的故事，并很快提出了更多的问题。斯诺登连高中都没上完，怎么能被 CIA 派驻日内瓦，并给予其外交身份掩护的？为什么国家安全局说不清他到底偷走了多少份文件？汉密尔顿公司（Hamilton）董事麦克·麦克康纳（Mike McConnell）说是 170 万份。但斯诺登在该公司这么短的时间内怎么会接触到这么多的文件？没人知道答案。

第三个结果是有关名声，也许是故意的。把波伊特拉斯和格林沃德当作英雄介绍的新闻以创纪录的速度出现在了《纽约时报》杂志上，对格林沃德的采访是在他里约（Rio）的家中进行的。另外，介绍爱德华·斯诺登的文章将出现在《名利场》（*Vanity Fair*）杂志上，副刊将介绍他跳钢管舞的女朋友。

然后他们将得到荣耀。《华盛顿邮报》和《卫报》将获得普利策奖。

但不是斯诺登说得这么多，而是它的模样，使人对他叙述的真相有了更多了解。在摄像机前的第一次露面（包括后来的几次露面），斯诺登看起来年轻得不可思议。他那若隐若现的山羊胡子、整齐的短发、长满雀斑、计算机迷般的表情，简直像刚从大学计算机课堂走出来的毕业生。看到他，就知道为我们服务的保护"五只眼"们所有秘密的，并不是谨慎老练、富有经验的职业间谍。看到斯诺登就知道美国国家安全局和其合作商并不在意保护别人的秘密，也不在乎保护自己的。

如果五只眼联盟的敌人如此危险，我们所有的隐私就都会消失，那这些机构的行为怎么会如此疏忽大意？大型情报机构本来是保护我们免遭灾难的，可他们本身就是灾难，斯诺登事件就是活生生的例子。他是其反面教材。他就是我们所有的智能机器，其平行和活力系统所产生的意想不到的结果。他真是来自地狱的意外事件。

不列颠哥伦比亚大学的校园十分美丽，自然景观错落有致，由本地树木组成的一片黑压压的树林，像一把阿拉伯弯刀般蜿蜒于校园的西边界。长满了草的长长的林荫大道纵横交错，在主要路口有花园和水景。在远方，群山起伏，就像柴郡猫的微笑那样若有若无。这真是个美丽安静的地方，但当我沿着主干道寻找植物信号与行为会议的会场时，我却一点都不能觉出平静。比尔·乔伊的警告不时出现在我脑海里。我不断对自己说：伊莲，冷静下来。SPAUN 可能会造成大问题，但研究植物的信号和行为会引发怎样意想不到的后果呢？

但我心里有一种声音：注意，没人能预计将会发生什么事。制造了第一台图灵机器的人没有预料到它的后代能够窃听所有人。即使富于远见的图灵本人，也没有预料到拥有记忆的机器能够成为横跨世界的网络。即使在想象中，人们也没有预见到世界万维网（直到 20 世纪 80 年代才出现）。当时，没人预见到手机也能当计算机使用，成为因特网的接入设备、娱乐平台、照相机和私人助手。这些功能一个接一个地不断累加，最后形成的整体机器比部件的简单拼凑智能得多、危险得多。

在我来到欧文 J. 巴贝尔学习中心（Irving J. Barber Learning Centre）的地下室找到正确的大厅之前，植物信号与行为协会的成员已经开始了他们早上的议程。100 多名学者在此切磋。年轻和不太年轻的学者坐在弯曲的长桌后的转椅上，预备着自己的便携式计算机和智能手机。

这是该协会 2011 年以来召开的第一次会议，也是在北美召开的第一次，按照苏珊·莫奇（Susan Murch）的说法，会议必须顺利进行，否则协会会衰弱掉。莫奇是哥伦比亚大学欧肯纳根分校化学系的教授，也是那场会议的加拿大会场的组织者。莫奇最初就是植物神经生物学会的成员，亦称植物信号与行为学会。

环视演讲大厅，我似乎看不出该协会有什么危机。至少像我们最喜爱的粮食作物一样，协会基本实现了国际化分布，成员来自日本、印度、德国、西班牙、法国、英国、以色列、澳大利亚、美国，还有一位大个子来自意大利。其中没有智能协会的安东尼·特里瓦弗斯（Anthony Trewavas），但是我看见单独坐在房间一角的曼库索（Mancuso）的同伴——弗兰蒂塞克·巴鲁斯卡（Frantisek Baluska）。曼库索本人则坐在会议室中心的一张椅子上。从话题摘要上看，他依然在与传统派力量进行着战斗。协会中的大多数成员都反对把针对植物智能的研究超出刺激/反应的模型。科学界的大多数并没有退让。

曼库索在佛罗伦萨介绍给我的论文，是关于如何让高度敏感的含羞草被携带一小段距离而对它没任何伤害，一直没有得到发表。其第一作者，西澳大利亚大学的海洋生态学家莫妮卡·贾格里亚诺（Monica Gagliano）告诉我，论文被拒绝了10次。她试过《自然》《科学》美国科学院院报（PNAS）、美国科学公共图书馆一（Plos1）、美国科学公共图书馆二（Plos2）等杂志，没有一审阅过她的论文。编辑们厌恶论文标题中"动物般学习"的词汇，她又不愿意修改，因为她认为这是合适的比喻。

"祝你好运。"我告诉她。我的意思是你的工作真棒，不要放弃。

"这是个诅咒吗？"她问道。⊖

当莫奇宣布有6位记者出席会议时，我对这些竞争对手十分好奇，便询问登记桌旁的女孩他们都是谁。她回答有一位来自澳大利亚的由艺术协会资助的记者，一位来自《自然》杂志的记者我从没有听说过，一位没有特定目的的自由作家。我想，没有什么可以担心的。然后她说道："还有一位来自《纽约》杂志的。"

"那是谁?"我问道，心想，如果《纽约》杂志也对此事感兴趣，我就必须告诉《麦克林》杂志（Maclean's）加快速度出版这篇文章。

"那人名叫波伦（Pollan）。"她回答说，在翻阅了一大堆文件后。

⊖ 文章最后发布在2014年的《生态学》第195册第1期的63-72页，题目是《经验告诉植物在重要环境要学得快忘得慢》。读者必须找到摘要的最后一行才能发现与动物的比较，"……植物由于过去的经验而产生的持久长期的行为改变，与许多动物身上持续显现的惯性效应十分相似。"

曼库索（Mancuso）提到过《欲望植物学：植物眼里的世界》等书的作者迈克尔·波伦（Micheal Pollan）曾在佛罗伦萨（Florence）见过他。但波伦的工作单位是《纽约人》（*New Yorker*），而不是《纽约》杂志。

回到主会议室，我一眼就发现了波伦。他选择坐在离曼库索的椅子不远的位置上。看起来他遵守了自己的节食计划：吃主粮，但又吃不太多，主要吃素食，他身上的夹克相对于他瘦弱的身体来说显得太肥大了。他打开计算机并不时地在上面敲一敲，如果有他希望采访的人就会站起来交谈。据莫奇说是曼库索邀请波伦出席此次会议的。当我问曼库索时，他矢口否认："不，我没邀请他，波伦是自己来的。"

我看见波伦第一个采访的是密苏里大学的植物科学教授杰克·舒尔茨（Jack Schultz），舒尔茨刚刚兴致勃勃地讲完了他30年前的一项工作引起的喧嚣争论。1983年舒尔茨合作发表了关于植物通信的一篇论文。他发现自己所研究的树木在受到攻击时会散发出挥发性气体，迅速令周边的树木变换气味。令舒尔茨意外的是，一向关注不明发行物（UFO）和军事秘密的《国家调查》杂志，竟然很好地报道了他的工作。但他的同事们对他当时的革命性观点并不感兴趣，即植物用信号相互通知危险，并通过改变它们释放的气体来对此预警做出反应。

波伦采访舒尔茨时，我盯紧了苏珊·莫奇。她曾于2005年受邀出席佛罗伦萨研讨会，因为她20世纪90年代的工作极大地支持了植物神经生物学的概念。莫奇首次证实了植物也能产生相同的、对人类意志和感情有重大影响的神经荷尔蒙。目前在加拿大，她稳坐研究天然药物的头把交椅。她还有一个项目是将面包果树作为救济食品进行宣传和分配（针对缺乏粮食、灾害频发的热带地区）。她的主要工作是发掘和鉴定植物分泌的化学成分，并研究它们对人类行为的影响。

莫奇在她的网站中指出，一般树叶的样本会分泌约30 000种不同的化学成分，一杯普通咖啡含有8200种，一杯墨尔乐红葡萄酒中含有6000种，而人类的大脑细胞只分泌800种小分子。植物分泌的化学成分在人身上用作神经导元、神经指令和神经毒素，例如褪黑激素、桂叶金丝桃素和β-甲氨基-L-丙氨酸，简称BMAA，是一种非蛋白质的氨基酸。

　　我希望知道她是如何有的这项发现，以及她对此的评价是什么。我们坐在室外阳光下的一条长凳上，她讲述了自己的故事。

　　她大概有 50 岁，一头金黄色的头发，戴着一副厚眼镜，表情诚恳随和。她生长于安大略省南部，是兄弟姐妹中最小的。她儿时的梦想是当一名作家，而不是成为科学家，所以她进入卡尔顿大学（Carleton University）的新闻学专业，但发现那儿的情况一团糟。她准备从此永远告别学校，这时有人提醒她非常擅长化学。于是她进入了圭尔夫大学（University of Guelph）的化学系，并在那儿发挥了她智力上的才能。

　　在学校，她致力于进行所谓的"奇怪"的工作，例如在"女主人"土豆片生产线上工作和在化学实验室里刷盘子。她结婚很早，嫁给了一名雕刻家，有一个儿子。然后她的公婆生病需要照料。这一切使她的职业生涯比一般人走得慢了许多。

　　完成第一个学位后，她从圭尔夫大学实验室得到了一份工作——帮助某研究员从事对人体内氨基酸代谢的研究，以及低出生体重儿所需的氨基酸。刚刚 30 岁生日前，她抓住最后的机会，注册上了植物生化学的研究生。她在导师普拉文·萨克森纳（Praveen Saxena）教授的实验室工作，研究植物身上的生长指令。她对于整个话题变得十分着迷。

　　莫奇完成了科学硕士学业，但后来又从事起了另一项工作，因为她觉得自己不足以攻读博士（PhD）学位，但是后来一旦她着手于博士研究，她便全身心地投入其中。仅仅在 1 年后的 1997 年，莫奇便在《柳叶刀》（Lancet）杂志发表了开创性的发现——人类的神经传导元褪黑激素、血清素也存在于甘菊、神圣草和黄芪等植物上。这三种植物被人用来治疗忧郁症、治疗睡眠和苏醒障碍已经有很长的历史了。刚刚发现褪黑激素会影响人的睡眠/苏醒循环，血清素则会影响人的情绪。○于是产生了这些问题：为什么没有神经的植

○　Susan J. Murch, Colleen B. Simmons, Praveen K. Saxena, "Melatonin in feverfew and other medicinal plants," *Lancet*, Vol. 350, Issue9091, 29 November, 1997, pp. 1598-1599.

物会产生神经传导素？是为了影响动物的行为吗？还是仅供自己使用？还是两者都有？

就像对待舒尔茨的工作一样，媒体纷至沓来。《阁楼》（*Penthouse*）杂志在男性健康专栏介绍了她在《标枪》上的文章，这惹恼了她的教授，担心媒体的兴趣会降低工作的严肃性。为研究这些化合物在植物行为中的作用，她发明了一种巧妙的方法来改变生长中的植物胚胎内的褪黑激素和血清素的水平。她让它们受控于选择性血清素再吸收抑制剂（SSRI），影响人类情绪的药物——尤其是百忧解（Prozac）。

SSRI 应用于人体可抑制血清素在突触前脑细胞中的正常堆积。应用于植物则影响它们的生长。胚胎中血清素水平的提高对应着发芽速度的提高，褪黑激素水平的降低则减弱了根部的重生。她得出结论，褪黑激素和血清素在植物的生长中具有重要作用。另外，植物与哺乳动物一样，都具有由褪黑激素所调节的睡眠/苏醒循环。

"那么这意味着什么呢？"我问。

她认为有了这些化合物，植物便可以做比人类大脑更深邃复杂的事情。

"植物如何记录时间，白天有 8 ~ 12 个小时……"她问道，"它们只有依靠所分泌的化学物质，而人类却有更多的生存选择，有更多的保护机制来应对挑战。一株植物要想不被动物吃掉就只能改变气味，或者生成毒物，或者'操纵人类来照顾它'。"

人和植物之间的互动驱使她研究人类传统宗教仪式上所使用的植物，有些植物使人产生幻觉，或改变情绪，或干扰睡眠定势。她前往夏威夷与著名民族植物学家保罗·艾伦·考克斯（Paul Allan Cox）开展为期两年的博士后研究。考克斯当时是夏威夷国家热带植物园的园长，1997 年曾被《时代》周刊评为十一位"医药英雄"之一，接着获得了卡森奖等许多荣誉。莫奇在夏威夷帮助考克斯解开了一个医学谜团：是什么造成了关岛的查莫罗人（Chamorro of Guam）死于一种与帕金森综合征类似的感染，也有点像阿尔茨海默症和肌肉萎缩硬化症（ALS）。

他们按照一位早期研究者的方法，在查莫罗人的食物中寻找有毒介质。他们很快便在苏铁树的根部共生的氰基细菌中发现了神经毒素 β-甲氨基-L-丙氨酸（BMAA）。BMAA 富集于苏铁果实内，被各种动物吃掉，其中就有果蝠——查莫罗人很喜欢的一种食物，放在可可浓汁中一起煮着吃。莫奇和同事在被抓住的果蝠组织中发现了 BMAA，可见 BMAA 并未被烹饪杀死。事后他们在加拿大患有阿尔茨海默症的患者的脑细胞中发现了 BMAA，但他们并不吃果蝠，这说明 BMAA 在体内的累积并非只有一个途径。[○]

先是有一点好奇，然后她感到很悲伤，因为协会从"神经生物学"这个词上退缩了，而她认为这个词很有用。

"如果你在植物身上施加异常的压力，就会看到非常聪明且富于创造力的反应，"她说道，"这使人猜想到一切都具有目的性……神经生物学一词刺激我们设计不同的实验，验证植物的生存并不是场巧合，而是一个有意的进程。"

第二天我再次与弗兰蒂塞克·巴鲁斯卡（Frantisek Baluska）交谈。他穿着一身严肃的黑衣服，对于会议到目前为止还在讨论植物是程序化的机器还是智能系统感到厌倦。在第一天早上他就提交了论文，摘要中使用了"神经植物学"一词，这是关于植物如何感知以及如何将信息转化为行动。他指出，植物荷尔蒙生长素是植物版本的神经传导元。这些观点不被一群晒得黑黑的、傲慢的德国人所接受，他们在会议上表明了相反的立场。

我也问了巴鲁斯卡有关协会名称的变化他后悔吗？他回答道："如果曼库索和我坚持使用'神经植物学，一词'那么协会'至今只会有五个成员'。"

我几乎告诉他，英曼·哈维（Inman Harvey）会认为五个人就行了，但止

○ Paul Alan Cox, Sandra Anne Banack, Susan J. Murch, "Biomagnification of cyanobacterial neurotoxians and neurodegenerative disease among the Chamorro people of Guam," *PNAS*, Vol. 110, No. 23, 11 November, 2003, pp. 13380-13383. Susan J. Murch, Paul Alan Cox and Sandra Anne Banack, "A mechanism for slow release of biomagnified cynaobacterial neurotoxins andneurodegenerative disease in Guam," *PNAS*, Vol. 101, no. 33, 1 August, 2004, pp. 12228-12231.

住了因为巴鲁斯卡不会有哈维那样的剑桥式的自信。巴鲁斯卡在捷克斯洛伐克（Czechoslovakia）出生和受教育，捷克斯洛伐克之前从苏联独立了出来，分成了两个州。从 1981 年开始，他便在斯洛伐克布拉提斯拉瓦植物协会工作。从 1994 年起，他开始在波恩大学工作，直到 2006 年才获得终身教职。

但是他勇敢地与安东尼·特里瓦弗斯（Antony Trewavas）取得了联系，特里瓦弗斯于 2002 年在《自然》杂志上发表了关于植物智力的文章。巴鲁斯卡当时只是感到好奇：他觉得特里瓦弗斯的论文中的支持性数据不符合他所说的"传统观念"。

巴鲁斯卡和特里瓦弗斯实际上比曼库索还要深入一步，他们探索的领域涉及植物的意识，这一概念在德国无人支持。"他们不支持这种形式的科学，"他说道，"他们相信这只是胡说……我们之间有巨大的分歧。主流观点把植物看作自动机械、刺激/反应机体，几乎没有目的和动机，机器人几乎像一个没有感觉的系统……"

协会成员的兴趣主要在信号层面和可能的行为上，他说："他们只是慢慢接受植物是活生生的系统。大多数人不相信它们有感觉或者有意识。"

但巴鲁斯卡却坚决相信。

"实际上，植物就像能上网一样。"他说道，"它们必须观看数百个参数。主流观点接受这个，但不接受有某种事物处理这些数据来应对突然的变化……"

或者说按他的观点，所有植物都具有某种中央处理器、某种计算系统，这种短暂且分散的某物具有反应和决策的能力。

但这一观点被接受前，巴鲁斯卡苦笑着说道："一代人必须死去。"

在我们所坐的长凳对面的商厦前，一排可爱的树木在公园边缘的微风里摇曳，其中有一座丑陋的雕像在风中砰砰作响。学生们蹲在草坪上吃着午饭，一半在树荫处，一半在阳光下。学生们当然知道树木和自己都存在着，但是这知觉能反向运作吗？不管我盯着这些树看了多久，巴鲁斯卡的观点都不可能在我脑海里扎根，我不相信这些树木能和学生们一样有意识，或是能对环境进行反应。

和曼库索一样，巴鲁斯卡也相信不愿接受这显而易见的现象是缘于人们的心理障碍。

"我们依靠着植物。如果它们具有意识且能控制人类，就会使人感觉不好。我们相信自己位于进化的最顶端，而不是植物……"

他是正确的吗？我们以自我为中心的幻觉是否蒙住了我们的眼睛，看不到植物也具有意识？或者说，植物在这个世界上并没有我们所谓的"自我"，而我们不知道如何发现了这一点。昨天晚上，我看见兄弟家的猫猛蹭花园里的薄荷草。猫似乎完全不能抗拒薄荷草发出的气息，而我却一点也闻不出来。猫在植物的叶子前不断跳动，完全被植物带给它的快乐所降服。按照维基百科所说，薄荷草产生的一种化合物吸引了蝴蝶和猫，但它会驱逐白蚁、蟑螂和蚊子（比驱蚊剂 DEET 更管用），而且有药用价值。难怪人类喜欢薄荷草。但是植物的行为是有意的吗？薄荷类植物是否算计出了其化学分泌物对动物的影响，所以在猫来到身边时便释放出这些物质？怎么证实这一点呢？

我告诉巴鲁斯卡，有人说细菌也有智慧，这不是比植物具有智慧和意识更难令人接受吗？

"也不是那么矛盾，"他答道，"细菌太小了，所以不会威胁人类的统治地位。植物活得长些而且独立于我们。人类消失了，大多数植物仍存在；而如果植物消失了，人类存活不了几年……"

我提起弗罗莱若（Floreano）的机器人。他的小型机器没有复杂的中央处理器也能解决问题。"也许植物也不需要这个，"我说，"也许有一组由相同细胞组成的网络就足够了。"

巴鲁斯卡并不同意：弗罗莱若实验室的机器人与植物的区别在于，植物有能力自主行动。巴鲁斯卡认为不存在真正自主的、有智慧的机器，因为真正的智慧要求具有意识，而机器不可能产生意识，因为意识需要几百万年的进化。他说："机器如果没有事先的程序，就做不了如何决策。要做到这一点就需要生物进化……"

"不，"我说道，"只需要更好的芯片。我告诉了他一点点 SPAUN 的事情。但他认为神经形态的芯片也不会有很大的不同。他觉得生物与继起的混合可能有作用，但坚持机器不会自行决策。"

我觉得他只是在制造另一个障碍，认为生物高于一切，其实就是所谓的生物主义。让他说说意识到底是什么，他也答不出来。

我问："你说的意识到底指什么"？

"这没有定义，"他答道。但它是真实且必需的。"我们需要它。如果没有意识，我们就无法生存。"

"这是什么意思？"

他望着我，好像我是个傻瓜。

"如果没有意识，人就无法对环境做出反应。动物、植物也是如此。"

"你所说的植物也如此是什么意思？你是认为植物能够失去知觉？怎么失去呢？"

"嗯。"他说道。植物生产与我们用于自身意识相同的物质，它们合成我们用于手术麻醉的乙烯。"乙烯易燃，因此在 20 世纪 90 年代后就不再使用，尽管它是最好的，病人恢复知觉时不会有剧烈的头痛。""植物受伤或在压力下也会合成分泌乙烯，"他说道，"而植物常常处于压力状态下，它们也分泌乙醇……这些物质是局部分泌的……它们能合成许多止痛剂。"

苏珊·莫奇也说过类似的话。她曾解释过，植物失去一条枝叶时分泌的物质类似于人类的一声叫喊。

所以问题在于它们为什么产生这些物质，巴鲁斯卡接着说："要么它们为人类合成这些物质，或者它们感到痛苦，它们使用这些物质来渡过有压力的时间。"

"但你说它们有可能失去知觉。你怎么知道这一点的？"

"当它们失去知觉时，"他说道，"和人类与动物一样，植物不会有行为。"

他说完成这一切的路径和物质是已知的。我找他要有关此主体的论文。

他答应日后给我，后来他果真做到了。"斯蒂芬购买了一件装置来测量植物根部在光照时挥发的物质，"他说，"结果他测量出根部散发了许多乙醇。"

他愿意指出这些对拟南芥根部光照的研究，对于神经生物学者的意义，与对于植物生理学家的意义完全不一样。在实验室中暴露于光线下，拟南芥幼苗的根须生长十分迅速。生理学家把这种生长归因于对最佳环境的反应。从植物神经生物学者的角度来说，根须因受到光照而使幼苗感到压力刺激。植物加快其根部生长来逃避光线，尽量回到原来的最佳生长状态——黑暗之中。

我回到会议室，还在想着巴鲁斯卡所说的植物和意识，以至于忘记了他说过的生物与机器的混合。我注意到了巴鲁斯卡所谓的逻辑上的缺陷。植物在伤口处分泌乙烯或乙醇并不表示它们在总体上有意识，像我们一样，或能够像我们一样失去意识。就像哈维在蒙特利尔指出的那样，我们人类能体验到不同程度的有意识或无意识。那么植物呢？特里瓦弗斯曾提出，植物智能来源于相似细胞组成的网络所处理的信息。那植物为何和人一样能体验到痛苦？动物神经系统由不同种类的细胞组成，针对不同速度，并按照不同部位和组织进行排列。这是SPAUN遵循的动力系统理论。植物神经和动物大脑神经的这些不同意味着什么？

我也开始觉得我对这门学问引起的意外结果的担忧一定是多余的。目前讨论的这些事没有一样是危险的。我想，植物会发出信号并行动，那么人类是否可以制造出像植物般工作的机器呢？试图找出它们如何行动又能带来什么危险呢？

但还有些事令我迷惑不解。

一位叫河野智谦（Tomonori Kawano）的日本人主持另一场会议。他解释说一位同事没法取得前来加拿大的签证，所以只好由他做两个演讲。第一个题目据说是"草履虫在人造光下的微小自动控制"。草履虫不是植物，只是单细胞生物，在一个大核周边有许多小核。我听得几乎要离会去喝咖啡了。草履虫属于哪个物种并不确定，它们是由亿万年前的共生合并产生的，就是林恩·马格里斯（Lynn Margulis）研究的那种。它们是原生生物——既不是植物，也不是动物。它们是有细胞核的真核生物，不是没有细胞核像细菌那样的原核生物。细胞壁外包裹着小型的桨状结构，在它们生活的淡水中击水前进。我是在天才班上知道的有关它们的知识。

但出于某种原因，我留了下来继续听讲。

这是我做的一件好事，因为河野介绍的工作会使比尔·乔伊高兴到天上去。

河野在北九州大学环境工程系做助理教授。他是协会的资深成员，组织了协会在日本的两次会议中的一次，曾在佛罗伦萨曼库索的实验室工作过一年。在本次会议前几个月，曼库索的国际植物神经（LINV）实验室在日本的北九州科学研究园区开办了一个办公室。曼库索和他的同事正在瑞士和意大利制作模仿植物行为的机器人。曼库索会在本周晚些时候描述这些工作。（他的一位同事会展示一部机器人的录像，像根须一样运动，膨胀于一侧；然后在另一侧膨胀，来绕过障碍物）在日本北九州，曼库索的同事们在河野的率领下做着不同的事情——他们在把生物变成了机器人。

河野说，日本的国际植物神经（LINV）实验室正在与"无数的公司"进行着合作，这些公司的标签在屏幕上不停闪烁，他们试图开发河野所说的植物媒介系统——一种用植物能理解的语言与之交流的方式。由于植物叶子使用光线作为能量来源，而根部不喜欢光线，所以他们首先建立了有发光二极管的实验室来控制植物的行为，并且开发了光线信号。

河野解释说，科学家早就发现植物通过向一侧加快生长（而不是另一侧）来趋向光线。但要用此知识控制植物的行为，19世纪的光线技术还远远不够。人们首先是用蜡烛，接下来是油气灯，然后是电灯泡，然后在20世纪50年代晚期发明了发光二极管LED。第一批LED只能发出光谱表中的红色光，然后是橙色光，再后是黄色光，最后在1993年终于出现了第一个高亮光LED（现在用来照亮计算机和手机屏幕）。这种发光二极管可以发出从紫外线到红外线所有的光芒。

"于是有了克劳德·香农（Claude Shannon）。"河野说道。

香农是与图灵同时代的人，他很早就认识到世界由物质和能量组成，而两者都是信息。香农在贝尔实验室（Bell Lab）进行了支柱性的工作。他关于如何在噪声频道下有效传递信息、如何把信息组织成可开关的组合的观点，对高速电话网络和数字计算机网络的发展有着关键作用。

河野接着说道，植物本质上是信息处理器，这与巴鲁斯卡和特里瓦蒂斯的观点相同。植物行为和光伏效应有相似之处，人工光合作用与光合有机体行为间有相似之处，生物细胞间的通信与计算机语言也有相似之处。河野说植物像计算机一样处理信息。植物计算的是光线和色彩，使用的是自己的一套布尔（Boolean）代数。

我记录这些文字有点儿困难，既因为河野说英语带着强烈的口音，也因为他的观点过于新颖，使人乍看十分吃惊。但后来我发现这不过是中神（Nakagami）的观点的变奏。中神和亚达马特兹基（Adamatzky）认为，黏液菌用它们的身体计算空间问题，例如如何在迷宫中找到吃到燕麦的最短路径。河野的观点是，植物也用身体来测量应对它们的问题。如果太阳在左边，它们就向着左边生长；如果捕食者前来，它们就将发出捕食者不喜欢的特殊的化学成分，这种成分将提醒它的亲属植物改变自身的成分，对其四周看到这一幕的植物更是如此。植物具有适应不同色彩光线的化学光感接收器，从红色到深蓝色，它们还将上一次曝光的历史记录下来。最后的结果是：人们可以通过控制光线让植物计算——按要求生长。

"我们认为植物是会计算的物种……它们可以被认为是自动机器，它们的分泌物则是一种功能，所以植物可以被认为是机器……生物细胞的行为可以用布尔代数进行描述。"他说道。

这与曼库索（Mancuso）的"植物具有智能"的原则相反，即它们根的端部和根部网络形成没有脑细胞的大脑。这也公然违抗了苏珊·莫奇的断言，即植物解决问题时具有创造力和灵活性。河野的意思是，植物就像卢德·古德堡（Rude Goldberg）的机器一样可靠，只要我们给它们的指令相同，它们表现出的行为就永远是一样的。

河野接着说光合作用是"地球上最重要的化学反应,它在光能的作用下将二氧化碳转化成淀粉。当不同颜色的发光二极管快速脉动时,将强迫植物比正常状态下更加迅速和有效地完成这一转换过程。但是还有其他微小的单细胞有机体通过光合作用来获得能量"。他将绿色草履虫作为一个这样的例子。增加发光二极管光线的脉动频率可以将植物的光合反应效率提高约50%。计算机控制的不同频率的光线可以用在粮食作物上面,促进其生长。

我想,聪明,真聪明。想一想这项技术能给温室种植者能带来多大的福音。

但是使用发光二极管提高光合作用的效率只是河野计划的一部分。他大胆地迈出了下一步——对绿色草履虫的微观自动化控制。

就像他所解释的,他和同事对六种不同种类的草履虫感兴趣。这些物种与绿藻有共生关系,所以它们横跨了植物、动物与原生生物之间的界限。它们在水中靠自己的动力前进,像其他草履虫一样以细菌为生,但它们也通过共生的绿藻中的光合作用来获取能量。由于有藻类做伴,所以绿色草履虫可以仅仅依靠光合作用生存。

绿色草履虫由于一直在与身上背着的藻类进行通信而被叫作游泳的核,寄生物与寄主的生理功能都是同步的,就连细胞的区分也是同步的。但是这些共生物也可以相互分开,两者都可以活下来。

"我们可以将草履虫中的藻类拿出来,"河野说道,"在多余的细胞空间里放进其他的东西。"

"放进其他东西?"我自言自语着,一边忙着记笔记。"放进什么呢? 有何意义?"

"一部会运动的机器。"他说道,就好像听到了我的心声。

他说的应该是一台能感知的机器,在没有马达和程序的情况下能自我移动,是一台智能的、自动的、能自我复制的活生生的机器。

2009 年,他和同事表明袋装草履虫的细胞——含有 100 个绿藻——可以被用来搬运物质。他们首先用一种成熟的方法除去藻类，然后进行了一系列试验。他们在清空的草履虫中植入不同材料制成纳米球，草履虫把它们当作细菌吞下。[○]（在随后的试验里，他们提供的是蓝细菌，草履虫也照常吞下。）

然后他们让草履虫把这些颗粒运送到一个特定的目的地。

于是草履虫就用触须载动这些纳米微米级的颗粒，然后被诱导着按秩序游泳，一个接一个，按照泳道穿过微小芯片组成的门。[○]

它们怎样做到这一点的？因为河野和同事们想出了办法让被掏空了绿藻的草履虫对"交通信号"做出了反应。

"多年来人们就知道草履虫会被电流所吸引。"河野说道。这被叫作电导交通：草履虫被吸引到正电子形成的阳极。他和同事们发现改变电子线棒的极性可以让它们改变方向。但这需要小心进行，电流信号太强会使细胞死亡。所以他们继续了曼库索和巴鲁斯卡的工作——研究鼠耳芥根部在光线下的避光行为。[○]

绿色草履虫对光信号也有反应。他们首先使用荧光灯做实验，但紫外线光太强烈了。然后他们试过蓝色、绿色和红色的发光二极管，发现蓝色二极管是细胞运动的良好驱动器。最后他们通过用蓝色光指引草履虫，成功使草履虫拿到了小球并把它送回。

"下一目标是在迷宫游戏中使用有机体，让草履虫吃掉小球，就像帕克曼

○ C. Furukawa, T. Karaki, T. Kawano, "Micro-particle transporting system using galvantotactically stimulated apo-symbiotic cells of Paramecium bursaria," *Zetischrift fur Naturforschung* C, 2009 年.

○ Shunsuke Furukawa and Tomonori Kawano, "Enhanced Microsphere Transport in Capillary by Conditioned Cells of Green Paramecia Used as Living Micromachines controlled by Electric Stimulii," *Sensors and Materials*, Vol. 24, No. 7, pp. 375-386, 2012 Kohei Otsuka, Sayka Maruta, Astukko Novinsu, Kohji Nakazawa and Tomonori Kawano, "Single Cell Traffic of Swimming Green Paramecia on Microchips with Micro-flow Channels Fabricated by Micro-casting," *Advanced Materials Research*, Vol. 875-877, pp. 2224-2228, 2014.

○ K. Kokawa, T. Kagenishi, T. Kawano, S. Mancuso, F. Baluska, "Illumination of Arabidopsis roots induces immediate burst of ROS production," *Plant signaling and Behavior*, Vol. 6, pp. 1457-1461, 2011.

（Pacman）游戏那样。"他说道。

最后他们得到一个活生生的微型游泳机器人，它会身负重物并按光线信号穿过迷宫，会不断复制自己的机器人。这个机器人比威廉·格雷·瓦尔特（William Grey Walter）的智能乌龟要聪明得多。

草履虫游泳的形象在他身后的屏幕上闪现。我瞅见它们用纤毛划水，就像罗马战船上的桨一样。

接下来，他们诱使草履虫一个接一个地游着穿过芯片上复杂的道路，好像它们是运载信息的电子信号。

"它们必须选择一条道路。它们走在左边，"他说道，"它们觉察到他者的存在，它们相互避开。这就是一切。"

我很震惊。这项创新的重要性一点也不亚于20世纪70年代早期对细菌基因的第一次有意重组。相对于制造纳米机器，编好程序使细菌在病人的血管里正常运作，使用有智慧的生物有机体在人体内运输纳米级或微米级颗粒要简单得多。按照巴鲁斯卡的说法，教会任何无机机器掌握草履虫一开始就具备的本领，必须通过无数循序渐进的程序指导：感觉到他者的存在并避开它们，对光做出反应，向某个电极运动，吞下并携带物品，在非常小的迷宫中找到最佳路径。

因为草履虫在进化中已经被设计为具有智慧——意味着它们的行为适应环境，可灵活调整。它们不需要电池为前进提供动力，它们只需要吞食细菌，而细菌到处都有。不必告诉它们何时需要弯曲、何时需要伸直，也不存在机械卡壳的问题。它们完全自给自足，但它们可以由人类来指挥，可能可以在人体内运作。

换句话说，具有智慧、有生命、独立自主动物/植物混合成的机器是存在的，这是巴鲁斯卡试图告诉我的。

这些国际植物神经（LINV）实验室的学者很快将学会引进光线以外的信号来控制植物生长的方向和速度。例如重力，例如特殊的分子信号。而且成果不止这些。如果研究人员能够破解植物的语言，了解为什么特定的植物会产生特定的物质以作为对特定分子信号的反应,植物就能变成活生生的医药工厂。

这不是第二次哥白尼式革命(Second Copernican Revolution)要把人类从生物链的顶端推下去,反而代表了人类重回顶端的大复辟的开始。在遥远的未来,少数一些人可能会控制和影响地球上98%的生物的行为。

我不停地在笔记本上记录,有时意识到自己竟忘了呼吸。过去我太担心如机器变得智能且独立会带来灾难,却从没有想过聪明的生物可以被制成机器人,被人类利用。但植物会反击吗?它们是否会发展出控制自己命运的新的方式方法,就像细菌面对抗生素的挑战那样。

没有法律能阻止这项工作,我一边记笔记一边这样想,没有什么能妨碍这一切。⊖这次没有像1975年分子生物学刚诞生时在加利福尼亚艾斯洛玛尔(Asilomar California)举行的科学家大会,来制定应对新技术带来的安全风险。因为那个时代的著名科学家见识过原子弹的可怕威力,所以公众对在物种间交换DNA片段可能带来的危害有激烈的争论。一些科学家认为这是项极为危险的工作,应该立即停止;有些科学家则对限制了他们思想的自由感到愤怒。主张自由的这一派几乎要离开艾斯洛玛尔的会场,如果不是律师们解释说,如果实验室里有任何差错他们可能要吃大量的官司。最后没有产生任何管理实验人员的机构,只是产生了些总的指导方案。就像詹姆斯·夏皮罗(James Shapiro)所说,DNA重组在自然界中随处可见,没什么可大惊小怪的。不过这事至少经过了讨论。

可是这次将生物机械化甚至没引起这种层次的关心。对纳米技术和自动化机器人的研究没有受到任何限制。自从图灵时代以来,科学家、企业、政府就在致力于人工智能的工作,但一直没有基本立法规定哪一种智能不能开

⊖ 丹尼斯·格拉底(Dennis Grady),"当指挥者缺失时病原体的胡乱作为将增加",《纽约时报》,第一页,2014年7月20日周日,还有:赖按·卡洛(Ryan Calo),"联邦机器人委员会的一个例子",见网页 http://www.Brookings.edu/research reports2/2014. 参见维基百科中介绍的"纳米技术管理者和规则"。

发；又有谁询问过把绿色草履虫变成大狗（Big Dog）机器人的微缩版是否安全；更没人问这是否道德、是否足够理智。

有人会争论说植物利用动物为自己服务，为什么我们就不能利用植物呢？还有人会说人类一直在奴役他者，自从我们种下第一粒种子、驯服第一匹野马、喂养第一头野狼，以及在第一次战争后捕获第一批奴隶。那这又有什么不可行的呢？

当然，仅仅因为我们一直在做某事并不是要继续做某事的必然理由，特别是在我们不知道其结局的情况下。

我一边努力做着笔记，一边竖着耳朵听，肯定会有人询问河野（Kawano）对其工作后果的看法，不管是有意的还是无意的后果。

但没人提问。

我猜迈克尔·波伦（Michael Pollan）肯定会有话说的，让他提问吧，他是位资深记者。

还是一片安静。

最后我抬起头，四周看看，发现波伦并不在房间里。我来提问吧，我对自己说。但此时河野已经开始让下一位发言了。

所以对人类将被提升为地球上98%的生物的主宰一事，没人提问。

一个问题也没有。

16

这里走来了律师

大多数非虚构作品的作家在开始写作时，就在脑海中设计了叙述弧线。我的计划是开篇使用一次同学聚会，末尾使用另一场聚会——一场法庭审判。为什么？将智商高的孩子集中起来组成天才班，只是优生运动"科学"计划的一部分，为的是增加所谓聪明优秀学生的数量（即高智商的白人孩子），为善良人赢得这场冷战。该计划的另一部分包括禁止"有缺陷者"生育下一代，不许他们从基因上淹没比他们强的人。优生主义者十分彻底。他们不仅宣传跨民族婚姻（科学家喜欢把这个叫作"杂交混血"）所谓的危险性，而且要求立法授权摧毁道德上不健康的"傻子"的生育能力。他们也诊治智商比正常值低一到两个标准的"特殊"儿童。优生学已经消失很长时间了，但优生学家的智力理论还在继续发挥威力。休伦尼亚市（Huronia）引发的一起集体诉讼案，在公众法庭向人们展示了这些"劣等儿童"受到了怎样的对待。

我认为在人文类和政治类书籍的结尾处，关于智能本质冗长的探讨应该有一个结局。休伦尼亚的集体诉讼案说明，关于智能本质的错误观念怎样对人的生命构成了毁灭性打击。我觉得另类特殊儿童的命运可以为本书作完美结局。（弗朗斯 B. M 德·瓦尔先生，你不会在此开怀大笑吧？）

2013 年 9 月一个周二的寒冷的清早，我被当地新闻广播唤醒，广播员正在介绍一起状告安大略省的集体诉讼案，原告代表的是 1945 年到 2009 年关押在休伦尼亚地区中心的所有人。智商低的儿童被关在这里（还有它的前身机构），一代又一代地过了一个多世纪。这个案件原本应在前一天开庭，但没有实现。晚上的新闻告诉我们，两位主要原告中的一位，还有另一位的法定保护人——一位女士，曾抱怨有人向他们隐藏了案情的细节。

自从案件开始我就对它十分关注。我认识原告的律师，理解他们对发生在休伦尼亚事情的强烈感情。[一]在这里我承认，我当时养成了个可笑的习惯，认为我在天才班的岁月和休伦尼亚（Huronia）原告们的岁月在道德上是画等号的。我告诉自己，通过这次审判，休伦尼亚的同学会重温悲伤的记忆，充满获得补偿的希望，就像我在同学聚会时感到的那样。他们会为损失感到悲伤，就跟我一样。

他们班上有成员在死亡，我的班级里也有。自从同学聚会后，又有两名同学离世，其中之一是天才男孩亚历山大（Alexander），他藐视一切规则，善于绘画罗马士兵在秋季的群山中行军。

但当我终于在开庭前读完起诉书，我完全对自己想象的画等号感到惭愧。把我的经历与休伦尼亚同学的遭遇画等号，就像假设纳粹集中营里的看守与里面的囚犯有同样的遭遇。

我很奇怪的是，原告们竟不知道审判被延后了。我自己曾在星期天发电子邮件给律师事务所询问开庭时间，以及在哪一间法庭审理，但我被告知案件将延迟 24 小时开庭，然后告诉我没接到通知不要来法庭，以免扑空。通知一直没有来，但是听到新闻广播后，我感觉法庭上要发生某种重要的事情。

所以我穿上衣服，驾车向法庭奔去。

原来科斯奇·明斯基（Koskie Minsky）有限责任法律事务所的科克·巴尔特（Kirk Baert）、赛莱斯特·坡尔塔克（Celeste Poltak）及其同事在第十一个小时从安大略（Ontario）政府那边得到了一个解决方案，在他们为安大略集中营人员代理的三个案件中，这是有希望获胜的一个，其他两个分别在里

（一）我知道多伦多律师事务所、考斯基·明斯克有限责任公司的柯克·巴尔特和他的同事瑟莱斯特·博尔塔克，因为在两起我参与的涉及加拿大报纸和杂志的自由撰稿人的电子权益的官司中，他俩是律师团队中的首席成员。这两起官司分别叫做罗伯特森第一案和罗伯特森第二案，因为主要的原告都是极其聪明、又极其顽固的记者兼作家海特·罗伯特森（Heather Robertson）。律师团队在两起官司中为自由撰稿人们共获得了数百万美元的赔偿金，我也从中受益。

多（Rideau）和西南城。

140多年来，被认为愚蠢得无法生存的成人和小孩被剥夺了公民权利，隔离到像监狱一样的地方，完全受导师和职员们的控制。休伦尼亚地区中心后来相继叫做安大略疯人医院、神经脆弱者医院，最后叫作安大略医院学校。但它既不是医院，也不是学校。正如被告的起诉书所说，"证据将证明这里没有一点点教育的成分。"[⊖]

按照学者凯特·罗西特（Kate Rossiter）和阿纳里斯·克拉克森（Analise Clarkson）在《加拿大残疾人研究》（*Canadian Journal of Disability Studies*）杂志上发表的关于休伦尼亚（以及里多和西南城）的文章，这些地方是按照维多利亚时代的"医学教育"理论建立的。送到此地的孩子据说不受社会的侵害，在社会的控制下学得实用技能。把他们藏起来以与其他人隔绝被认为是进步性的解决方案。[⊖]起初，这里没有区分智力上的不足和精神问题，但后来加尔顿（Galton）的优生学理论出现了。第一次世界大战前，比内（Binet）发明了能鉴别出智力"故障"的智商测试，测试以后是诊断，确诊后就要一辈子被关起来。随着自称能测出孩子们智力潜力的智商测验的出现，被关进这些机构里的孩子一天比一天多。这里成了接收考试分数低的孩子们的场所，但同时也收留特别贫穷、极端困难的孩子们或者孤儿。

就像凯特·罗西特（Kate Rossiter）和阿纳里斯·克拉克森（Analise Clarkson）所说的，"在加拿大，测试的结果是导致像奥里利亚疯人院（Orillia Asylum）这样的特殊机构的增长……像多伦多（Toronto）这样的城市中心建立了基于智商测试的新的'科学'方法的教育系统，帮助给学生排名，分离

⊖ 双方是：原告玛丽·斯拉克（Marie Slark），其法律监护人是玛里琳·多尔玛吉（Marilyn Dolmage）；帕特里西亚·塞斯（Patricia Seth），其法律监护人是吉姆·多尔玛吉（Jim Dolmage）。被告是皇家安大略省。开庭地点是安大略高级司法法院。见被告的开庭陈述（2013年9月6日开始的普通案件中发行），第一部分，第七段，法院文号 CV-09-376927CP00。
⊖ 出处同上，凯特·罗斯特（Kate Rossiter）和阿纳里斯·克拉克森（Analise Clarkson）。

出'有缺陷'的孩子……使人们永远相信'精神异常者'正在给城市造成越来越大的威胁。"

从外面看，休伦尼亚、里多、西南地区中心像被农田包围的气势宏大的建筑，但里面却是正在腐败的虫洞。职员从来都是不足的；家长和亲属很少来探望这些关起来的人，因为不鼓励或禁止他们这么做；管理者甚至可以在门口挂上"劳动创造自由"的口号；在里面，聪明一些的照顾笨一点的，强壮的去田里劳动，或者为纺织工业制作衣服（报酬却归政府所有），或者打扫卧室、玩具室和洗漱间；那里陈旧肮脏，人员密集；这些干活的人几乎得不到任何报酬，他们没有任何隐私、没有任何自主、没有任何保障。一个对休伦尼亚的调查写到："……那些本来可以被社会吸收的成员……却成为这些机构的劳动力，因为能赚钱而不愿意释放他们。"所以，这些人像奴隶一样被关押。在这些地方，正如柏拉图的《理想国》（*Republic*）中的特拉斯马库斯（Thrasymachus）所说，正义变成了强者的利益表现。

由于人员密集，卫生条件差，因此被监禁人员受到各种疾病的侵袭。他们还遭到其他监押人员的侵扰、殴打和奸污，包括工作人员的侵犯，这些人很少有规矩，更没有责任感。被监禁人员是犯罪的受害者却毫无申诉权，就像待在坟墓中，直到政府把他们救出来，但有时政府却忘记了他们，一些人只能很早就死去，有的死得很悲惨。

1960 年，著名记者兼作家皮埃尔·波顿（Pierre Berton）访问了休伦尼亚，他朋友的一个孩子在那里。波顿对他看到的景象感到愤怒，便在《多伦多星报》（Toronto Star）上发表了他的所见所闻。他描述了肮脏、腐败、可怕、残酷的景象——人员高度密集，职员却极度缺乏，对无防卫能力的人进行奴役。他写到，第二次世界大战后，很多德国人辩解他们不知道纳粹集中营中发生的一切，而今天的安大略人却没有这样的借口。波顿说道："因为已经有人告诉了你们这一切。"

但是 50 年来没有人为此做任何事情。政府最后盯上了休伦尼亚、里多和西南城，在 2009 年让它们关了门。那时起，律师开始整理文件介入此案。

巴尔特、坡尔塔克和同事要求休伦尼亚为没尽到监护责任赔偿十亿加元，并另外赔偿十亿加元作为惩罚措施。（在另两案中，他们也提出了相同的索赔）。

真正奇怪的是，政府竟坚持了这么长时间。政府也承认里面的许多恶行，包括：未能达到看护所需的公认标准、使用人员进行无偿劳动、从学生的账户里扣钱、未能教育学生、未能保护学生、甚至未能保持住宅的清洁，更别说让里面的人体面地生活了。但是政府的辩护词却可归结于一点：所有这些疏忽都无所谓，因为这些孩子在进来前就已经被毁掉了。

在休伦尼亚学生被剥夺了如下权利：在没有罩子的床上睡觉（只要职员如此决定了），保管自己的财产（如果职员如此决定了），在浴盆中洗澡而不是躺在一张桌子上接受淋浴（如果职员如此决定了），免受皮肤病和蚊虫叮咬的侵袭。休伦尼亚的文件显示，百分之七八十的学生感染上了乙型肝炎，如果在那里待上两年，几乎所有人都会染上此病。

一位专家解释了仅仅在休伦尼亚待上一年就会遭到的损失，不管是否真正受到了折磨、殴打、奸污或强制劳动。如果说智力是与某种特定环境接触的直接产物，那么休伦尼亚为它的孩子们所做的一切，如下表所列，正提供了一个良好的例证：

> "损坏的语言发展能力；
>
> 建立社会交往关系的困难；
>
> 具有攻击性；
>
> 能力受损，从而建立依附关系或纽带；
>
> 自尊度的降低；
>
> 粗大运动和精细运动的能力受损；
>
> 精神活动受损，尤其是语言能力；
>
> 习得性无助的症状。"

休伦尼亚一案的主要原告都在六七岁时被挑选接受这特殊教育，其实在这个年纪段没有智商测试能正确预见其学习潜力。原告之一是被儿童援助协会（Children's Aid Society）带离家庭，后来送到休伦尼亚的。两位原告都曾有过痛苦的经历：都曾没吃没喝，其中一人曾被用天线刷暴打，并被倒置着把头浸入冰水中。她还被灌下危险的药剂，作为对她向外泄密的惩罚。整个在休伦尼亚的时间里，她被迫生活在令人胆战的恐惧中。后来她被送到了集体家庭中，但这些折磨依然伴随着她。另一位原告在被送到休伦尼亚监管的集体家庭后遭到了性侵犯，在那里没有可信任的人进行倾诉，不过她还是更害怕被送返休伦尼亚。她后来上了高中，进了大学。这些原告是幸运的，她们活着逃出了休伦尼亚，而很多人没这么幸运。休伦尼亚有一片专供无名者的墓地。另外两案中的主要原告也有着相同的命运。

他们的智力和我们一样在出生时其实都没定好。我的智力由于良好的环境得以不断提升，他们的智力由于多年的折磨而被消磨了。被释放后，他们有过挣扎，学习了知识，通过自己的努力创建了生活，现在他们希望得到真正的公平正义。

三辆电视转播车停在多伦多（Toronto）标志性的加拿大人寿保险公司大楼前，安大略高等法院在这里有法庭。在我找到第五法庭的时候，旁听席的座位已几乎坐满，我抓到了最后的一个空位。同时，法庭工作人员吵嚷着要在走廊和大厅加上更多的座位。

旁听席上挤满了头发灰白的老人，还有许多身体臃肿像我一样的中年人。很难看出谁是以前的关押人员，谁是他们的亲属或朋友。只有少数几个人看起来有残疾。几个在一起说话的妇女看起来是先天愚型（Down's Syndrome），有一位女士的腿看起来特别短。我身边一位困在轮椅里的男士睡着了。一个高个子男人用非常高且怪异的声音说话。

旁听席中的一位中年女士拿着一个小孩的黑白照片。她是玛里琳·道尔玛奇（Marilyn Dolmage），是原告玛丽·斯拉克（Mary Slark）的法定监护人。道尔玛奇的兄弟罗伯特（Robert）三岁时进入休伦尼亚，八岁时因肺炎得不到治疗而死在那里。她在 19 岁时在休伦尼亚获得了一份工作，最后成为斯拉克的社会联系人员。她们成了朋友。

随着职员打开门迎接法官的到来，席位上的人们都安静了下来，他们脸上充满了期望和生机。

我希望今天别让正义再次只代表强势一方的利益。

法官加罗林·霍金斯（Carolyn Horkins）夫人热烈欢迎我们的到来，因为这法庭属于所有的安大略人，有些人昨天就到了，但因没有开庭感到失望，她对此表示歉意。会有一个解释的。她尽力使每个人感到已融入了这秩序井然充满庄严的法庭，尤其使每个人都感到受到尊重。

科克·巴尔特站了起来。他要宣布一份解决方案。对于前一天到来旁听的人他表示歉意，但是律师必须和政府谈判，直到达成某种协议或谈判破裂，所以直到今天才能有所宣布。一个小时前，他们和政府达成了某种协议。

法官请他说一说具体情况。

首先，巴尔特说道，政府将向休伦尼亚的每一位学生签署一份道歉信；其次，政府将向所有参加集体诉讼的人共赔偿现金 3500 万加元。

这与原索赔的 20 亿加元相比只是个小数目。席位上的人们开始骚动，开始议论纷纷。

巴尔特描述了索赔程序。律师们估计活着的学生还有 3000 余人。其中只对因关在休伦尼亚而丧失的自由提出一般性索赔的将每人得到 2000 加元。提出具体伤害的将按照所谓的钟形曲线进行赔偿：最大伤害获得最多的赔偿，殴打、强奸等受害者将获得 42000 加元的赔偿。省政府将永远照看那一片无名墓地，并用全球定位系统（GPS）搜索无记录的埋骨之处，并为它们做上标记，还会并在那里竖起一块纪念碑以纪念那些在休伦尼亚受苦的人。在整个事件中产生的 65000 份文件，将按照信息自由的原则和隐私法案中的规定，向专家学者和集体诉讼中的所有成员公开。如果赔偿费还能剩下一些，将用于帮助有残疾儿童的家庭，或帮助曾受苦难的人讲述他们的故事。[○]但是，这一解决方案意味着将来不能为休伦尼亚向政府提出任何索赔。

席位上传来了更多的嘈杂声，人们开始计算他们能获得多少赔偿，以及对就这样了结此案感觉如何。他们本想把此案做成揭露事实并达成和解的范例，公开创伤并以此医治它——向社会公开他们的经历被认为是正义的一个重要组成部分。法官提醒大家，律师为达成协议作了很大的努力，但是诉讼方的成员如果对和解方案中不满意，还是可以在日后提出申诉。席位上传来了一致的叹息声。

"感谢你们大家的到来，"法官接着说，"……我希望它为每一位成员提供了满意的结局。"她站起身离开了房间。

那位声音奇高的男子站了起来。他开始哭泣，"我们胜利了!"他长声嚷着。

主要原告之一的帕特里西亚·塞斯（Patricia Seth）也哭了起来。

"您是感到高兴还是悲伤?"我问她。

"两者都有。"她回答道。

一方面，他们希望公开自己的遭遇；另一方面，他们将得到一些金钱赔偿，一个道歉和一座纪念碑。这一次，这个特殊班级中的成员感到自己是我们这个有智慧物种中的正常人员，将受到占据智慧层级顶端的人士的正常对待。

法院门口的台阶上占满了等候着的采访人员。

"我们赢了"，那位男士一直在高呼，"我们赢了"。他的图像第二天出现在新闻报纸上。尽管赔偿金比原希望的缩水很多，但他的手臂依然像获胜的

○ 法院最后批准了所有三项解决方案：三项涉及的现金部分总计达 6770 万美元。考斯基·明斯克律师事务所因为代理休伦尼亚案件而获得了 8 117 617.13 美元（包含税款）的报酬，代理里多（Rideau）的案件获得了 2 814 913.80 美元的报酬，代理西南地区的案件获得了 2 814 913.80 美元的报酬。两个案件总共获得了 15 754 484.13 美元的报酬（含税），即总数的 23%，低于对集体诉讼代理补偿的高限。

拳击运动员一样高举，不过是由他女儿抬着的。这是真正的胜利。如果让优生主义者得行其道，他根本就不会被允许生下孩子。

在我眼前的这一幕虽已落下，但我的叙述还远没有结束。像肥皂剧般上演的大猩猩基金会/爱荷华灵长类动物学习中心（IPLS）的情况又如何呢？慈善机构拥有的那些倭黑猩猩的近况又如何？尤其是它们之中的明星凯兹怎么样了？这家机构运营不佳，由一位女士管理，她用自己的钱维持着慈善机构。

整个 2013 年，我不断检查各个网站以跟踪事情的进展。著名学者休·萨瓦尔—鲁姆博夫（Sue Savage-Rumbaugh）自从 2012 年来到爱荷华灵长类动物学习中心（这是它的正式名字，简称 IPLS，还叫作大猩猩基金会）以后，这里看起来是她准备长期干下去直到退休的地方。不过她的工作地好像还有倭黑猩猩希望培育中心（Art for Bonobo Hope Sanctuary），法定名为倭黑猩猩希望工程公司。我在某一时间向 IPLS 的媒介页面发出了问候的电子邮件。

伴随着巨大的兴奋，我终于等来了一个叫塔米（Tami）的人的答复。她把我的邮件转发给了 IPLS 的新任执行长官斯蒂夫·博尔斯（Steve Boers）。

博尔斯是爱荷华州一家叫 T3 的技术公司的注册代理人，这家公司是乐维顿（Leviton）公司产品的专业安装者。乐维顿公司在其网站上把大猩猩基金会作为技术转让的对象。上面介绍产品用途时，使用了凯兹（Kanzi）的图像，它正在玩触摸屏式的字母图板。

博尔斯感谢我与他接触。我回邮件表示希望查阅基金会和相关机构的有关情况。我提出了许多问题，要求得到基金会最近对爱荷华州政府的报告，要求知道其董事会成员名单。他回应要对我和我的项目有更多了解。我告诉他我正在写一本关于智能的书以及为什么需要这些文件。然后他回答，机构正在进行"重新命名"的过程，他感到"此时没必要成为任何杂志"的一部分，但还是"感谢想起了我们。"

这种情况持续到 2013 年 12 月，这时萨瓦尔—鲁姆博夫的名字不断出现在各种场合。当地的报纸报道了动物权利项目的法律行动，要拯救关在纽约州各种机构里的大猩猩，还给它们自由。这家董事会里有简·古道尔（Jane

Goodall）的慈善机构采取了一种十分有趣的策略来定义大猩猩的权利。2013年12月2日，项目组的律师向纽约最高法院递交了第一份动议，接下来又在两个不同的法庭提交了另外两份。

这些动议要求解释监禁大猩猩的合理性，即"监护权"，同时要求立即释放被监禁的四只大猩猩——两只被关在一所大学实验室里，用于研究运动学；另一只住在牲口棚的笼子里；另一只在一家所谓"疗养院"的私人庄园的笼子里。它们分别关在苏佛尔克（Suffolk）、尼亚加拉（Niagara）和福尔顿（Fulton）这三座城市里。律师事务所要求法院释放济科（Kiko）、汤米（Tommy）、利奥（Leo）和赫尔克里士（Hercules）四只大猩猩，因为它们是有自我意识的、独立的存在，应该拥有自由权利（一定程度上的），不应该作为商品被买卖。他们指出纽约州在废除奴隶制很早以前就承认了奴隶的人权，也承认动物作为信托金的受益者时具有人格，公司作为信托受益者时更是如此，那为什么不承认大猩猩具有的权利呢？法官迅速拒绝了律师所的三个动议，但律师并不沮丧。他们将在纽约州提起诉讼，因为对"监护权"的争议他们拥有自动的上诉权利。猩猩一案将在上诉层面重新审理，结果可能不一样。

为了支持这些动议，律师所取得了多年研究猿猴的著名专家的书面陈述，这里就有休·萨瓦尔—鲁姆博夫。

在2013年11月22日的书面陈述中，萨瓦尔—鲁姆博夫自称目前是爱荷华灵长类学习中心（ILPS）的终身主任，发表了181篇科学文章，写了几部书，经常在公众场合进行演说，拍了好几部纪录片。她列举了自己的资质，例如博士学位、荣誉博士和其他受人尊敬的头衔，还包括被《时代》杂志选为世界上100位最有影响力的科学家之一。

她解释说，科学家证明大猩猩与人类的遗传基因DNA有99%是一样的，

㊀　在这起案件中，自由党要求把猩猩送到北美动物健康联盟所辖的一家疗养所中，那里具有北美洲最类似于野生状态的环境，大猩猩们将在那里度过余生。

这说明：

> ……对大猩猩的行为研究证明，它们具有自我意识能够自主行
> 动，能够推理和思考，能够习得象征性的语言，那我们就必须严肃
> 看待这些发现。它也保证了以下事物：
>
> e）在自然环境下、大猩猩可以发展出和利用自我意识、自我帮助和
> 智慧来生存。
> f）它们将建立基于规则的、有意识的、成功的社会结构，使它们能
> 利用文化力量而不是自然本能，并以集体形式生存。
>
> "……这种'超越'自身，把自己的行为当作别人的行为一样反
> 思的能力，使得自己成为思考的对象。这是人类文化、语言和道德
> 体系得以建立的基础。"

萨瓦尔—鲁姆博夫会如此费力宣称研究机构里的猿猴是有权享受自由的法人，这令我感到奇怪。不到一年前，当她还在兽医朱莉·吉尔莫（Julie Gilmore）领导下，是爱荷华灵长类动物学习中心的首席科学家时，她签署了一项协议旨在解决那里实验用大猩猩的使用权问题，还有一个必要的附属协议。

而倭黑猩猩的所有权问题开始于 2009 年，当时自称拥有凯兹的养母玛塔塔（Matata）的亚特兰大动物园，决定把玛塔塔和它的儿子麦莎（Maisha）出于喂养原因搬到另一家动物园去。同时刚果民主共和国也写信询问其前政府（扎伊尔）1975 年租给美国人的四只黑猩猩，其中就有玛塔塔。租借协议签署二十年后，玛塔塔被送到了经营亚特兰大动物园的慈善机构那里。动物园把玛塔塔借给了佐治亚州政府，后者又把它交给了基金会。现在动物园要求抚养它，而刚果政府想要回它作科学研究。到 2010 年 2 月，这个烂摊子被甩到了美国联邦法院那里，由它决定黑猩猩的去向。

2013 年 1 月达成了某种协议。

该协议授权萨瓦尔—鲁姆博夫和倭黑猩猩希望工程公司决定基金会里所有倭黑猩猩的去向，而玛塔塔则归属刚果政府。

2014 年年初，海蒂·林恩（Heidi Lyn）回复了我咨询信息的邮件。"基金会的情况正在发生变化。"她说道。她怀抱着希望。

"什么"？我问道，心想这太好了。凯兹和它实验室的伙伴们终于能被送到疗养院去了。

林恩告诉我休·萨瓦尔—鲁姆博夫（Sue Savage-Rumbaugh）已经离开了，林恩认识的几位科学家正在接手管理工作，很快就会开始真正的科学研究。

的确，2014 年 1 月 30 日的一篇报道称，在发表支持律师所的书面讲话后几个星期，即 2013 年 5 月，休·萨瓦尔—鲁姆博夫离开了 IPLS 前往新泽西（New Jersey）追求自己的发展。肯尼索（Kennesaw）州立大学的塔格里亚拉特拉（Jared Taglialatela）博士和埃默里（Emory）大学灵长类研究中心的威廉·霍普金斯（William Hopkins）博士从 2013 年 9 月开始接管 IPLS，后者是林恩的科学实验导师。与此同时美国国会通过了决议，允许国家健康协会出钱照料用于科学实验后退休的猩猩们。霍普金斯成为科学实验主管和科学计划经理。

我登录霍普金斯和塔格里亚拉特拉的网页查看他们从事的工作。他们俩都使用生物学方法研究猿猴。霍普金斯并不把猿猴置于人类的文化中（尽管他曾与休·萨瓦尔—鲁姆博夫合作发表过文化研究）。他将行为，尤其是沟通能力主要归结于大脑和基因的机能，尽管最近他发表了把智慧作为继承式现象的论文。他对类人猿的大脑进行核磁和计算机断片扫描以获取图像，追寻猿类基因的多种状态表现，他称之为"动物模型"，可以产生治疗人类"社会大脑问题"的药方。塔格里亚拉特拉（休·萨瓦尔—鲁姆博夫的同学）也按类似路线进行工作，特别致力于"脸部与口部动作控制的神经学基础"，重在类人猿的交际行为和它的进化历程。我觉得这两位不难从国家卫生基金（NSF）和国家智力健康研究所（NIMH）取得资助，因为他们的工作正好符合资助标准。

　　显然，休·萨瓦尔—鲁姆博夫把这两位带进爱荷华灵长类学习中心（IPLS）为的是在她因病离开期间，中心的工作能平稳进行。

　　但是休·萨瓦尔—鲁姆博夫离开 IPLS 的原因并不完全像《得梅因纪事报》（Des Moines Register）报道的那样，尽管 2013 年的大部分时间她都在新泽西治疗由实验室里的一次摔倒而引起的头伤，但她在 11 月份回到了得梅因（Des Moines）。

　　萨瓦尔—鲁姆博夫的律师后来告诉解决黑猩猩所有权一案的法官说，萨瓦尔—鲁姆博夫在未接到通知的情况下被从 IPLS 的董事会中解职，从 2013 年 11 月份起不让接触中心的类人猿和现场。她离开爱荷华州时没有工作，并被拖欠五十万美元的工资、劳动补偿和未偿贷款。但 IPLS 如何能够在 11 月解雇萨瓦尔—鲁姆博夫却是个谜团——因为该公司在此之前已经不存在了。

　　2013 年 8 月，爱荷华州解散了公司。IPLS 此前由于高层没有为其工资单缴纳失业税而欠下了 75 000 美元的税债。萨瓦尔—鲁姆博夫也没有填表，也没有缴纳这笔保留 IPLS 公司的不多的费用。只要补交了税，其公司地位就能恢复，但却没有钱来这么做。倭黑猩猩疗养院的母公司倭黑猩猩希望工程公司也被解散过，但后来又恢复了公司地位。

　　2013 年 12 月 18 日，威廉·霍普金斯又成立了一个新的非营利机构——类人猿认知与交流协会（网上叫类人猿认知与保护工程，简称 ACCI）。就在同一天，已解散的 IPLS 发出单据，将名下所有资产（不含安置协议下它所负有的债务和责任）包括黑猩猩（但不包括刚果的玛塔塔）都转让给 ACCI，只收取一美元。销售单据由威廉·霍普金斯和麦格·费茨（Meg Fitz）代表 IPLS 签字，代表类人猿认知与交流协会签字的也是这两人。萨瓦尔—鲁姆博夫的律师同一天收到关于是否应就 IPLS 的解散咨询联邦法院的询问邮件，律师回答"应该"。IPLS 的律师还建议成立个新的无名公司来接管 IPLS 的资产和除特德·汤森（Ted Townsend）留下的债务外的全部义务。但没有人公开财产的转移实际上已发生了。

　　除了无偿得到资产外，类人猿认知和交流协会（ACCI）还发展出了一套有趣的经营策略。塔格里亚拉特拉（Taglialatela）建议 ACCI 可以支配来现场工作的研究员的工资，从而实现收入；还可以从愿意出钱成为协会的伙伴以获得使用权的大学那里获得收入。他也提到了美国国家卫生研究院（NIH）可能会为 ACCI 送来 20～30 只大猩猩，它们即将从政府的研究项目上退役。在 2014 年 3 月的一封信中他指出，由于名字中有了目标和对象，因此"管理和照顾大猩猩的费用支持将主要由 NIH 提供，所以将增加用于行为研究的类人猿的数量，而不需要我们额外付费"。

一些大猩猩已经退役了。

难以想象凯兹会喜欢伸出手臂接受注射或让人用核磁共振扫描它的脑袋，尽管我知道这也没什么大不了的。任何希望研究黑猩猩的科学家都可以为 ACCI 带来金钱，霍普金斯和塔格里亚拉特拉已经签署了三位自费到 ACCI 做研究的人员。还有四位向霍普金斯提出了申请，其中一个就是海蒂·林恩。另外新成立的道德委员会，即机构内动物照顾和使用委员会（Institutional Animal Care and Use Committee）的成员包括：朱莉·吉尔莫（Julie Gilmore，曾任 IPLS 主管，是一位小动物的兽医）、阿尼森·贝内特（Allison Bennett，威斯康星大学心理学系助教，对神经生物学研究有兴趣）、塔米·沃特森（Tami Watson，一位志愿者）、杰克. J. 普莱斯（显然非常熟悉得梅因市的房地产）和塔格里·亚拉特拉（Jared Taglialatela）。这最后一位不大可能对他自己创建的协议投反对票。

萨瓦尔—鲁姆博夫的律师威廉·兹夫查克（william Zifchak）是一位劳工法方面的专家，是凯伊·肖勒（Kaye Scholer）公司退休的合作伙伴，告诉我休·萨瓦尔—鲁姆博夫第一次被解雇时找到了他。她当时放弃了在佐治亚州立大学（Georgia State University）的教职，来到爱荷华州，爱荷华州的一位律师劝她签署一份在她被解雇时只能得到一年的工资的合同。

她签署了这份合同，后来经朋友介绍才认识了兹夫查克。她当时以为中心会为猿猴们提供一个家，为她本人提供终身的工资和工作。但是，就像兹夫查克所说的，特德·汤森并没有把这个写进去，"他是条蛇，你可以写上是我说的。"兹夫查克 2008 年 2 月第一次见到萨瓦尔—鲁姆博夫时，她显得十分沮丧，简直就在崩溃的边缘。为什么？因为那些黑猩猩就是她的家人，而她被拒绝去探望它们。

那时兹夫查克成功地与基金会签了份新的雇佣协议，使萨瓦尔—鲁姆博夫回到了中心，但没回到原来的职位。他帮助萨瓦尔—鲁姆博夫于 2011 年恢复了职位，2012 年 12 月再次恢复。他协助萨瓦尔—鲁姆博夫解决谁拥有哪只黑猩猩的问题。他使各方清楚主要解决方案的成立，依赖于附属协议，即将处置黑猩猩的权利完全交给萨瓦尔—鲁姆博夫和黑猩猩希望工程公司，因为那时他不信任基金会中的某些人。

2014 年夏天，兹夫查克找到依然管理着解决方案的同一位法官，请求他实施上述权利，至少强调萨瓦尔—鲁姆博夫有权决定还在 ACCI 的五只黑猩猩的命运。（那时玛塔塔已经死于 ACCI 的监护室，所以不必考虑刚果政府。）他争辩道，既然爱荷华中心已经失去了功能，萨瓦尔—鲁姆博夫及其黑猩猩希望工程公司就拥有了对剩下的活着的黑猩猩的完全处置权。她希望把它们带到密苏里（Missouri）州专为它们修建的房屋中。这会让 ACCI 手里只拎着个大空篮子。

对于使用了多少时间、多少精力应付这些问题，他直言不讳，无偿的专业服务，他清楚说明这冗长的事物耗尽了他的精力。但另一方面，生意就是生意。"他们说纽约的律师是贼，"兹夫查克说道，"可是和爱荷华州的律师相比，我们的名声还是要好些。所以这场官司还在继续。"

他的策略是什么呢？

"用火烧尽大地。"他说道。

后　记

　　一本书的作者应当在书的最后用一篇生动的散文将所有松散的结局巧妙地编织到一起，这篇散文中应当充满人力管理人员风趣的谈话，和使读者合上书很长时间后还会像毛刺一样挂在心上的奇妙比喻。对着比喻的镜子，我摇着比喻的手指对自己说：就在这个书皮中为智能下一个新的漂亮的定义。当您读这本书时，请预测一下以下事件的后果：制造像植物一样聪明的机器人、微生物机器，还有类神经元芯片，它能够正确滑入你辛勤工作的细胞之间，并让你变得比雷·库茨魏尔（Ray Kurzweil）还聪明。告诉我们后果是什么。

　　我一直在没完没了地捣鼓这种“这到底是什么”的比喻。一开始，我尝试的是：智能是任何为生命的延续进行斗争而凸显的特质。（我几乎可以看到英曼·哈维在嘲弄地摆着手，于是我将这个比喻扔到了一边。）下一个是：智能是对这些斗争的叙述。叙述整理了信息，厘清了能量和物质之间的相互作用。卷入动态关系中的代理人（角色）创造出了一种难以形容的事物——故事，而不仅仅是对其行动的汇总。每一个叙事都有一条曲线：开始、增长、变小、结束。所有叙述都处于更大更复杂的关系中，伴随着一路上不同种类的故事不可预测地出现。没有一个能够像“雏菊世界”里的雏菊那样永远存在下去。这样你就能够将生命——和生命的版本——与计算机程序区分开来。

　　有那么一个幸福的时刻，我认为把智能比作叙事简直太聪明了，它甚至具有成为真实的可能性。但这时，我身体里的那个记者斥责了我的傲慢，并提醒我比喻只是已知事物与某种难以理解的事物间的联系而已。

　　深思熟虑之后，我觉得没有人（甚至包括建造了 Spaun 的这些家伙）会将进化这一持续计算过程中出现的无数种智能版本所共有的一项必备功能孤立起来。身体将不断改变以适应新的环境，创造出更多令人惊奇的决策途径和方法。很难将发明钓鱼的红猩猩的智能与通过感应电压变化捕捉自己晚餐的小鱼的智能进行比较。智能绝对是可塑造的，而且特别令人敬畏。然而智能也是具有共同性和文化性的。考虑一下我们这些具有生命的事物共同行动时所做出的所有转变：将我们自己融入更大的关系网中，创造出更为复杂的故事和更大的集体。

再说说对未来的设想。没有哪个清醒的人胆敢预测智能机器或机器生命的未来，因为现状是如此势不可挡，每一项发明都会引发更多的发明，以至于机器进化的速度不断加快，步伐也越来越大。在我度过的短短的岁月里，变化的速度已经由迅速变成了快得如同幻影。难以理解的事情随时可能发生。

以前的人还是可以对未来进行预测。我认为，我父亲的父亲不会像我一样对未来感到恐惧、兴奋或疏离。我的祖父出生于现在的乌克兰南部地区，那时达尔文刚刚去世，主流科学家（除达尔文以外）仍然坚持认为只有人类是具有智慧的。我的祖父陶醉于人类的天赋。他过去常说，是人创造了上帝，而不是上帝创造了人。他接受的正规教育很少（大概相当于三年级），但是很聪明——我的意思是说他的适应能力非常强，或者就像路易斯·赫尔曼（Louis Herman）对海豚的描述那样，能够做出远超出其计划的复杂行为。他当过学徒，做了一名装饰铁匠。但是在他作为开拓者来到加拿大大草原后（或者按照他的说法，是为了冒险），他完全变成了另外一个人。他在铁路上工作，并创办了自己的公司。他制造过耕犁、灵车、四轮马车、轻便马车，发明过新型农具，在轿车和卡车取代牛马之后，他将自己的铁匠铺改成了汽车车身修理店。他在沙皇的统治下长大，但是却在加拿大成了上层人士——他曾带着麦肯齐·金在萨斯卡通（萨斯喀彻温省的犹太人社区）四处参观。在半退休之后，为了消遣，他制造了一辆电动汽车。他在家里给这辆车充电，并开着它走人行道去商店（这辆车只有三个轮子，因此从法律上来说只是一辆三轮车）。这辆车太引人注目了，因此我的堂兄和我开着它参加了一年一度的加拿大国庆日游行。但是，就像重新发现博斯在植物电信号方面的工作一样，他的电动车重现了昔日的好时光——在他年轻时，汽油动力轿车出现之前，电动轿车曾在欧洲风靡一时。

一个星期天的下午，我们发现他像平时一样躺在沙发上，身边放着一杯渐渐变凉的茶，烟灰缸里一大块咀嚼过的烟草。电视开着。他看到了约翰·格伦（John Glenn）（第一个绕地球飞行的人类）的太空飞行，感到十分震惊——或者说激动。对于他来说，科技始终迈向美好的未来。毫不意外的是，他的四个儿子中的两个成为物理学家。

"哎呀，亲爱的，"他说，"人类能够做的事情难道不是很美妙吗？"

我想说是的，但是也可能会很可怕。经历过天才班之后，我知道甚至是人类的智慧也不过如此——它没有道德。它能够像制造奇迹一样制造恐怖。我受到的教育是，如果原子弹从天而降，那么听到警报后就赶紧躲到掩体里。对于我这一代人，天才意味着灼热的、蘑菇云般笼罩这个世界的黑暗——现在仍然如此。

记者的工作就是以叙事的形式报道其他人的能够给人以启迪和娱乐的思想和成就。通常来说，我很高兴能与人分享这些事实，并让读者就这些事实可能包含的意义来做出自己喜欢的总结。但是这一次我不能这么做。就像面对着休伦尼亚事件的皮埃尔·波顿（Pierre Berton）一样，我感到不得不强调对自己所学到的东西的看法。

我认为有些非常聪明的人类正在破坏大部分曾经将生物分割开来的界线，以及将机器与生物分割开来的界线。我认为，如果我们还想对不受监管的私人和公共实验室未来带给我们的冲击拥有发言权的话，我们现在就必须采取行动。我认为我们必须想清楚智能机器是什么以及机器生命意味着什么，并决定我们是否需要它们。

它们会改变人类历史的进程吗？当然会。

例如：IBM 的人工智能"沃森"正在接受教育，学习如何研究法律并预测官司的结果。在不久的将来，这类创新将使我们的社会不再需要初级律师，他们将被智能法律软件所取代。太好了，你说：莎士比亚的布彻会同意的，因为与他无关。但是问题来了。大概与此同时，报纸、杂志和电视新闻记者也会被经过神经系统科学增强的软件所取代。如果我们想要对当权者开展民主监督控制，我们就不能让软件来写新闻，否则我们就真的会发现自己也走到了历史的尽头。

智能机器已经改造了我们的文化，而我们的文化将改变并且正在改变我们的身体。一旦我们能够将神经形态的芯片塞入我们的头骨来扩展我们的思维方式，我们考虑每件事的方式就会变得不同。现在，我们渴望将在自己包裹在美丽、善良与和谐的外衣下。我们珍视互爱的能力、创意的能力、作画的能力、谱写音乐的能力、讲故事的能力，以及建造在我们死后很长时间仍然存在的壮观机器和设施的能力。但是随着我们发明新机器，并将我们自己和许多其他生物变成机器，我们想做的事将会改变，我们人生的目标也会发生改变。

我们描述、测量、模仿和使用如此众多的不同智能形式的新方法将产生各种创新，但是它们不会改变我们的本性。我们的智能社会还会为首领黑猩猩、妮姬（Nikkie）和耶罗恩（Yeroen）提供庇护。在进化丛林的许多枝杈上的主导都可以看到统治意志的作用，甚至在变形虫之中也能看到。得到前所未有的智能机器的武装之后，我们当中热衷于权力的杰出人物将会比他们的前辈更危险。他们将会给挡路的人带来更多的伤害。

我们对智能的掌握会有两面性的结果。已经有结果了。

你们已经知道了。

一个夏天的早上，我站在房子后面的露台上，看着花园里发生的事情入了迷。我不再是那个打算探究智能本质和谁展示出智能的女人了。因为一件事，我不再认为智能是一种不均匀地分配给人类和少量其他"更高级"动物的珍稀物品。我正在关注智能在世界每一个角落中所发挥的作用——欣赏随处上演的大大小小的肥皂剧。我认定了这样一个事实：我可以看到智能发挥作用，然而却不能用一种或几种方法来给出精确的定义。总之，我看待世界的方式与以前有了很大不同。

植物呼出的，所有其他生命吸进，反之亦然。晚开的玫瑰把它们的信息吹到了各个角落（为什么不走近我看一看？）。

蚂蚁、蜜蜂和黄蜂过来打招呼，它们用化合物和互爱互利的肢体语言闲聊。较小的鸟俯冲下来衔起虫子，而蜻蜓在与蚊子进行不对称战争。一只浣熊——顶级猎食者（除了在上升热气流中盘旋的鹰）——昂首阔步地走在草地上，而且打翻了一个垃圾桶，吓到了所有的人，包括我。在一大堆修剪下来的卫矛下，一只长着白爪子的黑猫弓着背，一动不动，然后猛扑过去，杀死了什么东西。但是当邻居家的狗因被拴起来而愤怒咆哮时，那只猫吓跑了。葡萄藤和铁线莲缠绕在同一道雪松篱笆上，它们相互争夺着享受阳光的权利，每一个都决心要拥有所有的阳光，并阻止对方得到阳光。

当蒲公英占据还没有其他植物生长的土壤时，我几乎能看出它们的心思。喜湿真菌的子实体在潮湿的草坪上冒了出来，在土壤深处的某种东西（黏菌）同时散发出一股诱人的香味——清凉却有点儿辣——因为下过了雨。云杉和榆树把雨转换成了生长，前面的枫树也这样做了，把种子打包装进了像十字架（形状介于飞机螺旋桨和船桨之间）一样的绿色容器里。远处的大杨树已经通过钩在狗、猫、松鼠、浣熊身上的绒毛球把自己投向了未来（除非鸟把它们抓下来当筑巢的材料）。

花园中所有生物的行动都有企图：考虑做出何种选择，决定是采取进攻还是防御；它们进行着交流，联合或发动战争；繁衍后代，然后死亡。

这棵可怜的老刺柏由于太老又承受着积雪的重压，腰都深深地弯了下去，于是它就让一些聪明的虫子接管了自己的基因组。就几分钟的时间，它原先光秃秃的枝杈就涂了一层亮橙色的黏釉。尽管我用力把它们打了下去，但这些摇摇晃晃的果冻状虫瘿里的幼虫还是孵化了出来，并传染了附近的梨树。梨树的叶子变成了橘黄色并长满了黑色的斑点，这样一来，今年就不长果子了，由此也对黄蜂造成了严重损害。松鼠把一条条草皮卷起来，把藏在下面的好吃的东西拽了出来。我把草坪踩了回去，并把它们赶跑。我刚一转身，它们就又回来了，它们好像也会冲我竖中指。它们和浣熊一起把樱桃树弄得乱七八糟。它们大头朝下地挂在晃动的樱桃树枝杈上，一直爬到树尖上。等我把它们赶走时，它们已经吃掉了树上所有果实，折断的樱桃树枝杈和黄叶子掉了一地。尽管我看不到细菌和病毒在干什么，但我知道它们也在那里，互相见面、吞食或搭便车，以偷窃 DNA 的形式抓住身边哪怕一点点适应环境的可能性。

我在一个曾经大部分被一个旧车库占据的后院里收集到了这些智能生物形式。这个旧车库歪歪倒倒的，像爱德华时期的一个喝醉酒躺在混凝土和煤渣上的酒鬼。一个朋友把这个旧车库给拆了。在别人把混凝土清理走之后，我种这种那，想办法把它们连在一起，直到整块地让我满意为止。园子里面的东西一会儿变一个样，所有的生命都在生长并分裂、成长并交配、孵化或生育、死亡或凋零，这迫使所有的邻居都重新考虑自己的情况。所以整个花园本身就是一个故事，由不断振动、旋转、瓦解、自我装配所产生的叙述。

毫不奇怪，现在我压死一只被食物引诱赶着回巢的蚂蚁之前，或从草地上拔起蒲公英之前，或剪下健康枝杈让花木变得更漂亮之前，我的一部分就会开始重新思考是否应该这样做。在安静的时候，我应该把自己当成自然界的一部分，当成众多枢纽中的一个，而不是一个藏在皮肤后面、由蹲在头骨里的那个至高无上的小人控制的孤立个体。我知道自己是许多不同花园的一部分，所有这些加起来变成某种庞大的东西，超出了我的认知。我的人类智能满足了我的需要，但是也为许多其他组织形式的叙事服务，所有这些通过一个网络中的网络——一个非常复杂的，无止境的计算纠缠在一起。

这个叙事的名字叫进化。它有无数种形式，并对似乎无穷无尽的偶然性的反应进行了计算。正如图灵（Turing）看得如此清晰明了一样，进化是一个通用的计算机器，使用了几乎无数的特定算法阵列来做出明智的决定。

进化也许缓慢，但是却非常非常聪明。

这就造就了洛夫洛克的盖亚（Lovelock's Gaia）假说，即存在一个超越其全部有生命部分的生态系统，它是我们全部互动的总和，是所有系统的动态自调节系统，是我们之中最聪明的一个。

鸣　谢

有一个传说，书籍都是一名独自工作的隐居作家的作品，那位作家就像一只双触手版的章鱼。事实上，每一位作家都会有很长时间只有自己的声音做伴——打草稿时的嘟囔咒骂，而且一句接一句地删除自己不满意的句子。但是整体状况是，像人类做的其他所有事一样，创作纪实类作品需要一个集体的努力。

因为一次班级聚会和一段共同的经历，我开始写这本书，但是最重要的是因为斯蒂芬·迪尤尔（Stephen Dewar）——我最好的朋友、挚爱的丈夫、最亲密的同事，他坚持说在这个主题上会有太多的发现。斯蒂芬，感谢你让我为《新荒原》（New Wilderness）写黑猩猩剧集，甚至在更实际的人警告说我正在走向花大钱办坏事的领域之后，还督促我坚持写《重新定义智能》。同样感谢萨姆·海亚特（Sam Hiyate），他是我在"权利工作间"（The Rights Factory）的代理人，他说这本书里有内容，何乐而不为呢。他的鼓励变成了价值比喝彩高得多的东西——他把这个计划卖给了别人。

在研究阶段，我以前的同班同学回复了许多疑问和电话，甚至追到了我们以前的老师那里，老师们提供了很多帮助。感谢你们所有人。许多科学家都在百忙之中欢迎我到他们的实验室里分享他们的想法，给我看他们的实验，告诉我他们生活中的故事。就在他们认为会是最后一次见到我的时候，我又在他们的电子邮件的收件箱里出现了，请求他们阅读我写的有关他们工作的内容并提出批评意见。不用说，许多更正是必要的。他们对我的耐心和善意已经使《重新定义智能》变成了一本更聪明的书，没有他们的帮助不会有这么好。有几位由于不耐烦或是时间关系在第二轮询问时没能回复，但我仍感谢他们在采访过程中给我的时间，我本人会对任何仍然存在的错误负责。

这本书把我带到了尼克·加里森（Nick Garrison）和加拿大企鹅出版公司（Penguin Canada）面前。如果不是尼克在乘地铁回家时读到了这个计划，认为这很有意思并说让我们做吧，恐怕这本书就不存在了。但是就在我坐上飞机和火车要把工作做完的时候，图书出版业进入了全面危机，被一波接一波的技术革新彻底搅乱了，包括由亚马逊及其他平台制造商带来的按需印刷和即时交付出版的崛起，能够储存电子书移动版本的智能手机的出现，以及大多数大型连锁书店和许多小型独立书店的消失。随着这个萎缩的行业试图在冲击中生存，大规模兼并和收购出现了。在出版社办公室的工作简直变成了玩音乐椅游戏的活动，工作岗位消失了。有才能的人不得不重新塑造自己。当《重新定义智能》最后完成的时候，加拿大企鹅出版公司已经变成了另一家公司，而且并不怎么喜欢这个项目。

我是一名医生的女儿，所以我继续咨询且收到了第二份和第三份意见。《重新定义智能》能够得以出版吗？我的朋友和长期生意伙伴查尔斯·格林（Charles Greene）读了它，做了一些注释，然后说可以出版了。我原先的编辑和永远的朋友道恩·麦克唐纳·德迈（Dawn Macdonald Deme）也这么说。同时，海亚特代理出售了翻译权。

就这样，借助把图书业置于危机之中的旧式技术，并在神奇的出版专业人员的帮助下，这本书得以呈现在读者面前。菲利普·特纳（Philip Turner）是一位资深的书店老板、执行编辑、出版顾问和专业图书博主，在TheGreatGrayBridge. com 和 HonouraryCanadian. com 上撰写博客。他的公司名叫菲利普·特纳图书制品公司（Philip Turner Book Productions）。当菲利普还是一位执行编辑时，他在美国出版过我的另外两本书。菲利普对《重新定义智能》进行了编辑，去除了令人生厌的语法、前后矛盾的地方、事实错误和不得体的言辞。如果还存在这些问题，都是我的责任。《重新定义智能》的装帧由才华横溢的 pod10. com 艺术总监卡门·顿克乔（Carmen Dunkjo）设计和制作。卡门顿·克乔已经在多伦多和加拿大其他城市的多家最重要的文化机构留下了印记，例如加拿大国家芭蕾舞团、灵魂辣椒（Soulpepper）舞台公司和埃尔金与冬季花园戏剧中心。她是多家全国性杂志（例如 Shift 和《星期六之夜报》）的创意总监，她设计的书不胜枚举。她的书架子上有很多奖项——超过 450 个。谢谢你们，菲利普和卡门，把《重新定义智能》制作得秀外慧中。同样感谢安娜·德瓦尔·格利（Anna 迪尤尔 Gully），是她建议为书中的重要名字建立一个直观的指南。这个建议最终变成了《重新定义智能》思维导图。如果没有丹尼尔·迪尤尔·斯摩莱特（Daniel Dewar Smollet）进行的社会媒体营销的话，你们可能根本不会听说《重新定义智能》这本书。感谢你，丹尼尔，帮助我进入一个勇敢的新世界。

像往常一样，尽管我接受了这么多的帮助，但在此我还是要声明，如果有什么错误或遗漏的话，是我的责任。

参考文献

图　书

Andrew, Christopher, Oleg Gordievsky. *KGB：The Inside Story of its Foreign Operations from Lenin to Gorbachev*. London, Sydney, Auckland, Toronto：Hodder & Stoughton, 1990.

Barker, Ernest. *The Politics of Aristotle*, New York：A Galaxy Book, Oxford University Press, 1962.

Blum, William. *The CIA：A Forgotten History*. London and New Jersey：Zed Books Ltd. , 1986.

Brand, Stewart. *The Media Lab：Inventing The Future. At MIT*. New York：Viking Penguin, 1987.

Cave Brown, Anthony and Charles B. MacDonald. *On a Field of Red：The Communist International and the Coming of World War II*. New York：G. P. Putnam's Sons, 1981.

Darwin, Charles. *The Formation of Vegetable Mould Through the Action of Worms With Observtions on Their Habits*, Bibliobazaar, 2007.

The Power of Movement in Plants, 16973217R00167. Lexington, KY, August 2012.

Deibert, Ronald J. *Black Code：Surveillance, Privacy, and The Dark Side Of The Internet*. Toronto：Signal, 2013.

De Waal, Frans. *Chimpanzee Politics：Power and Sex Among Apes*. Baltimore：The Johns Hopkins University Press, 2007.

The Bonobo and the Atheist：In Search of Humanism Among the Primates. New York：W. W. Norton & Company, 2013.

Dewar, Elaine. *Bones：Discovering the First Americans*. Toronto：Random House of Canada, 2001.

The Second Tree：Of Clones, Chimeras and Quests for Immortality. Toronto：Random House of Canada, 2004.

Doidge, Norman. M. D. *The Brain That Changes Itself*. New York：Viking Penguin, 2007.

Dyson, George. *Turing's Cathedral：The Origins of the Digital Universe*. New York：Pantheon Books, 2012.

Darwin Among The Machines：The Evolution of Global Intelligence. New York：Basic Books, 1997.

Flynn, James R. *What Is Intelligence? Beyond the Flynn Effect*, Cambridge：Cambridge University Press, 2009.

Are We Getting Smarter? Rising IQ in the Twenty-First Century. Cambridge: Cambridge University Press, 2012.

Fossey, Dian. *Gorillas In The Mist*, New York: First Mariner Books, 2000.

Galdikas, Birute M. F. *Reflections of Eden: My Years with the Orangutans of Borneo.* Boston: Little, Brown and Company, 1995.

Galdikas, Birute M. F. , Nancy Erickson Briggs, Lori K. Sheeran, Gary L. Shapiro, Jane Goodall, Eds. *All Apes Great and Small*, *Vol.* 1: *African Apes.* New York: Kluwer Academic/Plenum Publishers, 2001.

Gleason, Mona. *Normalizing the Ideal: Psychology, Schooling and The Family in Postwar Canada.* Toronto: University of Toronto Press, 1999.

Greenwald, Glenn. *No Place to Hide: Edward Snowden, the N. S. A. and the U. S. Surveillance State.* Toronto: Signal, 2014.

Goodall, Jane. *My Life With The Chimpanzees*, New York: Aladdin Paperbacks, 2002.

Goodall, Jane with the Jane Goodall Institute. *Jane Goodall 50 Years At Gombe: A tribute to Five Decades of Wildlife Research, Education, and Conservation.* New York: Stewart Taboir &Chang, 2010.

Goodall, Jane with Phillip Berman. *Reason for Hope: A Spiritual Journey.* New York: Warner Books, 2000.

Grand, Steve. *Creation: Life And How To Make It.* London: Phoenix, 2001.

Harding, Luke. *The Snowdon Files: The Inside Story Of The World's Most Wanted Man.* London: Guardian Books, 2014.

Hebb, D. O. *The Organization of Behavior: A Neuropsychological Theory.* New York: John Wiley & Sons, 1949.

Hillis, W. Daniel. *The Connection Machine.* Cambridge, Mass: The MIT Press, 1985.

Hodges, Andrew. *Alan Turing: The Enigma.* London: Vintage, 1992.

Hume, David. *Dialogues Concerning Natural Religion:* (Edited and introduced by Norman Kemp Smith). New York: The Bobbs-Merrill Company Inc. , 1947.

A Treatise of Human Nature: Mineola, NY: Dover Publications Inc. , 2003 *An Enquiry concerning Human Understanding:* New York: Oxford University Press, 2007.

Jaynes, Julian. *The Origin of Consciousness in the Breakdown of the Bicameral Mind.* Boston: Houghton Mifflin Company, 1976.

Kelly, Kevin. *Out of Control: The New Biology of Machines, Social Systems, and the Economic World.* New York: Basic Books, 1994.

Kurzweil, Ray. *How To Create A Mind: The Secret of Human Thought Revealed.* New York: Viking Penguin, 2012.

Laycock, Samuel R. *Gifted Children: A Handbook for the Class-Room Teacher.* Toronto: The Copp Clark Publishing Co. Limited, 1957.

Levy, Steven. *In The Plex: How Google Thinks, Works, And Shapes Our Lives.* New York: Simon &Schuster, 2011.

Lewontin, R. C. *Biology as Ideology: The Doctrine of DNA.* Toronto: House of Anansi Press, 1991.

Lily, John C. *Lilly On Dolphins: Humans of the Sea.* New York: Anchor Books, 1973.

Lovelock, James. *Gaia: A New Look At Life on Earth.* Oxford: Oxford University Press, 2009.

Homage to Gaia: The Life of an Independent Scientist. Oxford: Oxford University Press, 2011.

The Revenge of Gaia: Why the Earth is Fighting Back—and How We Can Still Save Humanity. London: Penguin Books, 2007.

MacIntyre, Ben. *A Spy Among Friends: Kim Philby and the Great Betrayal*, McClelland & Stewart, 2014.

Margulis, Lynn. *Symbiotic Planet* [*A New Look at Evolution*]. New York: Basic Books, 1998.

Morell, Virginia. *Ancestral Passions: The Leakey Family and the Quest for Humankind's Beginnings.* New York: Touchstone, 1996.

Romanes, George John. *Animal Intelligence.* Nabu Public Domain reprint, USA, 313131LV00015 B/415/P (scan of original publication London:Kegan, Paul, Trench, &Co., 1882.).

Savage-Rumbaugh, Sue, and Roger Lewin. *Kanzi: The Ape at the Brink of the Human Mind.* New York: John Wiley & Sons, Inc., 1994.

Shapiro, James A. *Evolution: A View From The* 21st *Century.* Upper Saddle River, N. J.: FT Press Science, 2011.

Singer, P. W. *Wired For War: The Robotics Revolution and Conflict In The* 21st *Century.* New York: Penguin Books, 2010.

Spalding, Linda. *A Dark Place in The Jungle: Science, Orangutans, and Human Nature.* Chapel Hill, N. C.: Algonquin Books of Chapel Hill, 1999.

Weiner, Tim. *Legacy of Ashes: The History of the CIA.* New York: Anchor Books, Random House, 2008.

Westoll, Andrew. The *Chimps of Fauna Sanctuary: A Canadian Story Of Resilience And Recovery.* Toronto: Harper Perennial, 2012.

Wilson, Edward O. *The Social Conquest of Earth*. New York: Liveright Publishing Corporation, 2012.

Wolfram, Stephen. *A New Kind of Science*. Champaign, Ill: Wolfram Media Inc. , 2002.

Wright, Peter. *Spy Catcher: The Canadid Autobiograpnhy of a Senior Intelligence Officer*. Toronto: Stoddart Publishing Company Ltd. , 1987.

文章和图书章节

Adamatzky, Andrew, "Physarum attraction: Why slime mold behaves as cats do," *Communicative and Integrative Biology*, Vol. 5, Issue 3, May/June, 2012.

Adamatzky, Andrew and Jeff Jones, "Road Planning with slime mould: If *Physarum* built motorways it would route M6/M74 through Newcastle." *Journal of Bifurcation and Chaos*, Vol. 20 Issure 10, October, 2010.

Anderson, James B. , Caroline Sirjusingh, Ainslie B. Parsons, Charles Boone, Claire Wickens, Leah E. Cowen and Linda M. Kohn, "Mode of Selection and Experiemental Evolution of Antifungal Drug Resistance in *Saccharomyces cerevisiae*," *Genetics*, Vol. 163, April, 2003, pp. 1287-1298.

Anderson, James. B. , Caroline Sirjusingh and Nicole Ricker, "Haploidy, Diploidy and Evolution of Antifungal Drug Resistance in *Saccharomyces cerevisiae*," *Genetics* Vol. 168, December, 2004.

Anderson, Roland C. , Jennifer Mather, Mathieu Q. Monette, and Stephanie R. M. Zimsen, "Octopuses (*Enteroctupus dofleini*) Recognize Individual Humans," *Journal of Applied Animal Welfare Science*, "Vol. 13, 2010, pp. 261-272.

Anderson, Roland C. , Jennifer Mather, "The packaging problem: Bivalveprey selection and prey entry tenchiques of the octopus Enteroctopus dofleini," *Journal of Comparative Psychology*, Vol. 121, No. 3, 2007, pp. 300-305.

Baluska, Frantisek, "Recent surprising similarities between plant cells and neurons," *Plant Signaling & Behavior*, Vol. 5, No. 2, February, 2010, pp. 1-3.

Baluska, Frantisek, Simcha Lev-Yadun, Stefano Mancuso, "Swarm intelligence in plant roots," *Trends in Ecology and Evolution*, "Vol. 25, No. 12, December, 2010, pp. 682-683.

Baluska, Frantisek, Stefano Mancuso, "Deep evolutionary origins of neurobiology: Turning the essence of 'neural' upside down," *Communication and Integrative Biology*, Vol. 2, no. 1, January/February 2009, pp. 60-65.

Baluska, Frantisek, Stefano Mancuso, "Plant neurobiology: from sensory biology, via plant communication, to social plant behavior," *Cognitive Process*, Vol. 10, (Suppl. 1), 2009, pp. S3-S7.

Baluska, Frantisek, Stefano Mancuso, "Plants and Animals: Convergent Evolution in Action?"

in Plant-Environment Interactions, *Signaling and Communication in Plants*, Frantisek Baluska, ed. , Springer-Verlag, Berlin, 2009, pp. 285-301.

Baluska, Frantisek, Dieter Volkmann, Andrej Hlavacka, Stefano Mancuso, Peter W. Barlow, "Neurobiological View of Plants and Their Body Plan," in *Communication in Plants*, F. Baluska, S. Mancuso, D. Volkmann, eds. , Springer-Verlag, Berlin, 2006.

Bender, Courtney E. , Denise L. Herzing, David F. Bjorklund, "Evidence of teaching in atlantic spotted dolphis (*Stenella frontalis*) by by mother dolphins foraging in the presence of their calves," *Animal Cognition*, 2008.

Bermudes, D. G. Hinkle, L. Margulis, "Do prokaryotes contain.
microtubules?" *Microbiological Reviews*, Vol. 58, No. 3, 1994, pp. 387-400.

Bigge, Bill, Inman R. Harvey, "Programmable Springs: Developing Actuators with Programmable Compliance for Autonomous Robots," *Robotics and Autonomous Systems*, Vol. 55, Issue 9, pp. 728-734, September 2007.

Blumberg, Mark S. and Edward A. Wasserman, "Animal Mind and the Argument From Design," *American Psychologist*, March 1995, pp. 133-144.

Brown, P. , T. Sutikna, M. J. Morwood, R. P. Soejono, Jatmiko, E. Wayhu Saptomo, Rokus Awe Due, "A new small-bodied hominin from the Late Pleistocene of Flores, Indonesia," *Nature*, Vol. 431, 28 October2004, pp. 1055-1061.

Byrne, Richard W. , Philip J. Barnard, Iain Davidson, Vincent M. Janik, William C. McGrew, Adam Mikiosi and Polly Wiessner, "Understanding culture across species," *Trends in Cognitive Sciences*, Vol. 8, No. 8, August 2004.

Choudhary, Swadesh, Steven Sloan, Sam Fok, Alexander Neckar, Eric Trautmann, Peiran Gao, Terry Stewart, Chris Eliasmith, Kwabena Boahen, "Silicon Neurons That Compute," *Artificial Neural Networks and Machine Learning—ICANN* 2012. *Lecture Notes in Computer Science* 7552, 2012, pp. 121-128.

Ciszack, Marzena, Diego Comparini, Barbara Mazzolai, Frantisek Baluska, F. Tito Arecchi, Tamas Vicsek, Stefano Mancuso, "Swarming Behavior in Plant Roots," *PLoS One*, Vol. 7, Issue 1, January, 2012, http://www. plosone. org/article/infor%3Adoi%2F10. 1371%2Fjournal. pone.0029759.

Clay, Zanna, Klaus Zuberbuhler, "Bonobos Extract Meaning from Call Sequences," *PLoS One*, Vol. 6, Issue 4, April 2011. http://www. plosone. org

Clark, Travis A. , James B. Anderson, "Dikaryons of the Basidiomycete Fungus *Schizophyllum communes*: Evolution in Long-Term Culture," *Genetics* Vol. 167, August 2004, pp. 1663-1675.

Cleermans, Axel, "The radical plasticity thesis: how the brain learns to be conscious," *Frontiers in Psychology*, Vol. 2, article 86, May 2011, 12 pages.

Coqueugniot, H. , J. -J. Hublin, F. Veillon, F. Houet, T. Jacob, " Early brain growth in *Homo erectus* and implications for cognitive ability," *Nature*, Vol. 431 , 16 September 2004 , pp. 299-301.

Couzin, Iain, "Collective Minds," *Nature*, Vol. 445 15 February, 2007.

Cox, Paul Alan, Sandra Anne Banack, Susan J. Murch, "Biomagnification of cyanobacterial neurotoxins and neurodegenerative disease among the Chamorro people of Guam," *PNAS*, Vol. 100, No. 23 , 11 November 2003 , pp. 13380-13383.

De Luccia, Thiago Paes de Barros, "*Mimosa pudica*, *Dionaea muscipula* and anesthetics," *Plant Signaling and Behavior*, Vol. 7 , No. 9 , September, 2012 , pp. 1163-1167.

Dettman, Jeremy R. , Caroline Sirjusingh, Linda M. Kohn & James B. Anderson, " Incipient speciation by divergent adaptation and antagonistic epistasis in yeast," *Nature*, Vol. 447 , No. 31, May 2007 , pp. 585-588.

De Waal, Frans B. M. , " A century of getting to know the chimpanzee," *Nature*, Vol. 437 , 1 September 2005 , pp. 56-59.

De Waal, Frans B. M. , "The Brutal Elimination of a Rival Among Captive Male Chimpanzees," *Ethology and Sociobiology* 7 , 1986 , pp. 237-251.

De Waal, Frans B. M. , "Evolutionary Psychology: The Wheat and the Chaff," *Current Directions in Psychological Science*, Vol 11 , Number 6 , December 2002.

De Wall, Frans B. M. , "Sex Differences in the Formation of Coalitions Among Chimpanzees," *Ethology and Sociobiology* 5 : 1984 , pp. 239-255.

De Wall, Frans B. M. , "Primates—A Natural Heritage of Conflict Resolution," *Science*, Vol. 289 , 28 July 2000.

De Wall, Frans B. M. , "The Antiquity of Empathy," *Science*, Vol. 336 , 18 May, 2012 , pp. 874-876.

De Wall, Frans B. M , "Darwin's Last Laugh," *Nature*, Vol. 460. No. 9 , July 2009 , p. 175.

De Wal, Frans B. M. , Pier Francesco Ferrari, "Towards a bottom-up perspective on animal and human cognition," *Trends in Cognitive Sciences*, Vol. 14 , No. 5 , April 2010 , pp. 201-207.

Dicke, Ursula, Gerrard Roth, "Animal Intelligence and the Evolution of the Human Mind," *Scientific American Mind*, Vol. 19 , pp. September/August 2008 , pp. 70-77.

Doyle, Laurance R. "Quantification of Information in a One-Way Plant-to- Animal Communication System," *Entropy*, Vol11 ,2009 , pp. 431-442.

Eliasmith, Chris, Terrence C. Stewart, Trevor Bekolay, Travis DeWolf, Yichuan Tang, Daniel Rasmussen, " A Large-Scale Model of the Functioning Brain," *Science*, Vol. 338 , No. 6111 , 30 November, 2012 , pp. 1202-1205.

Fammartino, Alessandro, Francesca Dardinale, Cornelia Gobel, Laurent Mene-Saffrane, Joelle Fournier, Ivo Feussner, Marie-Therese Esquerre-Tugaye, "Characterization of a Divinyl Ether Biosynthetic Pathway Specifically Associated with Pathogenesis in Tobacco," *Plant Physiology*, Vol. 143, January, 2007, pp. 378-388.

Flack, Jessica C. and Frans B. M. de Waal, "'Any Animal Whatever': Darwinian Building Blocks of Morality in Monkeys and Apes," *Journal of Consciousness Studies*, 7, no. 1-2, 2000, pp. 1-29.

Floreano, Dario, Laurent Keller, "Evolution of Adaptive Behaviour in Robots by Means of Darwinian Natural Selection," *PLoS Biology*, Vol. 8, No. 1, 2010, http://www. plosbiology. org/ article/ info%3Adoi%2F10. 1371%2F.

Floreano, Dario, Sara Mitri, Stephane Magnenat, Laurent Keller, "Evolutionary conditions for the emergence of communication in robots," *Current Biology*, Vol. 17, 20 March, 2007, pp. 1-6.

Flynn, James R. "Searching for Justice: the Discovery of IQ Gains Over Time," *American Psychologist*, Vo. 54, No. 1, pp. 5-20.

Furukawa, Shunsuke and Tomonori Kawano, "Enchanced Microsphere Transport in Capillary by Conditioned Cells of Green Paramecia Used as Living Micromachines Controlled by Electric Stimulii," *Sensors and Materials*, Vol. 24, No. 7, pp. 375-386, 2012.

Gillespie-Lynch, Kristen, Patricia M. Greenfield, Heidi Lyn, Sue Savage- Rumbaugh, "The role of dialogue in the ontogeny and phylogeny of early symbol combinations: A cross-species comparison of bonob, chimpanzee, and human learners," *First Language*, Vol. 31, No. 4, 2011, pp. 442-460.

Ginsburg, Simona, Eva Jablonka, "The evolution of associative learning: A factor in the Cambrian explosion," *Journal of Theoretical Biology*, Vol. 266, 2010, pp. 11-20.

Giraud, Tatiana, Jez. S. Pedersen, Laurent Keller, "Evolution of supercolonies: The Argentine ants of southern Europe," *PNAS*, Vol. 99, No. 9, 16 April 2002, pp. 6075-6079.

Gould, S. J. and R. C. Lewontin, "The spandrels of San Marco and the Panglossian paradigm: a critique of the adaptationist programme," *Proceedings of the Royal Society London*, B., Vol. 205, 1979, pp. 581-598.

Harvey, Inman, "Robotics: Philosophy of Mind using a Screwdriver," at http://www. nmit-schlag. com.

Harvey, Inman. "Evolving Robot Consciousness: The Easy Problems and the Rest," in *Consciousness Evolving*, James H. Fetzer (ed.), Amsterdam: John Benjamins Publishing Co., 2002, pp. 205-211.

Harvey, Inman, Ezequiel Di Paulo, Elio Tuci, Rachel Wood and Matt Quinn, "Evolutionary

Robotics: a new scientific tool for studying cognition," *Artificial Life*, Vol11, issues 1-2, pp. 79-98, January 2005.

Harvey, Inman. "Homeostasis and Rein Control: From Daisyworld to Active Perception," in *Artificial Life IX: Proceedings of the Ninth International Conference on the Simulation and Sythesis of Living Systems*, J. Pollack, M. Bedau, P. Husbands, T. Ikegami, R. Watson (eds.) MIT Press, 2004.

Harvey, I. , P. Husbands, D. Cliff, A. Thompson and N. Jakobi, "Evolutionary Robotics: The Sussex Approach," *Robotics and Autonomous Systems*, Vol. 20, Issues 2-4, pp. 205-224, June 1997.

Herman, Louis M. , "Exploring the Cognitive World of the Bottlenosed Dolphin," in *The Cognitive Animal: Empirical and Theoretical Perspectives on Animal Cognition*, Mark Bekoff, Colin Allen, Gordon Burghardt eds. A Bradford Book, 2002.

Herman, Louis M. "Cogntion and Language Competencies of Bottlenosed Dolphins," in *Dolphin Cognition and Behavior: A Comparative Approach*, Ronald . J. Schusterman, Jeanette A. Thomas, Forrest G. Wood, eds. , Lawrence Erlbaum Associates Inc. , Publishers, 1986, pp. 221-252.

Herrmann, Esther, Josep Call, Maria Victoria Hernandez-Lloreda, Brian Hare, Michael Tomasello, "Humans Have Evolved Specialized Skills of Social Cognition: The Cultural Intelligence Hypothesis," *Science*, Vol. 317, pp. 1360-1366, 7 September 2007.

Herrmann, Esther, Brian Hare, Josep Call and Michael Tomasello, "Differences in the Cognitive Skills of Bonobos and Chimpanzees," *PLoS One*, 5 (8) August 27, 2010. http://www. ncibi. nlm. nih. gov/pmc/articles/PMC2929188.

Hinton, Geoffrey E. , "How Neural Networks Learn from Experience," *Scientific American*, September 1992, pp. 145-151.

Hooper, Stacie, Diana Reiss, Melissa Carter, Brenda McCowan, "Importance of Contextual Saliency on Vocal Imitation by Bottlenose Dolphins," *International Journal of Comparative Psychology*, Vol. 19, 2006, pp. 116-128.

Janik, Vincent M. "Whistle Matching in Wild Bottlenose Dolphins (*Tursiops truncates*), *Science*, Vol. 289, 25 August 2006, pp. 1355-1357.

Janik, V. M. , L. S. Sayigh and R. S. Wells, "Signature whistle shape conveys identity information to bottlenose dolphins," *PNAS*, vol. 103, no. 21, 23 May 2006, pp. 8293-8297.

Johnstone, George A. , "Advantages of Ehylene-Oxygen As a General Anesthetic," *California and Western Medicine*, Vol. 27, No. 2, August 1927, pp. 216-218.

Jones, Jeff. " The Emergence and Dynamical Evolution of Complex Transport Networks from Simple Low-Level Behaviours," *International Journal of Unconventional Computing*, Vol. 6, pp. 125-144, 2008.

Jones, Jeff. "Characteristics of Pattern Formation and Evolution in Approximations of Physarum Transport Networks," *Artificial Life* 16: 1-27 (2010).

Jones, Jeff, Andrew Adamatzky, " Emergence of self-organized amoeboid movement in a multi-agent approximation of *Physarum polycephalum*," *Bioinspiration and Biomimetics*, Vol. 7, 2012.

Jones, Jeff, Andrew Adamatzky, "Towards *Physarum* binary adders," *Biosystems*, Vol. 101, 2010, pp. 51-58.

Jones, Thony B., Alan Kamil, " Tool-Making and Tool-Using in the Northern Blue Jay," *Science*, New Series Vol. 180, no. 4090, June 8-1973, pp. 1076-1078.

Kamil, Alan, "A Synthetic Approach to the Study of Animal Intelligence," in *Nebraska Symposium on Motivation* 1987, Vol. 35: Comparative Perspectives in Modern Psychology, Richard A. Dienstbeir & Daniel W. Leger, Eds., pp. 257 -308.

Kamil, Alan, "Sociality and the Evolution of Intelligence," *Trends in Cognitive Sciences*, Vol. 8, no. 5, May 2004, pp. 195-197.

Kamil, Alan, "On the Proper Definition of Cognitive Ethology," in *Animal Cognition in Nature: The Convergence of Psychology and Biology in Laboratory and Field*, Russell P. Balda, Irene M. Pepperberg and Alan C. Kamil, eds. Academic Press, 1998, pp. 1-28.

Katsikopoulos, Konstantionos V., Andrew J. King, "Swarm Intelligence in Animal Groups: When Can a Collective Out-Perform an Expert?" *PLoS ONE* 5 (11):e15505. 24 November 2010 doi:10. 1371/journal. pone. 0015505.

Kaufman, Allison B., Sean R. Green, Aaron R. Seitz, Curt Burgess, "Using a Self-Organizing Map (SOM) and the Hyperspace Analog to Language (HAL) Model to Identify Patterns of Syntax and Structure in the Songs of Humpback Whales," *International Journal of Comparative Psychology*, Vol. 25, 2012, pp. 237-275.

Krause, Jens, Graeme D. Ruxton and Stefan Krause, "Swarm intelligence in animals and humans," *Trends in Ecology and Evolution*, Vol. 25, No. 1,6 September 2009. doi: 10. 1016/j. tree. 2009. 06. 016.

Krieger, Michael J. B., Jean-Bernard Billeter, Laurent Keller, "Ant-like task allocation and recruitment in cooperative robots," *Nature*, Vol. 406, 31 August, 2000, pp. 992-995.

Kuba, Michael J., Ruth A. Byrne, Daniela V. Meisel, Jennifer Mather, "Exploration and Habituation in Intact Free Moving *Octopus vulgaris*," *International Journal of Comparative Psychology*, Vol19, 2006, pp. 426-438.

Laland, Kevin N., Vincent M. Janik, "The animal culture debate," *Trends in Ecology and Evolution*, Vol. 21, No. 10, June 2006.

Lenton, Timothy M. and Marcel van Oijen, "Gaia as a complex adaptive system," *Philosophical*

Transactions of the Royal Society, *London B*, Vol. 357, 2002, pp. 683-695.

Levin, Michael, "The wisdom of the body: future techniques and approaches to morphogenetic fields in regenerative medicine, developmental biology and cancer," *Regenerative Medicine*, Vol. 6, No. 6, 2011, pp. 667-673.

Lily, John C. "Dolphin-Human Relation and LSD 25," in *The Use of LSD in Psychotherapy and Alcoholism*, Harold A. Abramson, M. D. ed. , Bobbs- Merrill, 1967, pp. 47-52.

Lyn, Heidi, E. Sue Savage-Rumbuagh, "Observational word learning in two bonobos (*Pan paniscus*): ostensive and non-ostensive contexts," *Language & Communication*, Vol. 20, 2000, pp. 255-273.

Lyn, Heidi, Becca Franks, E. Sue Savage-Rumbaugh, "Precursors of morality in the use of the symbols 'good' and 'bad' in two bonobos (*Pan paniscus*) and a chimpanzee (*Pan troglodytes*)," *Language & Communication*, Vol. 28, 2008, pp. 213-224.

Lyn, Heidi, Patricia Greenfield, Sue Savage-Rumbaugh, "The development of representational play in chimpanzees and bonobos: Evolutionary implications, pretense, and the role of interspecies communications," *Cognitive Development*, Vol. 21, 2006, pp. 199-213.

Lyn, Heidi, Patricia M. Greenfeild, Sue Savage-Rumbaugh, Kristen Gillespie-Lynch, William D. Hopkins, "Nonhuman primates do declare! A comparison of declarative symbol and gesture use in two children, two bonobos, and a chimpanzee," *Language & Communication*, Vol. 31, 2011, pp. 63-74.

Lyn, Heidi, Peter Pierre, Allyson J. Bennett, Scott Fears, Roger Woods, William D. Hopkins, "Planum temporale grey matter asymmetries in chimpanzees (*Pan troglodytes*), vervet (*Chlorocebus aethiops sabaeus*), rhesus (*Macaca mulatto*) and bonnet (*Macaca radiata*) monkeys," *Neuropsy chologia*, Vol. 49, 2011, pp. 2004-2012.

Mancuso, Stefano, "Federico Delpino and the foundation of plant biology," *Plant Signaling and Behavior*, "Vol. 5, No. 9, September 2010, pp. 1057-1071.

Margulis, Lynn, "The Origin of Plant and Animal Cells," *American Scientist*, Vol. 59, No. 2, March-April 1971, pp. 230-232.

Margulis, Lynn, Michael F. Dolan, Ricardo Guerrero, "The chimeric eukaryote: Origin of the nucleus from the Karyomastigont in amitochondriate protists," *PNAS*, Vol. 97, no. 13, June 20, 2000, pp. 6954-6959.

Margulis, Lynn, "Gaia is a Tough Bitch," in *The Third Culture: Beyond the Scientific Revolution*, John Brockman, ed. , New York: *Touchstone*, 1995. http://www. edge. org/documents/ThirdCulture/n-Ch. 7.

Marino, Lori, Richard C. Connor, R. Ewan Fordyce, Louis M. Herman, Patrick R. Hof, Louis

Lefebvre, David Lusseau, Brenda McCowan, Esther A. Nimchinsky, Adam A. Pack, Luke Rendell, Joy S. Reidenberg, Diana Reiss, Mar D. Uhen, Estel Van der Gucht, Hal Whitehead, "Cetaceans Have Complex Brains for Complex Cognition," *PLoS Biology*, 15 May 2007.

Marsh, Heidi L. , Suzanne E. MacDonald, "Information seeking by orangutans: a generalized search strategy?" *Animal Cognition*, Vol. 15, 2012, pp. 293-304.

Marsh, Heidi L. , Laura Adams, Cahterine Floyd, and Suzanne E. MacDonald, " Feature Versus Spatial Strategies by Orangutans (Pongo abelii) and Human Children (Homo sapiens) in a Cross-Dimensional Task," *Journal of Comparative Psychology*, 2012.

Masi, E. , M. Ciszak, G. Stefano, L. Renna, E. Azzarello, C. Pandolfi, S. Mugnai, F. Baluska, F. T. Arecchi, S. Mancuso, "Spatiotemporal dynamics of the electrical netowork activity in the root apex," *PNAS*, Vol. 106, No. 10, 10 March, 2009, pp. 4048-4053.

Mather, Jennifer A. " 'Home' choice and modification by juvenile *Octopus vulgaris* (Mollusca: Cephalopoda): specialized intelligence and tool use?" *Journal of The Zoological Society of London*, Vol. 233, 1994, pp. 359-368.

Mather, Jennifer A. "Cephalopod consciousness: Behavioural evidence," *Consciousness and Cognition*, Vol. 17, 2008, pp. 37-48.

Mather, Jennifer A. "Cephalopod Skin Display: From Concealment to Communication," in *Evolution of Communication Systems*, Kim Orler and Lili Greibel, Eds. *The MIT Press*, 2004, pp. 193-213.

Mather, Jennifer A. "Sand Digging in Sepia offi cinalis: Assessment of a Cephalopod Mollusc's 'Fixed' Behavior Pattern," *Journal of Comparative Psychology*, Vol. 100, No. 3, 1986, pp. 315-320.

Mather, Jennifer A. "Foraging and the development of intelligence in octopuses," in *Cephalopod Cognition*, Darmaillaq, Dickel & Mather eds. , Cambridge University Press, 2014.

McCowan, Brenda, Sean F. Hanser, Laurance R. Doyle, "Quantitative tools for comparing animal communication systems: information theory applied to bottlenose dolphin whistle repertoires," *Animal Behavior*, Vol. 57, 1999, pp. 409-419.

McDonald-Gibson, J. J. G. Dyke, E. A. Di Paolo, I. R. Harvey, "Environmental Regulation can arise under Minimal Assumptions," *Journal of Theoretical Biology*, Vol. 251, Issue 4, pp. 653-666 21 April, 2008.

Mercado III, Eduardo, Scott O. Murray, Robert K. Ukeyama, Adam A. Pack and Louis M. Herman, "Memory for rection actions in the bottlenosed dolphin (Tursipos truncatus): Reptition or arbitrary behaviors using an abstract rule," *Animal Learning & Behavior*, Vol. 26, No. 2, 1998, pp. 210-218.

Mirolli, Marco, Domenico Parisi, "How producer biases can favor the evolution of communication: An analysis of evolutionary dynamics," *Adaptive Behavior*, Vol. 16, No. 1, February 2008, pp. 27-52.

Morwood, M. J., R. P. Soejono, R. G. Roberts, T. Sutikna, C. S. M. Turney, K. E. Westaway, W. J. ERink, J. -X. Zaho, G. D. van den Bergh, Rokus Awe Due, D. R. Hobbs, M. W. Moore, M. I. Bird, L. KFifield, "Archaeology and age of a new hominin from Flores in eastern Indonesia," *Nature*, Vol. 431, 28 October 2004, pp. 1087-1091.

Murch, Susan J., Paul Alan Cox, Sandra Anne Banack, "A mechanism for slow release of biomagnified cyanobacterial neurotoxins and neurodegenerative disease in Guam," *PNAS* Vol. 101, No. 33, 17 August 2004, pp. 12228-12231.

Nakagaki, Toshiyuki, Hiroyasu Yamada, Agota Toth, "Path finding by tube morphogenesis in an amoeboid organism," ," *Biophysical Chemistry* 92 (2001) 47-52.

Nakagaki, Toshiyuki, Hiroyasu Yamada, Masahiko Hara, "Smart network solutions in an amoeboid organism," *Biophysical Chemistry* Vol. 107, 2007, pp. 1-5.

Nakagaki, Toshiyuki, Hirosan Yamada, Agota Toth, "Maze-solving by an amoeboid organism," *Nature*, Vol. 407, 28 September 2000.

Nakagaki, Toshiyuki, R. Kobayahsi, Y. Nishiura and T. Ueda, "Obtaining multiple separate food sources: behavioural intelligence in the Physarum plasmodium," *Proceedings of the Royal Society London Biology*, Vol. 271, 2004, pp. 2305-2310.

Otsuka, Kohei, Sayka Maruta, Atsuko Novinsu, Kohji Nakazawa and Tomonori Kawano, "Single Cell Traffic of Swimming Green Paramecia on Microchips with Micro-flow Channels Fabriacted by micro-casting," *Advanced Materials Research*, Vol. 875, No. 871, pp. 2224-2228, 2014.

Pack, Adam A., Lewis M. Herman, "Bottlenosed Dolphins (*Tursiops truncatus*) Comprehend the Referent of Both Static and Dynamic Human Gazing and Pointing in an Object-Choice Task," *Journal of Comparative Psychology*, Vol. 118, No. 2, 2004, pp. 166-171.

Pan, Zhiqiang, Bilal Camara, Harold W. Gardner, Ralph A. Backhaus, "Aspirin Inhibition and Aceylation of the Plant Cytochorom P450, Allene Oxide Synthase, Resembles that of Animal Prostaglandin Endoperoxide H. Synthase," *The Journal of Biological Chemistry*, Vol. 273, No. 29, July 17, 1998, pp. 18139-18145.

Parr, Lisa A., Frans B. M. de Waal, "Visual kin recognition in chimpanzees," *Nature*, Vol. 399, 17 June 1999, p. 647.

Parreiras, Lucas S., Linda M. Kohn, and James B. Anderson, "Cellular Effects and Epistasis among Three Determinants of Adaptation in Experimental Populations of *Saccharomyces cervisiae*, *Eukaryotic Cell*, October 2011, pp. 1348-1356.

Pavlovic, Anrej, L'udmila Slovakova, Camilla Pandolfi, Stefano Mancuso, "On the mechanism underlying photosynthetic limitation upon trigger hair irritation in the carnivorous plant Venus flytrap (*Dionaea muscipula* Ellis)" *Journal of Experimental Biology*, February 2, 2011. http://www. jxb. oxfordjournals. org.

Pollick, Amy S. , Frans B. M. de Waal, Ape Gestures and language evolution," *PNAS*, Vol. 104, no. 19, 8 May 2007, pp. 8184-8189.

Preuschoft, Signe, Xiu Wang, Filippo Aueril, and Frans B. M. de Waal, "Reconciliation in Captive Chimpanzees: A Reevalutaion with Controlled Methods," *International Journal of Primatology*, Vol 23, No. 1, Fberuary 2002.

Quick, Nicola J. and Vincent M. Janik, "Whistle Rates of Wild Bottlenose Dolphins (*Tursiops truncatus*): Influences of Group Size and Behavior," *Journal of Comparative Psychology*, Vol. 122, No. 3, 2008, pp. 305-311.

Rushton, J. Philippe, Arthur R. Jensen, "Thirty Years of Research on Race Differences in Cognitive Ability," *Psychology*, *Public Policy and Law*, Vol. 11, No. 2, 2005, pp. 235-294.

Rasmussen, Daniel, Chris Eliasmith, " A spiking nueral model applied to the study of human performance and cognitive delicne on Raven's Advanced Progressive Matrices," *Intelligence*, Vol. 42, 2014, pp. 53-82.

Rossiter, Kate, Annalise Clarkson, "Opening Ontario's 'Saddest Chapter': A Social History of Huronia Regional Centre," *Canadian Journal of Disability Studies*, Vol. 2, No. 3, 2013.

Russell, Jamie L. , Heidi Lyn, Jennifer A. Schaeffer, William Hopkins, "The role of socio-communicative rearing environmens in the development of social and physical cognition in apes," *Developmental Science*, Vol. 14, No. 6, 2011, pp. 1459-1470.

Russon, Anne E. , Birute M. Galdikas, "Constraints on Great Apes' Imitation: Model and Action Selectivity in Rehabilitant Orangutan (*Pongo pygmaeus*) Imitation," *Journal of Comparative Psychology*, Vol. 109, No. 1, 1995, pp. 5-17.

Russon, Anne E. , "Evolutionary reconstructions of great ape intelligence," in *The Evolution of Great Ape Intelligence*, A. E. Russon and D. R. Begun (Eds.) Cambridge University Press, 2004, pp. 1-14.

Russon, Anne E. , "Great ape cognitive systems," in *The Evolution of Great Ape Intelligence*, A. E. Russon and D. R. Begun (Eds.), Cambridge University Press, 2004, pp. 76-100.

Russon, Anne E. , "Pretending in Free-Ranging Rehabilitant Orangutans," in *Pretending in animals and humans*, R. W. Mitchell (Ed.), Cambridge University Press, 2002, pp. 229-240.

Russon, Anne E. , "Life History: The Energy-Efficient Orangutan," *Current Biology*, Vol. 20, No. 22, October 2010.

Russon, Anne E. and David R. Begun, "Evolutionary origins of great ape intelligence: an integrated view," in *The Evolution of Great Ape Intelligence*, A. E. Russon and D. R. Begun, (Eds.), Cambridge University Press, 2004, pp. 353-368.

Russon, Anne E. and Kristin Andrews, "Orangutan pantomime: elaborating the message," Biology Letters, published online 11 August 2010. http://www. doi. 10. 1098/rsbl. 2010. 0564.

Russon, Anne E. and Kristin Andrews, "Pantomime in Great Apes," *Communicative and Integrative Biology*, Vol. 4, Issue 3, May/June 2011. Russon, Anne E. , Alan Compost, Purwo Kuncoro & Agnes Ferisa, "Orangutan fish eating, primate acquatic fauna eating and their implications for the origins of ancestral hominin fish eating," *Journal of Human Evolution*, Vol. 77, December, 2014, pp. 50-63.

Russon, Anne E. , Agnes Ferisa, Purow Kuncoro, Dwi Putri Handayani, "How Orangutans (Pongo pygmaeus) Innovate for Water," *Journal of Comparative Psychology*, Vol. 124, No. 1, 2010, pp. 14-28.

Russon, Anne E. , Carel P. van Schaik, Purwo Kuncoro, Agnes Ferisa, Dwi P. Handayani and Maria a. van Noordwijk, "Innovation and intelligence in orangutans," in *Orangutans: Goegraphic Variation in Behavioral Ecology and Conservation*, S. A. Wich, S. S. Utami, T. Mitra Setia & C. P. van Schaik (eds), Oxford University *Press*, 2009, pp. 270-288.

Russon, Anne E. , Serge A. Wich, Marc Ancrenaz, Tomoko Kanamori, Cheryl D. Knott, Noko Kuze, Helen C. Morrogh-Bernard, Peter Pratje, Hatta Ramlee, Peter Rodman, Azrie Sawang, Kade Sidiyasa, Ian Singelton and Carel P. van Schaik, "Geographic variation in organutan diets, Ibid,. pp. 135-156.

Saigusa, Tetzu, Atsushi Tero, Toshiyuki Nakagaki, Yoshiki Kuramoto, "Amoebae anticipate periodic events," *Physical Review Letters*, Vol. 100, 3 January 2008.

Shapiro, James A. , "Thinking about bacterial populations as multicellular organisms," *Annual Review of Microbiology*, Vol. 52, 1998, pp. 81-104. Shapiro, James A. , "The significance of bacterial colony patterns," *BioEssays*, Vol. 17, No 7, 1995, pp. 597-607.

Shapiro, James A. , "Bacteria as Multicellular Organisms," *Scientific American*, June, 1988, pp. 82-89.

Shapiro, James A. "Bactera are small but not stupid: cognition, natural genetic engineering and socio-bacteriology," *Studies in History and Philosophy of Biological and Biomedical Sciences*," Vol. 38, 2007, pp. 807-819.

Shapiro, James A. , "Mobile DNA and Evolution in the 21st Century," *Mobile DNA*, Vol. 1, No. 4, 2010.

Sickler, Jessica, John Fraser, Thomas Webler, Diana Reiss, Paul Boyle, Heidi Lyn, Katherine Lemcke, Sarah Gruber, "Social Narratives Surrounding Dolphins: Q Method Study," *Society and Animals*, Vol. 4, No. 4, 2006, pp. 351-382.

Singh, Ray, Chris Eliasmith, "Higher-Dimensional Neurons Explain the Tuning and Dynamics of Working Memory Cells," *Journal of Neuroscience*, Vol. 14, April 5, 2006, pp. 3667-3678.

Snyder, James B. Mark E. Nelson, Joel W. Burdick, Malcolm A. MacIver, "Omnidirectional Sensory and Motor Volumes in Electric Fish," *PLoS Biology*, Vol. 5, Issue 11, November 2007, 12 pages.

Stewart, Terrence C., Feng-Xuan Choo, Chris Eliasmith, "Spaun: A Perception-Cognition-Action Model Using Spiking Neurons," Proceedings of the 34th Annual Conference of the Cognitive Science Society, 2012.

Stringer, C. B., P. Andrews, "Genetic and Fossil Evidence for the Origin of Modern Humans," *Science*, Vol. 239, 11 March 1988, pp. 1263-1268.

Sundstrom, Lisolette, Michel Chapuisat, Laurent Keller, "Conditional Manipulation of Sex Ratios by Ant Workers: A Test of Kin Selection Theory," *Science*, Vol. 274, 8 November 1996, pp. 993-995.

Terman, Lewis, "The Intelligence Quotient of Francis Galton in Childhood," *The American Journal of Psychology*, Vol. 28, No. 2, April 1917, http://www.jstor.org/stable/10.2307/1413721.

Trewavas, Anthony, "Mindless Mastery," *Nature*, Vol. 415, 21 February, 2002, p. 841.

Trewavas, Anthony, "Le Calcium, C'est la Vie: Calcium Makes Waves," *Plant Physiology*, Vol. 120, May, 1999, pp. 1-6.

Trewavas, Anthony, "A Brief History of Systems Biology," *The Plant Cell*, Vol. 18, October, 2006, pp. 2420-2430.

Trewavas, Anthony, "Aspects of Plant Intelligence," *Annals of Botany*, Vol. 92, 2003, pp. 1-20.

Trewavas, Anthony, "Plant Intelligence," *Naturwissenschaften*, Vol. 92, 2005, pp. 401-413.

Trewavas, Anthony, "Green plants as intelligent organisms," *Trends in Plant Science*, Vol. 10, No. 9, September, 2005, pp. 413-419.

Trewavas, Anthony, "What is plant behaviour?" *Plant, Cell and Environment*, Vol. 32, Issue 6, June 2009, pp. 606-616.

Trewavas, Anthony, "Information, Noise and Communication: Thresholds as Controlling Elements in Development," in *Biocommunication of Plants*, G. Tizany and F. Baluska, eds., Springer-Verlag, Berlin, 2012.

Trewavas, Anthony, Frantisek Baluska, "The ubiquity of consciousness," *EMBO Reports*, Vol. 12, Issue 12, December 2011, pp. 1221-1225.

Tseng, AiSun, Michael Levin, "Cracking the bioelectric code: Probing endogenous ionic controls of pattern formation," *Communicative and Integrative Biology*, Vol. 6, Issue 1, 2012.

Tsuda, Soichiru, Jeff Jones, Andrew Adamatzky, "Towards Physarum Engines," *Applied Bionics and*

Biomechanics, Vol. 00, no 00, Month 200x 1-23 22 February 2012, http://www.informaworld.com.

Turing, A. M. , "On Computable Numbers, With an Application to The Entscheidungsproblem," *Proceedings of the London Mathematical Society*, Series 2, Vol. 42, 1937, pp. 230-265.

Turing, A. M. , FRS. "The Chemical Basis of Morphogenesis," *Philosophical Transactions of the Royal Society of London*, Vol. 237 B, No. 641, 14 August 1952.

Turing, A. M, "Computing Machinery and Intelligence," *Mind*, Vol. 59, 1950, pp. 433-460.

Tyack, Peter L. "Convergence Calls as Animals Form Social Bonds, Active Compensation for Noisy Communication Channels, and the Evolution of Vocal Learning in Mammals," *Journal of Comparative Psychology*, Vol 122, No. 3, 2008, pp. 319-331.

Urban, B. W. , M. Bieckwenn, "Concepts and correlations relevant to general anaesthesia," *British Journal of Anaesthesia*, Vol. 89, No. 1, 2002, pp. 3-16.

Vonk, Jennifer, Suzanne E. MacDonald, "Levels of Abstraction in Orangutan (*Pongo abelii*) Categorization," *Journal of Comparative Psychology*, Vol. 118, no 1, 2004, pp. 3-13.

Vonk, Jennifer and Suzanne E. MacDonald, Natural Concepts in a Juvenile Gorilla (*Gorilla gorilla gorilla*) at Three Levels of Abstraction," *Journal of the Experimental Analysis of Behavior*, 78, 2002, pp. 315-332.

Ward, Ashley J. W. , David J. T. Sumpter, Iain D. Couzin, Paul J. D. Hart, Jens Krause, "Quorum decision-making facilitates information transfer in fish shoals," *PNAS*, Vol. 105, No. 19, 13 May 2008, pp. 6948-6953.

Wasserman, Edward A. and Leyre Castro, "Comparative Cognition," in *Handbook of Psychology*, *Vol. 3*, *Behavioral Neuroscience*, 2nd *edition*, Irving B. Weiner ed. John Wiley & Sons, 2013, pp. 480-508.

Wasserman, Edward A. and Thomas R. Zentall, " Introduction to the Oxford Handbook of Comparative Cognition, *in Oxford Handbook of Comparative Cognition*, Thomas R. Zentall and Edward Wassmeran eds, Oxford Library of Psychology, 2012.

Wasserman, Edward A. "Humans, animals and computers: Minding machines?" *Revista do Psicolgia*, Vol. XVIII, No. 2, 2009, pp. 25-41.

Whiten, Andrew, Victoria Horner & Frans B. M. de Waal, "Conformity to cultural norms of tool use in chimpanzees," *Nature*, Vol 427, 29 September, 2005.

Wischmann, Steffen, Dario Floreano, Laurent Keller, "Historical contingency affects signaling strategies and competitive abilities in evolving populations of simulated robots," *PNAS*, Vol. 109, no. 3, 17 January, 2012, pp. 864-868.

Yokawa, Ken, Tomoko Kagenishi, Tomonori Kawano, Stefano Mancuso, Frantisek Balusk, "Illumination of Arabidopsis roots induces immediate burst of ROS production," *Plant Signaling &*

Behavior, Vol. 6, No. 10, October, 2011, pp. 1460-1464.

Yorzinski, Jessica, Gail Patricelli, "Birds adjust acoustic directionality to beam their antipredator calls to predators and conspecifics," *Proceedings of the Royal Society B*, Vol. 277, 2010, pp. 923-932.

特约论文

Harvey, Inman, "Opening Stable Doors: Complexity and Stability in Nonlinear Systems," *European Conference on Artificial Life*, MIT Press, 2011.

Harvey, Inman, "Homeostasis and Rein Control: From Daisyworld to Active Perception," *Artificial Life IX*, *Proceedings of the Ninth International Conference on the Simulation of Living Systems*, eds. Jordan Pollack, Mark Bedau, Phil Husbands, Takashi Ikegami, and Richard A. Watson, the *MIT Press*, pp. 309-315, 2004.

Harvey, Inman, "Misrepresentations," *Artificial Life XI*, *Proceedings of the 11th International Conference on the Simulation and Synthesis of Living Systems*, Seth Bulloch, Jason Noble, Richard Watson and Mark Bedau, eds., the MIT Press, pp. 227-234, 2008.

Lorenz, Konrad Z., "Analogy as a Source of Knowledge," Nobel Lecture, Physiology or Medicine, December 12, 1973 http://www.nobelprize.org/nobel_prizes/medicine/laureates/1973.

Lorenz, Konrad Z., autobiographical essay. http://www.nobelprize.org/nobel_prizes/medicine/laureates/1973, Lorenz-bio.

Mather, Jennifer A, "Do Cephalopods Have Pain and Suffering?" International Symposium of La Fondation Droit Animal, ethique etsciences in collaboration with the International Research Group in Animal Law, Paris, October 18-19, 2012.

McClintock, Barbara, "The Significance of Responses of the Genome to Challenge," Nobel Lecture, Physiology or Medicine, 8 December, 1983.

Tinbergen, Nikolaas, autobiographical essay. http://www.nobelprize.org/nobel_prizes/medicine/laureates/1073/tinbergen.

Von Frisch, Karl, authobiographical essay. http://www.nobelprize.org/nobel_prizes/medicine/laureates/1973/frisch-bio.

学位论文

Shapiro, Gary L. "Factors Influencing Variance in Sign Learning Performance by Four Juvenile Orangutans," Dissertation: University of Oklahoma, August, 1985.

书 信

Alpi, Amedeo, et al., "Plant neurobiology: no brain, no gain?" *Trends in Plant Science*,

Vol. 12, No 4, March, 2007, pp. 15-136.

Brenner, Eric D. , Rainer Stahlberg, Stefano Mancuso, Frantisek Baluska, Elizabeth Van Volkenburgh, "Response to Alpi et al. : Plant neurobiology: the gain is more than the name," *Trends in Plant Science*, Vol. 12, No. 7, 25 June 2007, pp. 285-286.

Trewavas, Anthony, "Response to Alpi et al. : Plant neurobiology—all metaphors have value," Trends in Plant Science, Vol. 12. No. 6, 2007, pp. 231-233.

Trewavas, Anthony, "Plants are intelligent too," EMBO Reports, Vol. 13, Issue 9, September, 2012, pp. 772-773.

Harvey, Inman. "Tool-makers versus Tool-users: Division of Labour," *Adaptive Behavior*, Vol. 17, No 4, 2009.

摘　要

Banerjee, Sumana, Lynn Margulis, "Mitotic arrest by melatonin," *Experimental Cell Research*, Vol. 73, Issue 2, April 1973, pp. 314-316.

Baluska, Frantisek, "Cell-Cell Channels, Viruses and Evolution," *Annals of the New York Academy of Sciences*, Vol. 1178, *Natural Genetic Engineering and Natural Genome Editing*, October 2009, pp. 1060119.

Bull, Larry, Adam Budd, Chrisopher Stone, Ivan Uroukov, Ben de Lacy Costello, Andrew Adamatzky, "Towards Unconventional Computing through Simulated Evolution: Control of Nonlinear Media by a Learning Classifier System," *Artificial Life*, Vol. 14, No. 2, 2008, pp. 203-222.

Chevalier-Skolnikoff, Suzanne, Birute M. F. Galdikas, Alan Z. Skolnikoff, "The adaptive significance of higher intelligence in wild orang-utans: a preliminary report," *Journal of Human Evolution*, Vol. 11, Issue 7, November 1982, pp. 639-652.

Crawford, Charles, Birute M. F. Galdikas, "Rape in non human animals: an evolutionary perspective," *Canadian Psychology*, Vol. 27, No. 3, July 1986, pp. 215-230.

Descovich, Kristin A. , Birute M. F. Galdikas, Andrew Tribe, Allan Lisie, Clive J. Phillips, "Fostering Appropriate Behavior in Rehabilitant Orangutans (*Pongo pygmaeus*), " *International Journal of Primatology*, Vol. 32, No. 3, 2011, pp. 616-633.

Downing, Keith and Peter Zvirinsky, "The Simulated Evolution of Biochemical Guilds: Reconciling Gaia Theory and Natural Selection," *Artificial Life*, Vol. 5, no 5, Fall, 1999, pp. 291-318.

Duarte, Ana, Ido Pen, Laurent Keller, Franz J. Weissing, " Evolution of selforganized division of labor in a response threshold model," *Behavioral Ecology and Sociobiology*, Vol. 66, No 6, 2012, pp. 947-957.

Dyer, John R. G. , Anders Johansson, Dirk Helbing, Iain D. Couzin, Jens Krause, "Leadership, consensus decision making and collective behaviour in humans," *Philosophical Transactions of the Royal Society B.* , Vol. 364, No. 1518, 27 March 2009, pp. 781-789.

Falk, Dean et al, "The Brain of LB1, Homo floresiensis," *Science*, Vol. 380, 8 April 2005, pp. 242-245.

Furukawa, S. , C. Karaki, T. Kawano, "Micro-particle transporting system using galvanotactically stimulated apo-symbiotic cells of *Paramecium bursaria*," *Zeitschrift fur Naturforschung C*, Vol. 64, No 5, p. 421, 2009.

Galdikas, Birute M. F. "The orangutan long call and snag crashing at Tanjung Puting Reserve," *Primates*, Vol. 24, No 3, 1983, pp. 371-384.

Galdikas, Birute M. F. , "Orangutan sociality at Tanjung Puting," *American Journal of Primatology*, Vol. 9, Issue 2, 1985, pp. 101-119.

Galdikas, Birute M. F. , " Adult Male Sociality and Reproductive Tactics among Orangutans at Tanjung Puting," *Folia Primatologica*, Vol. 45, No. 1, 1985, pp. 9-24.

Galdikas, Birute M. F. "Subadult male orangutan sociality and reproductive behavior at Tanjung Puting," *American Journal of Primatology*, Vol. 8, no 2, 1985, pp. 87-99.

Galdikas, Birute M. F. , "Orangutan diet, range, and activity at Tanjung Putting, Central Borneo," *International Journal of Primatology*, Vol. 9, no 1, 1988, pp. 1-35.

Galdikas, Birute M. F, Geza Teleki, "Variations in Subsistence Activities of Female and Male Pongids: New Perspectives on the Origins of Hominid Labor Division," *Current Anthropology*, Vol. 22, No. 3, June 1981, pp. 241-256.

Galdikas, Birtue M. F. , James W. Wood, "Birth spacing patterns in humans and apes," *American Journal of Physical Anthropology*, Vol. 83, Issue 2, October 1990, pp. 184-191.

Green, R. E. , et al. , "A Draft Sequence of the Neandertal Genome," *Science*, Vol. 328, No 5779, May 7 2010, pp. 710-722.

Guerrero, Ricardo, Carlos Pedros-Alio, Isabel Esteve, Jordi Mas, David Chase, Lynn Margulis, "Predatory prokayotes: Predation and primary consumption evolved in bacteria," *PNAS*, Vol. 83. No 7, April 1, 1986, pp. 2138-2142.

Halloy, J. , G. Sempo, G. Carari, C. Rivault, M. Asadpour, F. Tache, I. Said, V. Durier, S. Canonge, J. M. Ame, C. Detrain, N. Correll, A. Martinoli, F. Mondada, R. Siegwart and J. L. Deneubourg, "Social Integration of Robots into Groups of Cockroaches to control Sel-Organized Choices," *Science*, Vol. 318, No. 5853, 16 November 2007, pp. 1155-1158.

Hamilton, Ruth A. , Birute M. F. Galdikas, " A preliminary study of food selection by the orangutan in relation to plant quality," *Primates*, Vol. 35, No 3, 1994, pp. 255-263.

Harvey, Inman, Ezequiel Di Paolo, Rachel Wood, Matt Quinn, Elio Tuci, Elio Tuci Iridia,

"Evolutionary Robotics: A New Scientific Tool for Studying Cognition," *Artificial Life*, Vol 11 Issue 1-2, January 2005, pp. 79-98.

Harvey, Inman, "The Microbial Genetic Algorithm," Advances in Artificial Life: Darwin Meets Von Neumann, Lecture Notes in Computer Science, 2011, Vol. 5778/2011 pp. 126-133.

Higham, Tom, Tim Compton, Chris Stringer, Roger Jacobi, Beth Shapiro, Erik Trinkaus, Barry Chandler, Flora Groning, Chris Collins, Simon Hillson, Paul O'Higgins, Charles Fitz Gerald & Micahel Fagan, "The earliest evidence for anatomically modern humans in northwestern Europe," *Nature*, Vol. 479, 24 November 2011, pp. 521-524.

Iglesias, T. L., R. McElreath, G. I. Patricelli, "Western scrub-jay funerals: cacaphonous aggregations in response to dead conspecifics," *Animal Behavior*, August 27, 2012 http://www. sciencedirect. com/science/ article/pii/S0003347212003569.

Jaeggi, Adrian, Lynda P. Dunkel, Maria A. Van Noordwijk, Serge A. Wich, Agnes A. L Sura, Carel P. Van Schaik, "Social learning of diet and foraging skills by wild immature Bornean orangutans: implications for culture," *American Journal of Primatology*, Vol. 72, Issue 1, January 2010, pp. 62-71.

Jaeggi, Adrean, Maria A. van Noordwijk, Carel P. van Schaik, "Begging for information: mother-offspring food sharing among wild Bornean orangutans," *American Journal of Primatology*, Vol. 70, Issue 6, June 2008, pp. 533-541.

Kawano, T. , T. Karano, T. Kosaka, H. Hosayu, "Green paramecia as an evolutionary winner of oxidative symbiosis,: a hypothesis and supporting data," *Zeitschrift fur Naturforschung, C.* , Vol. 59, Nos. 7 and 8, pp. 538-542, 2004.

Kokawa, K. , T. Kagenishi, T. Kawano, S. Mancuso, F. Baluska, "Illumination of Arabidopsis roots induces immediate burst of ROS production," *Plant Signaling & Behavior*, Vol. 6, pp. 1457-1461, 2011.

Kuze, Noko, David Dollatore, Graham L. Banes, Peter Pratje, Tomoyuki Tajima, and Anne E. Russon, "Factors affecting reproduction in rehabilitant female orangutans: young age at first birth and short interbirth interval," *Primates*, Vol. 53, No. 2, 2012, pp. 181-192.

Lovelock, J. E. , "Electron Absorption Detectors and Technique for Use in Quantitative and Qualitative Analysis by Gas Chromatography," *Analytical Chemistry*, Vol. 35, 4, 1963, pp. 474-481.

Lovelock, James E. , "Geophysiology, the science of Gaia," *Reviews of Geophysics*, Vol. 27, No. 2, 1989, pp. 215- 222.

Lovelock, J. E. , R. J. Maggs, R. Rasmussen, "Atmospheric Dimethyl Sulphide and the Natural Sulphur Cycle," *Nature*, Vol, 237, 23 June 1972, pp. 452-453.

Lovelock, James E. , Lynn Margulis, "Atmospheric homeostasis by and for the biosphere: the Gaia hypothesis," *Tellus*, Vol. 26, Issue 1-2, 1974, pp. 2-10.

Lyn, Heidi, Patricia M. Greenfield, E. Sue Savage-Rumbaugh, "Semiotic combinations in *Pan*: A comparison of communication in a chimpanzee and two bonobos," *First Langu*age, Vol. 31, no. 3, August 2011, pp. 300-325.

Lyn, Heidi, Jamie L. Russell and William D. Hopkins, "The impact of Environment on the Comprehension of Declarative Communication in Apes," *Psychological Science*, Vol. 21, no 3, March 2010, pp. 360-365.

Margulis, Lynn, "Symbiotic theory of the origin of eukaryotic organelles: criteria for proof," *Symposia of the Society for Experimental Biology*, Vol. 29, 1975, pp. 21-38.

Margulis, Lynn, "Genetic and evolutionary consequences of symbiosis," *Experimental Parasitology*, Vol. 39, Issue 2, April 1976, pp. 277-349.

Margulis, Lynn, "Origins of species: acquired genomes and individuality," *Biosystems*, Vol. 31, Issues 2-3, 1993, pp. 121-125.

Margulis, Lynn, J. E. Lovelock, "Biological modulation of the Earth's atmosphere," *Icarus*, Vol. 21, Issue 4, 1974, pp. 471-489.

Margulis L., Bermudes D., "Symbiosis as a mechanism of evolution: status of cell symbiosis theory," *Symbiosis*, Vol. 1, 1985, pp. 101-124.

Mather, Jennifer A. "To boldly go where no mollusk has gone before: Personality, play, thinking, and conciousness in cephalopods," *American Malacological Bulletin*, March, 2008, pp. 51-58.

Mather, Jennifer A., Roland C. Anderson, "Personalities of octopuses," *Journal of Comparative Psychology*, Vol. 107, No. 3, September 1993, pp. 336-340.

Mather, Jennifer A., Roland C. Anderson, "Ethics and invertebrates: a cephaolopod perspective," *Diseases of Acquatic Organisms*, Vol. 75, No. 2, May 4, 2007, pp. 119-129.

Mathger, Lydia M., Nada Shashar and Roger T. Hanlon, "Do cephalopods communicate using polarized light reflections from their skin?" *Journal of Experimental Biology*, Vol. 212, July 15, 2009, pp. 2133-2140.

MacDonald, Suzanne E., Maria M. Agnes, "Orangutan (Pongo abelii) spatial memory and behavior in a foraging task," *Journal of Comparative Psychology*, Vol. 113(2) June 1999, 213-217.

Margulis, Lynn, "The Conscious Cell," Annals of the New York Academy of Sciences, Vol. 929, Cajal and Conciousness: Scientific Approaches to Consciousness, April 2001, pp. 55-70.

McDanile, Michael A. "Big-brained people are smarter," *Intelligence*, Vol. 33, Issue 4, July-August 2005, pp. 337-346.

Murch, Susan J., Colleen B. Simmons, Praveen K. Saxena, "Melatonin in feverfew and other medicinal plants," *Lancet*, Vol. 350, Issue 9091, 29 November 1997, pp. 1598-1599.

Murch, Susan J. , Ali R. Alan, Jin Cao, Praveen K. Saxena, "Melatonin and serotonin in flowers and fruits of *Datura metel* L. ," *Journal of Pineal Research*, Vol. 47, Issue 3, October 2009, pp. 277-283.

Murch, Susan J. , Skye S. B. Campbell, Praveen Saxena, "The role of serotonin and melatonin in plant morphogeneisis: Regulation of auxininduced root organogenesis in *in vitro* cultured explants of st. John's Wort (*Hypericum perforatum* L.)" *In Vitro Cellular and Developmental Biology—Plant*, Vol. 37, Issue 6, November-December 2001, pp. 786-793.

Murch, Susan J. , Praveen Saxena, "Melatonin: A potential regulator of plant growth and development?" *In Vitro, Cellular and Developmental Biology—Plant*, Vol. 38, Issue 6, November-December 2002, pp. 531-536.

Murch, Susan J. , Barbara A. Hall, Cuong H. Le, Praveen K. Saxena, "Changes in the levels of indoleamine phytochemicals during veraison and ripening of wine grapes," *Journal of Pineal Research*, Vol. 49, Issue 1, 1 June 2010, pp. 95-100.

Pennisi, Elizabeth, "The Man Who Bottled Evolution," *Science*, Vol. 342, no 6160, 15 November 2013, pp. 790-793.

Pentland, Alex, "On the Collective Nature of Human Intelligence," *Adaptive Behavior*, Vol. 15, No. 2, June 2007, pp. 189-198.

Prufer, Kay et al, "The Complete Genome Sequence of a Neandertal from the Altai Mountains," *Nature*, Vol. 505, No. 7481, 02 January 2014, pp. 43-49.

Russon, Anne E. , "The nature and evolution of intelligence in organutans," *Primates*, Vol. 39, No. 4, 1998, pp. 485-503.

Sagan, Lynn, "On the origin of mitosing cells," *Journal of Theoretical Biology*, Vol. 14, Issue 3, March, 1967, pp. 225-274.

Smith, Myron L. , Johann N. Bruhn, James B. Anderson, "The fungus *Armillaria bulbosa* is among the largest and oldest living organisms," *Nature*, Vol. 356, 2 April, 1992, pp. 428-431.

Tennie, Claudio, Josep Call and Michael Tomasello, "Ratcheting up the ratchet: on the evolution of cumulative culture," *Philsophical Transactions fot eh Royal Society B: Biological Sciences*, vol. 364 no. 1528 27. August 2009, pp. 240502415.

Tero, Atsushi, Seiji Takagi, Tetsu Saigusa, Kentaro Ito, Dan P. Bebber, Mark D. Fricker, Kenji Yumiki, Ryo Kobayashi, Toshiyuki Nakagaki, "Rules for Biologically Inspried Adaptive Network Design," *Science*, Vol. 327. No. 5954, 22 January 2010. pp. 439-442.

Turi, C. E. ,Susan J. Murch, "Spiritual and Ceremonial Plants in North America: An Assessment of Moerman's Ethnobotanical Database Comparing Residual, Binomial, Bayesian and Imprecise Dirichlet Model (IDM) Analysis," *Journal of Ethnopharmacology*, Vol. 148, No. 2, 9 July 2013, pp. 386-94.

Van Noordwijk, Maria A. , Carel P. van Schaik, "Development of ecological competence in Sumatran orangutans," *American Journal of Physical Anthropology*, Vol. 127, Issue 1, May, 2005, pp. 79-94.

Van Noordwijk, Maria A. , Carel P. van Schaik, "Intersexual food transfer among orangutans: do females test males for coercive tendency?" *Behavioral Ecology and Sociobiology*, Vol. 63, no 6, 2009, pp. 868-891.

Van Schaik, Carel P. , Maria A. van Noordwijk, Serge A. Wich, " Innovation in wild Bornean orangutans (*Pongo pygmaeus wurmbii*)," *Behavior*, Vol. 143, No. 7, 2006, pp. 839-876.

Van Schaik, Carel P. , Marc Ancrenaz, Gwendolyn Borgen, Birute Galdikas, Cheryl D. Knott, Ian Singleton, Akira Suzuki, Sri Suci Utami, Michelle Merrill, "Orangutan Cultures and the Evolution of Material Culture," *Science*, Vol. 299, No. 5603, 3 January 2003, pp. 102-105.

Watson, Andrew J. , James E. Lovelock, "Biological homeostasis of the global environment: the parable of Daisyworld," *Tellus B*, Vol. 35B, Issue 4, September 1983, pp. 284-289.

Yerkes, Robert M. , "The Intelligence of earthworms," *Journal of Animal Behavior*, Vol. 2 no5, September-October 1912, 332-352.

Younger, K. B. , S. Banerjee, J. K. Kelleher, M. Winston and Lynn Margulis, "Evidence that the Synchornized Production of New Basal Bodies is not Associated with Dna Synthesis in Stentor Coeruleus," *Journal of Cell Science*, Vol. 11, September 1972, pp. 621-637.

文 件

ECAgents: Emodied and Communicating Agents, January 1, 2004, *http://ecagents. istc. cnr. it/index. php?*

Amended Statement of Claim, Dec. 8,2010, in Ontario Superior Court of Justice: Between: Marilyn Dolmage as Litigation Guardian of Marie Slakr and Jim Dolmage as Litigation Guardian of Patricia Seth, Plaintiff, and her Majesty the Queen in Right of the Province of Ontario, Defendant. Court File No. CV-09-376927CP00.

Plaintiffs' Opening Argument in Ontario Superior Court of Justice: Between: Marilyn Dolmage as Litigation Guardian of Marie Slark and Jim Dolmage as Litigation Guardian of Patricia Seth, Plaintiff, and Her Majesty the Queen in Right of the Province of Ontario, Defendant, Court File No. CV-09-376927CP00.

Summary of Key Settlement Terms in Ontario Superior Court of Justice: Between: Marilyn Dolmage as Litigation Guardian of Marie Slark and Jim Dolmage as Litigation Guardian of Patricia Seth, Plaintiff, and Her Majesty the Queen in Right of the Province of Ontario, Defendant, Court File No. CV-09-376927CP00.

Tradecraft Developer, SCEC-Network Analysis Centre: "IP Profiling Analytics & Mission Impacts" Top Secret Powerpoint presentation, May 10, 2012.

视　频

Jeff Jones, International Centre for Unconventional Computing, "Sonification of self-organized oscillatory amoeboid movement in particle model of *Physarum polycephalum* slime mould," http://www. uncomp. uwe. ac. uk/ jeff/.

流行和公众出版社、网站、博客、报道

Alexander, Victoria N. , "Beyond Darwin: Rebel Scientist Lynn Margulis Honored in Amherst," March 25, 2012. http://www. digitaljournal. com/article 321533.

Andrews, Suzanna, Bryan Burroughs, Sarah Ellison, "The Snowden Saga: A Shadowland of Secrets and Light," *Vanity Fair*, May 2014.

Arnold, Carrie, "The hologenome: A new view of evolution," *New Scientist*, Issue 2899,17 January 2013, http:// www. new scientist. com/article/mg 2178992. 000-the-hologenome-a-new-view.

Ash, Stacey, Tobi Day-Hamilton, "Waterloo researchers draw crowds at AAAS in Boston," *Waterloo Daily Bulletin*, February 20, 2013, http:// www. bulletin. uwaterloo. ca/2013/feb-20we.

"Archaeologist joins in astounding discovery, 10 March 2005, http://www. tinyurl. com/6m6e.

Beeman, Perry, "Board Chairman: Des Moines ape sanctuary passed USDA inspection Wednesday," 13 September, 2012, http://www. desmoinesregister. com/article/20120913/NEWS/120913012/.

Borghino, Dario, "Scientists build the most accurate computer simulation of the brain yet," *Gizmag*, Dec. 6,2012. http://www. gizmag. com/brain-computer-sımulation/ 25349/? utm_source = Gizmag + Subscribers.

Boutilier, Alex, "Millions of data requests made per year," *Toronto Star*, July 22, 2014, p.1.

Browne, Malcolm W. , "Is That a Grimace? Ask a Pigeon," *The New York Times*, May 2, 1989.

Cartmill, Matt, "The Status of the Race Concept in Physical Anthropology," *American Anthropologist* 100 (3) 1999, pp.651-660.

Chimp Trainer's Daughter, 24 August, 2012, http://www. bonbo-hope-needs-vision *Chimp Trainer's Daughter*, 10 September 2012, http://www. chimptrainersdaughter. blogspot. ca/2012/09/former-employees-others.

Chimp Trainer's Daughter, February 2013, http://www. chimptrainersdaughter. blogspot. ca/p/the-latest-crisis-in-ongoing30year.

Coyne, Jerry. "Lynn Margulis disses evolution in *Discover* magazine, embarrasses both herself and the field," http://www.whyevolutionistrue.wordpress.com/2011/04/12/lynn-margulis-disses.

Culotta, Elizabeth, "Battle Erupts Over the 'Hobbit' Bones," *Science*, Vol. 307, p. 1179. 2 February, 2005, http://www.sciencemag.org.cgi/content/full/307/5713/1179.

Dalby, Beth, "Behind the Curtain at Great Ape Trust," *West Des Moines Patch*, 21 September, 2012, http://www.westdesmoines.patch.com/articles/an-insider-s-look-behind-the-curtain.

Dayton, Leigh, "Hobbit skeleton 'damaged'," *The Courier-Mail*, 11 March 2005, http://www.thecouriermail.news.com/au/commonstory_page/0,5936,12509550%255E401,00.html.

Dayton, Leigh, "'Bones of Contention'," *The Australian*, 11 March 2005, http://www.theaustralian.news.com/au/common/story_page/0,5744,1 2505745%255E30417,00.html.

Des Moines Register, "Iowa Primate Learning Sanctuary announces new lead scientists," Blogs.desmoinesregister.com. http://www.blogs.desmoinesregister.com/drm/index.php/2014/01/30/iowa-primate-learning-sanctuary-announces-new-lead-scientists/ article? nclick_check =1.

Dreifus, Claudia, "A Conversation With: Martin Wells; He Studied Squid and Octopus, Then He Ate Them," *New York Times*, 1998, http://www.nytimes.com/1998/12/08/science/a-conversation-with-martin.

El Akad, Omar, "Google taps U of T professor to teach context to computers," *The Globe and Mail*, March 11, 2013, http://www.theglobeandmail.com/technology/tech-news/google-taps-u-of-t-professor-to.

Eliasmith, Chris, "Building a Behaving Brain." Centre for Theoretical Neuroscience, University of Waterloo.

Empson, Rip, "Google Scoops Up Neural Networks Startup, DNN Research To Boost Its Voice And Image Search Tech," *techcrunch.com*, 2013. http://www.techcrunch.com/2013/03/12/google-scoopes-up-neural-networks-start.

Findlay, Alan and John Messenger, "Martin Wells: Distinguished biologist inspired by the hidden wonders of marine life," *The Guardian*, 2009, http://www.guardian.co.uk/science/2009/feb/25/obituary-martin-wells.

Gibbons, Ann, "Modern Humans' First European Tour," *ScienceNOW*, November, 2011. http://www.news.sciencemag.org/sciencenow/2011/11/modern-humans-first-eur.

Grady, Denise, "Pathogen Mishaps Rise as Regulators Stay Clear," *New York Times*, Sunday July 20, p. 1.

Great Ape Trust, "Dr. Sue Savage-Rumbaugh, Executive Director," scientists biographies, downloaded 22 November 2012, http://greatapetrust.org/science/scientists-biographies-Sue-Savage.

Great Ape Trust,"Founder, Ted Townsend," downloaded 23 November, 2012, http://www. greatapetrust. org/scientists/biographies.

Great Ape Trust,"History of Ape Language," http://www. greatapetrust. org/science/history-of-ape-language.

Great Ape Trust,"Additional Studies into Ape Language and Primate Intelligence," downloaded 22 November 2012. http://www. greatapetrust. org/science/history-of-ape-language/additional-studies.

Greene, Kate,"TR10: Reality Mining: Sandy Pentland is using data gathered by cell phones to learn about human behavior," *Technology Review* (*MIT*), March/April 2008, http://www. technologyreview. com/read_ article. aspx? ch = specialsection&s.

Harding, Louette, "Life story: Why code-breaker Alan Turing was cast aside by postwar Britain," Mail Online, 17 November, 2013, http://www. dailymail. co. uk/home/you/article-2507393? Life-story-Why-co.

Hayes, J. D. ,"Pentagon researching 'narrative networks' as way to hijack the brain with false stories," *Natural News*, May 15, 2012 http://www. naturalnews. com/035872_Pentagon_narrative _networks_propaganda.

Hickman, Leo. "James Lovelock: The UK should be going mad for fracking,"*The Guardian*, 15 June 2012, http://www. guardian. co. uk/ environment/2012/June/15/james-lovelock-interview.

Iowa Primate Learning Sanctuary,"Information about Panbanisha's Illness and Treatment," 12 November, 2012, downloaded 23 November, 2012, http://www. Panbanisha. org/statemnt-about-panbanishas-illness-and-treatment.

Jenkins Jr. , Holman W. ,"Will Google's Ray Kurzweil Live Forever?" The Weekend Interview, *The Wall Street Journal*, 12 April, 2013, http://www. online. wsj. com/article/SB100014241278873 2450470457841258138.

Joy, Bill, "Why the future doesn't need us," *Wired Magazine*, April, 2000, http://www. wired. com/wired/archive/8. 04/joy_pr. html.

Kaufman, Scott Barry,"Men, Women, and IQ: Setting the Record Straight,"*Psychology Today*, July 20, 2012, http://www. psychologytoday. com/blog/beautiful-minds/201207/me-women.

Kaufman, Scott Barry,"The Truth about the 'Termites' ," *Psychology Today*, September 9, 2009. http://www. psychologytoday. com/blog/beautiful-minds/200909/the-truth-about-the-termites.

Kennedy, Pagan,"The Cyborg in Us All," *New York Times Magazine*, 14 September 2011. http://www. nytimes. com/2011/09/18/magazine/the-cyborg-in-us-all. html.

Lemley, Brad,"Machines that Think," *Discover Magazine*, 1 January 2001 http://www.

discovermagazine. com/2001/jan/featmachines? searchterm.

Leslie, Mitchell, "The Vexing Legacy of Lewis Terman," *Stanford Magazine*, July/August 2000, http://www. alumni. stanford. edu/get/page/magazine/article/? article_id =40678.

Levy, Steven, "How Ray Kurzweil Will Help Google Make the Ultimate.

AI Brain," *Wired*, April 25, 2013, http://www. wired. com/business/2013/04/kurzweil-google-ai.

Lovelock, James, "Nuclear Power is the only green solution," *The Independent*, 24 May, 2004 http://www. independent. co. uk/voices/commentators/james-lovelock-nuclear.

Lunau, Kate, "Orangutans and *gorillas go bananas for tablet computers*," *Maclean's* Magazine, 23 February 2012, http://www2. macleans. ca/2012/02/23/theres-an-ape-for-that.

Marcum, Alicia Heather, "George John Romanes," *PSYography*, downloaded 18/10/2012. http://www. faculty. frostburg. edu/psyography/romanes. html.

Markoff, John, "Google Cars Drive Themselves, in Traffic," *The New York Times*, http://www. nytimes. com/2010/10/10/science/10google.

Matthews, Robert, "Believe it or not, they're all the same species," *Telegraph*, December 26, 2004. http://www. telegraph. co. u/news/main. html.

Miller, Peter, "The Genius of Swarms," *National Geographic Magazine*, July, 2007. http://www. nationalgeographic. com/print/2007/07/swarms/miller-text.

Nadia, Steve, "Look who's talking," *New Scientist*, 12 July 2013. http://www. peterrussel. com/Dolphin/DolphinLang. php.

Nippert, Matt, "Eureka!" *Commentary*, Issue 3517, October 6, 2012.

Nolan, Tanya, "Experts conclude 'hobbit' belongs to new species//Academics debate implicationsf 'hobbit' discovery,"" 4 March 2005,*abc. net.* http://www. abc. net. au/pm/content/2005/s1316541. htm.

Norvig, Peter, "On Chomsky and the Two Cultures of Statistical Learning," http://www. norvig. com/chomsky. html.

Nuzzo, Regina, "Profile of Frans B. M. de Waal," *PNAS*, Vol. 102 no. 32, 8 August 2005, pp. 11137-11139.

Pennisi, Elizabeth, "Iowa Bobono Sanctuary Mired in Controversy," *ScienceInsider*, 18 September, 2012, http://www. news. sciencemag. org/sceinceinsider/2012/09/bonobo-hope-sanctuary.

Petitto, Laura Ann, "Impish chimp changed science," *McGill Reporter*, 2013. http://www. mcgill. ca/reporter/32/13/chimpsky.

Rehm, Hubert, Dietrich Gradmann, "Plant neurobiology: Intelligent Plants or Stupid Studies," *Lab Times*, 3, 2010, pp. 30-32.

Roffman, Itai, "Itai Roffman's eulogy for Panbanisha," downloaded 23 November, 2012. http://panbanisha. org/ itai-roffman-eulogy-for-panbanisha.

Rumbuagh, Duane and William Fields, "Use of Human Language By Captive Great Apes," Great Ape Trust, downloaded 22 November 2012, http://www. greatapetrust. org/science/historyh-of-ape-language/use.

Shapiro, James A. , "In the Details… What?" *National Review*, September 16,1996, pp. 62-65.

Shapiro, James A. , "A Third Way," *Boston Review*, 10/5/2003, http://www. bostonreview. net/br22. 1/shapiro.

Science Daily, "Some Features of Human Face Perception Are Not Uniquely.

Human, Pigeon Study Shows. " http://www. sciencedaily. com/releases/2011/04/110411171847. html.

Science Daily, "Predatory Bacterial Swarm Uses Rippling Motion to Reach Prey," 15 November 2008. http://www. sciencedaily. com/rel eases/2008/10/081029121820. html.

Smith, Deborah, "The people that time forgot," *The Age*, 12 December, 2004, http://www. theage. com. au/news/Science/The-people-thattime-forgot/2004/12/12/1102786949312. html.

Smith, Deborah, "Hobbits triumph tempered by tragedy," *Sydney Morning Herald*, 5 March 2005.

Somers, James, "The Man Who Would Teach Machines to Think," *The Atlantic*, November, 2013 http://www. theatlantic. com/magazine/archive/2013/11/the-man-who-would-teach.

Stewart, Terrence C, "A Technical Overview of the Neural Engineering Framework," Centre for Theoretical Neuroscience technical report, Oct. 29, 2012.

Taubes, Gary, "Evolving a Conscious Machine," *Discover Magazine*, June 1,1998. http://www. discovermagazine. com/1998/jun/evolvingaconcsio1453.

Teresi, Dick, "Discover Interview Lynn Margulis Says She's Not Controversial, She's s right," *Discover Magazine*, April, 2011.

Thacker, Eugene, "Networks, Swarms, Multitudes Part Two," *c. theory. net*, May 18, 2004, http://www. ctheory. ent/articles. aspx? id = 423.

The Daily Galaxy—Great Discoveres Channel: Sci, Space, Tech, "The Google Brain—Are Humans Entering a New Epoch of Evolution?" http://www. dailygalaxy. com/my_weblog/2013/05/the-google-brain-are-humans-entering.

The Tutte Institute, "Biography of William T. Tutte," Communications Security Establishment Canada, 10/31/2011, http://www. cse-cst. gc. ca/tutte/tutte-bio-eng. html.

Vergano, Dan, "Fresh scandal over old bones," *USA Today*, 22 March 2005.

Walkom, Thomas, "Authorities Absent in Marineland Saga," *Toronto Star*, 19 September, 2012, p. A6.

Weston, Greg, Glenn Greenwald, Ryan Gallagher, "CSEC used airport Wi-Fi to track Canadian travelers: Edward Snowden documents," *CBC News*, Posted 30 January 2014, http://www. cbc. ca/ news/politics/csec-used-airport-wi-fi-to-track-canadian-travellers.

Wikipedia, "Boltzmann machine," downloaded 14/04/2013, http://www. wikipedia. org/wiki/ Boltzmann_machine.

Wikipedia, "Physarum polychephalum," downloaded at 25/09/2012. http://www. wikipedia. org/wiki/Physarum_polycephalum.

Wikipedia, "Robert Yerkes," downloaded 22/08/2012. http://www. wikipedia. org/wiki/Robert_ Yerkes.

Wikipedia, "Francis Galton," downloaded 28/10/2012. http://www. wikipedia. org/wiki/Francis_ Galton.

Wikipedia, "Armillaria gallica", downloaded 31/12/2012 http://www. wikipedia. org/wiki/ Amrillaria_gallica.

Wikipedia, "Alan Turing," downloaded 20/11/2013 http://www. wikipedia. org/wiki/Alan_ Turing.

Wikipedia, "Stevan Harnad," downloaded 15/11/2013 http://www. wikipedia. org/wiki/Steven _Harnad.

Wikipedia, "Emergence," downloaded 10/19/2012 http://www. wikipedia. org/wiki/Emergence.

Wikipedia, "Neuromorphic engineering," downloaded 11/04/2013, http://www. wikipedia. org/wiki/Neuromorphic_engineering.

Wikipedia, "Tommy Flowers," downloaded 17/04/2013. http://www. wikipedia. org/wiki/Tommy_ Flowers.

Wired, "The Man Behind the Google Brain: Andrew Ng and the Quest for the New AI," http:// www. wired. com/wiredenterprise/2013/05/neuro-artificial-intelligence.

Wong, Kate, "The Littlest Human," *Scientific American*, February 2005. http://www. www. sciam. com.

Yahya, Harun, "Important Developments Regarding Flores Man, http// www. harunyahya. com/ articles/70homo_floresiensis_2. html.

Zimmer, Carl. "A Vision of the End," 1 May, 1993, *Discover Magazine*, http://www. discoverm agazine. com/1993/may/avisionoftheend222/.

关于作者

　　伊莲从小就有无穷的好奇心，喜欢讲述故事。她的第一本书《绿色外套》切入了环保政治中黑暗的一面，成为一部在社会上广为流传的经典。《骨头，发现第一批美洲人》是加拿大畅销书。《第二棵树：关于克隆、怪物和追求永生》获得了作家基金会颁发的加拿大主要的纪实文学作品奖。迪瓦被称为"加拿大最好的文学火枪手之一"，她渴望成为致力于公众利益的英勇战士。她目前与丈夫住在多伦多。

检
43